U0173597

西南大学生物学研究中心资助

A Guinea Pig's History of Biology

现代生物学发展史

——从西番莲到肿瘤鼠

〔英〕吉姆·恩德斯比 (Jim Endersby) 著

王 菲 译

科学出版社

北 京

图字：01-2019-3053

内 容 简 介

本书追溯了现代生物学发展史，从对生物现象的偶然发现，到有目的地开展实验，再到利用遗传学原理改造生物，科学家一步步揭示了DNA如何塑造生命体这一奥秘。在此过程中，许多生物发挥了举足轻重的作用：异花授粉的西番莲，让达尔文参悟了性别出现的意义；果蝇既成就了摩尔根，也造就了众多划时代的发现；豚鼠与数学和统计学结合后，诞生了群体遗传学；还有噬菌体、玉米、斑马鱼、小鼠等等，它们让我们逐渐掌握了遗传学规律，走出了对遗传学问题的混沌认识。虽然有些现象误导了科学家，但他们在纠错过程中，不断向真理靠近，并持续提出新问题，积极寻找解决办法，推动了人类不断进步。

本书适合高中生、本科生和研究生，以及对植物学、动物学、遗传学等生物学领域感兴趣的大众阅读。

图书在版编目(CIP)数据

现代生物学发展史：从西番莲到肿瘤鼠 /(英) 吉姆·恩德斯比 (Jim Endersby) 著；王菲译. —北京：科学出版社，2021.6 (2023.2 重印)

书名原文：A Guinea Pig's History of Biology

ISBN 978-7-03-068529-2

Ⅰ. ①现… Ⅱ. ①吉… ②王… Ⅲ. ①生物学史-世界-现代 Ⅳ. ①Q-091

中国版本图书馆 CIP 数据核字 (2021) 第 063924 号

责任编辑：黄 桥/责任校对：彭 映
责任印制：罗 科 / 封面设计：墨创文化

科学出版社 出版

北京东黄城根北街16号
邮政编码：100717
http://www.sciencep.com

成都锦瑞印刷有限责任公司 印刷

科学出版社发行 各地新华书店经销

*

2021 年 6 月第 一 版 开本：B5 (720×1000)
2023 年 2 月第二次印刷 印张：21 1/4
字数：428 000

定价：98.00 元
(如有印装质量问题，我社负责调换)

关于本书

　　过去的一个多世纪，我们从对某些疾病为什么只在家族中传播一无所知，到如今已经可以通过互联网购买简单的基因检测服务，经历了从达尔文主义被宣告灭亡到现代进化论的胜利。这一切都要归功于果蝇、豚鼠、斑马鱼和其他一些生物，它们帮助我们解开了生命的最大谜团——遗传。

　　从达尔文在后花园为西番莲手工授粉时希冀回答他与表姐结婚的决定是否会影响他们的孩子，到今天高科技实验室里饲养着的泛着微光的斑马鱼群——它们在成年前保持透明的身体让科学家们能观测到一颗受精卵如何发育成为拥有上百万个不同细胞的个体，吉姆·恩德斯比列举的一个个故事陆续揭示了 DNA 如何决定生命体的性状。但并不是每一种生物都像果蝇或斑马鱼那样合作，有些给出了误导性的答案，或者让科学家问错了问题。

　　饶有趣味、令人惊讶，同时也发人深省的是，这本书为我们提供了一个关于生命科学的不同寻常的独创视角，也促使我们去思考，今天——当我们获得前所未有的能力去改变生命时——生物学所呈现的伦理困境。

致 F_2 代

丹尼尔
沃尔特
索菲
马克斯
和
卡蒂亚

中 文 版 序

　　人类历史上从来没有一个时代像今天一样，让普通人的日常生活与生物学理论休戚相关。从环境变化、物种灭绝，到食物安全，再到生老病死，我们每一个人都需要以现代生物学原理为前提进行认真的思考。正因为如此，青年学生们选择专攻生物学的热情，从事生物学研究的机构和学者数量，以及每年公开发表的生物学研究成果，都出现了空前的盛况。而且我们有理由相信，这在未来相当长的一个时期内也不会有所改变。

　　如果要追究是什么促使生物学成为历史性热门学科，那么"基因"将毫无争议地排在第一，成为最大推手。有关转基因食品是否安全的争论已经持续了几十年，至今仍是世界性的热门话题。与此同时，利用基因测序预判尚未出生的婴儿是否健康，根据成人的基因信息制定用药指南和警示疾病风险，甚至依据 DNA 指纹图谱侦破犯罪案件，已经成为人们普遍接受并广为应用的技术。尽管我们这些整天和基因打交道的人，偶尔会自嘲地说，现在凡是涉及"基因"的事情，多半都没有什么开心的，但真实的情况是，基因技术正在改变着人类。正是得益于这些点点滴滴，但不可逆转的改变，人类才有了克服能源、环境、粮食和健康瓶颈的信心，而这种信心也应该是前所未有的。

　　人类有如此的自信是有道理的。今天，人们已经掌握大规模基因测序技术，成千上万个物种和无数个体的基因组被全面解码，生物信息学家们夜以继日地挖掘基因数据，越来越多和越来越细的基因功能与相互作用机理被阐明。基因测序是对核苷酸序列的化学解读，其原理由沃森和克里克于 1953 年所发现的 DNA 双螺旋结构而奠基，基因的操作技术则得益于伯格 1972 年实现的 DNA 体外重组。再往前追溯，DNA 作为遗传物质的证明，则始于 20 世纪 40 年代关于噬菌体和细菌的研究，最终艾弗里证实了 DNA 是遗传物质，担负遗传信息传递的使命。然而早在这些惊天动地的科学发现之前，威廉·约翰森于 20 世纪初就提出了"基因"的概念，而且他的后来者还完美地刻画出基因的诸多特征，DNA 作为基因物质的证明和结构解析，只不过是最后揭开了基因的化学真相而已。

　　摩尔根的《基因论》是有关基因的最早的论著，于 1926 年出版，比 DNA 双螺旋的发现早 27 年，在书中摩尔根详细总结了他和弟子们关于基因的研究成果。而更早一些，从 1908 年到 1915 年间，通过果蝇的遗传研究，摩尔根就已经十分清晰地证明了基因线性排布于染色体，基因之间还遵循连锁与互换定律，甚至还证明了果蝇的性别由性染色体所决定。这些规律至今还深深地影响着生物学的发展走向。其实，摩尔根本人也十分清楚，他那些看似开天辟地和非同寻常的研究，实际上得益于早期孟德尔关于豌豆的杂交实验，因此 1915 年摩尔根出版的另一本巨著，就采用了《孟德尔式的遗传机制》作为书名，这本书也被认为是现代遗传学的开山之作。

孟德尔关于豌豆遗传研究所得出的分离和自由组合规律，已经成为今天普识教育中必不可少的学习内容。19 世纪 60 年代孟德尔之所以能得出正确的结论，得益于其大胆的假说、巧妙的实验以及明智地选择豌豆作为实验材料。这一切都是那么巧合，以至于今天的人们还在津津乐道。孟德尔的工作显然是超前的，直到 1900 年他的成果被再次发现为止，竟然被埋没了整整 35 年之久。孟德尔单凭一己之力完成的研究看似偶然，但如果被放到 19 世纪后期生物学波澜壮阔的研究历史中去看待，则是完全可以被理解和预期的。不仅同时代的达尔文发表了著名的《物种起源》，奠定了生物演化的基础，而且施莱登和施旺的细胞学、巴斯德的微生物学、高尔顿的优生学等，也都赫赫有名，是构筑现代生物学大厦不可缺少的奠基石。

就现代生物学的发展而言，上述历史还只是提供了十分粗略的线索。历史上还有很多伟大学者，他们所完成的研究成果也极不平凡。这些层出不穷的发现之间的相互关联也十分微妙，犹如盘根错节的树根，为现代生物学这棵参天大树提供了必要的营养。然而我们还是很幸运的，毕竟这段辉煌的历史总共只有不到 150 年的时间，只要稍微用心，回溯不是一件十分困难的事情。有关现代生物学发展历史，可供我们阅读的著作也不少，从探讨科学人物的《摩尔根传》，到专门讨论基因的《自私的基因》，都是划时代巨著，影响了一代又一代的青年学者。

但是，至今我也没有看到一本书能像吉姆·恩德斯比（Jim Endersby）所著的《现代生物学发展史——从西番莲到肿瘤鼠》（*A Guinea Pig's History of Biology*）那样，不但回顾了现代生物学的发展历程，而且还提供了一个独特的视角去探寻现代生物学发展历史中的生动场景，以及鲜为人知的细节。该书几乎是用对待主角般的浓墨重彩，介绍了那些堪称伟大的实验对象，那些先驱物种，为现代生物学的发展做出了不可磨灭的贡献。没有豌豆开出的美丽小花，也许孟德尔就很难得出正确的结论；没有西番莲杰出的攀缘能力，达尔文的思想也许就无法萌芽；而没有果蝇的超常繁殖，摩尔根的发现也不知道会推迟多少年。至于像噬菌体、月见草、豚鼠、拟南芥、玉米、斑马鱼等实验材料，也在不同的时期和不同的研究者手里，展示了超凡的特性。现代生物学的发展之所以如此迅猛，很大程度上取决于这些动植物们的杰出表现。好在生物学早期研究，大多没有涉及严格的伦理问题。然而继这些先驱实验材料之后，灵长类动物最终也加入了实验动物的行列。如果亲眼看过研究人员照料的那些有"抑郁倾向"的猴子，任何人都会动恻隐之心。正因为这样，生物实验的伦理限制，今天才成为全球所普遍遵循的原则。有趣的是，这本由企鹅兰登书屋出版的科普著作，其英文原名为 *A Guinea Pig's*

History of Biology，其中的"Guinea Pig"字面意思是豚鼠，但在中文语境中有类似"实验小白鼠"的隐晦含义。正是因为有"小白鼠"们的无私奉献，一道又一道知识的大门才最终向人类开启。因此，只有理解了这些伟大的实验动植物们，我们才能深刻地理解遗传学原理，才能准确把握现代生物学的发展脉络。

自 *A Guinea Pig's History of Biology* 首次发行，已经过去了十多年。就现代生物学发展一日千里的形势而言，十多年的时间已显得有些久远。所幸的是，书中记述的这些著名的模式生物，至今仍然活跃在生物学的各个研究领域。1995 年之后，随着大规模基因测序技术的应用，生物学的发展全面进入基因组时代。而这些已经奉献了百年之久的经典物种，丝毫没有隐退的迹象，它们前赴后继，成为最早一批被全基因组测序的物种。通过基因的敲除和编辑技术，大规模的实验生物突变体也接近完成。如果愿意，你甚至可以通过基因的每一个碱基，再次探索当初孟德尔关心的豌豆花色遗传和摩尔根关于果蝇翅膀发育的分子秘密。从这个角度而言，我们有理由相信，这些先驱物种的身上，未来还会诞生不止一个伟大的理论。

我认为，把这本书介绍给中国读者也是一个明智之举。近年来，有关为何中国很少培养出伟大的科学家，为何中国很少做出世界性原创研究的追问不绝于耳，本书其实也可以作为很好的讨论素材。现代生物学发展大致有 150 年，而中国研究队伍的正式加盟，也只有短短的 70 年左右而已。当新型冠状病毒"SARS-CoV-2"肆虐全球，连普通人都开始讨论单倍型与病毒演化这样专业问题的时候，即使是像我们这样的专业人员，对于"virus"(病毒)这一概念的提出及其早期的研究历史还是所知不多的。一方面，各种分析技术的快速发展让人眼花缭乱，使得今天的学生们很容易迷失其中，从而忽略了对科学问题本身的探索。这就如因为交通工具过度发达，我们却不知该去往何处一样。另一方面，技术通常始于理论，而理论往往深藏于认知的大背景下，如果我们空有建楼的热情，却找不到合适的地基，那么一切努力都会枉然。中国的生命科学发展正处于最好最快的一个时期，毫无疑问未来是值得期待的。为此，我们也期待，像《现代生物学发展史——从西番莲到肿瘤鼠》这样有价值的著作，会得到读者们更多的青睐，会有更多的人愿意静下心来阅读。

最后，十分感谢该书的翻译者王菲博士给我写序的机会。王菲博士开始该书翻译的时期，正逢她的孩子出生，需要大量的精力去照顾；同时她还不时往返于中国和美国之间，而科研工作也有很多不能打折扣的任务。很难想象她是如何坚持下来，并一点一点去完成如此繁重的翻译工作的。我也正是被她的努力所感动，才仔细阅读了该书，这篇序言也算是我的读后感。肤浅与不正之处在所难免，还望读者批评指正。

夏庆友

2020 年 3 月 2 日于重庆北碚

原版前言和致谢

两百年前，我们对某些疾病为什么只在家族中传播还一无所知；如今，我们已经可以通过互联网购买简单的基因检测服务。这两个世纪，我们经历了从达尔文主义被宣告灭亡到现代进化论的胜利。这一切都要归功于果蝇、豚鼠、斑马鱼和其他一些生物，它们帮助我们解开了生命的最大谜团——遗传。

生物学目前是世界上最振奋人心的学科之一，它许诺我们未来会有更好的食物以及更好的疾病治疗方式；同时，它也为我们展现了惊人的前景，那就是利用基因工程重新设计包括我们自己在内的生命。回顾帮我们实现这一切的生物，它们让我们对往昔的旅程有了不同的理解，对未来的走向也有了新的思考。这不是一个讲述伟大的科学家产生伟大的想法的故事，而是西番莲和山柳菊的故事，是斑马鱼和噬菌体的故事，它们让我们认识到不同的工作共同塑造了科学的可能性。为一项研究准备实验生物可能需要花费数月甚至数年的时间；小心地选育出有用的特征，掌握或发明使实验成功所必需的技术，同样是艰苦卓绝的工作。科学离不开资金的支持，也需要缜密的计划，同时卓越的洞察力也不可或缺。回望这两百年来人类在生物学研究上走过的路，我们知晓少有科学家是独自工作的；他们与同事、对手、老师、学生、技师、助理等形形色色的人存在或多或少的依赖关系。更重要的是，他们的工作依赖于前人的努力。正如牛顿所说，每一个科学家都是站在巨人的肩膀上的。

读生物学史让我们这些不是科学家并且也没有希望掌握遗传学技术的人，了解科学是如何运作的，以及科学能或不能回答包括我们人类自身在内的生物的多样性、复杂性和本质等问题。在选择哪些生物要写入本书时，我并没有试图编撰每一个对故事有贡献的生物；相反，我将果蝇等遗传学明星物种和像月见草这样几乎已被人遗忘的物种结合起来。尽管受篇幅所限，我不得不省略掉一些非常重要的物种，但书中所囊括的物种代表了生物学研究的多样性以及这两百年来的变迁。

"来认识一下友善的果蝇吧"，这不是一句人们指望在讲述遗传学史的普通学术论著中能看到的话，但罗伯特·科勒(Robert Kohler)的《蝇王：果蝇遗传学和实验生活》(*Lords of the Fly*: *Drosophila Genetics and the Experimental Life*)，不是一本普通的学术专著。科勒以近期的一系列科学史研究工作为基础，用极具独创性的方式，讲述了一个非凡的故事——通过将果蝇塑造成故事的主角，而不是与它共事的遗传学家。科勒称，"追随果蝇"使他能够研究那些仍然常被历史学家们忽略的问题。

科勒的著作或许是科学史学家写作趋势的最好例证，增加了对研究中所使用的生物的关注，扩大了我们的历史视野。受法国社会学家布鲁诺·拉图尔（Bruno Latour）和米歇尔·卡龙（Michel Callon）的思想的启发，历史学家们，如凯伦·雷德（Karen Rader）和安吉拉·克雷格（Angela Creager）研究了从实验老鼠到烟草花叶病毒的所有生物，并且为生物学史提供了新的视角。[1]本书利用了一些近期的研究方法，旨在撰写更宽泛的生物学史，尤其是遗传学史，对自达尔文时代以来被使用的一些关键生物展开调研，展现了生物研究本身是如何变化的——从基本上业余的自然史研究转变为现代的以实验室为基础的分子生物学研究。它让我们能回溯这缓慢而不确定的路径——同时也充满了迂回曲折和绝境僵局，但正是这条路指引着我们从对遗传的原始认识走到了现代遗传学。这些实验生物的故事也向我们揭示了，需要累积多少工作才能实现我们目前对进化的理解程度。

像科学本身一样，科学史也依赖于历史学家的同事、同辈和老师的工作。本书也不例外。我参考了许多其他人的工作；借鉴最多的都列在了注释里。还有许多人花时间阅读本书的章节，提供建议、帮我校正和改进。在此，我尤其要感谢：Nathaniel Comfort、Caroline Dean、Sheila Ann Dean、Ian Furner、Beverley Glover、Chuck Kimmell、Les King、Sharon Kingsland、Robert Kohler、David Kohn、Maarten Koornneef、Emil Kugler、Kate Lewis、David Meinke、Elliot Meyerowitz、Robert Olby、William Provine、Anne Secord、Jim Secord、Chris Sommerville、Shauna Sommerville、Derek Stemple、William Summers、Will Talbot、John Waller、Garrison Wilkes、Stephen Wilson 和 Paul White。

我还要特别感谢：Katie Armstrong（Talbot）、Dan Austin、Rodney Bolt、Joe Cain、Kenneth Carpenter、Simon Chaplin、Soraya de Chadarevian、Anjan Chakravartty、Bonnie Clause、Gregory Copenhaver、Gina Douglas、Judith Flanders、Tom Gerats、Geoff Gilbert、Laura Green、Eivind Kahrs、Evelyn Fox Keller、Henrika Kuklick、Martin Kusch、Nick Jardine、Peter Lipton、Tim Lewens、Valerie-Anne Lutz、John MacDougal、Sunit Maity、Tim McCabe、Craig Morfitt、Gina Murrell、Charles Nelson、William Ogren、John Parker、Sridhar Ramachandran、Rowan Routh、Simon Schaffer、Peter Straus、Charlotte Thurschwell、Hugh Thurschwell、Bob Whitman、Ian Woods 和 Eric Zevenhuisen。同时非常感谢海尼曼出版公司的团队，尤其是 Alban Miles、Caroline Knight、Annie Lee 和 Juliet Rowley。

我还要感谢：剑桥大学图书馆的理事允许我引用查尔斯·达尔文（Charles Darwin）未发表的书信；伦敦大学学院图书馆允许我引用特别馆藏的霍尔丹（Haldane）的论文；费城的美国哲学学会允许我引用休厄尔·赖特（Sewall Wright）的论文；伦敦国王学院档案馆允许我引用雷金纳德·拉格尔斯·盖茨（Reginald Ruggles Gates）的手稿。我感谢这些图书馆和档案馆工作人员的帮助，也要感谢剑桥大学惠普尔图书馆的工作人员。没有他们，我的工作无法完成。

本书的研究由剑桥达尔文学院授予的博士后奖学金所支持。感谢皇家文学学会和杰伍德慈善基金会授予我第一个皇家文学院杰伍德奖。我非常感激他们。

最后，Ravi Mirchandani 花了大量的时间编辑本书，对其进行了极大的改进。我要感谢他以及 Pamela Thurschwell。

目　　录

拟斑马和
莫顿伯爵的母马

Chapter 1
Equus quagga and
Lord Morton's mare

乔治·道格拉斯(George Douglas)，这位受人尊敬的十六世莫顿伯爵(16th Earl of Morton)和英国皇家学会会员，看着眼前的两匹小马驹，迷惑不解。事情是这样的，1820 年他将一匹栗褐色母马卖给了朋友，戈尔·乌斯利爵士(Sir Gore Ouseley)；乌斯利爵士将这匹母马和一匹纯黑的阿拉伯马交配，产下两匹小马驹。很显然，它们应该属于阿拉伯马，"可皮毛颜色和鬃毛却与拟斑马有相同的特征"。[1]

拟斑马，又称斑驴、半身斑马，是平原斑马的一个亚种，仅头肩部有条纹；与旅鸽和袋狼(别称塔斯马尼亚虎)一样，都属于已经灭绝的物种，并且灭绝的日期有明确记载——1883 年 8 月 12 日，最后一匹拟斑马在阿姆斯特丹的阿蒂斯·马吉斯特拉(Artis Uagistra)动物园去世。可惜那个时候，没有人意识到这是最后一匹拟斑马，因此也无人哀悼。

既然双亲都是马，为什么乌斯利爵士的小马驹会长得像拟斑马？莫顿伯爵数年前饲养过一匹雄性拟斑马，本来他希望能驯服这匹拟斑马，但是与其他野生斑马一样，拟斑马基本上无法被驯服——它们脾气倔强，不仅喜欢乱咬，而且一旦咬上了就不松口。这也是为什么至今被斑马咬伤的动物饲养员人数比被狮子或老虎咬伤的人数要多的原因。南非当地人从来没有驾驭过它们，因此欧洲人发动对非洲的侵略时，没有受到任何非洲骑兵的阻挠。如果斑马像欧亚大陆的马一样容易被驾驭，那么非洲的历史恐怕就不一样了。

莫顿伯爵非常渴望能驯化拟斑马。18 世纪末和 19 世纪初，对于欧洲殖民者来说，最大的问题是非洲的疾病。其中，昏睡病不仅感染欧洲人，还感染他们带来的马匹，但拟斑马和斑马基本上不患此病，因此一些欧洲人希望通过将拟斑马和家马杂交获得一个能更好地适应非洲当地环境的品种，莫顿伯爵也对此颇感兴趣。1788 年，德国博物学家约翰·乔治·格梅林(Johann Georg Gmelin)发现，"拟斑马相较于斑马更壮实，更温和，被驯化后可以用来拉车"。而一位去过南非的旅行者则宣称，他在寄宿人家看到"一匹被驯服的拟斑马，被主人用来做改良马匹的实验"。可是在莫顿伯爵开展杂交实验的几年后，出现了关于拟斑马习性和可驯化性与先前相矛盾的报道：一位英国博物学家宣称，他看到的拟斑马"并不温和，甚至比斑马更野性十足"。而另一位评论家则建议，尽管这样，仍然"有可能驯化它们并为人类所用"。[2]

莫顿伯爵买下一匹雄性拟斑马后，将其与一匹栗褐色母马交配。据他的描述，其杂交结果是，"一匹在外形和毛色上都具有明显双亲特征的小母马"。这匹小母马可能保留了其父亲的条纹特征或者习性——后者的可能性更大一些，因为伯爵没有再重复杂交实验。可是，正是这匹与拟斑马交配的母马，被伯爵出售给了乌斯利爵士，并且这匹母马产下具有拟斑马特征的后代——即使这是它与普通马匹交配后生产的。小马驹的腿部有条纹，鬃毛又短又硬，像斑马那样直立着，而不像普通马匹那样垂落下来。马匹之间交配产生的后代偶然也会出现条纹，但在阿拉伯马的后代中是很少见的，而且连莫顿伯爵和乌斯利爵士都从来没有见过哪匹马有这样的鬃毛。与拟斑马的交配似乎永远地改变了这匹母马，它被打上了无法磨灭的拟斑马的印迹，以至于影响了它后来产下的小马驹。

这件事对莫顿伯爵冲击很大，他将此事转告给他的朋友——时任英国皇家学会主席的威廉·海德·沃拉斯顿(William Hyde Wollaston)，并引起了他的注意。1821 年，莫顿伯爵的来信发表在《哲学会刊》(*Philosophical Transactions*)上，题为"对自然史中一个奇特现象的简报"(A Communication of a Singular Fact in Natural History)。雄性个体对雌性个体的后续子代具有影响这一观点并不新鲜，但一般都被当作民间神话。可是，现在这个观点被享有声望的英国皇家学会会员提出，拟斑马效应虽然非常奇特，但被认定为一个科学事实。

在莫顿伯爵的来信发表大约五十年后，查尔斯·达尔文(Charles Darwin)仍然认为，"毫无疑问，是拟斑马影响了黑色阿拉伯马后代的特征"。[3] 他把这个例子视为在设计一套生物遗传理论时亟待解决的关键问题之一。和其他被莫顿伯爵的母马震惊到的人一样，达尔文相信这匹雄性拟斑马给与之交配的母马留下了永久的印迹；通过某些尚未知晓的方法，拟斑马的特征印迹留在了母马身体里，这种印迹是心理上的——母马在它头脑里保留了拟斑马特征，还是一种有形的物质，存在于雄性精液或血液中的粒子或液体被输送并保留在母马体内？雄性拟斑马会不会此后对雌性拟斑马失去兴趣转而去追求母马呢？

您现在阅读的正是一本关于如何揭开此类秘密的书。在达尔文之前已经有很多人知道，大多数生物和人类一样，只有雄性和雌性交配后才能产生后代。但是经过几个世纪的探究和猜想，仍然没有人能回答为什么，或者说得清楚雌雄两性对其后代的影响。既然有些生物无须两性交配便能繁衍后代，那么有性生殖的目的是什么？遗传又是什么？为什么大多数孩子和他们的父母长得像？动物或者植物的特征是如何一代代传递和保留的？既然生物只能产生同种后代，那么新的物种从哪里来？既然物种一代代基本保持不变，那么为什么有些时候它们又会变异，它们又是如何变异的？

莫顿伯爵对小马驹为什么出现条纹的解释现在看起来很荒谬，后来许多人也都尝试去解决这个困惑。为了理解为什么他的观点在那个时代被认为是正确的，我们需要了解，在莫顿伯爵开展杂交实验之前，人们对生殖的思考。

莱斯博斯的码头

莱斯博斯岛的渔夫已经非常熟悉这位哲学家了。每天早晨，亚里士多德(Aristotle)都要走到码头去检查当晚的收获，搜寻不常见的或者奇怪的鱼，他和他的学生们会把这些鱼拿走做研究。大约公元前350年，亚里士多德开始了对生命的系统研究：他观测海洋生物的生长和发育，所用的工具不过是他的一双眼睛而已。

对生物进行观测，当然最简单的方法就是观看——现在被认为是显而易见的，难道还有别的方法来认识世界吗？但是对于亚里士多德的老师——柏拉图(Plato)来说，"赶海"这一行为无疑是异数。柏拉图教导学生，只有头脑才能指引人们认识世界，只有通过逻辑思考人们才能理解理念，即隐藏在令人迷惑的外表之下的抽象的真理。例如，学过几何学的每一位学生都知道，无论我们如何小心地画图，就算是画一个三角形，都不可能是完美的：线条具有可测量的宽度，转角不可能形成完美的三角。我们画出的每一个三角形不过是对三角形这一理念的描绘，其与理想三角形之间的差距，类似一个孩童为其父亲绘制的写生图与父亲真实长相之间的差距。柏拉图将他的这种观点扩展到每一件事物身上：在街上溜达的狗不过是对狗这一纯粹理念的不完美反映，甚至天空的蓝色不过是对蓝色这一纯粹理念的一种投射。对某只狗进行观察将永远不会揭示狗的理念，而将蓝色天空与蓝色眼睛相比也不会揭示蓝色的理念。只有推理才能洞悉理念的真谛。

所以，如果柏拉图看到他学生的行径，将会非常恐惧：一个中年人湿着脚划船并倾听渔夫们的粗言俗语——这一形象已经说不上体面了，而且他还要试图通过对似乎无穷无尽的各种鱼进行分类来揭示鱼的概念。但这正是亚里士多德尝试去做的。更糟糕的是，亚里士多德不仅仅在寻求鱼的概念，他还希望通过研究和比较不同的鱼，发现它们的本质属性：它们之所以成为鱼的共性是什么，而又是什么让我们能将每种鱼区分开？

对于亚里士多德而言，对差异的分析是理解导致这些差异的原因的关键，而这些原因又是理解事物的关键。仅仅知道鱼能在水下呼吸而其他动物不能是不够的，亚里士多德想知道的是"为什么"。他的哲学体系确立了四类原因：第一，形式上的原因——鉴定物体的结构；第二，质料上的原因——这一结构由何种材料构成；第三，动力上的原因——是什么力量将这一特定材料塑造成这一特定结构；第四，也是最重要的终极原因——形成这一结构的目的是什么？

亚里士多德将他的"四因说"用到各个方面，从政治到伦理，从天文学到宇宙学。他对生命体格外感兴趣，为了研究它们，他对生命体的繁殖尤其是它们的卵做了特别的关注。他在著作中用了很大的篇幅讲述他为什么花这么多时间去研究这些低等的生物，字里行间流露着他对大自然的痴迷。他写道："对于智者，自然的鬼斧神工为那些能理解事物原因的人提供了无穷快乐"。[4]海洋生物对他的研究非常有用：它们在海里产卵，相比卵在体内发育的哺乳动物，海洋生物的卵的发育更容易被观察；而且因为是在海里产的卵，也就意味着这些卵无需坚硬外壳的保护，所以，亚里士多德可以观察海洋生物在没有外壳的卵里的发育过程。并且亚里士多德还解剖了渔夫们带给他的生物，并做了细致的观察[在《动物志》(Historia Animalium)中，他记录了500多种生物，其中120种是鱼类]。他发现了许多特别的生物，其中一些生物在他去世后的几个世纪里仍然没有得到确认。他也喜欢倾听老渔夫们讲述的传说，他记录并保存这些难以置信的故事但并不做深入的调研。

仔细观察鱼卵从胚胎发育到自由游动的幼体帮助亚里士多德将"四因说"运用到生命体上。他主张生殖是证实柏拉图观点错误的最根本的证据。没有物质，哪有理念：如果没有承载"蓝色"或"狗"这一属性的物质——真实的蓝天或狗，就没有"蓝色"或"狗"这一理念。两条狗交配能生出新的狗这一事实，说明自然具有赋形于物的能力。亚里士多德没有将狗的大小、身形和行为归结于难以触摸、抽象的狗的理想形式，而是归因于生殖：正是生殖使生物的形式得以保留下来，并一代一代自我更替。

亚里士多德和他的追随者们被他所研究的生物迷住了。他似乎出于好奇去观察它们，但同时也渴望从它身上了解自己和人类。他这样记录道："人体内部的样子几乎无人知晓，因此我们必须参考并研究那些与人内部组成具有相似性的其他动物的结构"。[5]研究动植物的一个原因是把人类生殖和人口质量弄清楚——包括我们如何将对世界的认识和理解能力一代代传承下去。

当然，亚里士多德的观点并不是在古希腊世界传播的唯一思想。从莱斯博斯岛往南航行一天便能到达古希腊城邦米利都(现属土耳其)。这是个喧嚣的商埠，来自东地中海各地的人们会到这里从事香料、染料、木材和瓷器的贸易。同时，他们也带来了各自的语言和习俗，以及信奉的神灵和关于世界起源和本质的传说。这种世界性的"交汇"也解释了，为什么在比亚里士多德还要早几个世纪的时代，这座城市就已经诞生了希腊哲学。面对这么多不同的关于世界是如何及为什么这样运行的解释，米利都人泰勒斯(Thales)成为第一个质疑"遵循传统而非独立思考是认识宇宙本原的最可靠方法"这一观点的希腊人。

泰勒斯和他的追随者们提出了许多对世界本原的不同解释：其中一个追随者申明，有生命的物体是由照射到水蒸气上的太阳热量所形成的，其他所有物体则都是由单一的物质所形成——否则无法解释一个物体如何能转变成另一个物体(例如，冰变成水再变成水蒸气)。一些追随者提出水正是这种基本的物质，而另一些追随者则认为是空气。后来这种由单一物质构成万物的观点越来越没有说服力，于是彼此冲突的思想被统一起来形成了"四元素说"，即万物是由土、气、火和水这四种元素构成的。这些元素有各自不同的属性，混合在一起构成了世间万物。可是这一理论很难解释生命体：生命体具有其他事物所不具有的独特属性，其中生殖是它们最突出的属性。

古希腊医师希波克拉底(Hippocrates)，也被尊称为"医学之父"，曾试图用"体液学说"去解释生命体的一些独特属性。体液，相当于"四元素说"中的元素。他认为人体由黑胆液、血液、黄胆液和黏液所组成。这些体液影响了我们的性情：黑胆液(相当于"四元素说"中的土)过剩的人性情忧郁；黄胆液(相当于"四元素说"中的火)过剩的人易怒，性情急躁，容易生气。现在我们形容某人冷静(黏液质)或坏脾气(胆汁质)时，仍然沿用希波克拉底"体液学说"中的语汇。体液的不平衡也解释了我们为什么会生病，因此此后数百年，医生们企图通过使体液重新恢复平衡来治疗疾病——医生们通常会告诫病人换一种空气或饮食。但是在希波克拉底体系中，动物是有意志的，其完整机体能够自愈。

虽然"体液学说"为生命体如何运行提供了一种解释，但仍然没有说清楚生命从何而来。希波克拉底体系中的两篇论文回答了这一问题：《种子》(The Seed)和《孩子的本质》(The Nature of the Child)。这两篇论文提出，男性和女性对他们的后代都贡献了某些种子或体液；男性的种子存在于精液中，并且是四种体液最强成分的混合；精液萃取自机体的每个器官，其中的种子承载了机体每个组分的精华；种子在脊髓中汇集起来并被运送到睾丸。对于女性种子的来源，医生们只做了模糊的描述，但他们认为可能与女性在交媾过程中的愉悦程度相关——当然较男性是低一个等级的。当男性和女性的种子结合，就产生了一个与其父母相像的孩子，但是相像程度有所不同——来自母亲和父亲影响力的相对强度决定了孩子的相似度和性别。

古希腊的医生们注意到女性在怀孕期间停经，于是他们假定这些血液用来滋养体内发育的胚胎。但是他们不清楚正在发育的胎儿是如何成形的，或者血液和精液这些无形的物质是如何发育成胎儿复杂的机体的。这些医生们认为母亲的"呼吸和精气"形成了孩子的器官，但是对其具体形成过程并不清楚。

希波克拉底的思想持续影响了上千年，但亚里士多德不为其所动，尤其是因为它无法解释动物机体各部分是如何被组织在一起的。亚里士多德自己的理论摒弃了女性种子假说，并且认为男性和女性对后代的贡献形式是不一样的。男性精液仅来源于其血液，血液携带着每个器官的"精华"或"元气"并滋养器官。不同养分的精华，如心脏、眼睛或大脑的精华，被萃取到精液中并输送给后代，因此父亲的某些特质就传递给了孩子。而女性的贡献是经血，亚里士多德认为经血类似于精液，也携带了女性器官的某些"精髓"。由此，他解释了母亲某些外表和性格上的特质是如何传给孩子的。如果母亲不提供有形的物质，那么所有的孩子都应该是其父亲的完美翻版。尽管如此，亚里士多德还是认为女性的贡献没有男性那么重要，他认为母亲主要是提供营养，而更高级的才能——性格和行为，则只源于父亲。

　　根据亚里士多德的理论，精液所含的热量多少决定孩子的性别。女性的体温天生就比男性要低，因此年龄大的父母——他们身体的热度从青年时期就开始逐渐降低，若在受孕时正巧碰上凉风习习，则更容易生女孩。如果想要一个男孩，就需要等待热烘烘的天气。但是，母亲和父亲的贡献并非简单的有或无：和父母一样，每个孩子的身心被分为很多的组分；在受孕时，其父母无意识的竞争为孩子的每个组分提供主要贡献。在某些组分上，父亲的贡献是主要的；在另一些组分上，母亲的贡献则是主要的。因此，孩子可能有母亲一样的眼睛，但同时有父亲一样的智慧。但有些时候，强烈的竞争会破坏组分，从而导致畸形或者出现祖辈的某些性状，因此有些孩子可能会长着祖母一样的鼻子或叔叔一样的下巴。

｜ 一代又一代

　　亚里士多德离开莱斯博斯岛后，成为马其顿国王菲利普二世的儿子——年轻的亚历山大大帝的私塾先生。亚里士多德教导了亚历山大很多知识，从王子应有的美德到青蛙交配的习性。和所有的皇室一样，马其顿历代国王们都通过继承的方式获得他们的统治权：亚历山大从他父亲那里继承了王位和财富，当然还遗传了他作为一位领袖应具有的血统、胆量和技能，以及其他一些好的或坏的品质。生物学意义上的"遗传"这一概念源自律法，即接受前人的习俗和传统，而这些习俗和传统往往与王位、宫廷或者其他一些属性的传承相关。遗传通常指从父亲传给儿子，而很多生物学理论中母亲在遗传中的附属作用类似于她在王朝继承中的次要地位，即使皇室的新娘同样出身于皇室，仍会被要求为新的王子做一些贡献——疆土、联盟或优质的血统。

　　就如同新的国王不用从头开始建立自己的帝国一样，他的品性也遗传自父母。但是这一假设导出这样一个问题：如果国王的美德可以像他的王位一样容易被继承，那么菲利普二世为什么还要聘请世界上最伟大的哲学家来教导他的儿子呢？是不是要教导王子去表现他的美德？如果是这样的话，那么每个人都可能通过学习成为一个统治者。而皇家血统是不是根本就没有什么特别之处？

　　在历史的长河中，那些篡夺王位的人，毫无疑问地倾向于主张成为一个帝王的关键品质是力量而非血统。流着皇室血液的也可能是懦夫，他们成长在优越奢侈的条件下而无须奋斗，因此相比那些不得不靠战斗而登顶的人，他们在体力和精神上都是孱弱的。让王子接受教育这一举措其实也默认了是成长环境和成长经历造就了帝王的尊贵，而不是血统。在享有盛誉的对话体著作《理想国》（The Republic）中，柏拉图描绘了他对理想国家的想象，并大肆宣扬要进行合适的繁育。他主张，应该禁止劣等人生育，而鼓励那些最强壮、最健康和最聪慧的人多生孩子。但柏拉图也仔细考虑了对城市统治者的教育，意识到低等人，即被他称作"青铜阶层"的人也可能生出具有统治者灵魂的孩子，这样的孩子应该进入"黄金阶层"并成为国家的守护者。而亚里士多德提到受孕时风的影响，说明他也相信环境在塑造孩子的本质方面有所作用。

那么到底哪方面的影响更大一些：是动物或人的血统，还是他们成长的环境？基于很多原因，这个问题很难回答，但最大的障碍在于，人的繁殖很慢且人又能活很长时间。聪明人都知道，不要指望能通过观察几代人来判断，到底是出身还是教育影响更大。

面对这样的困境，那些希望研究遗传的人都采用了和亚里士多德类似的方法：通过研究鱼来了解"人类未知的内部组成"。人们研究各种各样的动植物，希望揭示环境和遗传的关系。在有文字记载以前，人类已经知道保存可食用的种子并自己耕种粮食，而不用到野外觅食；之后有些人决定只保存和播种那些产自能结最大果实植物的种子，而丢弃那些果实粗硬、涩口或者个头太小的植物的种子。虽然不知道是从何时何地开始，但在千百年前，这些操作就是最原始的植物育种，也是最早对改良物种的有意尝试。这其实与农民挑选最好的动物来繁育是一样的，那些产奶量少的母牛或产毛量少的绵羊最后的结局就是出现在人类的餐盘里。但是这些早期改良的尝试并非都能得到一致的结果，有时候种群被改良了，有时候却没有，其原因无人知晓。

许多古希腊哲学家对农牧和农耕感兴趣。色诺芬［Xenophon，柏拉图导师苏格拉底(Socrates)的另一个学生］写了一篇关于狩猎的论文，题目就叫作"狩猎术"(Cynegeticus)。在这篇论文中，他建议只繁殖"优秀"的猎犬。柏拉图在《理想国》中以猎犬育种为例劝导他的读者，人类的繁育应该更为谨慎。不管是人还是犬，他和色诺芬主要关注的是亲代在受孕时的健康状况和环境，而不是亲代或其祖辈获得的成就。年青、健康的父母是产下优质后代的关键；至于父母本身是否出生于猎犬世家或仁慈的统治者家族，则很少被他们关注。

亚里士多德也对动物育种做了探讨，他关注的是被用于竞技和作战的马匹。马被认为是高级动物，因此马匹的育种比起其他动物更受关注，而且这些关注更多的是给予贵族阶层骑乘的马匹，而不是普通的马匹。后来那些古典作家也论述了马和其他动物的育种，但到底是优良品种还是合宜环境对动物育种影响更大，仍然没有一致的结论。有些人强调要选择优品种，另一些人则认为交配时动物所处的身体状况更重要，因此他们提倡让母牛挨饿，从而使它们更具繁殖力，并养肥公牛让它们更有力量完成劳累的交配任务。无论是亚里士多德理论还是希波克拉底理论，都少有人关注，因为任何一个理论似乎都无法为育种者提供实际参考。

当欧洲人在一千多年后重新审视先人的经典著作后，亚里士多德理论和希波克拉底理论再次受到重视，尽管它们仍然缺乏实际意义。最开始，人们对待这些理论像对待圣经一样，对先贤们的智慧毫无质疑。许多学者打算完全保留他们的观点，直到十六七世纪，这种对古典传统无限的尊崇受到了大量的挑战，一群追根问底的自然哲学家将目光再次投向这些古老的问题。

　　自然哲学家也是通过经验主义的方式来认识自然，但是他们更多的是依赖自己的观察和实验而不是先人的智慧。罗伯特·波义耳(Robert Boyle)和他那个著名的抽气泵将人类引入实验自然哲学的新时代。实验自然哲学指的是通过实验发现并展示新哲学的力量。英国皇家学会就是为了宣传这一新方法而建立的，其全称是"伦敦皇家自然知识促进学会"，其早期成员包括艾萨克·牛顿(Isaac Newton)和克里斯托弗·莱伊恩(Christopher Wren)，以及本章末会出现的罗伯特·胡克(Robert Hooke)和约翰·伊夫林(John Evelyn)，他们都认为开展实验才能提高认知。英国皇家学会倡导的多项研究也包括对农业改良的实际问题，有关于此的第一篇论文是伊夫林撰写的《森林志》(Sylva，1664 年)，目的在于劝说英国的土地主种植林木，以为国家正在扩张的海军提供优质木材。翌年，罗伯特·胡克出版了配有图片说明的《显微制图》(Micrographia)，展示了用荷兰人安东·冯·列文虎克(Anton von Leeuwenhoek)近期改进的最新型显微镜看到的奇妙世界。

　　17 世纪之前，动植物育种者很少关注哲学家的理论，当然哲学家也基本忽视育种者在实际生产过程中观察到的现象。但是，新的实验自然哲学强调由实验验证的实践知识，逐渐打破了育种者和哲学家之间的藩篱。马匹和其他动物的育种者开始阅读关于"繁殖"的哲学手册，而"繁殖"这个名词涉及遗传和胚胎发育，但是因为对遗传所知甚少，自然哲学家最初关注的只是胚胎发育。

　　威廉·哈维(William Harvey)医生是典型的新式研究者，如果英国皇家学会早点成立，他毫无疑问地会成为其中一员(他于 1657 年逝世，此后不久学会成立)。哈维医生因发现血液循环而闻名，但他也曾出版关于繁殖的手册《论动物的生殖》(Exercitationes de Generatione Animalium)。这本书运用了实验自然哲学来解释繁殖。哈维医生证明，经血并不会像流行的理论所说的那样，在怀孕动物的子宫里与精子混合。他还解剖了鸟和爬行动物，发现蛋在被产出前其实早已形成。哈维认为孕育幼崽的动物和人类体内一定具备类似于蛋那样的物质，他称之为卵子。他推测精液刺激卵子发育，但是他并没有在任何解剖过的子宫内找到精液的痕迹，于是他认为是精液散发的某种"精气"开启了卵子的发育，使其从无形逐渐发育到有形，被激发的卵子逐渐生长成为动物或人。

　　可是许多读过哈维著作的人都对他的推测表示怀疑，他们难以理解新生动物或人类的形态到底从何而来。哈维自己被迫设想是上帝本人介入了每个胚胎的发育，可是这一观点与越来越被接受的"自然规律控制机械化运转的宇宙"的观点相违背。牛顿驳斥了他的观点：如果上帝能设计出仿佛精确的钟表一样运行的太阳和行星且对它们的运行不予干涉，那么为什么不能设计出不用干涉其发育的胚胎呢？评论家们于是提出这样的理论：身体的器官和结构早已存在于卵子里但未被观测到，精子只不过启动了它们的发育。

　　哈维的理论被视为"新生论"，即卵子最初是无形的，只是逐渐发育成特定的形态。亚里士多德也有同样的观点，他用"四因说"的终极原因解释：胚胎长成这样的形态是因为它的最终目的就是要发育成一个新的生物。哈维的学说在发表后即被认为是老派学说：尽管他批评了亚里士多德理论，但他还是被许多信奉"机械论"的同代人归为古怪的亚里士多德学派。新生论的批评家们则主张胚胎预先在卵子里形成这一"先成论"。这个理论去掉了无形的胚胎转变成完整的动物这一过程对组织力的需要，也解释了灵魂是何时进入正在发育的人类胚胎以及如何进入的问题。先成论者认为实际上只存在一次创造——上帝创造夏娃的时候，她的卵巢就装着所有的人类，像一系列无穷无尽的俄罗斯套娃，一个小人套着另一个小人。这个理论看似极为荒谬，但当时的人们普遍认为地球也不过是刚被创造出来数千年，也就是说从亚当和夏娃开始，人类不过经历了上百个世代。更重要的是，显微镜揭示了以前未知的微观世界——存在于每一颗水滴中的微小新世界。如果上帝能创造微型世界并且让这么多微型生物在其中居住，那么他同样可以将数百世代的人装进夏娃的子宫。

　　哈维逝世后不到一百年，新型显微镜已能使人们分辨哺乳动物子宫中的小囊或卵泡。于是，大家普遍认为雌性能自己产生胚胎，雄性仅仅起到启动胚胎发育的作用。但是当时首屈一指的显微镜学家列文虎克并不赞同这一观点，他的显微镜显示在不同动物的精液中游动着极小的、类似微生物的生物。虽然对这种微生物的本质和作用存在争议，但很显然精液并非纯粹的液体，有小的生物在精液中形成且活跃着，而这些生物可能是胚胎的来源。于是先成论者分裂成两个阵营——以列文虎克为首的精源论者和与之对抗的卵源论者(想象亚当的精子中一个小人套一个小人，比想象夏娃的卵子中一个小人套一个小人，更加难以接受)。随着显微镜的改进，胚胎学家可以更近距离地研究胚胎、卵子和精子的解剖结构，寻找支持或推翻其中一个先成论阵营的证据，但是"繁殖"所涉及的另一层含义——遗传却更加被忽略。

　　如果好好看看镜子中的自己，就会发现先成论的两个阵营都是错误的证据就在眼前。先成论自然哲学家将母亲的耳朵和父亲的鼻子作为父母对后代影响的反映，反之亦然。但很少有人试图用先成论自己的观点去驳斥他们，因为一旦被驳斥，先成论者会用可能是母亲的想象塑造了发育中的胚胎这般理论去辩护，或者宣称母亲会提供改造精子的某些营养物质，而对此观点的对立解释后来成为解开"拟斑马困惑"的答案。

　　如果每一个物种中的每一个成员都是在世界起源时被创造、预先形成并被装入先父或先母的身体里，那么每一个物种都代表上帝头脑里一个神性的创造，并具有不变的本质。先成论者自然不会考虑生物的可变性是可以用来解释繁殖的途径的，他们倾向于将神性创造的最初的动植物形象所产生的变化视为畸变。

| 品种杂交

对于实际的育种者来说，被自然哲学家嗤之以鼻的可变性正是改良品种的关键，他们会挑选具有目标性状的两只动物或两株植物进行杂交。举个例子，从事马匹育种的人，熟知所有关于遗传的知识，但这些哲学家们并不清楚；并且，因为马是非常重要、非常昂贵的动物，育种者的见解都有详细的记载。英国都铎王朝时期，亨利八世颁布法令要求贵族们饲养和繁殖马匹（社会阶层越高，越要多养马）。法令强调了马匹的大小：贵族被责令要饲养身高至少达到 13 或 14 掌高（约 1.3 米或 1.4 米高）的马。很显然，在育种者的纪录中，身高是被广泛认可的遗传性状，而此时自然哲学家们仍然怀疑或忽视遗传在驯化动物和培育品种中的作用。

马匹育种手册花大量篇幅论述，是纯种交配还是异种交配对马匹品质的改良更好。无论支持哪一种方式，其证据都混合了第一手经验、传统知识和民间神话。一位文艺复兴时期的作家坚持种马只能在晚上交配，这样后代才更具有野性、更为活跃；另一位作家则主张如果牧场更整洁、更适宜马匹生活，产下的马驹会更温顺。其他一些人谴责将交配的马匹关在马厩里，而主张让它们在原野上自由奔跑，他们认为限制动物的行动会让交配变得很无趣，导致产下迟钝和懒惰的马驹（可能也有道理）。这些专家说，如果这样交配的话，会生产更多的雌性后代，因为种马会静下来，从而失去其天生的热情。

以上观点流传之广，我们在莎士比亚（Shakespeare）的《李尔王》（*King Lear*）中窥见一斑。《李尔王》里，格洛斯特（Gloucester）的非婚子埃德蒙（Edmund）质问，为什么他被指控为"私生子"和"下贱的人"；他为自己辩护道，像他一样由非婚父母生的孩子，比婚内生的孩子更具有"凶猛的品性"；那些所谓合法的子嗣孕育在"一张无趣、陈腐、让人生厌的床上"，因此他们成了"一群花花公子"，"浑浑噩噩"地生活。他自信地断言："卑贱的埃德蒙们将胜过合法的子嗣们"。许多莎士比亚戏剧的观众也认同，是埃德蒙父母澎湃的激情保证他具备"坚强的品质"，从而使他能夺取同父异母的兄弟埃德加（Edgar）的遗产。可是莎士比亚并没有在他的皇家赞助人面前将特权赋予一个篡政者，《李尔王》里凶猛的埃德蒙未得善终。

莎士比亚时代社会和宗教的巨变动摇了旧的信条，也让很多旧贵族走上了绞刑架；老的精英们掉了脑袋，新的精英取而代之；知晓谁可信任——谁是真正的绅士——成为那些有赖于赞助人维持生计的民众所亟待解决的问题。让人倍感意外的是，这种不确定性在伊丽莎白（Elizabeth）和雅各宾（Jacobean）的马匹养殖手册上可以了解一二——马匹的谱系受到越来越高的重视，毫无疑问地成了决定其品性的指导。莎士比亚的同代人哲瓦斯·马克汉姆（Gervase Markham）至少写了五本关于马的书。由于过于缺钱，马克汉姆抄袭自己的作品，不断地将自己书里的重要段落移植到"新"书中，后来他不得不向出版公司(执行最早的著作权的行会)保证不再写书。虽然很贫穷，马克汉姆却出身贵族，他将贵族的家谱比作马匹的谱系，要求记录马匹的谱系，从而评价其品质。他宣称"劣种马可能产下有漂亮毛发和身形的马，我们称之骏马，但是其内在可能保留了狂野的性情，这对于育种来说是绝对无法容忍的"。第一本良种马登记册和繁殖纪录毫不意外地出现在了那个时期。

另一位17世纪早期的养马专家尼古拉斯•摩尔根(Nicholas Morgan)，也持有和马克汉姆所强调的"良种论"同样的观点。摩尔根在其著作，如《完美马术》(*The Perfection of Horsemanship*)、《养马者的荣耀》(*The Horseman's Honour*)等中指责花哨的意大利马术学校只注重环境和训练而忽略遗传。据摩尔根说，"培育马匹的技巧"要基于对"种马和母马"的筛选，这样才能达到培育优质品种的目的。他警告读者"其中任何一方面的疏忽都将摧毁所有的努力"，因为"同类只能产生同类"意味着"选择任何劣等"的双亲之一都将导致"劣等性会永远存在于马的品质中"。摩尔根认为，那些以产良种马著称的地区，其马匹的优质正说明了它们的血统，而不是其他人所宣称的那样，饲养马匹的空气、食物和水才是其品质的保证。

随着赛马成为重大的商业活动，辨识良种马成了关键。人类赛马的历史和骑马的历史一样长，这项活动在英国君主政体复辟后逐渐正统化。比赛由新国王查理二世发起，旨在鼓励培育出速度更快、耐力更好的战马。比赛要求成年马匹(6～7岁)负重(多达12英石[①]，约76千克)进行长距离(6～8英里[②])奔跑。之后赛马被编入法典，有严格的规定以及丰厚的奖品。在王朝复辟后的一百年内，贵族们对通过赛马来改良战马的热情逐渐消失。幼年马匹短程比赛成为潮流(继第一条付费公路出现后铁路也出现了，将比赛用马匹运输到赛场比骑着它们去更容易，因此没有进行远程赛的必要)；经典的英国赛马日程——圣烈治锦标赛、橡树锦标赛、德比锦标赛，始于18世纪70年代，都是3岁马匹负重8英石(约50公斤)且赛程不到2英里的比赛。

新的赛马品种随新的赛马方式出现，而英国的纯种马仍然统治着赛场。17世纪，很多人相信速度和耐力源自阿拉伯马(很多赛马都是阿拉伯马)的热血，它们出生于炎热的国家，吸收了太阳的热量。为了在英国湿冷的气候下保护赛马珍贵的热血，英国养马人定期以高价进口新的阿拉伯马。但是到了18世纪，约克郡和林肯郡的一些马匹培育者打破了这一个习俗，转而开始培育他们自己的纯种马。他们培育出的马赢了比赛，似乎确证了这些养马人的直觉：是血统而不是高温环

---

① 1英石 = 6.350293千克。
② 1英里 = 1.609344公里。

境造就了阿拉伯马火热的品性。当然有些人持有异议，但越来越多的繁育者相信纯系不仅仅是速度或耐力的问题，也不是由马匹的毛色和外形所规定的，更不是由其受孕的时间或地点造就的，或者由胚胎时所吸收的热量所决定的。和英国绅士一样，品系独立交配——这些都一丝不苟地记录在谱系中，造就了纯种马。

很多 18 世纪关于培育马品种的论著都劝说培种者要像挑选种马那样小心地挑选母马；在这个主题上花如此多的笔墨说明这并非普遍操作。那些相信双亲对马驹的品质都有影响的人不可避免地回到那个老问题上，即双亲对后代的影响各占多大的比例。理查德·沃尔（Richard Wall）在"从哲学和实验的角度论马的育种"（Dissertation on the Breeding of Horses upon Philosophical and Experimental Principles，1758 年）一文中主张雌雄要匹配。他认为，将纯种公马与乡下母马交配完全没有意义，其结果就是它们产下的马比母马跑得快点，但完全比不上种马。这样的常识——品种杂交会混合双亲的品质其实由来已久，在科学界称为混合遗传理论。

让我们再回到本书开始提到的莫顿伯爵，他当时被认为是"皇家学会活跃分子"。他应该熟悉关于育种和遗传的最新理论；当他用拟斑马做实验时，约瑟夫·班克斯（Joseph Banks）爵士和许多有哲学倾向的绅士们在忙着观察绵羊的交配。画家托马斯·韦弗（Thomas Weaver）将他们的行为描绘在《莱斯特郡拉夫堡罗伯特·贝克威尔繁殖的公羊》（*Ram Letting from Robert Bakewell's Breed at Dishley, near Loughborough, Leicester*，1810 年）一画上。在班克斯和其他人的关注下，贝克威尔（Bakewell）作为当时英国最成功的动物育种人，向他们展示了改良绵羊的方法：仔细挑选用来交配的羊，尤其是公羊。他所培育的一个全新、非常赚钱的品种——莱斯特种，能快速被养肥。韦弗的画说明了乔治式"改良"的典范——因其由国王乔治三世倡导而得名。乔治三世对农业革新非常有热情，因此绰号"农夫乔治"。为什么他和班克斯对这样的事情感兴趣？很重要的原因在于肥嘟嘟的羊意味着能喂饱更多人，那他们就不会被法国和美国正在如火如荼开展的革命运动和危险的观点（比如民主）所吸引。

但是，班克斯和那些地主们所倡导的举措反而恶化了他们本企望降低的不满足感。贝克威尔所在的莱斯特郡一半的土地和班克斯所在的林肯郡三分之一的土地，在数十年前就已经从公有转成私有了。土地的私有化过程其实持续了几个世纪，1760～1830 年间，英国议会颁布了一系列圈地法案，私有化速度加快。圈地法案将公有土地分割并圈占农民土地，导致大量公有土地丧失，尽管有所谓的补偿，但往往使那些依赖土地生存的民众们难以为生，正如当时一首无名诗写的那样：

> 一纸法令给平民套上枷锁，
> 是谁将鹅从身边夺走；
> 强盗的罪行得以庇护，
> 是谁剥夺了养鹅的权利。

班克斯和那些地主们仍然相信私人的收益——他们自己的收益——可以被用来为公众服务。之前公用地未能得到充分利用，是因为没有人为之施肥或浇灌，也没有人关心如何提高土地的产量，这就是为什么人们会吃不饱肚子。一旦私人拥有土地，他就会想着怎么从土地上获得收益，这就是改善产量的动力，如通过付给贝克威尔配种费来提高他们自己的绵羊品质。从长远来看，会出现更肥美的羊、更富有的地主以及更满足的人民。可是，以上任何一个预期结果都不会给现在已经饿肚子的人提供多少慰藉。

圈地运动转变了英国大部分土地的性质：曾经开放的田野和丘原被蜿蜒的围墙和栅栏所包围，这些藩篱证明了社会变化的加剧。因为无法依靠公有土地生存，许多乡下人迁入日益扩增的城市；依靠新的动力——蒸汽——运行的工厂，正冒着黑烟招聘工人。工人们和土地的直接联系被切断后怎么喂饱肚子？班克斯和贝克威尔给出了解决办法：他们寄希望于将改良的品种运用于新世界——印度、非洲和澳大利亚，将其中部分土地圈起来征用，因为这些地方的原住民并没有充分利用他们的土地。莫顿伯爵开展的适合非洲的马匹培育实验，正是很多欧洲人，尤其是英国人正在做的多种尝试之一，他们希望将新世界变成耕种良好和收益丰厚的殖民地。

像班克斯和莫顿这样的贵族在努力改良庄稼、绵羊和马匹，而与他们同时代的很多人则在深深地忧虑人的繁育问题。旧贵族可以将自己的家谱上溯几百年，并由此宣称其血统优越，以为他们的财富和权力辩护。但是莫顿伯爵生活在一个贵族的威望和权力被新兴的工业主[如达尔文的岳父——陶瓷家乔舒亚·韦奇伍德（Josiah Wedgwood）]所削弱的时代。像韦奇伍德那样的工业主们不仅用他们的工厂从形式上改变了英国，还通过他们新创造的财富从社会层面上改变着英国。几代人之前，像韦奇伍德这样的人，即使他们是成功的手工艺人，也几乎不拥有土地；直到19世纪初，他们发了财，购买了土地和豪宅，并要求精英大学和高深职业的大门为他们的子孙敞开。实际上，他们在宣称传统的优质血统比不上勤劳的工作，他们的成功就是他们血液里富有强健精神的最好证明。

有些人将这种充沛的精神视为人类平等的证明，说明美国和法国革命者的观点是对的——一旦对血统的偏颇辩护被掀翻，最卑下的人也能提升自己。农业、工业和政治上的变革都与血统的问题紧密相关。无论是改良家畜以减少饥饿，还是改良统治阶层（如让精疲力竭的贵族和精力充沛的工业主联姻来阻挡民主），对遗传的认识都是关键。

在乔治·艾略特（George Eliot）的小说《弗洛斯河上的磨坊》（*The Mill on the Floss*）中，杜利弗（Tulliver）夫人认为"太可惜了……应该是小伙子而不是小丫头长得像他的母亲，这是最坏的繁殖结果；可是你永远不能正确地计算出结果"。确实，这是品种繁育的难题——无法预计将会生育一匹有条纹的马还是一匹烈性的马。打破阶层之间的藩篱会创造一个综合了贵族的美德和企业家的品行并勤奋工作的全新阶层吗？还是产生一批没有品德又虚弱无能的花花公子？没人知道这些问题的答案。那么对于个人来说，无论他来自哪一个阶层，关心的都是如何挑选他们的伴侣：有些不良的性格，比如疯癫，似乎是家族性的；由此看来，良好的品性也应该是家族性的；那么哪些是具有家族性的良好品性呢？柏拉图相信对繁育加以控制会改良人类，他的这一观点在历史中不断浮现。对改良人类的渴望以及对"优良"的不同见解，不断地驱动着人们对遗传机制的解析。

▎ 正确的工具

在向英国皇家学会解释"奇异现象"的缘起时，莫顿伯爵说他在尝试一个驯化实验。这个实验的设想是理解自然的本质，与英国皇家学会的建会宗旨之一相一致，因此学会积极倡导莫顿伯爵的实验价值。但在 18 世纪，实验基本上都是自然科学方面的，比如光学、电学和化学。植物、动物和人类属自然历史学，这门学科的主要任务是描述自然的多样性并对其分类，而不是解释多样性的原因，因为当时的人们相信生物都是由上帝创造的。到了 19 世纪，这一信念开始改变，部分原因是去了殖民地的欧洲人发现原来世界有这么惊人的生物多样性，远超他们的预想。甚至那些对上帝有坚定信仰的人，也认为像鼻涕虫和蠕虫这样的生物都要上帝亲自设计和制造是不太可能的，是不尊敬上帝的。为什么上帝不能像创造星星那样去设计自然运行的规律来创造生物呢？

生物学这门学科可以被定义为一门寻找自然运行规律的科学，不管这些规律是不是由神设计出来的。"生物学"这个单词在 1800 年就被创造出来了，但这门学科在此后的 100 年间才开始慢慢成形。开展实验逐渐成为生物学家所具备的特点之一，这将他们与原来的博物学家区分开来。例如，新式的生物学家们不是等着拟斑马和家马对彼此产生兴趣，然后通过观察交配结果来推测导致该结果的原因，而是利用大量的动物开展可控的育种实验，获得确切的证据来研究其理论。但是他们很快发现，大型动物，比如马，并不是好的实验动物。大型动物和人类一样，繁殖太慢了——需要经过几代人的时间去追踪可控育种对数十代马的影响。而且马吃得多，占的空间又大，只有富人才养得起它们。因此博物学家以及后来的生物学家开始寻找替代品，即用小型、能快速繁殖的动植物研究生殖和遗传的规律，然后再考虑这些规律能否被运用到生物学家最感兴趣的物种上，当然也包括人类自己。生物学史，在某种程度上，就是寻找有助于研究的正确的动植物的过程。

因此，过去的 200 多年，生物学家一直在寻找完成这项任务的正确工具——那些能够帮助回答他们问题的物种。西番莲让达尔文认识到杂合子的活力和植物的迁徙；而一种被称为"山柳菊"的不起眼的黄色花朵，在格雷戈·孟德尔（Gregor

Mendel)苦苦寻找"为什么有些杂合子很稳定但有些却总是回复到其亲代类型"这个问题的答案时，让他陷入困惑；弗朗西斯·高尔顿(Francis Galton)发现人类是糟糕的实验动物(令人头疼的是，人类实验体的个人想法和目的往往与实验者的不相符)；雨果·德·弗里斯(Hugo de Vries)起初因月见草而振奋，后来却迷惑不解；果蝇非常容易被驯服，这不仅让托马斯·摩尔根(Thomas Morgan)揭示了染色体如何携带遗传信息，也促使美国和苏联建立了合作；低等的豚鼠是让休厄尔·赖特(Sewall Wright)和其他人发现群体遗传规律的物种之一，将豚鼠研究和果蝇研究中获得的发现综合在一起，让生物学家明白了进化的"压力"如何将一个物种转变成另一个物种；如果没有在一种称为"噬菌体"且看不见的病毒研究中揭示DNA而非蛋白质是指导新病毒生成的物质，那么詹姆斯·沃森(James Watson)和弗朗西斯·克里克(Francis Crick)，这两位现代生物学最知名的人物就不会发现DNA的结构；当大多数生物学家在关注如病毒这样最小且最简单的生物时，复杂的玉米教会了芭芭拉·麦克林托克(Barbara McClintock)，基因有许多未曾被想到的小把戏，它们实际上会四处迁移。

这本书讲述的每个人都让人着迷，但这并不意味着一群孤独的天才以一己之力改变了世界。即使是那些看起来最孤独的天才，他们的研究结论其实也都建立于其他人的工作成果之上。我们将看到，"其他人"不仅包括其他的科学家和自然学者，还包括记者和评论家，植物采集者和实验室技术人员，养鸽人和园丁，工程师和发明家，水果进口商和贩卖奴隶的人。即使是最伟大的理论学者，也需要可用于分析和激发思想的实践结果；他们或者自己做实验进行育种尝试，或者利用别人的实验结果。反正总有人要做这些精细的、往往也是乏味而辛劳的工作，但只有基于这些工作，所有科学家才能产出思想和理论。因此，这本书将科学工作列在首位，其次才是科学思想。

从果蝇到豚鼠到玉米再到噬菌体，这些生物是遗传学历史上的"明星"，它们值得像受它们启发的科学家那样，被人所知晓。现代生物学的两位"名流"，一种非常朴素的水芹属植物拟南芥和个体小小的斑马鱼，正肩负着前任们的使命。拟南芥可以类比为植物学家的果蝇，是第一个被绘制了全基因图谱的植物；它帮助生物学家革新植物遗传改良。而斑马鱼则帮助科学家揭示更深的秘密——DNA是如何构筑机体的；它们拥有完全透明的卵和胚胎，使科学家能观察活体的每个发育阶段，从而弄清楚许多人类疾病以及解释生命最大的奥秘——一颗受精卵是如何变成一个完整复杂的生物体的。

今天，我们把许多对遗传学问题的回答视为理所当然：在学校学习基因和DNA；翻开报纸，很难看不到对肥胖或癌症所涉及的相关基因的报道。但是，为了理解接下来的故事，需要你们从现在开始忘掉已经知晓的现代遗传学知识。首先，抓着我们现在已经弄清楚的知识不放，会让我们难以理解人类曾经是怎样想的以及为什么和现在想的不一样。我们将在书里看到，亚里士多德、莫顿伯爵、达尔文以及其他许多人持有的现在已经无人相信的观点，其原因在于他们当时都用不同的方式去理解世界。如果我们想要理解他们的工作和思想，就必须站在他们的角度去看世界。

更重要的是，我们还需要忘掉现在所设定的正确答案，因为这本书并不是要描述如何从"错误"答案中选择出"正确"答案。科学史有力地说明，今日所谓的正确答案往往会成为明日错误的答案；科学没有永恒的真理，只有暂时的近似。在数年或数百年的时间里，某些人描绘了世界是如何运行的，但更常见的是，这些描绘提出了新的问题和新的实验。而且十之八九，新的研究会推翻旧的理论，产生新的答案，当然还有新的问题。科学家今天所掌握的许多知识必然在未来会被抛弃，或者被改进甚至被重新定义，这些我们都无法想象。因此，未来我们的子孙可能会认为我们现在所相信的理论如此荒谬，就好像我们认为前人所相信的，如凉风有助于孕育女孩或者拟斑马将条纹特征传给根本不是由它孕育的马驹这些观点一样难以置信。

此书所讲述的只是一部分帮助人类理解生命机制的动植物。现已知晓，雄性拟斑马并没有给母马打上印迹(无论是从生物学角度，还是从其他角度都没有)，事实并不是像莫顿伯爵所认为的那样；小马驹和其他拟斑马的条纹特征其实是一种返祖现象或回复变异，即现代马祖先的一些特征重新出现。这种现象比莫顿伯爵或达尔文所猜测的还要有趣，尤其是它让我们搞清楚了马的进化史，让我们瞥见了长着条纹的现代马祖先是什么样子。对遗传学的理解让我们不仅仅揭示了进化，还让我们能对其进行干预。我们将看到，寻找合适的工具常常需要我们制造工具，通过对上百株豌豆或上千只果蝇开展艰难的杂交实验，最终制造出带有我们想要的性状的纯合品系。现在掌握的遗传学知识让我们认识到，可以摒弃令人厌烦的杂交工作而只用简单地制造工程化生物，如肿瘤鼠这种专门被设计用于生长肿瘤的商品化动物。肿瘤鼠创造者相信它会为人类造福，但与现代生物学的许多研究一样，它的出现也产生了非常严重的伦理问题。

第二章

细柱西番莲:
达尔文的温室

Chapter 2
Passiflora gracilis:
Inside Darwin's greenhouse

热带雨林是植物的天堂。但就像所有理想的居住地一样，它也会变得拥挤不堪。林间潮湿且枝叶茂盛，新发芽的种子通常都缺少光照。解决光照短缺的一种策略是长成一棵参天大树，几百英尺①高的粗壮树干支撑着大量的枝干，让叶片能充分暴露在阳光下。但这样的成长需要时间，数以千计想长成大树的幼苗在此过程中都被淘汰了。另一种策略是成为藤本植物，生出纤细并能快速生长的茎，攀附到别的树干上，由此以最短的时间和最少的能量消耗，让叶片接触到光照。

西番莲是典型的热带攀缘植物：它们有特化的且几乎可以附着在任何别的植物上的卷须，能够感知光并迅速向光照方向生长；一旦到达光照到的地方，它们就专注于生命体的终极任务——繁殖。西番莲因其娇嫩艳丽的花朵而闻名，这些花朵吸引了各种各样的传粉者——蜜蜂、蝙蝠、蝴蝶、蛾子或鸟类，它们从一朵花飞到另一朵花，一路上将花粉传播出去。受精后，西番莲的子房膨胀形成百香果，果实鲜艳的颜色和甜美的味道吸引了许多动物，尤其是鸟类和灵长类，它们会吃下果实，于是西番莲的种子得以传播。

和许多南美灵长类动物一样，棕色僧帽猴(物种名为 *Cebus apella*，也称为黑帽悬猴)也喜欢百香果。僧帽猴这一名字源自它们棕色的身体和脸上的白色毛发，这让欧洲旅行者想起了圣芳济教会修士的斗篷——圣芳济教会修士的棕色袍子上通常会缝制一顶白色的兜帽或风帽(卡布奇诺咖啡的名称也源自相同的形象类比)。与修士不同，僧帽猴交配繁衍活跃，它们生活在热带雨林的树冠中，以能接触到的任何食物为生。棕色僧帽猴是喜欢吵闹、有破坏力的摄食者；它们从一棵树跳到另一棵树，撕碎果实，砸开果核，无论它们走到哪里，都留下吃了一半的植物和种子，还有粪便。粪便为西番莲种子的萌发提供了理想的肥料，让它们开始新的一轮对光照的"攀缘之旅"。

西番莲吸引灵长类动物来吃其果实并传播种子的策略得到了慷慨的回报。1553 年，一位名叫佩德罗·德·塞萨·德·利昂(Pedro de Cieza de León)的人出版了第一本关于奇花异果的书。他的故事说服了其他人在全世界传播西番莲种子；摆在超市里甜而酸的蛋形百香果，证明了西番莲对灵长类动物的策略是有效的。

利昂在《秘鲁的时光》(*La Chronica del Perú*)一书里描述了一种"芬芳可口被称为 Granadilla 的水果"。但吸引读者的不是它的果实，而是它的花朵。后来

---

① 1 英尺 = 0.3048 米。

一位西班牙作家这样形容它的花朵："和白玫瑰非常类似，好像是被精心制作出来以表现耶稣基督受难"。[1]

1609 年，马耳他王国的一名骑士，贾科莫·博西奥(Giacomo Bosio)正在收集关于基督十字架的故事以及与之相关的传说和奇迹。一位在墨西哥出生的修士知道后，向他展示了一些来自美洲 "美得惊世骇俗的奇异花朵"的图画，这些花朵似乎带有象征基督受难的意义。博西奥最初被大多数西番莲花所具有的典型外环冠状细丝所吸引。他认为这象征着基督的荆棘之冠，因为他看到所描绘的花朵有 72 条花丝——正是基督花冠上荆棘的传统数目。他用五个雄蕊(花的雄性部分)来代表抽打基督的鞭子，而他所看到的这种西番莲的花柱上有五个血红色斑点，于是给它取了个西班牙名字——"五伤痕之花"(即基督的四个圣伤和一个刺伤)。西番莲花还有三个雌蕊(接受花粉的雌性生殖器官)，博西奥将这三个雌蕊解释为将基督钉到十字架上的三颗钉子。最后，接受花粉的雌蕊是从同一个花柱中生长出来的，这个花柱被视为基督受鞭笞时被绑缚的柱子。[2]图片通常简化西番莲的植物特征，从而更为清楚地表现其宗教意义，于是西番莲的名声传播开来，很快便被栽种在欧洲大陆的花园中。

1612 年 8 月，就在博西奥的书出版三年后，西番莲盛开在了巴黎。与此同时，约翰·史密斯(John Smith)船长[他是弗吉尼亚总督和新英格兰海军上将，因与印第安公主宝嘉康蒂(Pocahontas)之间的情谊而闻名]在日记中写道："印第安人也种植马拉科克(Maracock)，一种像柠檬一样的野果"(Maracock 是百香果的阿尔冈琴印第安语)。西番莲正是从弗吉尼亚的英国殖民地迁往英国的；在第一部英国园艺书——约翰·帕金森(John Parkinson)的《唯一的天堂》(*Paradisi in sole Paradisus terrestris*，1629 年)提到了西番莲。帕金森将这种植物叫作"弗吉尼亚攀缘者"，或者"马拉科克耶稣信徒"，但也许是因为内战前夕紧张的宗教气氛——他觉得去掉特定的天主教象征意义是明智的。[3]

然而，魂丧断头台的查理一世有时会被英国天主教徒称为"受难信徒"。这种联系可能促使小约翰·特雷德斯坎特(John Tradescant the younger)在英国的园丁中推广西番莲，因为和他的父亲一样，小特雷德斯坎特是王朝复辟后国王的首席园丁。他也旅行，收集和出售异国植物。他去弗吉尼亚旅行了几次，他的新植物目录(1656 年)中就有西番莲——他称之为 *Amaracock* 或 *Clematis virginiana*("*Clematis*"指铁线莲属，用来描述任何攀缘植物)。由于小特雷德斯坎特的缘故，西番莲很快就被引进英国：1699 年，博福特(Beaufort)公爵夫人的园丁们就已开始种植蓝色西番莲了。

伟大的瑞典博物学家卡尔·冯·林内(Carl von Linné)，或称为林奈(Linnaeus)，赋予了西番莲现代拉丁语名 "*Passiflora*"。众所周知，他还通过建立一个现在仍在使用的系统，将动植物的命名方式标准化。每一个物种的名称分两个部分，即双名：第一部分是与之密切相关的物种类群，即它所从属的属名；第二部分是其本身的种名。如细柱西番莲的学名是 *Passiflora gracilis*，蓝色西番莲的学名是 *Passiflora caeralea*，等等。现代植物学家将西番莲属归为西番莲科，同归于西番莲科的还有其他几个属的热带攀缘植物，包括冠蕊莲属（*Basananthe*）和蒴莲属（*Adenia*），这些植物都具有西番莲的外形。

林奈的植物学著作很快被翻译成英文，他的命名体系在英国尤其受欢迎。尽管西番莲的名字广为人知，但直到 19 世纪，西番莲才在英国被广泛种植。虽然它们的普及要归功于其花朵鲜明的色彩和形状，但其发展也得益于税法的变化，其受到了帝国主义和工业化的影响，尤其是工业污染的影响。

▎ 蒸汽、烟雾和玻璃

1845 年，一篇刊登在周报《园丁纪事》（*Gardeners' Chronicle*）上的社论庆祝首相罗伯特·皮尔爵士（Sir Robert Peel）对废除玻璃税的决定——"玻璃上的所有赋税都应被取消"。编辑声明："每个有温室、黄瓜架甚至窗户的男人都应该感激皮尔"。这篇社论宣称："在所有可抽税的原料名单中没有哪一个像对玻璃收税那样令人难以忍受"。尤其让人愤怒的是，征税把"一种除了劳动和技术外几乎不花什么钱的美丽物品，变成一种即使是那些生活安逸的人也只能在最必需的场合里才能享用得起的奢侈品"。[4]

宪章运动的煽动者在伦敦街道上游行，与此同时，爱尔兰爆发了饥荒，而整个欧洲都在酝酿着革命，黄瓜架的成本可能不会显得那么重要，但废除玻璃税对至今我们仍能看到的英国景观产生了影响。

在取消玻璃税时，窗玻璃仍然是手工吹制的。窗玻璃制作过程是先将一个熔化的玻璃球压平，像压平手工吹制的玻璃花瓶底部一样。待冷却后，就可以将玻璃片沿平面方向切割下来。这一过程不仅要求技术精湛，耗时且昂贵，而且还无法制作出面积大于 2 英尺×3 英尺（60 厘米×90 厘米）的玻璃片。但据另一份流行的中产阶级读物《钱伯斯爱丁堡杂志》（*Chambers's Edinburgh Journal*）称，终结玻璃税将有希望改变这一切，"人们无法预见玻璃会有什么用途"，社论预言，"更无法预见多么便宜就能获得它"。作者相信取消玻璃税将会"给贸易带来弹性"，因为"新的企业家会从事玻璃制作"。果然，1847 年，废除玻璃税激发一位来自桑德兰的年轻人詹姆斯·哈特利（James Hartley）发明了一种轧制平板玻璃的系统并申请了专利。[5]由哈特利的机器生产出的玻璃片，比之前的任何玻璃片面积都更大、更结实且更便宜。他成为英国最大的玻璃制造商，生产的玻璃被运往帝国的各个角落。没有这些玻璃，伟大的维多利亚火车站，连同它们的拱形铁和玻璃屋顶，都无法修建；也不可能有巨大的商铺橱窗，展示英国正蓬勃发展的工业所制造出的令人眼花缭乱的消费品。但从西番莲的角度来看，哈特利的发明最重要的一点在于使建造大而廉价的温室成为可能。

在哈特利的发明出现之前,可建造的温室面积已经开始扩大。1816年,出生于苏格兰的花园设计师兼记者约翰·克劳迪斯·劳登(John Claudius Loudon)为一种用于温室的新型锻铁玻璃格申请了专利。人们第一次实现了建造弯曲的屋顶,这样就能引入更多的阳光;而旧的木质窗扇挡住了大部分阳光。劳登发明的格条让建造像查茨沃斯(Chatsworth)庄园的大温室那样的建筑物成为可能。查茨沃斯庄园的大温室由约瑟夫·帕克斯顿(Joseph Paxton)设计,于1840年竣工,是当时世界上最大的温室;但锻铁的批量生产马上让它在英国皇家植物园,即邱园(The Royal Botanic Gardens,Kew)的棕榈屋前相形见绌。但只有政府或非常富有的人才能负担得起如此大规模的建筑工程。1872年,一家因出版《比顿夫人的烹饪书》(Mrs Beeton's Cookbook)和《英国妇女家庭杂志》(Englishwoman's Domestic Magazine)而声名鹊起的出版社,发行了《比顿的花园管理》(Beeton's Book of Garden Management)一书,书中这样评论:"在几年前,除富人外,人们都认为即使是最小的玻璃制品也是奢侈品。"[6]

为了让人们买得起,温室必须量产,这就需要增加需求。在《钱伯斯爱丁堡杂志》对取消玻璃税的庆祝中可以获知这种需求的来源:

> 我们无法预见园艺种植者们获取廉价玻璃的好处。温室架子和其他玻璃装置是如此庞大的一笔费用,导致近来保险公司认为,有必要为防御冰雹提供保险——众所周知,冰雹会摧毁许多苦苦谋生的菜农。[7]

《园丁纪事》也以类似的方式评论道:"对于那些必须购买玻璃的生意人来说,消费税是最沉重的负担。"[8]

这两家报纸主要考虑的是,为居住在英国快速扩张的城市里的居民提供食物的菜农。他们面临的最大问题是烟雾——住宅和办公室都用煤取暖,而依靠蒸汽运转的工厂都靠近工人住地,工厂的烟囱让烟雾问题更严重。除此之外,1830~1850年,英国修建了6000英里长的铁路,那时煤炭产量还是每年4900万吨,而在以后的30年里增加到了每年1.47亿吨。

针对烟雾问题,维多利亚时代的人们喜欢卖弄自己的聪明才智,他们提出了各种各样净化空气的想法,包括把汉普斯特德的新鲜空气抽到管道里并输送到伦敦市中心(毫无疑问,这个想法从未实施过)。直到1851年,一个更实际的解决办法出现了。为了举办博览会,帕克斯顿决定建造世界上最大的玻璃建筑,一个甚至超越邱园的棕榈屋的建筑,在它竣工前,便被讽刺杂志《笨拙》(Punch)亲切地称为"水晶宫"。

然而,其他大部分人却并不喜欢这个"水晶宫"。艺术评论家约翰·拉斯金(John Ruskin)称它为"黄瓜架",《泰晤士报》(The Times)称它为"丑陋的大温室"，人们也反对建造它，尤其是因为建造规划中还包括砍掉海德公园里几棵美丽的老树。为了克服人们对建筑计划的反对，帕克斯顿想出了一个巧妙的办法来解决树的问题——围绕树木建造。结果，建筑里的榆树枝繁叶茂；《园丁纪事》杂志注意到，"那些脏兮兮的半死不活的榆树，像野树一样长在露天公园里，只能长出平均 1 英尺长的枝条，而生长在水晶宫拱顶下的榆树，营养丰富、洁净、栖息良好，生长的枝条可达 6~7 英尺长"。[9] "丑陋的大温室"向公众展示了园艺家已经认识到的——温室可以解决烟雾问题。由此，玻璃建筑开始流行，以至于到了 1877 年，有人建议在伦敦的阿尔伯特纪念碑上修建一座巨大的新哥特式温室，从而保护它免受空气污染。

工业化使批量生产的温室具有实用性并成为必需品；从玻璃和铸铁厂喷出的浓烟令城市居民几乎不可能在室外种植植物。园艺种植者不得不依靠玻璃房来谋生，而随着英国城市的不断发展，对温室玻璃的需求也在不断增长。《钱伯斯爱丁堡杂志》的编辑预见到"个人也可以拥有温室"。[10] 事实上，成千上万维多利亚时代的人们参观完水晶宫后，也决心拥有自己的温室。帕克斯顿吹嘘他通过使用批量生产的标准化零件，降低了建造宫殿的成本。他利用自己的新名声，基于相同的原则推出了一系列可负担得起的模块化的温室装备。大批量生产使温室变得廉价和受欢迎，很快就有了适合每个人的尺寸和价格的产品出现。各式各样的温室涌现，从简单上釉但没有加热系统的温室到所谓的"加热温室"—— 温室内的炉子让室内保持足够的温度，以便种植热带植物，如西番莲。

那些买不起大尺寸温室或者没有花园来放置温室的人，可以买沃德箱，一个能搁在桌子或窗台上的微型温室。它是以一位颇有事业心的绅士，纳撒尼尔·巴格肖·沃德(Nathaniel Bagshaw Ward)的名字命名的，他声称自己发明了沃德箱，但其实仅仅是对现有设计进行了简单的改进，然后写了本书来推广他的发明，书名具有典型的富有想象力的维多利亚式风格——"在密闭的釉盒中栽培植物"(On the Growth of Plants in Closely Glazed Cases)。沃德对园艺学和植物学都很有兴趣，他逐渐把自己在伦敦的家变成了遍布植物的社交中心，来访者包括伦敦植物学家和外国游客。园艺作家约翰·克劳迪斯·劳登曾拜访过沃德的家，他形容"住宅和办公室的所有墙壁上，院子四周的围墙上，甚至在山墙尽头和斜坡上"，都可以看到植物栽培箱。[11] 沃德举办科学聚会并利用一切机会推广他的玻璃箱：它们非常适用于栽培蕨类植物，并有助于激发人们对蕨类植物的狂热爱好。他还将他的玻璃箱推荐给植物学家和苗圃工人，并建议他们用玻璃箱将来自帝国各地的植物运往英国花园。

沃德箱出现之前，在缓慢行驶的航船上运输活的植物是一项冒险的业务；即使海上的盐雾没有杀死它们，在不同的气候环境下迁移所带来的不适应通常也会杀死它们。人们认为沃德箱也并非万无一失；他们对植物安全的担忧显然超过了对植物的了解。于是，他们"把玻璃涂上涂料，用宽木条把它包起来，最后整个钉上一块厚厚的防水布"。毫不奇怪，植物最终死在了黑暗的"棺材"里。[12] 但尽管有失败，沃德箱还是帮助成千上万种新植物抵达了英国。

在居家环境中，沃德箱则被当作一个优雅的装饰品，被栽培在内的植物为常常不通风的维多利亚式客厅带来些许色彩和生气，同时也体现了主人的品位以及对科学的兴趣。为充实英国的温室，航船上的沃德箱带来了异国水果、花朵和蔬菜样品，帮助植物抵达新的栖息地。

除了廉价的温室之外，维多利亚时代的人们还发明了其他英国周日下午不可缺少的特色，如割草机和花店，他们也为"当雨天使园艺变得没那么有吸引力时该怎么办"提供了解决方法——园艺杂志，该方法曾经很流行。为维多利亚时代的英国铁路提供动力的蒸汽，也为印刷机提供了动力，并大量生产了成本低廉的纸张。于是，这个国家经历了报纸、杂志和书籍的巨大繁荣，随着数十家新的出版商开始争取新的读者，他们很快就发现园艺爱好者是个潜在的市场；《园丁纪事》就是众多顺应潮流而创办的杂志之一。

这些新读者也帮助复兴了《植物学杂志》(*Botanical Magazine*)，该杂志刊登关于新植物的描述，并配以漂亮的手绘插图。1826 年，该杂志出版将近四十年后，由格拉斯哥大学植物学皇家教授威廉·杰克逊·胡克(William Jackson Hooker)接管。他努力增加杂志的科学内容，利用大受欢迎的异国植物来吸引新的读者，并借助与世界各地的联系来获得新的植物以用于制作插图。19 世纪 30 年代，他联系了苏格兰园丁约翰·特威迪(John Tweedie)，此人几年前移民到布宜诺斯艾利斯并希望找到为阿根廷富人做园艺设计和景观美化的工作。可顾客比他想象的少，因此特威迪开始考察这个国家的内陆，寻找新的植物来满足英国园艺爱好者们对新奇事物与日俱增的欲望。

很快《植物学杂志》就刊登了对特威迪所找到的植物的描述和图示。例如，1839 年胡克给一种新的西番莲起名为"黑种草西番莲"(*Passiflora nigelliflora*，意思是其花朵长得像黑种草，黑孜然这种香料即来自黑种草)，并告诉读者"黑种草西番莲是 1835 年由特威迪在从门多萨到图库曼的途中发现的"。胡克为更多的科学读者描述了其植物学特征，但园丁才是杂志的主要读者——胡克解释说，"9 月，新的植物在格拉斯哥花园开花了，但似乎需要炉子加温"。特威迪的其他发现还包括"图库曼西番莲"(*Passiflora tucumanensis*)，这种植物被描述为"一种野生植物，第二年就在格拉斯哥植物园的炉子温室里开出茂盛的花朵"。[13] 特威迪是典型的植物采集者——他采集植物并将其送到英国。在英国殖民地和与之存在贸易的地区，园丁、传教士、殖民地的官员、海军军官和士兵、罪犯监督员和受人雇用的植物采集者，都在努力满足英国本土对异国植物的商业需求和科学工作者的好奇心。一些人为钱工作，一些人为园艺、上帝或帝国的荣耀工作——但更多人只是渴望为植物科学做出贡献。

花园和温室的繁荣把植物变成了大生意。19 世纪 40 年代，通过园艺杂志出售的每个西番莲新品种的价格是 1 几尼（1 几尼=1.05 英镑=21 先令）。当时，家庭佣人每年挣 20～60 英镑，显然这些植物不是大众能负担的。然而，到了 19 世纪 50 年代，特别花哨的品种的价格已降至 16 先令 6 便士，而对于更常见的品种，只要 2 先令 6 便士。暴跌的价格带来需求的增加；大量种植或进口西番莲，使它们的价格让普通人也能承受。同时，铁路也能在全国范围内迅速且廉价地运输园艺材料、设备、建材和植株，这些都促进了园艺的繁荣。像特威迪这样的采集人、商业化苗圃和工业化所带来的机遇（和困难），使人们在英国可以非常容易地获得异国植物。

《植物学杂志》的竞争对手之一，是伦敦大学学院植物学教授同时也是《园丁纪事》编辑的约翰·林德利（John Lindley）主编的《植物注册表》（*Botanical Register*）。林德利在其中一期中描述了一种新的花，他将其称为"紫冠西番莲"（*Passiflora onychina*），或者"沙利文上尉的激情之花"，因为它最初是由海军上尉巴塞洛缪·沙利文（Bartholomew Sulivan）采集到的，"1827 年他曾经从里约热内卢植物园获得过一些植物种子，其中就包括它的种子"。[14] 这次里约热内卢之行的几年后，沙利文上尉被调派到由罗伯特·菲茨罗伊（Robert FitzRoy）指挥的一艘小测量舰"贝格尔号"（HMS Beagle）上，该舰于 1831 年 12 月再次启航前往南美海域。与菲茨罗伊、沙利文和其他军官及船员一起的，还有一位柔弱的年轻人，这位年轻人没有明确的抱负，但对收集自然史热情高涨，他就是查尔斯·达尔文。他在西番莲的故事中将扮演一个重要的角色。

┃ 不孕、婚姻和西番莲

五年航程中，"贝格尔号"在南美海域度过了一半以上的时间。当船员们忙着船上的各种事务、为英国海军绘制精确的地图时，达尔文则自由自在地在内陆进行长途旅行，有时一去就是几个月，在此期间他探索草原、山脉和热带雨林。在他出版的《贝格尔号航行日记》（*The Voyage of the Beagle*）中，他描述了所看到的，"许多村舍……被藤蔓环绕着"，其中有些几乎可以肯定是西番莲，因为大部分西番莲都是南美的本土植物。当"贝格尔号"到达加拉帕戈斯群岛时，达尔文收集了两个陌生的西番莲品种；他制作的干枯褪色的标本至今仍被保留在剑桥大学的标本室里。遗憾的是，他到达加拉帕戈斯群岛的时间是 9 月和 10 月，那时植物还未开花，但他的标本仍然带有西番莲的攀缘"装备"——令达尔文着迷的纤细柔弱的卷须。在大学期间给他上过课的剑桥大学植物学教授约翰·斯蒂文斯·亨斯洛（John Stevens Henslow），曾敦促他把注意力集中在植物的花上，而达尔文的西番莲标本表明他可能已经对它们的攀缘习性产生了兴趣。[15]

1836 年，"贝格尔号"返回英国，为了正确鉴别和命名所采集的植物，达尔文将标本分发给了不同的专家。在他职业生涯的这个阶段，他主要的专长是地质学而不是植物学，因此西番莲和其他被采集自加拉帕戈斯群岛的植物被一起送给了他的老朋友亨斯洛。不巧的是，此时的亨斯洛忙于大学事务和教区工作(1837年，亨斯洛成为萨福克郡希区姆的教区牧师)，没空研究他以前的学生交给他的植物。西番莲标本就这样被冷落忽视了很多年。

1843年，"贝格尔号"返回英国七年后，毫无回音的等待让达尔文将加拉帕戈斯群岛的植物交给了威廉·胡克的儿子约瑟夫·道尔顿·胡克(Joseph Dalton Hooker)。约瑟夫刚刚完成了一次非凡的航行：他花了四年时间，搭乘"厄瑞玻斯号"(Erebus)环航南极。"厄瑞玻斯号"和它的姐妹船，一艘名副其实的"恐怖号"(Terror)，曾冒着冰山和风暴的危险，比以往任何船只往南航行得更远，试图去确定南极磁极的确切位置。虽然船体已经加固以帮助其抵抗浮冰，但没有木船能在南极的冬天生存下来。随着禁航的日子一天天迫近，冰山冻结在一起，"厄瑞玻斯号"和"恐怖号"一路向北撤退，计划在澳大利亚、新西兰或南美越冬，进行维修和添加补给。在这期间，约瑟夫外出探索和采集植物。尽管他只是一名助理海军外科医生(而达尔文则是作为船长的陪同)，但他有一个在植物学圈里非常知名的父亲为他打开了社交大门。无论他到哪里，约瑟夫都会联系到父亲的联络人。虽然他乘坐的船没有把他带到布伊诺斯艾利斯去见特威迪，约瑟夫在澳大利亚和新西兰依然遇到了许多与特威迪类似的人，对植物的爱好让他们为约瑟夫的父亲，这位刚成为英国皇家植物园——邱园——的主管采集植物。

回到英国后，约瑟夫决定写一篇不仅仅是在描述他旅行经历的文章，而是一篇对南极洲周围所有国家的植物的综合论述。通过对比不同国家的植物，他希望发现植物是如何到达现在的栖息地的。显然，达尔文意识到他对植物分布的兴趣后，把"贝格尔号"采集的植物交给了约瑟夫，其中就包括西番莲。当时达尔文已经因出版《贝格尔号航行日记》以及关于地质学和其他主题的论著而成了一位知名人物，达尔文对他给予的关注，令约瑟夫既感到意外又受宠若惊。一收到这些植物，他就写信告诉达尔文，这些植物"物种的数量比我想象的要多得多"，即使他已经准备好去看达尔文在日记中记载的来自不同岛屿的植物之间的巨大差异，他仍然被所看到的实际标本所震惊，他意识到这些标本将迫使他以及其他植物学家重新思考他们对植物迁移的看法。[16] 三年后，约瑟夫在伦敦林奈学会的学报中描述了达尔文采集的西番莲，认为它们是新的物种，并将其命名为"*Passiflora tridactylites*"和"*Passiflora puberula*"。[17] 达尔文的礼物，包括这些西番莲，开启了他与约瑟夫之间的终生友谊；他们定期的信件和拜访，对彼此来说都珍贵无比，约瑟夫的观察描述和其拥有的大量有关植物方面的知识也帮助达尔文完善了几十年的工作成果。

从"贝格尔号"航行回来后，达尔文开始试图弄明白他看到的现象所暗含的意义。当然，他并不是一看到加拉帕戈斯群岛就想到了进化论，其间也花了很多年来发展和检验他的理论，西番莲在他的工作中扮演了一个小而重要的角色。在达尔文现存的论文中，有一本标有"问题与实验"的笔记本，这是在他航程的头几年里潦草写就的，里面都是他匆匆记下的模糊记录，纯粹为了唤起自己的记忆；它们很难读，更难解释。其中有一处含义模糊的记录，提及了他父亲栽培的西番莲；在"无花果，花朵"的标题下，达尔文列出了他想研究的授粉植物，其中就包括"西番莲"。[18]

达尔文显然知道，人工栽培的西番莲需要人工授粉才能结出果实。他可能在一些园艺杂志上了解了种植这些植物的困难，这些杂志也刊登了帕克斯顿所宣扬的"自己动手做"的温室广告和特威迪所宣称的新的西番莲品种。《农舍园艺师》(*Cottage Gardener*)就是其中的一本杂志，它于1848年创刊，并自豪地将自己描述为"园艺各个方面的实用指南"。达尔文不仅阅读，还常常给这本杂志写信，希望它的读者能帮助回答一些植物学问题并给他提供新鲜的知识。

《农舍园艺师》以诸如"温室和窗外园艺"此类的主题为定期专栏。1849年，唐纳德·比顿(Donald Beaton)写了一篇关于植物的介绍性指南，他认为这些植物应该被栽种在每个人的温室里。指南中排在第一位的是气味芳香的飘香藤(*Mandevilla suaveolens*，通常被称为智利茉莉花)，也是特威迪所介绍的一种植物。比顿的文章接下来写道，"在飘香藤之后，我推荐西番莲"，并列出了一些更耐寒和更强壮的品种，这些品种在户外或在不加热的温室里也能生长。[19]

比顿出生在苏格兰，曾致力于改善位于萨福克郡斯拉布兰德公园(Shrubland Park)的观赏花卉园。他是植物杂交和花坛基底方案的专家，代表另一种维多利亚时代对解决工业烟雾问题的回应——种植在污染城市室外的花朵会迅速死亡，因此园丁们开发了在玻璃温室里培植大量花朵的技术，待开花的时候把花朵移植到室外，在前一批花朵凋谢的时候将它们替换掉。这种技术还创建了精致的几何图案和其他被称为地毯式花坛的设计，至今在一些老式的公园和花园中仍可见。

继比顿在《农舍园艺师》上推广西番莲后，第二年，另一位作者罗伯特·艾灵顿(Robert Errington)撰写了一篇关于"栽培西番莲用于制作甜点"的文章，文中提及能为客人提供异国风味的水果是拥有温室的主要原因。在简·奥斯汀(Jane Austen)的《诺桑觉寺》(*Northanger Abbey*)一书中，凯瑟琳·莫兰(Catherine Morland)被带到寺院的花园，那里坐落着一个"温室群落"。很明显，这个"温室群落"有一个主要目的：花园的主人蒂尔尼(Tilney)将军，"尽管在食物方面很随意……但是喜欢可口的水果"，不过"最精心的照料并不能保证能得到最珍贵的水果"。[20]在过去的一年中，专门产菠萝的温室——菠萝园也只产了100个菠萝，因此像蒂尔尼将军这样的人可以用这种炫耀性的消费给邻居留下深刻印象。西番莲的种植也是出于同样的原因。

然而，异国植物只有结出果实才能给人留下深刻的印象——正如艾灵顿所承认的——这并不容易。在艾灵顿给栽培者的建议中，他指出"另外一点，也是最重要的一点是，必须严格注意——花朵在开放时必须人工'处理'，否则就没有收成"。这个过程非常简单，"当花药在上午十一点左右开裂时，抓住它并用它摩擦柱头顶部"，但他不知道为什么必须这么做。他推测，也许这是因为在大多数的西番莲花朵中，花药(产生花粉的部位)是倒垂着的，而柱头被雌蕊中心的花柱举得过高，因此当花药成熟并开裂时，花粉落不到柱头上。艾灵顿观察到这样的雌雄蕊安排对花的好处"不是很明显"，并认为同为专栏作家的比顿"无疑会阐明这一奇怪的构造"。[21]

比顿在此后的一期杂志上回复了这个问题。他认为"西班牙僧侣把这一构造误认为象征耶稣受难的传说纯粹是胡说"，并声称，尽管这样的构造很明显是不实用的，但当它们繁殖的时候，雌蕊会弯向雄蕊。他傲慢地说："难怪……会有那么多像西班牙僧侣和我们的朋友(艾灵顿)一样诚实的人，被'这种幻想'所迷惑。然而，我们必须感谢艾灵顿先生，因为他希望消除妨碍这种相互理解的一切障碍。"[22]

比顿没能回答为什么花蕊会以这种奇特的方式排列，而且他提供的信息大部分是错误的。[23]大多数西番莲不能用他所描述的方式自我授粉；相反，它们依靠昆虫、鸟类、蝙蝠(或园丁)携带花粉，从一朵花传播到另一朵花——没有这样的帮助，它们无法繁殖。

西番莲无法自我繁殖这一特点让达尔文着迷，也使他感到震惊，因为这似乎与他的自然选择理论相矛盾。就像和他一起长大的马匹和犬类育种人一样，达尔文也知道生物变异：孩子和他们的父母长得很像却并非完全相同。长期以来这些小的差异一直被博物学家和生物学家称为"变异"；对于任何特征，如身高，在一个种群中是有一个范围的——从最高到最矮——被称为种群的变异范围或简单地叫作"变异度"。当时，达尔文和其他人都不知道是什么导致了这些变异，但不管是什么原因导致的，它们都可以被遗传，就像每位将最好的公牛与产奶最多的母牛交配的农民所理解的——这就是改良品种的方式。但是在"贝格尔号"航行归来后的几年里，达尔文试图解释野生动物和植物是如何发生改变的——在没有任何有意识的繁殖目的存在的情况下。在读到由政治经济学家托马斯•马尔萨斯(Thomas Malthus)写的著作《人口论》(*An Essay on the Principle of Population*)时，他思想里最著名的突破产生了。马尔萨斯认为，没有战争和饥荒的制约，人口增长将总是超过粮食生产；避免出现食物争夺的唯一办法是"对穷人施以道德约束"，换句话说，买不起食物的人不应该有孩子。[24]达尔文在《达尔文自传》(*Autobiography*)中写道，读到《人口论》时，他"已经做好了充分的准备，从对动植物习性的长期观察中去领悟这处处存在的生存斗争"；因此他突然想到正是因为这种强烈的斗争，"有利的变异往往会被保留，而不利的变异将被消除；其结果是新物种形成。此刻，我终于得到了一个行得通的理论。"[25]

这就是自然选择的精髓：生物体是随机变异的——一些变异有助于机体存活

并繁殖，但其他一些变异则并非如此。植物和动物不能行使"道德约束"，导致了对食物、空间和伴侣的激烈争夺；那些携带有助于生物体生存的变异的个体更有可能将这些有利的变异遗传给后代。同时，那些具有不利变异的个体会倾向于产生更少的后代。因此，慢慢地、逐渐地，经过成千上万代，生物会发生变化，变得能更好地适应它们的环境。最终，它们的后代将进化得完全不同于它们的祖先，于是一个新的物种就此诞生。

达尔文对自己的理论很满意，并开始测试它是否能解释他的各种观察和实验；这时，像西番莲这样的植物就成了问题。很明显，植物在同一朵花中拥有雄性和雌性生殖器官这两部分是有利的：它们可以省去寻找交配对象这个乏味且又无望的过程。大多数的花能自花授粉，保存能量用于产生和散布它们的种子。然而，有些植物不仅没有采用这种省时省力的安排，反而像西番莲这样的植物（且并不罕见）似乎还有意回避自花授粉；西番莲花朵的构造使得它无法自花授粉（这是艾灵顿在《农舍园艺师》中提到的困惑），而且很多植物对防止自花授粉还有终极保障——如果自己的花粉落在自己的柱头上，是无法受精的，这一现象被植物学家描述为自花不育。这种安排是如何演变的，又为什么演变？正如艾灵顿所讽刺的那样，这种好处对植物来说"很不明显"。

西番莲对自花授粉的回避也使达尔文困惑不解。自从在爱丁堡大学读本科以来，达尔文就展现了一个典型学生对性的痴迷。当他的同龄人在城市的酒吧和茶馆里进行他们的研究时，达尔文却与其朋友兼老师的动物学家罗伯特·格兰特（Robert Grant）在福思湾的海滩上散步，在那里他们收集微小的海洋生物并在显微镜下观察它们。格兰特让达尔文对如珊瑚这样的生物产生了兴趣。珊瑚由数百个独立的珊瑚虫组成，它们似乎游离在植物界和动物界之间，因此格兰特给它们起了个名字："植虫"或"动物-植物"。它们的胚胎可以像动物一样自由游动，但之后就完全固定不动并成为一个巨大群体的一部分，就好像它们已经变成了一个更复杂的有机体的元件，好像一棵树的叶芽、树叶和枝干。

达尔文到剑桥大学后仍然对这些问题保持浓厚的兴趣，在剑桥大学他遇到了亨斯洛并从他的讲座中了解到，像草莓这样的植物可以通过长出腋芽这样的无性方式来繁殖，这是一种完全正常的繁殖策略，而不是像同时代的一些人所认为的那样，是异常的繁殖方式。达尔文在"贝格尔号"航行时采纳了亨斯洛和格兰特的观点，开始相信生物繁殖有无数种方式：有些似乎完全依赖于有性繁殖，有些只是偶尔依赖，而还有一些则完全不依赖。他在旅行中还采集了藤壶，回到英国后，花了八年时间（1846～1854 年）对其进行研究和分类。他特别惊讶地发现，大多数藤壶和花一样，也是雌雄同体——它们有雄性和雌性生殖器官——而少数藤壶则有性别之分。也许最令人惊讶的是，雄性藤壶小到可以像寄生虫一样生活在雌性藤壶的壳里。雄性藤壶和精子管一般大小，完全依赖于雌性藤壶的保护和喂养。达尔文对此非常震惊，他想知道这些被他称为"备雄体"（complemental males)的物种是否可能为中间物种，介于普通的雌雄同体的藤壶和性别完全分化的藤壶之间。它们暗示了一种进化出不同性别的途径；达尔文假设所有的有机体都是从无性或雌雄同体的类型进化而来的，因为两个独立的性别似乎不可能同时进化。但是，是什么进化压力推动着自给自足、自花授粉的生物——如藤壶或西番莲——冒着无子嗣的风险，朝着复杂、拥有两个不同性别的世界演化？

1838年夏天，和同龄人一样，达尔文也同时面临着一些诸如结婚与否的困惑。作为一个搞科学的人，他用理性的方式对待这个问题——列出了一份"结婚"和"不结婚"的清单。在"不结婚"的清单里，他列举了不结婚的好处，如"想去哪儿就去哪儿"和"与俱乐部里的聪明人谈天"；不结婚也会让他摆脱"争吵"、"肥胖和懒惰"以及"买书的钱更少"的困扰。但婚姻也有它的吸引力，包括"音乐和与女性谈话的魅力"。而这两个清单上都列有"孩子"。达尔文这样写道："孩子们(如果让上帝高兴的话)可作为结婚的好处。"他补充说："想到要像工蜂那样终其一生只知道工作，其他的什么也没有，是无法忍受的。"但他也担心"养育孩子的费用和焦虑"，尤其是"如果有很多孩子"，他可能会"被迫为了生计"而工作。尽管有这些缺点，他还是选择了结婚。最有力的论据是结婚将为他提供一个"稳定的伴侣，年老时的朋友，他/她会对对方感兴趣，被宠爱，并一起玩乐——无论如何，比和狗在一起好。"[26]

达尔文仔细权衡了这件事之后，向他的表姐艾玛·韦奇伍德(Emma Wedgwood)求婚了。他们于1839年1月29日结婚。在此之前，达尔文家族和韦奇伍德氏族之间已经有过几次表亲联姻，这几乎成了一个传统。然而，当达尔文家族和韦奇伍德家族成为一个日益紧密的庞大家族时，并不是每个人都相信这样的联姻是个好主意。当达尔文考虑婚姻时，他读了亚历山大·沃克(Alexander Walker)新近出版的《近亲结婚》(Intermarriage)一书，书里写道："每一位父母赋予孩子的机能和能力，符合某些自然规律，并遵循动物繁殖中的相应效应。"[27]沃克声称自然法则控制着人类和动物的繁殖，这一观点引起了达尔文的注意；结婚后不久，他决定通过对植物育种的详细观察来测试类似沃克的想法。沃克的一个观点是，近亲繁殖可能导致"畸形、疾病和精神错乱"；在接下来的几年里，达尔文担心他做出的和表姐结婚的决定是他们孩子身体虚弱的原因，事实上他们的几个孩子也确实看起来病恹恹的。1842年，他和艾玛的第三个孩子玛丽(Mary)在出生几周后就去世了；9年后，他们心爱的女儿安妮(Annie)刚满10岁就不幸夭折；而他们的最后一个孩子，查尔斯·华林(Charles Waring)，也只活了不到2年。达尔文的花园不仅是他摆脱这些丧子之痛的避难所，也是他试图理解其原因的地方；他在植物杂交上花了数年的时间，试图了解近亲繁殖的确切影响。

尽管达尔文自"贝格尔号"航行归来后再也没有离开过英国，但他开展了大规模的与世界各地博物学家、园艺工作者和农民之间的通信。他在信里写下问题，并接受各种评论、标本、想法和观察报告。将这些和他在花园里的观察结果放在一起，达尔文认为他可以在《物种起源》(The Origin of Species)中宣称"近亲繁殖降低活力和生育能力"。

> 这些事实本身就使我相信这是自然的普遍规律（尽管我们对其意义完全无知），有机体不会永远自我受精；与另一个个体的杂交是偶然的——也许要间隔很长时间才会发生——但却是必不可少的。[28]

然而，一些批评者抨击了达尔文的这种说法，认为他没有提供足够的证据；这些批评者和达尔文自己都不满意对自然规律的意义"完全无知"，所以达尔文又回到自己的花园去证明这一点。

为了帮助自己解决这个问题，达尔文决定在已经建好的没有暖气的玻璃房内增加一个能加热的炉子，这样可以让他更好地比较耐寒植物和相对脆弱的热带植物。他写信告诉约瑟夫·胡克："我的温室大约一周后就要启用了，我很高兴看看目录上有什么植物可以种。"温室一建成，达尔文就"像一个小学生一样"想把它填满。[29] 他打算种植热带兰花去充实他多年来对本地物种的研究，但又担心它们的费用会太高，便对胡克(当时已经是皇家植物园邱园的副园长)说："我斗胆向你讨要一些兰花……我想兰花会非常贵。"[30] 胡克开玩笑地回复他说："你如果不在成为花匠前把你想要的植物目录寄给我，我会感觉被极度冒犯。"[31] 几周后，达尔文带着他最想要的植物清单去了邱园，当看到胡克的礼物时，达尔文"被它们的数目震惊了"，因为这几乎能全部填满他的整个温室。他特别高兴地表示"看到了我想要但我并没有要求的东西"。[32] 几周后，他仍然高兴地叫着："我已经列出了所有植物的清单，共 165 种！"达尔文开玩笑说，不知对邱园资源的攫取是否会导致胡克最后进"法庭"。[33]

达尔文在对植物繁殖能力的研究上所获得的第一个成果是他撰写的关于兰花的书《不列颠与外国兰花经由昆虫授粉的各种手段》(The Various Contrivances by which British and Foreign Orchids are Fertilised by Insects，1862 年)。兰花神奇的形态和颜色使它们成为另一种广受欢迎的温室植物，这也使得这本书销量大增。达尔文从大学时代起就对兰花产生了兴趣，就像对待西番莲一样，他乘坐"贝格尔号"航行时也采集了一些兰花。大约在 1854 年，他开始用植物开展实验来研究为什么能自花授粉的植物实际上却在依赖昆虫授粉。假定他在《物种起源》中所做的"永恒的自花授粉降低了生育能力"这一设想是对的，自然倾向于选择 "通用"的花似乎仍然是合理的，任何昆虫都可以为这样的花授粉；这肯定会使植物繁殖的机会最大化，确保这种"通用"的花变得普遍。然而，达尔文却发现，许多种兰花的花朵逐渐演变成仅一种昆虫可以进入并为其授粉。兰花显然是相当顽固的，它们不满足于放弃一种容易的繁殖方式——自花授粉，似乎想进化得更彻底，进一步降低它们繁衍后代的机会。然而，兰花却是世界上最大的植物家族之一。

当达尔文试图解释兰花异常复杂的结构时，他意识到昆虫和花朵之间类似于"锁和钥匙"的关系对两者都有好处。因为其他种类的昆虫不能获得花蜜，所以它们与能进入兰花的昆虫就不存在竞争。而使兰花受益的是，它的花粉只会传播给同种个体，而不会浪费在不能使其授粉的其他植物上。这些共同的利益使自然选择成为一种力量，缓慢地、经过几十万世代，改变了兰花的结构和昆虫的行为。那些遗传了偏爱特定兰花习性的昆虫，可能也会经过许多代，最终成为这种兰花唯一的"拜访者"，因为它们和兰花适应了彼此的结构。特定昆虫会面临较少的竞争，因此在对食物的争夺方面稍有优势；所有这一切增加了它们遗传这种偏好的概率。与此同时，为了更好地"适应"昆虫而产生变异的兰花，也增加了成功授粉的概率，从而能在后代中更广泛地传播这种改良的结构。达尔文的研究工作揭示了看似设计巧妙且美丽的令人费解的结构，其实是自然选择的产物。在每一代中，最成功的昆虫都是那些最适合花朵的昆虫，反之亦然；对于兰花和它们的授粉者，进化与其说是适者生存，不如说是最匹配者生存。正如达尔文所说，"我对自然的研究越多，就越被它通过自然选择慢慢获得的精巧结构和美妙的适应性所打动"。尽管只是随机、为生存而产生的变异，但这些变异"在某种程度上超越了最富想象力的人在可供使用的无限时间里，用最丰富的想象力所能想到的结构和变化"。[34]

能移动的植物

达尔文想在温室里栽培的不仅仅是兰花，他对约瑟夫·胡克说："我会一直关注奇特的和用于实验的植物"，其中就包括食虫植物。食虫植物似乎是另一个例子——与他曾在爱丁堡研究过的微小植虫类似——这些生物模糊了动物和植物之间的界限。他很高兴地从苗圃的商品目录上发现他可以买到食虫植物，"猪笼草只要 10 先令 6 便士"；随着西番莲价格下跌，苗圃贸易让不常见的植物也能被负担得起。除了食虫植物之外，还有一些植物似乎具有感官能力："含羞草和所有类似的有趣植物，通过合上叶片来回应触摸。"[35]植物，在传统定义中与动物的区别在于，无法感知或移动，所以含羞草是另一个潜在的模糊动植物边界的例子。然而，如果达尔文要证明这种非凡的能力是进化来的而不是上帝设计的，他需要首先证明所有植物都具有一定的感知和移动能力。

达尔文以包括西番莲在内的攀缘植物为对象来研究植物运动。温室建成后不久，他(以特有的谦逊态度)告诉胡克："我被我的卷须逗乐了——这正是一种适合我的琐碎工作，而且不花什么时间。"事实上，从他的《攀缘植物的运动和习性》(*On the Movement and Habits of Climbing Plants*，1865 年)一书中，我们可以清楚地看到，这绝不是"不花时间"，实际上他花了数年时间开展艰苦的实验，研究植物是如何以及为什么攀缘的。很明显，一些植物对攀爬有高度的适应性。例如，美国电灯花(*Cobaea scandens*)被达尔文称为"具有令人佩服构造的攀缘者"，它那分叉、带有小钩的卷须由"坚硬、透明的木质物质构成，和最细的针一样锋利"，达尔文这样描述，"容易抓住柔软的木头、手套或手上的皮肤"。达尔文将这类植物称为"卷须植物"，它们似乎是最专业的攀缘者。随着慢慢生长，卷须会旋转直到抓住一个支撑物，当它们感受到光照时便开始朝光照方向攀爬；正如达尔文写给儿子威廉(William)的信中所说："我目前喜爱的是卷须植物；它们对触摸的感觉比手指更敏感，非常灵巧和睿智。"[36] 随着对所喜爱的植物的研究，达尔文被它们的"灵巧"迷住了，他注意到卷须可以向着一圈"重量仅为一粒谷物的 1/32"的软线生长，这种敏感度使得它们能够探测到任何可供它们攀爬的物体。然而，当更重的雨点落在卷须上时，它们并没有反应，对风也没有反应。[37] 达尔文对攀缘植物应答速度的印象也尤为深刻。用细柱西番莲做实验后，达尔文记录道："对触摸的应答非常迅速，我抓住几个卷须的下半部分，然后用一根细树枝触摸它们的凹尖，通过透镜仔细地观察它们……在触摸后的半分钟内，卷须的运动就能被观察到，甚至有一次 25 秒内就能清楚地看到运动。"[38] 在他论述的所有"灵巧而睿智"的卷须植物中，西番莲的适应性似乎最好；达尔文称细柱西番莲"在运动速度和卷须敏感度方面超越了其他所有攀缘植物和卷须植物"。[39]

这些植物非凡的运动性和反应性是它们对环境的进化响应。达尔文解释说："植物成为攀缘者，是为了……获得光照，将更大面积的叶片暴露出来……而攀缘植物用非常小的代价即可实现，相比而言，树木则需要巨大的树干去支撑沉重的枝叶。"[40] 这就解释了为什么植物会攀爬，但达尔文仍然需要解释为什么自然选择可以创造出如此高度特化的植物。他注意到攀缘植物可以分为几类。有些攀缘植物如常春藤，利用气生根来攀爬。但是也有他所说的螺旋攀缘植物，他把它们分为缠绕植物、叶攀缘植物和卷须植物：缠绕植物将自身缠绕在支撑物上；叶攀缘植物利用自己的叶柄附着在支撑物上；卷须植物则具有最专业的攀爬工具。

因为缠绕植物将整个茎缠绕在支撑物上，所以它们使用了最多的植物原料去攀爬。达尔文解开缠绕在支撑物上的植物，对它们的茎进行了测量(茎最厚，因此也是植物生长过程中消耗能量最多的部分)，发现缠绕植物的茎最长，叶攀缘植物的茎次之，而卷须植物的茎最短。减少所需的原料实现同样的目标，显示了这种特化的适应性优势。通过观察植物生长，达尔文认识到卷须只是经过改造的叶子或花茎，并注意到缠绕植物基本的螺旋运动对这三种攀缘植物都是必要的。从这些观察中，他能够重建可能的进化顺序：缠绕植物最先进化，然后是叶攀缘植物和卷须植物。在原始缠绕植物中细微而随机的变异意味着植物获得光照的难易程度不同；达尔文注意到，卷须植物能在灌木和树木向阳面攀爬，而简单的缠绕植物则有一半的时间待在背阳处。因此，卷须植物可以更有效地进行光合作用并生长得更快，所有这些都帮助它们保存能量来制造花朵和果实，使它们产生更多的后代来继承任何让亲代受益的变异。渐渐地，一代又一代，自然选择可以把简单的缠绕植物变成高度进化的卷须植物。在后来出版的由达尔文和他儿子弗朗西斯（Francis）共同撰写的《植物的运动能力》（*Power of Movement in Plants*，1880 年）一书中，达尔文指出在任何一种植物中，都能找到这些赋予植物攀爬能力的最基本的运动，只是存在的形式不同而已。含羞草和细柱西番莲可能是最特殊的，但绝不是唯一的。

达尔文在总结他在攀缘植物方面的研究工作时写道："人们经常含糊地断言植物与动物的区别在于没有运动的能力。"这显然是错误的；应该更准确地说，"只有对植物有利时，它们才会获得并显示这种能力"。大多数植物很少需要移动，或者移动得太慢，让我们无法观察，但对于特定的环境，它们所做出的反应比任何人之前所认为的都更像动物，并表现出掠夺性、敏感性、易感性以及快速移动的特征。达尔文后来写道："我一直很高兴能在个体水平上褒扬植物。"向他的读者展示植物并非无知觉、不动或简单的，也许没有任何一种攀缘植物比细柱西番莲更能让达尔文大声喝彩。[41]

| 性别有什么好处?

除了在植物运动实验中使用西番莲外，达尔文决定在他长期的植物育种实验中也使用西番莲(同时还用了许多其他物种)。达尔文试图通过这些实验来回答一定程度上由他的婚姻引发的问题：性别有什么好处？或者，正如他围绕这个话题所撰写的著作标题，"植物界杂交和自交的效应"（*Effects of Cross- and Self-Fertilisation in the Vegetable Kingdom*，1876 年)是什么？

鉴于达尔文对人类近亲繁殖的问题有一定的兴趣，他没有选择动物来做实验似乎让人感到意外。我们将在下一章中看到，人类是很差劲的实验对象，但另一种灵长类动物，或者至少是另一种哺乳动物，较西番莲而言，似乎应该是更具优势的选择。然而，对于一个博物学家来说，植物最吸引人的一点在于其交配相对容易控制。许多技术运用于植物繁殖，如将花朵用网罩住以阻挡昆虫，然后用画笔手工传粉，确保花粉到达一棵特定的植物上。达尔文使用的第一种植物是普通的柳穿鱼，但很快他就使用了几十种其他的植物，有种植在室外的，也有种植在温室内的。达尔文专注于在相同的条件下培育杂交和自花授粉的物种，试图证明异花授粉的植物比自花授粉的植物确实更具有竞争优势。

仅仅审视这些实验所涉及的工作就令人殚精竭虑。达尔文调查每一个物种时，都需要种植几十棵植株，而且这些植株还必须被间隔开，以避免风或昆虫的意外授粉。此外，每一棵植株都要手工授粉，测量生长状况，计数每一粒种子。所有这些工作都必须做两次，一次是对自花授粉的植物，另一次是对异花授粉的植物。难怪达尔文后来在一封信中抱怨道："我像奴隶一样（数过大约 9000 粒野牡丹的种子）……已筋疲力尽，我现在需要援助。"[42]

幸运的是，援助很快就到来了。撰写兰花的书籍出版后不久，达尔文收到了一封来自约翰·斯科特（John Scott）的信，斯科特是爱丁堡植物园一名年轻的园丁，他解释说："我冒昧给您写信是想让您注意到您独创性解释中的一个错误。"[43]当时，斯科特 20 多岁，还不到达尔文年龄的一半，要纠正这个国家最著名的博物学家的错误是需要些勇气的（而不是一点点自信）。幸运的是，达尔文并没有感到被这个自信的年轻人所冒犯；他马上回信说，"非常真诚地感谢你给我写信"，并补充道："你指出的事实让我很吃惊，也相当地警醒了我。"[44]达尔文担心自己可能已经犯了更多的错误。尽管他已获得如此多的成就，但他从不认为自己是一个真正的植物学家；正如他对斯科特说的："我只知道零星的植物学知识，你比我懂得多。"他意识到斯科特可以成为一个非常好的助手，于是告诉这位年轻的植物学家："我清楚地看到你有一个真正的实验主义者和好的观察者所需要具备的精神。"这些赞美还有一个目的：达尔文想知道"你是否针对不同品种的植物的相对繁殖力做过实验"，他补充道，"我非常想知道这方面的信息"，尤其是关于"半边莲、文殊兰和西番莲的"。[45]

被达尔文善意的言语所鼓舞，斯科特急切地想为他提供帮助。他告诉达尔文，"我在花园里为好几季 *Tacsonia pinnasistipula*（另一种西番莲）的花授过粉"，但他也遇到了很多园丁都遇到过的问题，"我很少能获得它们的果实"。但在达尔文的鼓励下，斯科特提出，用西番莲"针对这些有趣问题开展一系列实验"。[46]

斯科特知道达尔文对西番莲的兴趣，因为达尔文在《物种起源》中将它作为相对于自花花粉更容易被外来花粉所受精的植物的例子。[47]斯科特问达尔文："在《物种起源》中您提到西番莲，用'自花花粉'处理一定会不育吗？或者仅是部分花朵不育？"然后继续讨论他栽种的几个物种。[48]达尔文寄给他自己的证据——交由斯科特检验；不久，这位年轻男孩便开始辛勤劳作，杂交西番莲植株，计数种子，测量植株的生长并将结果报告给达尔文。[49]后者赠之以赞美（"你是个一流的观察者！"）、礼物（"如果你想要任何一本我出版的书的话……能赠书于你是我的荣幸"）或者温和的批评（"我想你没有真正地比较杂交植株的种子数目与亲本品种的种子数目"），但最重要的是对更多工作的建议（"我非常希望你能对同一棵西番莲植株做一系列比较实验"）。[50]斯科特对自己作为一个晚辈合作者的角色很满意，并向达尔文讨教做哪些可能的实验。"如果你仔细考虑后想尝试一些让我感兴趣的实验"，达尔文回复他说，"我会很高兴的"，并补充道，"我建议可以在马铃薯上做类似的实验"，同时还建议斯科特重复早期的西番莲实验来检验其结果。[51]为了进一步鼓励他，达尔文给斯科特寄来了《物种起源》和《贝格尔号航行日记》。在回信中，斯科特对他这样写道："（向您致以我）真诚且谦恭的感恩之情，并非常感激您对我的好意，我觉得自己配不上"。他不仅因为书而感激达尔文，更感激达尔文愿意"认可由一位完全没有名气、年轻热情的科学崇拜者所做的观察"。[52]

在斯科特的帮助下，达尔文证明了杂交植物比自花授粉的植物实际上总是长得更高、更强壮和更具有繁殖能力，这足以解释"避免自花授粉的机制"是如何运作的。假设有两个西番莲的祖先品种 A 和 B：两者都可以被自花花粉所受精，但是（由于随机变异）品种 A 比品种 B 自花授粉的概率高。因为品种 A 的自花授粉概率高，所产生的自花授粉的后代更普遍，但这些后代并不是那么强壮（因此下一代成功繁殖的可能性较小），所以最终会比更强壮的异花授粉的同胞们产生更少的后代。相比之下，虽然品种 B 会产生较少的后代，但其中大多数都是强壮的异花授粉的植株。这些异花授粉的植物不仅会将这种自花不育的微弱倾向传给下一代，下一代还将进一步发生随机变异，因此其中一些后代会比它们的上上代更具有自花不育的倾向。经过许多代之后，品种 B 将越来越依赖于昆虫传粉等机制，靠着它们将花粉从一朵花传递给另一种花（这一过程也发生在兰花的祖先上）。乍一看这似乎令人难以置信，但随着品种 B——这种稀有、自花不育的品种——越来越依赖于不确定的异花授粉，它将变得越来越普遍。

考虑到这些优势，任何偶然有利于异花授粉的随机变异都有可能变得更加普遍。这就是为什么即使是雌雄同体的植物也经常进化出一些机制——比如依靠昆虫授粉——在一定程度上避免了自花授粉。兰花与特殊昆虫之间的"锁和钥匙"关系正是鼓励它与其他植株交叉受精的一系列适应性的进化表现之一。

达尔文关于异花授粉进化的一个关键证据是，自然界展示了广泛的不同程度的繁殖力：西番莲教会了他"有很多物种，用自身的花粉受精，要么绝对不育，要么在某种程度上不育"，但"若授之以同一植株不同花的花粉，它们有时也能繁殖，但这种情况很少见"。当杂交两个没有亲缘关系的植物时，"无论什么程度，它们都是不育的，且是彻底不育的"。他总结道，"因此，我们在两个极端都有一系列绝对不育"：一个极端是，植物太过相似而不能繁殖（几乎像是某种机制防止乱伦结合），而另一个极端是它们差异太大，产生不育后代，如马和驴交配产生骡子。[53]当达尔文出版《交叉和自体受精》（Cross- and Self-Fertilisation）一书时，他认为自己已经理解了令人费解的西番莲自花不育现象：防止自体授粉，保证交叉受精，从而确保产生生命力更强、更有繁殖力的后代。达尔文认为，进化出不同的性别将是另一种避免自花授粉的明显策略，可以解释藤壶是如何从雌雄同体，经过能与微小备雄体结合的过渡态，进化形成不同的雄性和雌性藤壶的。正如达尔文在他的《不列颠与外国兰花经由昆虫授粉的各种手段》一书的结尾所写的："大自然厌恶永久的自体受精"；避免它的方法就是产生两种分开的性别。[54]

| 高等种族？

达尔文喜爱植物，西番莲只是他研究过的众多物种之一。它们确实特别有趣，达尔文在许多不同的论著中一再提到它们，比如他未完成的"大型物种著作"——《自然选择》（*Natural Selection*），又比如《物种起源》（1859 年）以及《动物和植物在家养下的变异》（*Variation of Animals and Plants under Domestication*，1868 年）等著作。它们是攀缘植物中的明星，在《交叉和自体受精》中扮演一个很小但有趣的角色。虽然其他植物同样重要，但是只有西番莲让达尔文意识到自己广泛的植物学兴趣。

然而，尽管达尔文对他的温室和花园、西番莲和兰花抱有热情，但也丝毫不影响他对人类的繁殖充满同样的兴趣。正如我们所看到的，他担心自己的孩子，但是他也担心他的国家和人民的未来。他所崇拜的那些精力充沛、活力十足的帝国缔造者们在让英国变得富有的同时，似乎也让英国人生活得太舒适了。他和他的同胞可以轻易地获得每一项生活必需品，这是否会降低自然选择的影响，最终削弱种族而导致他们被其他国家所统治？

达尔文在《物种起源》中小心翼翼地回避了人类进化的话题，他意识到如果不这么做，他将会有应付不完的争议。但 1871 年，他最终在《人类的血统》（*Descent of Man*）一书中触及了这个问题，重申了他对马尔萨斯悲观哲学的信仰，并大胆断言"所有不能让子女避免赤贫的人都不应结婚"。他指出，"人类和其他动物一样，毫无疑问，为生存而奋斗，依赖快速增长才达到了现在的高度，如果他想爬得更高，他就必须继续经受激烈的斗争"；换句话说，如果给予穷人和其他"低等的"社会成员太多的帮助，生死攸关的斗争将会被缓和，从而使人类"陷入懒惰"。在达尔文看来，确保"更有天赋的人在人生的斗争中比那些没有天赋的人更成功"是至关重要的——他们会把自己的天赋传递给更多的后代。[55] 达尔文附和了他的堂弟弗朗西斯·高尔顿（Francis Galton）的忧虑，后者发现受过良好教育和家境富裕的社会成员（达尔文和高尔顿都认为他们必须是最有才华的人）有更小的家庭，而那些不负责任的穷人则生了一大堆孩子。下一章我们会看到，高尔顿对如何解决这一问题提出了强烈的主张。

除了这些更广泛的担忧之外，达尔文还特别担心像他自己的家族和韦奇伍德这样的"上层"家族中普遍存在的近亲结婚将进一步削弱四面楚歌的中产阶级。1870 年，他鼓励他的邻居同时也是科学盟友和当地议员的约翰·拉伯克（John Lubbock）去说服议会在这一年的人口普查中增加一个关于表亲婚姻的问题。[56] 拉伯克的提议失败后，达尔文非常沮丧，他在一年后出版的《人类的血统》中写道："人类在对马、牛和狗配对之前，对其品性和血统都非常小心谨慎；但涉及自己的婚姻时，他们很少或者从来都不关心。"在一个理想的世界里，他设想"无论男女，如果在身体或精神上有明显的缺陷，都应该避免结婚"，但是他又承认，"这样的希望是乌托邦式的，在遗传规律没有被彻底搞清楚之前，是不会实现的，甚至不会部分实现"。[57] 因此，"所有人都要为这一终极目标努力"。不管西番莲有多迷人，与达尔文同时代的人最关注的，仍然是人类的繁衍。

第三章

智人：弗朗西斯·高尔顿
的人类学研究

Chapter 3
Homo sapiens：
Francis Galton's fairground attraction

一个漫不经心的观察者可能不会留意，大约 10 万年前的早期智人（*Homo sapiens*）有什么特别出众的地方。和祖先一样，我们本质上是长着粗糙毛发和丑陋相貌的猿类。出于某种原因——对出于什么原因有许多争论，但仍不清楚——我们放弃了和我们的表亲一样栖息在树上这一合乎常理的生活习惯，迁居到非洲大草原上，开始直立行走。在这个过程中，我们失去了大部分皮毛。也许离开了森林及其提供的掩护促使我们的祖先站立起来，这样他们就能发现正在靠近的捕食者。离开森林也可能与毛发脱落有关，但对这两者之间的关系还没达成共识，也没有任何令人信服的证据。

并没有太多的证据表明这些毫无吸引力的猿类最终会殖民几乎整个地球，但之后发生的一切证明了他们的能力。大约 12000 年前，智人发现可以种植食物而不用采集食物，于是开始建立永久居住地。在接下来的几千年，农业变得更为广泛和复杂，允许更大的人类群体居住得更近。几千年后，智人做出了重大决定：在城市生活。一旦城市化，人类这一物种几乎可遍及地球上所有的大陆，城市规模也同步扩大。

城市让更多的人生活在更小的空间里，这就产生了两个主要问题：第一个是让每个人都能吃饱，第二个是处理掉每个人吃饱后产生的垃圾。在应对这些密切相关的问题长达大约 6000 年后，1884 年 5 月 8 日，最先进的解决方案得以在当时世界上最大的城市——伦敦举办的一个国际健康展览会上展出。在接下来的几个月里，超过 400 万人出于好奇前来参观本次展览会，此次展览会集中展出的内容就是城市生活的两大问题——饮食和排泄。

饮食展览占了展览馆大部分空间。展览馆正中间是一个正在运行的奶制品厂，城市居民可以看到给奶牛挤奶、搅拌黄油的场景——这些对于他们来说正开始变得有点陌生。在此周边还有图绘说明"冷藏和运输新鲜肉类、制冰、保存食物、制作面包饼干等，生产糖果、调味品、可可和巧克力以及生产和装瓶气泡水的方法。"[1]

《伦敦新闻画报》（*Illustrated London News*）派乔治•奥古斯塔斯•萨拉（George Augustus Sala）为读者记述这次展览。萨拉为查尔斯•狄更斯（Charles Dickens）的畅销周刊《家常话》（*Household Words*）撰稿而扬名。他注意到，如果有人能鼓起"精神和身体上的勇气"在一天之内"参观完"整个健康展的所有内容，那么他至少不会挨饿，因为"展会就是一个巨大的咖啡馆和餐馆"。游客如果喜欢，可以"去素食者协会餐厅吃一顿 6 便士的晚餐"，该餐厅计划将所获得的收益用于"在 1884～1885 年的冬天为伦敦和各省的穷人提供食物——当然同样是严格遵循素食原则的"。人们好奇伦敦的穷人对这个素食慈善机构作何反响，但至少它给萨拉留下了深刻的印象，他记录道："我享用了 6 便士的素食晚餐，觉得很好吃。"[2]

那些没有勇气尝试素食晚餐的人可以试试"杜瓦尔餐厅"，该餐厅使用了"被巴黎杜瓦尔餐厅广泛使用的体系"。餐厅努力让每个人都了解他们付钱购买了何物，使顾客不会误认为多花了冤枉钱。而这家餐厅最显著的特点是"就餐区的另一端被平板玻璃封闭，玻璃后面可以看到厨师们正在准备各种菜肴"。[3]

亲眼看到厨师工作让食客们确信他们的食物是在卫生的条件下制作的。当时，英国仍然缺乏健康监督员，而食品是否干净是许多伦敦人主要关注的问题；第一个食品掺假法案于 1860 年通过，但直到 1872 年第一批监督员被任命之前都没有被强制执行。1885 年，在展览结束后，才首次出现了《货物买卖法》(Sale of Goods Act)，法案要求销售者对售出的货物负责。[4]仅仅几代人之前，大多数英国人还在自家院落种植、碾磨、烘烤和出售食物，但到了 19 世纪 80 年代，这些情景对于那些挤进黑黢黢又狭窄的伦敦街道谋生的数百万人来说，已是遥远的记忆了。正如我们在前一章中所看到的，伦敦的滚滚浓烟让水果和蔬菜很难被种植在居民区附近。食物都来自商店，而商店的秤是出了名的不准，商店老板还喜欢给牛奶掺水，用明矾或更阴毒的化合物使面粉看上去更蓬松。斗志昂扬的记者詹姆斯·格林伍德(James Greenwood)指责不诚实的店主是小偷，并补充道，与强盗相比，商店老板干的坏事是"一种更为安全的抢劫。你可以轻易地欺骗毫无警惕性的顾客，用烤焦的豆子取代咖啡豆，用碾碎的米取代竹芋粉，用猪油和姜黄的混合物取代黄油。你在穷人的面包里下毒"。[5]健康展览会的乳制品厂和玻璃幕墙厨房是对这些焦虑的回应，同时也展示了让食物在前往首都的长途旅行中保持新鲜且不受污染的巧妙装置。

然而，尽管这些餐厅可能被认为很好地诠释了展览的主题——健康，但人们的注意力似乎更集中在其他那些看起来不那么容易证明这个主题的展览上，这显然有些本末倒置了。《伦敦新闻画报》肯定地写道，蜡像上展示的"女装和英国服饰的收藏品"对女性"有吸引力"，而"对古董有研究的人可以检阅古时候伦敦城是怎样的一番风貌"。[6]其他展览更偏离主题：真人大小的历史街区是受游客们欢迎的地方，蜡像、发光喷水池、瓷砖、陶器、铁器、挂毯和类似的装饰物也很吸引人。但《周六评论》(Saturday Review)评论说："我们这些在伦敦生活过一些年头的人，将回忆起不止一个在皇家资助下举办的'国际'展览，最终都变成了集市。越用这种方法进行大量的鼓吹，广告商就越满意，但对科学或艺术的进步却没有作用。"[7]即使是那些更热情的记者也不得不承认，他们无法对"青铜雕像、吊灯架、典籍、卷心菜和寄生害虫，还有低廉的素食晚餐和乳制品厂等"

持同等的评价。[8]

　　这次健康展览会只不过是每年各种各样展览会中的一次，早在几年前《笨拙》杂志就讽刺过这些杂七杂八的展览会。该杂志的简要指南曾预测即将到来的1880年的"国际展览会"将包含"防止和消除烟雾的仪器、天文台、橘园、人造花卉、议会颁布的法案、四轮汽车、气球、飞行器、烟花和任何前几年可能被省略了的东西。"《笨拙》杂志总结说，每年都会出现"精致女装、风流韵事、茶点、季票、旋转式栅门、目录、军乐队、成群的游客以及爱发牢骚的人"。[9]

　　许多报道这次展览会的记者都很乐意把它当作娱乐节目，但以作为一本"科学插图杂志，并能用明晰的语言准确地描述"而自豪的《知识》(*Knowledge*)周刊，关心这个节目则出于一个更严肃的目的。著名的天文学家同时也是该周刊出版人兼编辑的理查德·普洛克特(Richard Proctor)派他手下的一位作家，约翰·欧内斯特·艾迪(John Ernest Edy)来报道此次健康展览会。艾迪为展览会的教育主张辩护，称"真正的卫生展品"被小心地与"更具有娱乐性的物品"混在一起，以确保偶然来访的人不会感到无聊。与此同时：

　　　　前来学习的环境卫生专业的学生在感到高兴的同时也惊讶于此次任务的轻松，当听着音乐在餐厅用餐时，他们不仅能欣赏到精致的服装、道尔顿的陶瓷艺术、美丽的家具或古色古香的房子，还可以看到给活的奶牛和山羊挤奶！在那之后，他会充满加倍的活力进行他的健康之旅。[10]

　　在这样的参展环境下，这位"环境卫生专业的学生"可以更专注于展览中那些不太宜人的方面，即关于排泄的问题。

　　19世纪中叶，英国是世界公认的城市化程度最高的国家；1851年的人口普查结果显示，在世界历史上，这是第一次有超过一半的人口居住在城镇。农村就业的减少和工厂的发展迫使人们进入城市，而城市人口的预期寿命通常是农村人口的一半。在拥挤的城市中，流行病迅速蔓延；受污染的水传播霍乱和伤寒，斑疹伤寒由虱子传播，而温暖的天气导致定期暴发"夏季腹泻"，其原因是数百万只苍蝇在街上叮食马和人的粪便后便转移到人类的食物上。

　　每个英国城市都是一样的；在曼彻斯特，"到处都是废墟、垃圾和动物内脏；排水沟是一池死水，并散发着一股让处于任何文明阶段的人类都无法忍受的恶臭"。[11]伦敦未经处理的污水直接流入泰晤士河，结果导致这座城市臭气熏天。对更好的卫生条件的需求，特别是对下水道和污水处理厂的需求，在维多利亚时代甚为突出，尤其是1858年炎热的夏天，泰晤士河在垃圾的重负下几乎停止了流动，伦敦的"大恶臭"开始弥漫。河水的臭味扑鼻而来，蔓延到了下议院，议员们也不得不将注意力集中在卫生改革的紧迫性上。不到三个星期，国会匆忙通过了一项法案并向该法案提供了资金，用于铺设数英里长的新下水管道，并建造堤坝来改善河流的流动。

当健康展览会开幕的时候，伦敦已经不像之前那样令人作呕了，但是卫生仍然是伦敦人非常关心的问题。工程师和卫生改革者，道格拉斯·斯特拉特·高尔顿爵士(Sir Douglas Strutt Galton)在《艺术杂志》(Art Journal)上发表了一篇关于此次展览会的长文，谴责了是人们对基本卫生措施的无知导致了穷人糟糕的生活状况。他认为，这是每个人的担忧，因为"居住在一个糟糕环境下的人群是不满的人群，而他们的不满是有正当理由的"。[12] 据《蓓尔美街报》(Pall Mall Gazette)报道，展览会开幕式由白金汉公爵殿下主持，当他宣布展览会的开幕"标志着整个国家的社会和家庭卫生史进入一个新时代"时，受到了民众的欢呼。[13]

似乎是对公爵的回应，道尔顿陶器公司(即现在知名的皇家道尔顿，Royal Doulton)在展览会上占用了一整个展馆，用于展示下水管道、抽水马桶和工业陶瓷，也正是这些产品让公司掘到了第一桶金。约翰·阿迪(John Ady)在《知识》周刊上贡献了三篇整幅文章，对道尔顿陶器公司在废物处理技术上取得的进步及做出的非凡贡献予以了详细描述。[14] 另一位记者称赞"这是展览中最有趣的特色之一"，是试图同时解决吃饭和排泄问题的独创性展示。英国的田地越来越多地使用干海鸟粪来施肥。英国的干海鸟粪源自进口，但在南美洲和南太平洋大规模地采集干海鸟粪已经开始耗尽自然资源，这些鸟粪是海鸟花了几个世纪时间持续不断努力产生的沉积物；结果，干海鸟粪越来越贵。英国本土鸟粪公司利用这次健康展览会来展示"在污水和废水等被允许排入河流之前"的净化过程。这一过程不仅去除了"水中溶解的令人作呕的物质"，还让记者相信"用本土鸟粪公司生产的肥料种植的蔬菜"较"用污水浇灌的农场种植的蔬菜"在任何方面都更好。展览会最终授予本土鸟粪公司金奖，但是——也许并不完全出乎意料——它们的污水净化过程没有被广泛采用。[15]

参观者审视完对污水的潜在改善和用自产粪便灌溉田地的可能性，并记住了染料中含有砷的壁纸的危害后，他们还会被"有损健康的衣着"方面的事例所震撼，其中包括"用石膏做的健康女人的肝脏和崇尚蜂腰时尚的女人身体内同一器官的模型"，后者的紧身胸衣系得太紧，以至于内脏器官移位。[16] 同时被展出的还有以欧金妮·詹蒂夫人(Madame Eugénie Genty)"新发明的健康束腰"来解决此困境的方案；"让女士们，当感觉到不舒服的时候，立即松开她们的束身衣。"[17] 那些对束腰没有兴趣的人可以转向蜜蜂："对蜜蜂文化感兴趣的游客会发现……收集来的蜂箱架子和蜂房提取器、蜂巢和其他用于蜜蜂饲养的器具，以及纯的和掺假的蜂蜜样品与掺假用的物品。"[18]

一个酒足饭饱、筋疲力尽的游客，被松开的紧身胸衣和改良了的蓄水池搞得昏头昏脑，他此时要是放弃继续观展而打道回府是可以理解的。但如果就这么走了，他将感到后悔；因为与养蜂和气象装置在同一走廊上，夹在餐馆和面包店之间的，是一条 6 英尺宽、36 英尺长的通道，在此，一位奇怪的人设计了一项旨在改进人类自身这个物种的实验。

| 测量人类

　　展览会的官方指南是这样解释的："与气象仪器相邻的是人体测量学实验室，由弗朗西斯•高尔顿(Francis Galton)先生所布置，参观者可在此测量自身主要的生理指标，测试听力和视力，以及力量。"[19] 游客花 3 便士就能实现从对"视觉和听觉的敏锐程度"到对"颜色的感知"和"眼睛的判断力"的测量。力量则能通过与维多利亚游乐场里的机器类似的设备进行测量，这些设备可以估算出"拉力和挤压力的强度"以及"吹力"。该实验室的组织者高尔顿(与工程师道格拉斯爵士没有亲缘关系)写道："使用这些工具是如此方便，申请者可以做所有测量，我们给申请者提供一张记录结果的卡片，并保留一张复制卡片以便日后统计"，所有花费不过是 3 便士的入场费，"刚好抵掉了测试的开支"。[20]

　　在健康展览会开幕后的 6 个月里，超过 9000 名游客做了 17 个不同方面的测量。现场有一名值班警卫负责监督人群，一位科学仪器制造商[伽马基(Gammage)先生]每天晚上都来"协助和监督，并有效地维护仪器"。还有一位"由行政主管指派的门卫"，负责收费和放人进来，同时分发和收集表格，确保表格被正确填写，并"在许多其他环节上发挥作用"。[21] 健康展览会结束后，高尔顿对测量结果感到非常满意，"很遗憾实验结束了，所以我请求在南肯辛顿博物馆的科学画廊里安排一个房间，让我在那里保留实验室 6 年"。[22] 于是，他得以在这个新实验室继续之前的工作，并在最初的三年里收集了近 4000 人的数据。

　　要理解所有这些测量结果如何重塑人类，我们就需要对测量数据的人更加了解。即使按照维多利亚时代的怪癖标准，高尔顿也是一个不同寻常的人物。他的母亲是伊拉斯谟•达尔文(Erasmus Darwin)——查尔斯•达尔文祖父的女儿。尽管他是个神童——6 岁的时候就能与人讨论荷马(Homer)的《伊利亚特》(Iliad)，但他在学校的表现不佳，并且很难坚持他的医学生涯。1840 年，18 岁的高尔顿放弃了医学，前往剑桥三一学院改学数学。他过着典型的大学生活：成天饮酒、跳舞、徒步旅行，而这三年的不务正业使他在准备期末考试时精神崩溃，只拿到了一个普通学位。

　　高尔顿 22 岁时，父亲去世，留给他一大笔财产。他放弃学业开始旅行，先后去了中东、苏格兰以及非洲西南部。回到伦敦后，他出版了他的第一本书——《一位南非热带探险家的故事》(Narrative of an Explorer in Tropical South Africa，1853 年)。在书中，随处可见把高尔顿各种各样热情联系在一起的线索——测量。在南非之行中，他想要确定霍屯督(Hottentot)女性臀部的精确尺寸；由于他不会说当地语言，他就用经纬仪(通常用于测量土地)从远处测量她们。他记录道："我大胆地拿出量尺，测量我到她的距离，这样就得到了底边和角度，我用三角函数和对数算出了结果。"[23]

回到伦敦后，高尔顿把他的数学头脑转向了更传统的科目——制图、地理仪器和天气预报。他创造了"反气旋"一词，并出版了第一份报纸气象图(被刊登在1875 年 4 月 1 日的《泰晤士报》上)。高尔顿回到英国不久后就被选为英国皇家学会会员，有人认为高尔顿多样的科学兴趣源自他所参加的各类社团：1858 年他加入邱园天文台管理委员会；1860 年加入英国皇家统计学会，并成为当时人种学学会的领军人物。

1859 年，高尔顿的表兄查尔斯·达尔文出版了《物种起源》一书。高尔顿对科学新事物如饥似渴，因此毫无悬念，他立即拜读了这本书，并寄信给达尔文祝贺他发表"如此精彩的著作"，在信的结尾他这样写道："感觉被引入一个全新的知识领域，这是一种少年时代之后再难经历的感受。"[24] 多年以后，在他的自传中，他写道，他已经"如饥似渴地阅读了这本书的内容并迅速地吸收了它们，这也许可以归因于一种遗传上的思想倾向，这种思想是这本书的杰出作者和我本人从我们共同的祖父伊拉斯谟·达尔文博士那里继承来的"。对达尔文"新观点"的迅速吸收鼓励了高尔顿追寻长期以来让他感兴趣的问题，即那些围绕着遗传的中心话题和对人类这一物种可能做的改造。[25]

从达尔文书中得出这个结论令人惊讶，因为《物种起源》一书没有提到人类进化，更别提对他们的"改造"了。然而高尔顿也许是受到了《物种起源》著名结语的启发，结语这样写道[①]：

> 经过自然界的战争，经过饥荒与死亡，我们所能想象到的最为崇高的产物，即各种高等动物，便接踵而来了。生命及其蕴含之力能，最初由造物主注入寥寥几个或单个类型之中，当这一行星按照固定的引力法则持续运行之时，无数最美丽与最奇异的类型，即是从如此简单的开端演化而来，并依然在演化之中，生命如是之观，何等壮丽恢宏！[26]

达尔文相信自己发现了一种自然法则，类似于牛顿的"万有引力定律"，它支配着一切生物，包括人类自己。《物种起源》的一些读者对由饥荒与死亡驱使的自然选择而非上帝创造这一观点很排斥。但另一些人，包括高尔顿，感觉自己从一种宗教世界观的信仰里解脱出来，之前的宗教世界观越来越让人难以置信。他告诉达尔文："你的书赶走了迷信对我的束缚，它就像噩梦一样，我第一次获得了思想上的自由。"[27] 对于高尔顿和许多与他同时代的人来说，达尔文似乎在告诉他们，进化是自然规律之一，每个生命都受到维多利亚式自我完善信条的支

---

① 摘录自苗德岁先生翻译出版的《物种起源》中译本。

配。这本书的最后一句话"无数最美丽与最奇异的类型，已经并依然在演化之中"，意味着进化还没有结束。人类可能仍在改良，未来的人种与我们的差距，就好比一个维多利亚时代的绅士与他那驼背、毛发浓密的非洲祖先之间的差距一样大。

高尔顿也受到达尔文"把人类努力改良家养动植物类比为自然选择创造新物种"的启发。达尔文用大家都熟悉的动植物育种过程做比喻，他称之为人工选择，让他的读者感觉到变化是可能的。人类曾对常见的驯鸽(Columba livia)进行长达几百年的选择性育种，培育出了数量惊人的观赏性鸽子，这些鸽子深深吸引了维多利亚时代的鸽迷们；它们是英国的信使，具有短脸、矮个、凸胸和扇尾特征。如果向一名鸟类学家展示这些具有华丽尾羽和特别身形的怪异鸟，他都不会意识到它们是被驯化的物种，达尔文可以肯定的是，它们会"被他列为有良好定义的种群"，甚至可能被归到不同的属。按达尔文的建议想象一下，鉴于人工选择可以在如此短的时间内发挥如此大的作用，那么在"漫长的岁月"中发挥作用的自然选择，可以实现多大的可能？[28]

生命体拥有几乎无限的改良能力，这种想法抓住了高尔顿的想象力。在读完《物种起源》的几年后，他写了两篇关于"遗传天赋和个性"的文章。他在文章一开头就指出："在制造任何喜欢的变种时，人的力量是如此之大，凌驾于动物的生命之上。这似乎说明未来世代的生理结构几乎像黏土一样具有可塑性，并且受育种者的意志所控制。我想要说明智力特征同样在控制之下。"动物的智力特征通过育种可以得到改善，这似乎是完全合理的；只要想想猎犬作为绅士们最好的朋友和伙伴，其指向和寻回的本能通过一代又一代谨慎的人工选择变得更敏锐。但高尔顿心里有一个更有争议的目标：改良人类的智力品质。与普遍存在的偏见相反，高尔顿写道："我发现天赋以非常显著的程度通过遗传在传递。"[29]

高尔顿提出这一主张的依据是，他研究了杰出男性(女性很少能引起他的关注)的传记，以此来了解天赋是否以家族的形式存在。他发现确实是这样，他和他的表哥，两位卓越的科学家有共同祖父，这个例子不过是数百个例子中的一个，名人更有可能是相互关联的，而不是随机出现在平庸家庭里的。正如获奖的马匹更有可能孕育出未来的赛马冠军，顶尖的法官、作家、散文家、音乐家、神学家、艺术家和科学家更有可能生下同样成功的儿子。高尔顿认为，"遗传的巨大力量迫使我们对其关注"。这句话的含义非常清楚：如果能说服杰出的男人与"在心理、道德和生理上具有最优质、最合适的本性"的女人生育，那么令他们在各自的领域里能出类拔萃的天赋将会被继承，他们会产生杰出的后代。如果这些来自"选择婚姻"的孩子对自己的配偶同样挑剔的话，可能会极大地加速达尔文的进化过程。正如高尔顿所言：

如果把用在改良马和牛的品种上的花费和精力的 1/20，花在改善人类的措施上，那我们能创造一批杰出的天才！我们可以将文明的先知和泰斗引入这个世界，同样可以通过让白痴交配繁衍白痴。拿如今平庸的大众和我们期望的杰出人类进行对比，就好似拿东部城镇街道上的流浪狗和我们通过高标准育种产生的优良犬品种进行对比。[30]

且不说这一计划是否道德，无论其是否可行，都是对达尔文著作的反向解读。达尔文认为未来应仍然通过自然选择来改进物种。至少可以说，《物种起源》对于高尔顿的观点来说似乎是多余的，因为他只不过是将众所周知的长期人工选择延伸到人类身上；无须阅读达尔文的书，就知道人类已经有效地繁殖犬类长达数百年。但是高尔顿仍觉得《物种起源》很重要，因为这本书帮助他抛弃了自己的宗教观点。[31] 达尔文使他相信人类和其他动物一样，都受着同样的遗传和竞争规律的约束；如果繁育者能够重塑狗的智力，使它能更有效地寻找猎物，那么为什么不能培养人的心智以提高其绘画、作曲或建立理论的能力？如果人们能被说服抛弃他们对神造独特性的迷信，那么他们将看到自身具有可无限改良的潜能。

高尔顿对自己的想法感到振奋。他试图为他的理论寻找一个简洁且令人难忘的名字，最初他称之为精英学，但最终确定为"优生学"这个名词。[32] 他在杂志上宣传自己的理论，并最终写了《遗传天才》(*Hereditary Genius*，1869 年)。这本书实质上是他最初发表的文章的一个扩充版，在之前的基础上新增加了许多杰出人物的例子来支持他的理论。因为高尔顿没有办法直接衡量一个人的智力或精神品质，他只好用一个人死后的声望作为标准，他确信——在很大程度上是毫无根据的——无论"卓越"的人获得什么成就，都主要是他们天生才能的产物，而不是因为他们与特权家庭的成员有关联。

然而，尽管有大量的证据作为支撑，但高尔顿的想法并没有流行起来。对《遗传天才》一书的评论几乎都不友好。《曼彻斯特卫报》(*Manchester Guardian*)的书评人关注一直存在的反优生学的核心意见：谁来决定一个人是否适合"扮演公民的角色？"[33] 更让人恼火的是，许多评论家都被高尔顿的想法逗乐了；有人挖苦地说，如果高尔顿的"快乐哲学体系"被采纳，"我们将再也不会听到一个女人'把自己浪费'在一文不值的东西(男人)上"。[34]

高尔顿前进道路上最大的障碍之一是，他没有真正的证据来证明他那具有争议性的主张，即智力品质会遗传。同时代的大多数人都相信人类具有独一无二、被神创造的智力特质，这让他们与其他动物区分开来。甚至不那么虔诚的人也相信父母的健康和习惯等因素塑造了他们的孩子。例如，酗酒被认为是退行性疾病，其影响会遗传；酗酒的父母被酒精削弱了心智和身体，然后把这些弱点传给他们的孩子。按照同样的逻辑，假设父亲和母亲都很健康，他们就会生出健康的孩子，而不论他们的血统如何，他们心智能力的提高最有可能源于更好的教育。这样的争论极大地削弱了高尔顿观点的吸引力，因为它们暗示即使酒精的不良影响会遗传，人们也主要是被所处的环境所塑造；因此，对于那些想要改善人类的人来说，禁酒运动和改良下水道才是最紧迫的任务，而不是选择性繁殖。19 世纪 60 年代对于英国来说是相当繁荣的十年：英国在工业上对其他竞争对手保持领先；斩获了新的殖民地，从而获得了廉价的原材料和新的市场；经济持续增长。整个国家越来越富裕，许多有影响力的人觉得他们有能力拆除一些贫民窟，并建造学校和下水道。

关于遗传因素和环境因素在塑造人类本性的过程中所起作用的争论并不新鲜，至少"遗传论者"和"至善论者"的针锋相对从 18 世纪晚期就开始了。简而言之，至善论者认为如果文明的进步改善了人类的生活条件，人类自身也会得到改善。遗传论者否定了这种看法，坚持认为良好的育种是改进人类的关键。高尔顿喜欢把自己想象成是在复兴遗传论者的观点，他把"遗传"（heredlity，源于法语单词 hérédité）一词引入了英语，用来象征他所谓的新方法。但事实上，聪明的父母倾向于有聪明的孩子这个观点更被广泛接受，主要是因为他们通常都有优越的环境，但在某些程度上智力是会遗传的；高尔顿想通过证明繁殖在塑造人的智力方面起着主导作用，推翻人们普遍接受的观念。[35]

在高尔顿一生的大部分时间里，他似乎只是简单地假定遗传因素起着支配作用。1874 年，他采用令人难忘的词汇比对来总结他的观点：

> "先天与后天"是个押韵的词组，它在两个截然不同的方面分开了构成人格的无数要素。"先天"是一个人出生时带到这个世界的；"后天"是他出生后所受到的一切影响。[36]

他借用了莎士比亚笔下《暴风雨》（*Tempest*）中普洛斯彼罗（Prospero）对怪物卡利班（Caliban）的描述："一个恶魔，天生的恶魔，后天教养对他的天性永远无法奏效。"基于对"先天"主导"后天"的相信，高尔顿认为改革者们是在自欺欺人，是在浪费由像他这样富有的纳税人捐助的金钱开展改善环境和教育的计划。他咆哮道："我对那些时不时就表达、经常暗示的猜测完全没有耐心……这些猜测认为婴儿出生时非常相似，在男孩和男孩之间、男人和男人之间制造差异的唯一方法是，保持勤勉和付出道德上的努力。"为防止有人未领会他的看法，他还说，"我毫无保留地反对生来平等"。[37] 尽管信奉达尔文主义和蔑视传统宗教，高尔顿仍然是一个深刻的保守主义者，瞧不起但又恐惧那些社会地位低下的人。他对那些肮脏、不道德的卡利班式的人没有耐心，这些人涌入伦敦的贫民窟，要求改革，并指望卓越的人为此买单。

| 再次回到莫顿伯爵的母马

高尔顿面临的问题是，与和他同时代的人一样，他不知道生物遗传是怎样起作用的。即使对于简单的生理特征而言，遗传模式也是复杂的，而对于那些很难被衡量的智力特征来说，则更为复杂。正如《卫报》对《遗传天才》一书的敌意评论所说："难道弱不禁风的人就生不出强壮的孩子，愚蠢的人就生不出聪明的孩子，邪恶的人就生不出善良的孩子？"[38] 无论是评论家还是高尔顿和其同辈，都不知道经过一代又一代传下来的究竟是什么，也不知道是如何传递的。正如高尔顿后来指出的，当时关于遗传的科学观点是"模糊且矛盾的"；然而，"大多数作者都赞同动物能继承所有身体上和部分智力上的特征，但他们拒绝相信人也是这样的"。[39] 在高尔顿真正试图证明不是教育和环境决定人类智力品质前，他需要搞明白遗传是如何起作用的。

在《遗传天才》出版后不久，高尔顿收到了达尔文的一封信，后者热情地欢呼道："我觉得我一辈子都没读过比这更有趣、更具有独创性的论著。你把每一点都说得多么恰当和清楚！"[40] 达尔文也在思考遗传问题。他对遗传理论的缺乏被一些《物种起源》的批评家认为是他论点中最薄弱的环节。1867 年，苏格兰工程师弗利明·詹金(Fleeming Jenkin)发表了一篇批评《物种起源》的评论，连达尔文自己都不得不承认，"在我看来，这是不善意的以及歪曲原意的评论中最言之有理的文章之一"。[41] 詹金对达尔文的理论有三个反对意见，其中最重要的是针对遗传的反对意见。詹金——就像高尔顿、达尔文和与他们同时代的大多数人一样——假设两个生物体交配后，其后代表现出混合的父母特征。这似乎是一个合理的理论(毕竟，我们至今仍然谈论着一个婴儿有和他父亲一样的鼻子以及和他母亲一样的眼睛)，被称为"混合遗传"。詹金认为"混合"对达尔文的思想是致命的；他请他的读者想象，如果一个白人在一个黑人聚居的岛屿上搁浅了，会发生什么。詹金提出假设：这个白人拥有"优势白色人种的体力、精力和能力"，处于一种类似于新类型的植物或动物的情况，而这一新类型的动植物是由于偶然的变异——对达尔文的理论至关重要——产生的。詹金建议读者想象这位鲁滨孙·克鲁索(Robinson Crusoe)有"我们所能想到的白人胜过土著的一切优点"：

> 我们的海难英雄可能会成为国王；他要在生存的斗争中杀死许多黑人；他会有很多妻子和孩子……我们白人的品质当然会让他一直保持年轻时的雄风，但无论经过多少世代，也无法把他的后裔变成白人。[42]

詹金的论点很简单，他的种族主义假设不应使我们对其逻辑视而不见。不管我们的英雄拥有多少位妻子，她们都是黑人，因此，不管他有多少孩子，他们往往比他们的父亲肤色要深，而且——考虑到他们不会有白人配偶，白人国王的后代只可能有黑人妻子，所以他的孙辈们肤色会更黑。历经几代后，老国王去世，而他的子孙们会和以前的土著一样黑。

詹金承认，白皙的皮肤本身并没有任何优势，但他认为白人拥有的任何优越品质——力量、活力或勇气——都是通过和肤色完全一样的遗传方式所继承的，所以会经历同样的连续世代的稀释。同样的道理也适用于所有生物的所有特征，如一只速度很快的羚羊不能让羚羊这个种群跑得更快，一朵长得异常高的花也不可能让它的后代长得更高。

达尔文被詹金的论点所困扰，他在下一版《物种起源》做了一些修改(第五版，1869 年)，希望能回应批评。他承认，如果一种新的生物以孤立的异常事物或变种的形式出现，它并不能改变物种的天性，但他不认为自然选择会因为混合遗传而无效；相反，他仅仅将自己的论点专注于群体中处于正常变化水平的变异，而不是变种。为此，他提出假设：一种鸟类的喙通常介于完全笔直和弯曲之间。想象一下，如果鸟类环境的变化给了弯曲的喙一个优势，如干旱使鸟类通常吃的昆虫变得稀少，那么它们将不得不凿开岩石的裂缝来搜寻食物。如果弯曲的喙能更好地适应这种摄食方式，那么直喙鸟就会在争夺食物的竞争中处于下风，其后代的数量也会减少。与此同时，弯曲的喙会使鸟类更有优势——更好地摄食、更成功地繁殖。它们的后代将面临同样的竞争，喙越弯的鸟会做得越好。几代之后，喙会变得越来越弯曲。这样小而渐进的变异(在任何情况下都比突然出现的变种更常见)，正如达尔文所预见的那样，允许自然选择发挥作用。

然而，当达尔文觉得他已经击退詹金的时候，他敏锐地意识到，缺乏一个明确的遗传机制仍然是他论点的一大弱点。从在爱丁堡大学的时候起，他就一直在苦思冥想这个问题，并且在撰写他所谓的"物种大集"时，他花了很多精力思考。这个问题困扰了他将近二十年，但在 1858 年，他被另一位博物学家阿尔弗雷德•罗素•华莱士(Alfred Russel Wallace)的来信震惊了。华莱士完全独立地提出了自然选择的概念。怕华莱士会因此而抢占了他的功劳，达尔文匆匆出版了《物种起源》，并将其描述为他至今仍希望撰写的那本鸿篇巨制的"概要"。

《物种起源》一经问世，达尔文就获得了知识产权，他于是回到了他未完成的"物种大集"的手稿，最终将部分手稿编纂成《动物和植物在家养下的变异》(以下简称为《变异》)一书。在这本书中，他专注于与遗传相关的一系列谜题，希望通过解答这些问题来帮助自己理解遗传是如何起作用的。

对于现代读者来说，《物种起源》有时似乎显得有些冗长，但任何觉得它行文缓慢的读者都应该尝试阅读《变异》一书；要不是华莱士的意外介入，达尔文的理论(如果它曾经出现过的话)会被如此大量的细节信息所掩盖，以至于没有人会理解它的重要性。《变异》一书堆砌着一个接一个的例子，从狗和猫到醋栗，从鸽子到桃子，从金丝雀到樱桃，从驴到杏子，只有非常耐心的读者才会意识到各种各样让达尔文感兴趣的现象的意义。其中包括"返祖"：为什么有时婴儿的鼻子长得像祖母或曾祖母，而不像他们的母亲？还有"再生"：如果你切下蜥蜴的尾巴，为什么它们能长出新的来？同时，达尔文对莫顿伯爵的母马也很感兴趣。

达尔文内心仍是个乡下孩子，他从农场找到了许多"返祖"的例子，由此产生新的疑问，例如，为什么绵羊繁殖了好几代都没有角，却会突然生出一只有角的羊羔。在某种程度上，他希望通过理解返祖想象来解决混合遗传的问题：任何使这些特征出现的原因显然都没有被淹没，所以也许这些未知的原因可以解释改良的变种是如何生存、扩散和发展成物种的。在思考了这个问题之后，达尔文认为无论是什么原因导致羊角在无角的绵羊种群中出现，它一定会继续存在，就像"用隐形墨水写在纸上的字"，只是暂时无法被看到，直到某种未知因素使它们显现。[43]

达尔文也对像蝾螈这样能长出新四肢的生物着迷。这种再生能力告诉他，不管那些神秘的"看不见的"特征是什么，它们似乎都不仅局限于生物的生殖器官，而是分散在整个机体中。最后，莫顿伯爵神秘的母马登场了。正如我们所看到的，这匹母马已经和一匹公的拟斑马交配过，并产下了有条纹且和拟斑马相似的小马驹。但随后这匹纯种的母马与另一匹马交配后，也产下了有条纹的小马驹。这向达尔文表明，存在一种"将雄性元素施与雌性上的直接作用"，在那匹母马身上留下了一些拟斑马的特质。[44]

达尔文面临的挑战在于找到他那些遗传谜题(他列举了很多其他人的)之间的联系。《变异》800页的详细案例最终以他的答案——"泛生论的临时性假说"来结束。他提出，生物体的每一部分都必须产生"微小颗粒"，分散在整个机体内；通过自我分裂而扩增，并最终发育成和它们最初来源部位一样的组织。他将这些颗粒命名为"泛子"(gemmules)，并认为"它们是从机体的各个部分汇集而来，组成有性别区分的元素"。[45]

从现代遗传学的角度来看，达尔文的理论显得很离奇，但重要的是我们既不能忽视它，也不能(甚至不恰当地)将泛子解释为现代基因概念的前身。达尔文的想法源自长期以来对"繁殖"的思考，"繁殖"把各种我们现在看来独立的生理活动联系在一起——如遗传、发育和修复。要理解为什么他认为泛生论是合理的，我们需要理解泛生论是如何解决他的各种问题的。例如，在返祖的例子中，他认为祖先有角的泛子潜伏在没有角的绵羊体内，等待着重新出现。而且泛子被认为是分散在整个生物体中的，这也解释了缺失肢体的再生现象；必要的"长腿泛子"也在蝾螈身体的其他地方循环。

达尔文认为泛子和微小的生物差不多：它们在生物体中繁殖，然后结合产生后代。他认为，如果"未改变和未质变的泛子"存在于双亲体内，它们"特别容易结合"。[46] 这表明泛子间存在竞争；"纯的"未杂交的泛子被描述为"未质变的"泛子，它们在后代中占主导地位。达尔文假定在这样的竞争中，雄性元素会更强，这就解释了拟斑马的"泛子"是如何对莫顿伯爵的母马产生影响的。但竞争的概念似乎也解释了新的、改良的特征是如何被保存并扩散的。

泛子藏有玄机。和同时代的大多数人一样，达尔文也认为有充分的证据表明，生物体在其一生中获得的特性是能够遗传的——而且它们经常也是如此。他对有机体选择(或忽略)将某个特性传递下去的方式特别感兴趣。这是一个古老的想法，但在达尔文的时代，这种想法主要与法国博物学家让-巴蒂斯特•拉马克(Jean-Baptiste Lamarck)有关。拉马克创造了"生物学"这一名词。早在达尔文之前，拉马克就已经是一位进化论者，认为能奔跑的生物会因为持续锻炼和强化跑步肌而变得越来越快；他还相信被他称为"蜕变"的进化之所以发生，是因为生物可以将这些优势传递给后代，这样一来整个物种的进化速度就会加快。虽然在英国很少有人听说过拉马克，他的书更鲜有人阅读，但人们普遍认为养成类似酗酒的习惯并把这种习惯传给孩子是一个与拉马克相似的想法。达尔文当然相信一些获得性特征是可遗传的，但他不解"使用或废弃一个特定的肢体或大脑，如何影响位于身体远端的一小团生殖细胞？"换言之，跑步到底对你的卵子和精子产生了什么影响，使得你可以将所获得的才能传递下去？泛生论也意在解释这一点：因为泛子的产生贯穿生物体的一生，一个改变了的器官会产生改变的泛子，如飞毛腿产生"飞奔"泛子。[47]

达尔文试图使用类似于他在《物种起源》中成功运用的类比，解释所有这些问题——从返祖到莫顿伯爵的母马：

> 可以将每一种动植物比作撒满种子的土壤，其中一些种子很快就会发芽，一些会休眠一段时间，而另一些则死亡了。我们听说过一个男人在身体里携带着一种遗传性疾病的种子这一说法，这种说法其实包含很多事实。就我所知，没有其他方法，能这么明明白白地在一个观点下联系几个大方面的事实。生物体是一个微观世界——一个小宇宙，由一群能自我繁殖的有机体组成，这些有机体像天上的星星一样，令人难以置信的微小和数目巨大。[48]

高尔顿在对自己的《遗传天才》进行最后的润色时，读了《变异》一书，于是他增加了一章内容支持泛生论。他对"泛子"的想法尤为兴奋，泛子是分离的实体，可以确保特征在没有混合的情况下完整地传递。他甚至认为像肤色等特性，被混合似乎是无可争议的，但"中间颜色"实际上是两个截然不同的亲代颜色的嵌合。高尔顿还认为，正因为泛子是分离的实体，"泛生学说为用数学方程式计算提供了极好的素材"。[49]但尽管泛生论听起来让人兴奋，高尔顿和许多《变异》的读者一样，仍然为其缺乏证据而感到困惑。无论是达尔文还是其他人，都未曾观察到一粒泛子，所以高尔顿决定证明它们的存在。

│ 源于血统

达尔文曾提到过泛子在汇集到生殖器官之前，"分散在整个机体中"，所以高尔顿希望能在血液中找到它们。众所周知，血统即是育种的同义词：究竟是什么造就了一匹普通的马或贵族马?是它的血统。高尔顿决定通过研究这一由来已久的观点是否正确来验证他堂兄的想法：输血可以用来传递遗传特性吗？他开始用兔子做实验，将黑色和白色兔子的血液输入纯种的银灰色兔子体内，希望它们能产生一些具有花斑的后代。他选择兔子是因为它们只需要几个月的时间就能性成熟，任何结果都会很快出现。高尔顿向达尔文咨询了该使用哪些品种，并持续向他更新实验进展，但事实证明实验毫无进展。尽管达尔文提供了"有价值的建议和如此多的鼓励"，高尔顿的所有报告都是"没有好消息"。[50] 高尔顿尝试了不同的技术和不同的输血量,但从21只兔子产下的124只后代中,没有出现一只"杂毛兔"。

高尔顿非常失望，并给出泛生论是错误的结论。他在《英国皇家学会学报》（*Proceedings of the Royal Society*）上发表了结果，直截了当地总结道："泛生论,尽管纯粹且简单，正如我所阐明的，是不正确的。"[51] 此举使达尔文一反常态地生气，并声称高尔顿误解了他的理论。他指出，他"从未论及血液"，并补充说"很明显的是，血液中泛子的存在不能构成我的假设的必要部分"，因为他明确地宣称过泛生论在植物等有机体中起作用，而植物是没有血液的。因此，高尔顿的结论被认为 "有点仓促"。[52]

高尔顿为此感到恼火，因为达尔文在整个通信过程中从来没有提出过这个反对意见。但他并没有表露愤怒，而是告诉达尔文："得知我误解了你的学说，我感到无比伤心。"[53] 他们两人在接下来的 18 个月里仍然保持合作，兔子实验还是失败的，到 1872 年底，他们仍然一无所获；高尔顿在给达尔文的信中写道："我认为这些实验已经开展了足够长的时间。"[54]

尽管遭遇挫折，高尔顿仍然对泛生论保持着相当的信念，并发表了自己对该理论的修正版本。通过假设存在两种泛子：一种是休眠的、被高尔顿命名为"潜伏"的泛子；另一种是在个体中表达、被他称为"公开"的泛子。他将达尔文的方法用于解释返祖现象。每一个生物体内混合着潜伏的和公开的泛子，它们衍生自不同世代的祖先。他将这种混合比作议会，由"来自不同选区的代表"组成；他承认，这一类比"没有告诉我们每个席位通常有多少候选人，也没有告诉我们同一个人是否有资格同时代表多个席位"。高尔顿希望他的读者们能"毫不费力"地理解在任何一个有机体中出现的一套特征是"选举的结果"。[55] 然而达尔文,和高尔顿的其他读者一样，完全无法理解这个类比。

一旦我们理解了他的目标——将这些考虑因素用在人类的智力和道德天赋

上，高尔顿的逻辑就会变得更加清晰。他并不特别关心泛子的"议会"坐落在哪里，也不关心它们是如何代代相传的，反倒是关于孩子有时比父母双方更聪明(或更愚笨)的争议令他担忧——他的批评者认为，这是支持"智力和道德天赋并非严格通过继承来传递"的证据。如果父母的智力与后代的智力没有相关性，那么上述情形就能推翻优生学，因此高尔顿的类比想要说明物种和品种间存在大量的杂交，就像大多数圈养动物一样，每一个个体都是其祖先泛子的随机选择。高尔顿让他的读者想象一个人就是一个"罐子"，装有大量的以各种方式标记的球，这些球代表了隐性和显性的特性。两只动物交配，就像"随机抽取一堆球……作为样本"。他希望人们不要把孩子仅仅想成是其父母特征的混合体，而应想成是其父母、祖父母甚至更遥远祖先的特征的混合体。你自己的父母可能不是天才，但如果——就像高尔顿一样——你的祖父曾经是，那么后者的特点就会重新显现出来，这就解释了你那与众不同的天赋。基于此，如高尔顿所言——人类"比其他任何家养动物都更加种族杂化"，充分研究儿童和他们祖先之间的关系将最终"证明智力和道德天赋与任何纯生理特性一样，都是被严格继承的"。[56]

与达尔文不同的是，高尔顿想象的是组成动物、植物或人的泛子是随机混合的。当他第一次读到《变异》时，就写道泛生论"为用数学方程式计算提供了极好的素材"；他尤其想到了在当时刚兴起的统计学和概率论，而在这方面，他是专家。相比之下，达尔文不精通数学，甚至连最简单的方程式都无法理解。达尔文理论和高尔顿理论的另一个区别在于，达尔文希望解释所获得的习惯，如锻炼一块肌肉的习惯是如何被传承下去的。而高尔顿则坚持认为"使用和不使用肢体等习惯只在很小的程度上传给后代"。[57]这对他的优生论点至关重要——如果改进后的机体可以遗传，为什么改善后的心智不行呢？如果拉马克和达尔文是对的，更好的学校和体训馆可能在改善人性方面比高尔顿的育种方案更有效。

高尔顿深信后天的性格是无法遗传的，这使他预料到后来成为生物学中心法则之一的学说：1883年，德国生物学家奥古斯特•魏斯曼(August Weismann)宣布，尽管卵子和精子中含有能造出动物的物质，生殖细胞的遗传影响只能以一种方式进入体细胞，而动物机体随后发生的任何变化，不管它们是由受伤还是由运动造成的，都不能被纳入精子或卵子中，因此不能传给下一代。我们稍后会看到，这一学说后来被称为"种质的连续性"(这是魏斯曼给遗传物质起的术语)，在20世纪的遗传学发展中变得至关重要。当魏斯曼第一次提出这个观点时，他并不知道高尔顿的论文，但他后来感谢了这位英国的先行者。然而值得注意的是，高尔顿并没有创建生物学遗传理论——他的理论建立在他的政治信念之上，即相比环境因素，自然因素必须永远占主导地位；当然，这本身并不意味着他错了。

在高尔顿宣布修改遗传理论后，人们对此还是表示困惑，尽管他仍坚信自己的理论在很大程度上是正确的，但他还是面临着证据不足这一问题。放弃兔子实验的几年后，他又做了一次尝试，这次是用甜豌豆做实验。甜豌豆是常见的很少发生交叉授粉的植物(这样更容易保存不同的品系),并且它们耐寒且多产。尽管如此,高尔顿第一次实验还是失败了,因此他给全国各地的朋友和亲戚,包括达尔文,送去了一袋袋种子,详细说明如何种植和收获它们。植物成熟后被返还给高尔顿,他计数并称量它们的种子,以证明种子的重量几乎完全是一个遗传特性——最重的种子长出的植株,也产最重的种子。然而,实验结果并不像第一次提出问题时那么清楚,尤其是因为高尔顿最初对种子分类的依据是其大小,而不是其品系,他将不同品系的种子混合在了一起。所以,种子大小的最终差异可能只是不同生产环境导致的结果。然而,这些都没有真正困扰高尔顿;正如他所评论的:"这是我渴望得到的人类学证据,我关心种子只是想用它们来阐明人类遗传规律。"[58]

甜豌豆作为一种研究工具,似乎和兔子一样令人沮丧,而且要证明甜豌豆或兔子都具有"智力和道德天赋"根本不可能,更不用说证明这些像生理特性一样是可遗传的。如果高尔顿要证明其核心观点——他的整个优生哲学都建立在这之上,他需要人类证据。1874 年,他成功地向人类学研究所理事会提议,收集来自同一年龄阶段的英国在校学生的身高和体重数据。这些数据似乎与精神和道德水平的问题无关,但高尔顿坚信这句格言——健康的身体才有健康的头脑,并且假设两者总是联系在一起的,由遗传而不是共同的健康生长环境来联系。后者是一个被广泛认可的观点(不止一个观察者评论说,它很可能是健康博览会的口号)。在高尔顿的思想里,身体体格总是和精力联系在一起。正如他所指出的:"在我看来,在不同学术分支领域获得成就的骄子,让人赏心悦目;他们如此孔武有力,元气旺盛,能力非凡。"[59]

不幸的是,虽然测量学生是可行的,但无法在几代人之间进行比较,因此这个实验其实对揭示遗传规律没什么帮助。所以 1882 年 3 月,高尔顿开始呼吁建立全国人类测量机构,或"人体测量"实验室,"在那里每一个人都可以不时地测量自己和孩子们的体重和身高,正确地拍照记录,并通过现代科学公认的最好的方法测试其体能"。这些不仅可以评估身体素质,还可以测试思维能力,如记忆力和手眼协调能力。测量结果将以完整的医疗记录和照片形式保存下来,并附有关于"个人和父母的出生地和居住地(无论是在城镇还是在乡村)"的信息。高尔顿意识到人们需要受到激励才会去测量,于是他提出将实验室运营为类似于做职业咨询的中心。既然他的工作已经证明了"先天"比"后天"更重要,那么"调查和确定每个人的能力应该比以往被给予更多的关注"。这样的调查可以让我们"预测这个人真正适合并可以冒最小的风险去做的事情"。他还认为实验室应该受到医生们的欢迎,他们与其在自己的诊室里搁置人体测量设备,不如"随时将他们的病人送来接受他们希望做的检查,只要他们认为有此必要"。高尔顿补充道:"实验室对于医生来说,就像邱园天文台对物理学家一样方便,他们可以把精密仪器送到天文台去确定仪器的误差。"[60] 这是一个很直白的比喻,它将病人等同于物理学家使用的"精密仪器"；这表明，对于高尔顿来说，他的志愿者们只是达到目的的一种工具。

| 普通人的演化

尽管高尔顿很热心，但似乎没有人对创建他提议的实验室感兴趣，因此他决定自己动手，他认为不管兔子和甜豌豆能证明什么，只有来自人类的直接证据才能证明他的观点。然而，高尔顿很快就发现与人类带来的麻烦相比，他的困难算不了什么。"许多男人和女人的愚蠢和执迷不悟，"他断言，"是如此之严重，简直难以置信"。例如，他的实验室需要一种测量力量的仪器，他打算尽量从简：一个放在弹簧管里的硬木棒——所有受试者要做的就是击打，看看木棒能进入管内多深。高尔顿"认为自己用它来测试没有任何困难"，但在健康展览会开幕后的几周之内，"一个参观者拼命击打一侧"，以至于折断了木棒。高尔顿用一根更结实的橡木棒取代了之前的木棒，"但它也断了，一些人还扭伤了手腕"。他评价道："尽管测试很简单，但仍有很多人笨手笨脚，经常折断木棒或者挫伤自己的关节。"[62]

然而，损坏设备和砸伤拳头只是高尔顿麻烦的开始。随着人群涌进实验室的大门，高尔顿发现"留住父母和孩子"是至关重要的，因为"老人不喜欢被年轻人超越，坚持反复测试"，从而浪费了他宝贵的时间。高尔顿的兔子可能没有给他想要的结果，但至少他不需要去阻止它们卖弄，也不需要向兔子解释实验，而人类实验对象需要花时间去解释和演示；他抱怨"受试者对测试困惑不解，白白浪费检测人员的时间"。部分解决方案是让两人为一组进入实验室，这样对两个人"解释和演示一次就够了"。这样做还有一个额外的好处是，"这两个人中头脑最敏捷的通常是那个先接受测试的，而不那么敏捷的能够在自己进行测试前看到同伴怎么做"。[63] 即便如此，这样做仍然很耗时，实验室每天只能测量大约 90 人。

喜欢喝点小酒的乔治•萨拉（George Sala）曾这样描述健康展览会，他很高兴能在这里品尝到各种各样的酒，从薄荷朱利酒到鸡尾酒再到 kumiss（一种发酵的马奶，是由来自俄罗斯大草原的参展者带来的）。萨拉称赞组织者对待公众像成年人一样，允许他们"想吃什么就吃什么，想喝什么就喝什么；在花园里抽烟"。他们也不会早早就被赶出大楼，如果他们愿意，他们可以在那里待到晚上十点钟。[64] 这种自由也许让萨拉感到高兴，但却给高尔顿带来了一些烦恼，因为"实验室有几次被粗鲁的人闯入，而这些人显然还处于醉酒状态"。[65]

尽管偶尔会出现酩酊大醉的人，以及其他种种困难，高尔顿还是得到了足够的结果，得以发表一些论文。在分析测量数据的过程中，他发展或改进了基本的统计数据工具，这些改进的工具至今仍在沿用，包括百分比（一种估计数据比例应该在某个特定值之上或之下的方法)和相关系数(一种测量两个变量相关程度的方法)。然而,并非他如何测量,而是他测量了什么激发了公众的想象力。在比较男性游客和女性游客力量的过程中,高尔顿观察到,"有些女性游客力量很大",她们可以像男人一样,握力达到 86 磅①。但是,他补充道:"也许让男人感到放心的是,具有这种天赋的女人很少",稀有到"在整个英格兰的人口中也找不到几个这样的女人,足以凑成一个团的"。[66] 这些漫不经心的话引起了讽刺杂志《笨拙》的注意,它发表了一首诗,诗中描述了一位"肌肉发达的少妇,因和男人的打斗而知名",让她的丈夫服服帖帖:

> 在以后的暗淡生活中,
> 任何丈夫都会耍花招;
> 你则发出一个嘲弄的笑声,
> 给他来个"86 磅的挤压"。[67]

高尔顿顾不上这些嘲讽,他忙着分析自己的研究结果,并大力宣传类似他这样的测量实验室的好处和效用。尽管他意识到测量结果缺乏准确性,但他坚持认为测量结果相当重要,因为他记录了研究对象出生在危险的城市还是在健康稳定的国家、他们现在住在哪里等信息,他认为他的数据为检验职业和出生地对各种身体机能的影响提供了材料。[68]

然而,高尔顿的测量结果存在的最明显的问题可能是,他没有办法评估他最感兴趣的东西——受试者的智力。而在规划实验室时,他向不同的专家咨询了哪些设备可用于智力测试,但没有人提出任何有用的建议。有种办法是测量头颅的大小,或许可以作为大脑能力的一个指标,但正如高尔顿解释的那样,"这个办法在大多数女性身上会有麻烦,因为她们戴着帽子,又有这么多头发,她们可能拒绝测量或者将给测量带来困难"。[69]

就像早期对男学生的测量一样,高尔顿进行的物理测试是为了测量整体健康状况,而其他方面,诸如对视觉、听觉和颜色辨别能力的测量,则旨在提供某种程度的智力评测,但不是以一种人们期望的方式进行。人们普遍认为动物比人类拥有更敏锐的视力和听力——在这些方面测试分数的高低,可以衡量受试者与动物有多接近。那些拥有独有智慧的人类应该在这些方面得分很低。然而,即使这些测量结果确实揭示了智力差异,却无法揭示智力是否会被遗传,更遑论是如何被遗传的了。高尔顿收集了受试者的简短家谱,这样他就可以分析父母和孩子身高之间的关系,虽然数据很有意思,但还是无法成为智力遗传的决定性证据。

高尔顿又做了一些尝试。他试图说服医生收集家族遗传病的数据,甚至为给

---

① 1 磅 = 0.453592 千克。

出最好分析的医生提供 500 英镑的奖金，但没有人拿到过这个奖金。1884 年，他两次尝试直接从公众那里收集数据。他给完成一套 50 页问卷的参与者开出 500 英镑的奖金。这个问卷称为"家庭才能记录"（The Record of Family Faculties），旨在收集参与者家庭的遗传和健康状况，最终他只收到了 150 封回信，为此他还颁发了一些小奖。他还设计、编辑并组织出版《生活史记录册》（Life-History Album），他希望能把这个记录册提供给即将做父母的人，这样他们就可以记录孩子的生长发育过程。然后他们的孩子们再记录自己的孩子，通过这种方式实现一代又一代的记录。即使这些记录册得到了更热烈的反响，也要花上几代人的时间才能积累足够的数据进行分析。

高尔顿所面临的无法解决的困难，并非完全是因为智力测量工作的困难性——尽管事实也证明了这一点，而是因为人类的繁殖速度实在太缓慢。即使像高尔顿这样长寿的人——他去世时已经快 90 岁了——也无法指望能有足够长的时间追踪人类这个物种的繁衍模式并获得可靠的数据。更糟糕的是，人类本来就是顽固的实验动物；正是他非常感兴趣的"智力"让受试者自己做了决定，而仅仅说服他们进入实验室参与测量就是一项艰苦的工作。

1890 年，高尔顿对说服公众做了最后的尝试，他出版了一本小册子，赞颂人体测量学，在位于科学博物馆的第二个实验室里售卖，只要 3 便士。小册子的第一章自问自答："我们为什么要测量人类？"对此高尔顿给出了各种各样的答案，这些答案和他在之前的文章中给出的相差无几，比如可以鉴定能力和才艺，或者发现潜在的可以被纠正的健康问题。当然，他也强调了纯科学的好处。然而，那些也许因为受到"为这些崇高目标做出贡献的想法"的鼓舞而购买了这本小册子的人，看到后面的章节或许会失去心中的热情。在后面几章中，高尔顿把他的注意力转向了人种问题。他承认，他实际上只对杰出的人感兴趣，并评论说"普通人在道德和智力上都是一个无趣的存在""对人类进化没有直接的帮助，而进化存在于我们隐约的意识里，是所有生物生存的目标"。[70] 高尔顿的兴趣是在协助优秀人类的同时，消灭糟糕的人类。普通人除了作为一个"敏感的工具"，以及作为确定谁是例外的基准外，没有参与这个计划的资格。难怪他的同代人中很少有人对测量自身带来的前景感到兴奋。

高尔顿对"普通人"的蔑视很可能源于他对那些前来参观实验室的"愚蠢而固执"的人感到失望。这些人醉醺醺地闲逛，对简单的测试感到困惑，从而浪费了他的时间，或者无法在不损坏设备的情况下完成测试。这些城市野蛮人是否能转变成"先知和文化泰斗"或者变成"孔武有力、元气旺盛、能力非凡的人？"答案显然是不能：他们天性如此，后天培养永远不会起作用，所以高尔顿的首要任务是去除这些毫无价值的样本数量。在人体测量实验室开始运行的十多年前，高尔顿写道，他期待着"没有天赋的人开始衰亡的那一天"，就像"低等种族总是比优等种族先消失"一样。他认为这种转变对劣等人不会产生"严重效果"，因为"有天赋的人"会"善待比他们低劣的人"。不过,他语带威胁地说:"只要他们保持独身就行。但如果他们继续繁殖,其后代在道德、智力和身体素质上都处于劣等,那么某一天这些人会被认为是国家的敌人,将丧失所有被善待的权利。"[71] 这个可怕的预言是高尔顿为数不多的实现过的预言之一:我们将在随后的章节中看到,20 世纪前叶人们对他思想的复兴。在不同的国家,如瑞典和美国,成千上万的人被迫以"优生学的名义"绝育,但最恐怖的是纳粹德国,在那里高尔顿的思想启发了绝育政策,并最终灭绝了不健康的人和"低等种族"的人。

高尔顿于 1911 年去世,他没有看到自己的理论所导致的恐怖后果,我们永远也不会知道他对此会有何回应。可以肯定的是,他临死前仍对自己的思想坚信不疑:他留下 45000 英镑(相当于今天的 300 多万英镑),用于成立一个国家优生学实验室,并设立优生学奖学金。具有讽刺意味的是,高尔顿终其一生都在关注遗传却未曾有过生育,他的思想成了他唯一的"孩子",留下的巨额遗产也被用于继续那些未完成的研究。

山柳菊：继豌豆之后
孟德尔的下一个实验

Chapter 4
Hieracium auricula:
What Mendel did next

　　小小一颗种子，重量不到 1 克，悬吊在一个由蓬松的冠毛形成的小降落伞下面，飘浮在空中；轻轻的一阵风就会把它从母体植株带到一个新的地方。这就是菊科山柳菊属植物黄色山柳菊(*Hieracium auricula*)——俗称淡色山柳菊——的种子。像大多数山柳菊一样，黄色山柳菊的花很小，呈淡黄色，看起来很像它的近亲——蒲公英。蒲公英和山柳菊都被视为麻烦的东西，园丁尤其讨厌它们。如果不加以处理，它们很快就会占领草坪；由冠毛形成的小小降落伞，是一种帮助种子传播的适应性进化。一旦着陆，它们就会迅速发芽，并很快繁殖出新的花朵和种子，随之进一步传播。

　　随风飘扬的种子并不是蒲公英和山柳菊成为高效杂草的唯一特性。它们都有紧贴地面的扁平叶片，所以即使路过的动物在它们结出种子前吃掉花，植物仍能存活下来开出新的花朵。幸运的是，这些叶子也能让它们抵御另一种主要的掠食者：使用割草机的园丁。草坪被修剪时，植株的叶子会进一步变平，但不会被破坏；不久，新的茎和花又会出现。想要除掉山柳菊或蒲公英，就需要把它们连根拔起，这揭示了它的另一种生存机制——被称为"主根"的长而结实的根部，长得像微型胡萝卜一样。除非把根拔出来，否则破坏花和叶并不能除掉植物，因为其根部储存了足够的能量来长出新的植株。

　　山柳菊不仅仅是园丁们讨厌的杂草，它们原产于欧洲，但现在已经传播到美国大部分地区，成为入侵性杂草，被大家所嫌弃。黄色山柳菊在蒙大拿州被称为牧场山柳菊，被列入"二类"有毒植物或有害杂草；在俄勒冈州，同样的物种通常被称为黄色山柳菊，也被指定为一种杂草；在华盛顿州，它是"A 类有毒杂草"，当地人非常讨厌它，称之为黄色魔鬼山柳菊；山柳菊给加拿大和新西兰也带来了困扰，黄色山柳菊的一个相近物种，绿毛山柳菊(*Hieracium pilosella*)，也称为小鼠耳朵山柳菊，已经成功地入侵了牧场，形成浓密的叶垫，使其他种类的植物无法在地面生长。对于羊(新西兰的大部分哺乳动物都是羊)来说，至少绿毛山柳菊是可以食用的，但没有被它所取代的植物那么有营养，因此降低了牧场的产能。

　　很明显，即使是最易被风传播的种子，也不可能将山柳菊从欧洲带到新西兰；而是那些现在正努力控制它们的人类，率先将它们带到了新的领土。

　　英国人威廉·特纳(William Turner)在 16 世纪中期首次描述了山柳菊的药用属性，他有时也被称为英国植物学之父，其著作《新草药志》(*New Herball*)因使用了精美的木刻插图补充对植物的描述而出名。特纳告诉他的读者："山柳菊性凉，可治疗腹泻。"

特纳的著作被 16 世纪晚期和 17 世纪的英国草药种植者和医生复制并改进，包括约翰·杰拉德(John Gerard)、约翰·帕金森(John Parkinson)和尼古拉斯·卡尔佩珀(Nicholas Culpeper)。卡尔佩珀在他的《英国医生》(*The English Physician*，1652 年)一书中描述了山柳菊；此书还有一个更出名的书名《卡尔佩珀草药志》(*Culpeper's Herbal*)，书里详细罗列了英国本土药用植物及其能治愈的疾病。卡尔佩珀注意到，山柳菊"有许多大而多毛的叶子贴在地上"，看起来像蒲公英。他还描述了其"褐色小种子"如何被"吹走""飘浮飞行在夏日的风中"。借用古希腊植物学家迪奥斯科里季斯(Dioscorides)的描述，卡尔佩珀列出了这种植物的"优点和用途"，包括这样的记录——如果把植物的汁液和少量的酒混合在一起饮用，"有助于消化"，从而有助于去除"胃里的积食"；它还"有助于生津"；外用时，"配以妇女的乳汁，对眼睛的所有缺陷和疾病都有特别的疗效"。[1]

正是山柳菊在治疗眼疾方面的所谓功效，才使其得名。大约 2000 年前，罗马历史学家老普林尼(Pliny the Elder)在《自然史》(*Natural History*)一书中记载了这种植物。《自然史》是自然界种种令人难以置信的事实、神话、观察和道听途说的汇集。老普林尼在书中提到了一种"长着圆而短的叶子"的莴苣，这种植物被称为"鹰草"(即山柳菊)，因为老鹰会把它撕开，用其汁液湿润眼睛，治疗视力不佳。在近视眼老鹰的引导下，人类对这种植物进行调查后发现，"配以女性的乳汁，它可以治愈所有眼疾"。[2]中世纪的驯鹰人就是用这种植物来治疗看起来近视的鸟。

卡尔佩珀杰出的前辈约翰·帕金森，撰写了一本包罗万象的草药志《植物学剧场》(*Theatrum Botanicum*，1640 年)。他在 1755 页对开本大小的书中，列举了近 4000 种植物，其中就包括绿毛山柳菊，他称之为"小鼠耳朵"，并建议在拜访铁匠之前给马喂食绿毛山柳菊，这样它就"不会害怕钉马掌的铁匠"。他还观察到牧羊人小心翼翼地不让他们的羊在长了绿毛山柳菊的牧场里吃草，"以免它们生病、变得瘦弱，很快死去"(这可能是新西兰人对这种植物怀有敌意的原因)。

第一批移居美国的欧洲人随身带来或自己印制了草药书；美国最早出版的医学书籍之一就是《卡尔佩珀草药志》(1708 年)。但是定居者很快发现许多欧洲药用植物在"新世界"是找不到的，于是他们从欧洲进口了这些植物的种子。毫无疑问，由于对马匹、眼睛和消化的神奇药效，使人类将包括山柳菊在内的数十种外国药用植物引入了美洲(更多的则是因为这些植物的种子混在了登陆美洲的动物饲料里，而被意外引入)。蒲公英的传播方式与山柳菊相同。蒲公英的学名是*Taraxacum officinale*；"officinale"这个词来自拉丁语 *officina*，意思是"商店"，蒲公英因其药用价值而在商店被出售(许多药用植物因为相同的原因，也有相同的"附加名"，或特定的名字)。直到 19 世纪，植物还一直都是美国、欧洲和欧洲殖民地大多数药物的来源，例如 1881 年，《美国药学杂志》(*American Journal of*

Pharmacy)指出蛇舌山柳菊(*Hieracium venosum*，响尾蛇草)可用于治疗肺结核：
"至少，它在治疗牲畜的结核病方面，是当之无愧的良药"。[3]现在具有药用价值
的山柳菊的种子仍然可以在大多数草药网站上买到，但大多数网站都不会把种子
运到俄勒冈州，因为俄勒冈州对山柳菊有隔离规定。

在人类的帮助下，山柳菊传播到了世界各地，但它们首先在原产地欧洲引起
了当地植物学家的注意。正如卡尔佩珀所言，"它们有很多种类"，自他开始，
人们已经记载了数以千计的山柳菊品种，现在仍不清楚到底有多少种山柳菊，部
分原因是物种分类是一项复杂的工作。在某些情况下，物种间有非常明显的差异，
例如没有人会将鹰(hawk)和鹰草(hawkweed)混为一谈，但要区分一种山柳菊和另
一种山柳菊要困难得多。山柳菊与诸如荆棘(悬钩子属)和蒲公英(蒲公英属)等植
物有一个共性，那就是难以分类。这群植物既难以分类，又都是有害杂草——在
后文中我们将看到，这并非巧合。

主合派和主分派

到了 19 世纪中期，山柳菊、荆棘和蒲公英成为一场植物学战争的中心，这场
战争是"归并派"(主合派)和"分割派"(主分派)的对决。这两个派系带来了两
个截然不同的有关当时最具争议的科学论题之一——对生命进行分类——的哲学
思想。他们对世界上存在多少种不同的生命体无法达成共识，而这一科学论题对
于重要的科学和宗教问题来说是基础。

从发现美洲开始，欧洲人对世界上动植物有如此惊人的多样性的认知程度一
直在迅速增长，而且增长速度越来越快。最初，欧洲人试图把新大陆的植物归入
他们从古希腊圣贤那里继承下来的类别。几个世纪以来，博物学家一直遵循着像
老普林尼这样的作家的传统，编辑和撰写对古代智慧的注解，但从文艺复兴开始，
欧洲人被迫认识到在这个世界上存在着的动植物远比最聪明的希腊人想象的多。
这些新的动植物需要新的名称和新的分类。在哥伦布到达美洲后的 100 年内，剑
桥的植物学教授约翰·雷(John Ray)发现古希腊植物学家提奥弗拉斯特斯只记录
了 500 种植物，而他自己撰写的《植物通史》(*Historia Plantarum Generalis*)则记
载了 17000 种。

这在很大程度上是基于知识的大规模扩充——在雷的著作出版后的一个世
纪，瑞典博物学家林奈对物种分类开展了大规模的改革。他碰到的一部分麻烦是，
博物学家、植物学家、牧民和花农都给植物起了本地名，例如黄色山柳菊不仅被
称为淡色山柳菊、黄色山柳菊和黄色魔鬼山柳菊，还被命名为魔鬼王山柳菊和平
滑叶山柳菊(康涅狄格州称之为"平滑叶")。在加拿大和新西兰它还有其他的名
字，当然世界各地还用不同语言为其命名。更糟糕的是，不同的物种在不同的国

家可能有相同的名称。同名混淆是林奈引入标准化科学命名的原因之一，例如他在《植物种志》(*Species Plantarum*，1753 年)一书中将鹰草属改称为山柳菊属，还鉴定和命名了近 30 种不同的山柳菊属物种，从阿尔卑斯山柳菊到蛇舌山柳菊。如今，最权威的植物学名称数据库之一——《邱园索引》(*Index Kewensis*)，已列出了超过 11000 种山柳菊属植物，但名字仍在不断更替中。

几乎无穷无尽的生物学命名史细节，对于我们的故事来说并不重要；但已足够说明名字的大量涌现和重名导致了混乱。当博物学家们相互写信讨论、比较或交换标本时，他们完全不知道对方在讨论什么。一位博物学家会认为，一种特殊的植物与那些已经命名的植物如此不同，它必须被认为是一个新物种，所以必须给它取一个新名字；另一位博物学家则发现差异和相似比较起来没有那么显著，认为这种植物仅仅代表了某物种的变种，因此不值得为它起一个新的名字；与此同时，第三位植物学家可能会认为差异和相似都很显著，因此应把该植物归类为亚种，这意味着要在种和属名字外加上第三个名称，例如 1999 年，在罗马尼亚北部发现了一个阿尔卑斯山柳菊的新亚种，被命名为 *Hieracium alpinum augusti-bayeri*。[4]甚至还有人嫌命名不够混乱，20 世纪一些植物学家提议将许多物种移出山柳菊属并归入细毛菊属(*Pilosella*)。

19 世纪，一些博物学家认为这种对命名的扩展已经过于偏离正轨，他们指责那些继续命名新物种的人过于狭隘地关注植物之间无关紧要的差异，就好像对毛发进行分割一样，并称其为"分割派"。愤怒的"分割派"予以了反击，他们把对手戏称为"归并派"，因为他们想把这些明显不是相同物种的植物归并在一起。这些术语首次出现于 1857 年查尔斯·达尔文寄给他朋友约瑟夫·胡克的一封信里，信中提到，"既有分割派又有归并派挺好的"。[5]毫无疑问，胡克并不同意这个观点，但他无暇回应，因为达尔文的信抵达的那一个星期，他的妻子玛丽亚·弗朗西斯(Maria Francis)刚生下了他们的第四个孩子。直到几年之后，胡克才就这个问题发表了自己的观点，他认为"将两个或两个以上不确定的物种归并为一个"更好，通过这样做，"我们将避免更大的错误"——无休止的物种扩增。那些"分割派"为维持不确定的物种而保留它们各自的名字，只会造成混乱；如果读者怀疑他，胡克就会邀请他们"见证英国对柳树、荆棘和玫瑰等相关类群的植物命名的现状"。[6]众所周知，柳树和荆棘与山柳菊类似，很难将其划分为被清晰定义的物种。

一个特定的植物到底有多少种的问题似乎微不足道，尤其是当所讨论的植物是一种毫无价值的杂草时，但对于植物学家来说，这是一个非常吸引人的问题。分类不仅仅是一个简单的列表问题，它还触及了 19 世纪科学里一个最大的问题：什么是物种，它们从何而来？像大部分的同时代人一样，林奈确信"物种的起源要追溯到全能的造物主那里"，当上帝"创造物种时，在他的作品中加入了一个永恒的法则，那就是让它们在有限的品种里复制和繁殖"。[7]只有上帝才能创造物种，一旦他创造了物种，物种就无法改变；然而，二十年来虽然林奈一直坚持这个明确的主张，但他仍有一些不确定，这些不确定由杂交而起。他在乌普萨拉的花园，和欧洲其他植物园一样，种植了来自世界各地的植物。有时一个物种的花粉非常偶然地落在另一个物种的植株上，这些意外创造了新的杂交品种。这些计划外的实验使好奇的园丁们开始精心设计，以创造出有吸引力或多产的新品种。大多数杂交都失败了：要么后代不育，要么杂交后代迅速回复到亲本型，但不时会出现杂交种，能独立繁殖。面对来自自己花园里的杂交种，林奈不得不承认，这些稳定的杂交种"即使不被认为是新的物种，至少也是永久的变种"。[8]

1759 年，也就是林奈做出妥协的几年后，位于圣彼得堡的皇家科学院悬赏 50 金币(这笔钱换算到现在超过 5000 英镑)，奖励能最终写出论文解决一个古老问题的学者，即植物是否真的有单独的性别。林奈参加了这场比赛并胜出，他的论文引用了许多植物的例子，这些植物无法结出种子，除非雄性和雌性的植株同时存在，文中提到杂交植物是植物存在性别的证据，因为在杂交后代中，两个亲本的性状结合在了一起。林奈为了让他的观点胜出，在寄送论文时还附上了一种杂交山羊胡子草(婆罗门参属)的种子。山羊胡子草是一种可食用的植物，又被称为婆罗门参，与山柳菊和蒲公英有亲缘关系。林奈在他的花园里将两种山羊胡子草杂交，发现它们的杂交种能独立繁殖。因此，在他看来，这是一个新物种，于是将其命名为"杂交婆罗门参"(*Tragopogon hybridum*)。

林奈这篇获奖论文的结论是："毫无疑问，存在由杂交产生的新物种"，而且"同一个属中有许多种植物是由杂交产生的"。[9]但他仍然相信最初是由上帝创造了一切生物，所以他认为原始的原种植物出自上帝之手，而大量的科、属、种和变种是由上帝的原种混合而产生。林奈不相信新种类的植物会以其他方式出现，也不相信人类能随意创造新物种；他认为，大多数人工合成的杂交品种都将被证明是不育的，或者会回复到亲本类型。尽管如此，他还是挑战了长期以来的观点，即所有的杂交种都肯定是不育的。

能自然产生杂交种成就了山柳菊这类植物的复杂性，也引起了一些植物学家的注意。给它们分类如噩梦般的困难，表明在这些植物类群中，物种和品种之间的界限是模糊的；一些人以这种混乱为论据，论证植物演变或进化的理论，主张像山柳菊这样的植物正在进化成新物种。此外，他们还认为研究这些群体可能为"进化是如何运作的"提供证据，例如是什么机制把一个物种变成另一个？另一些人则极力反对，他们坚持认为是上帝创造了所有物种，就和我们现在所看到的一样，物种并没有——事实上也不能——改变，否则就是亵渎神明：人类之所以还不能将山柳菊分类，那是因为他们还不了解上帝的完美计划。

当人类在因山柳菊而激烈争论时，它的种子静静地飘在风中。有些种子停留在布伦镇(现布尔诺市)的修道院花园里，引起了一个叫格里高尔·孟德尔(Gregor Mendel)的人的注意。

　　孟德尔一生默默无闻，但今天大多数人都知道，就是这样一个单纯、没受过教育的奥地利修道士，在花园里种植豌豆的时候，发现了现代遗传学的基本定律。然而，孟德尔的突破性发现被忽视了，部分原因是他被切断了与他那个时代的科学界的联系，还因为与他联系的一位著名科学家，植物学家卡尔·冯·纳格里（Carl von Nägeli），让他开展徒劳无功的山柳菊遗传研究。纳格里甚至可能是有意为之：他嫉妒年轻对手的才华，于是让可怜无辜的孟德尔研究一群以难以分类著称的植物，确信这位修道士永远无法给它们分类。面对失败和打击，孟德尔在令人心碎的寂寂无闻中去世。同时一个具有讽刺意味的故事是，据说孟德尔曾将他那篇关于豌豆的论文寄了一份副本给查尔斯·达尔文，但达尔文没有阅读它。达尔文发现德语很难懂，因此孟德尔的论文从未被他翻动过，与达尔文的其他论文并存于剑桥大学图书馆。如果达尔文知道这里面讲了什么，他毫无疑问会放弃他的泛生论，并采纳孟德尔的理论，那么生物学界也不用等到 20 世纪才发现孟德尔的论著以及重新建立遗传学了。

　　不幸的是，上一段文字中有关孟德尔的描述几乎都是错误的。严格来说，孟德尔不是奥地利人，他是说德语的摩拉维亚人；摩拉维亚当时是奥匈帝国的一个省，现在是捷克共和国的一部分（事实上他也不是一个修道士；孟德尔所属的奥古斯丁派是隐修士）。孟德尔绝不是一个单纯、没有受过教育的人，他曾在维也纳大学学习生物、数学和物理，受教于一些当时最著名的科学家。他也不是偶然发现任何现象的；他的实验进行了精心策划和设计。他所在的科学协会有许多杰出的成员，会刊也被广泛传阅，所以他的工作并没有完全被忽视——尽管有很好的理由可以解释为什么没有产生他所希望的影响（严格来说，孟德尔的论著在 20 世纪被"重新发现"也是不符合事实的，但这是下一节的故事）。孟德尔也从未给达尔文寄过论文；至少，这样的副本并不存在，而且也没有曾经存在的记录。即使达尔文读了他的论文，达尔文也不太可能对此感兴趣。最后，纳格里和山柳菊的故事也完全不准确；真实的历史帮助我们理解孟德尔在做什么以及为什么这么做，最令人惊讶的是，它告诉我们，尽管他的工作非常重要，但为什么他既没有发明现代遗传学，也没有发现它的基本法则。

｜ 摩拉维亚修道院的花园

　　孟德尔的父亲安东（Anton）是农民，母亲罗辛（Rosine）是园丁的女儿。他在摩拉维亚富饶的农牧区长大，与葡萄园和羊群相伴，还有一个花园，园中果树之间藏着蜂箱。每周安东不得不花一半的时间为他的地主工作；奥匈帝国，就像欧洲大部分国家一样，本质上仍然是封建制国家。年轻的约翰·孟德尔（格里高尔是他成为一名隐修士后使用的教名），最初学习关于植物和育种的知识，是通过观察像他父母这样的人——几代人都一直在努力改善他们的农作物和收入。但是，当 1822 年孟德尔出生时，那些曾经指导农民耕种的谚语和民间传说迅速被新的科学方法所取代。安东和镇上教区的牧师参与了一个通过嫁接和育种提高果树产量和抵抗力的项目，他们一起培育了近 3000 棵树，分发给当地的农民。孟德尔的工作也许可以被理解为，继承父亲的辛勤劳作，使他们的土地更加高产。

正如我们所看到的，孟德尔之前的几千年时间，人类一直在努力改良农作物和动物。到了 18 世纪，像罗伯特·贝克韦尔（Robert Bakewell）这样的育种者已经知道如何培育出更大、更肥的羊；他的英国同胞，托马斯·奈特（Thomas Knight）对植物也采用了类似的技术。奈特是英国园艺学会的第一任会长，也是第一个发表这些新技术信息的人之一。技术的第一步是确定要杂交哪两个独立植株，而不是把这项重要的工作留给风、鸟或蜜蜂去完成。奈特研究如何进行人工授粉——后来他开创的这项技术，被达尔文用在了他的西番莲上。奈特希望通过杂交培育出新的具有令人满意性状的果树品种，但树木要花很长时间才能成熟并结出果实，这需要好几世代的时间去发现实验是否有效。所以他想在快速生长的一年生植物上先试试他的技术。经过深思熟虑，他选择了普通的豌豆（*Pisum sativum*）用于他的实验，"不仅因为我可以得到这种植物的许多变种，它们会有不同的形态、大小和颜色"，而且因为"花的结构"，防止了被风吹来的花粉落在花朵上——就像达尔文的兰花一样。如果蜜蜂没能在准确的时刻造访豌豆花，花朵的形状确保了它能够自花授粉，这一现象，正如奈特所说，"能永久保存变种"。[10] 简单地用网把植物罩起来让昆虫无法接近，奈特就可以手工给植物授粉，这样就知道哪些植物与哪些植物进行了杂交。

1787 年奈特开始了他的豌豆实验，12 年后，他将研究成果发表在了英国皇家学会的《哲学汇刊》（*Philosophical Transactions*）上。第二年，他的论文被翻译成德文并很快在欧洲大陆的育种界闻名。然而，不知名的德文翻译者补充了一个脚注：论文所描述的人工授粉技术在德语区已经广为人知——这要归功于约瑟夫·戈特利布·科尔罗伊特（Joseph Gottlieb Kölreuter）。

科尔罗伊特是第一个对杂交开展系统性实验的博物学家，这在一定程度上是因为他对林奈关于杂交是否能创造新物种的问题感兴趣。但他的植物育种研究有一个更实际的目的：正如科尔罗伊特所写，他希望"有一天他幸运地培育出具有很好经济价值的杂交树木"，他尤其希望这些杂交树可以长得飞快，只需要亲本树木一半的时间便成熟。[11] 这也是吸引摩拉维亚农民的地方——对新的改良的动植物的向往，而不是解决什么是新物种的问题。在摩拉维亚，这个目标被克里斯蒂安·卡尔·安德烈（Christian Carl André）推进。18 世纪末，安德烈来到了布鲁恩，促进了该地区自然科学的发展。

安德烈似乎热衷于创立名字冗长的科学协会。他最开始创立了"促进农业、自然科学和社会进步的摩拉维亚协会"（可能为节省时间，这个名字后来被改成

"农业协会")。他对贝克韦尔的技术很感兴趣，于是创立了另一个协会——"绵羊育种领域的专家朋友和支持者联合会"，以促进和发展科学的绵羊育种，这也是自布鲁恩成为哈布斯堡王朝纺织业中心以来人们一直关注的焦点。当安德烈听说了奈特在果树方面的研究实验时，他的第一个想法是建立一个"果实栽培学和酒类科学联合会"。它最终被改名为"果实栽培学联合会"——其成员之一是新任命的布鲁恩奥古斯丁修道院院长，弗朗兹·西里尔·纳普(Franz Cyrill Napp)，一个开明的人，致力于确保隐修士为当地人民提供实用的和精神上的指导。考虑到这一点，他建立了一个实验苗圃，孟德尔是在那里工作的年轻隐修士之一。

尽管出身卑微，孟德尔还是受过良好的教育：不像大多数农民的孩子，他上的是一所预科学校(中学)，学校有一个小型的自然历史博物馆，这个博物馆是在安德烈的建议下修建的，它帮助培养了孟德尔对自然研究的兴趣。不幸的是，孟德尔十几岁的时候，他的父亲在一次事故中受伤后无法工作，因此家里无法再继续支付孟德尔的学费。从十六岁起，他不得不靠做家教来养活自己。他希望成为一名学校教师，但由于家庭负担不起上大学的费用，他于1843年作为一名新教徒进入圣托马斯的奥古斯丁修道院。

尽管这并不是他职业生涯的第一选择，但不可否认孟德尔适合隐修。纳普鼓励隐修士学习科学，特别是农业和园艺科学。这不仅仅是为了给当地人民谋福利；当纳普接管修道院时，修道院负债累累，他希望农场和农田的现代化帮助他们还清债务——和修道院附近的居民一样，隐修士们通过饲养绵羊和卖羊毛获取收益。当努力恢复修道院的财政秩序时，纳普对贝克韦尔和奈特的技术产生了浓厚的兴趣，并鼓励修道士学习。

经过一年的试用期，孟德尔开始学习神学。早上6点起床参加弥撒后，他开始在修道院图书馆学习，里面有科学书籍和宗教书籍；或者在花园工作，学习如何手工为植物授粉以培育优良变种。他的许多隐修士伙伴们和他有共同的兴趣，他发现自己正置身于一个令人振奋的环境里，这里被对科学本身和其用途以及宗教意义的讨论所包围。

1848年，孟德尔开始研习神职，同年革命短暂地给欧洲大部分地区带来了震荡。虽然这些革命者的诉求各不相同，但他们都普遍呼吁结束束缚像孟德尔父亲这类人的半封建制度。另一个共同的诉求是改善教育，让新解放的农民加入现代社会。在布鲁恩，纳普是这些改革诉求的突出支持者；他公开为在战斗中丧生的学生做弥撒来表示支持。新的奥匈帝国皇帝，弗朗茨·约瑟夫一世(Franz Josef I)迅速削弱了新成立的议会势力，有效地结束了叛乱，废除了封建劳动并继续实行教育改革。

随着革命的失败，孟德尔也完成了他的神学研习，成了一名牧师，但他的健康状况常常很糟糕，很明显他不适合担任教区的日常工作。在纳普的支持下，他被任命为预科学校的全职教师。然而，于1848年后颁布的新教育法要求所有教师参加大学考试。虽然孟德尔是一位有天赋的——现在也已经是一位有经验的——教师，但他并没有这一个至关重要的资历，于是 1850 年校长把他派到维也纳大学参加考试。最终孟德尔没有通过考试，一部分原因是他的主考官似乎对修道会的成员存有偏见，另一部分原因是没有人教他如何准备大学考试。

幸运的是，教育改革对孟德尔的生活也产生了积极的影响。哈布斯堡政府已经决定，这个迅速工业化的国家需要新型的学校——强调学习科学、工程和数学等实用知识的学校，以便让学生适应新世界。在修道院院长纳普的热心支持下，这类学校在布鲁恩这个日益工业化的城市得以创建，但老师紧缺。尽管考试失败，孟德尔似乎拥有他的国家所需要的才能，因此维也纳的一位考官建议他继续深造。纳普也表示愿意由修道院支付孟德尔回到维也纳继续学习的费用。

回到维也纳后，孟德尔在克里斯蒂安·多普勒(Christian Doppler，多普勒效应因其命名，多普勒效应是指当波源和观测者有相对运动时波的频率和波长会发生变化)的指导下学习物理，多普勒强调了设计精巧实验的重要性，并教授他当时最先进的数学、统计学和概率论。除了孟德尔最爱的物理学，他还学习了化学、古生物学和植物生理学。植物生理学是由弗朗茨·昂格尔(Franz Unger)教授的，他和多普勒一样，对实验设计感兴趣；这种对实践工作的重视是 1848 年后教育改革带来的又一传统。

昂格尔可能是对孟德尔影响最深的老师。他向年轻学子介绍了最新的科学观点，特别是当时激进的新细胞理论。回到 1663 年，英国自然哲学家罗伯特·胡克曾用早期的显微镜观察过树皮。他发现树皮上有规则、空洞的结构，这让他想起了僧侣们居住的一排排小房间，因此把它们称为"小室"(cells)。这个名字被保留了下来，但直到 19 世纪中期，当显微镜得以大量生产而变得更便宜时，对这些"小室"的适当研究才真正开始。当孟德尔在维也纳学习时，显微镜是他所学课程的标准配置。

1838 年，两位德国博物学家，西奥多·施旺(Theodor Schwann)和马赛厄斯·施莱登(Matthias Schleiden)有一次在喝咖啡的时候讨论"小室"。施莱登描述了他检查的每一个植物细胞都有一个黑暗的中心，即细胞核[nucleus，这个概念最初是由英国植物学家罗伯特·布朗(Robert Brown)提出的；布朗运动，即悬浮在流体中的粒子的随机运动因其命名]。听到施莱登的描述，施旺意识到他在研究的动物细胞中也观察到了类似的东西；一年之后，他在德国出版了《关于动植物的结构和生长的一致性的显微研究》(*Microscopical Researches on the Similarity in the Structure and Growth of Animals and Plants*，1839 年)一书，这本书成了一项重要的新的生物学理论的奠基性证明(尽管他没有向任何人提到施莱登的贡献)。施旺认为，细胞(小室)是所有生物的基本组成单位——它们不仅是构成每个物理结构的基本单位，还构成了使这些有机体运行的齿轮、齿链和发动机。每一个生命过程，从消化和呼吸到循环和繁殖，都取决于特定细胞的精确排列。然而，尽管细胞之间有着紧密的联系，但在所属的机体中它们仍是独立的单元。新理论提出了一种新的观点，即有机体是独立、有生命的元件所组成的共同体。起初，施莱登和施旺相信细胞像晶体一样形成，随着生物体的成长，新的细胞在体内合并。然而，19 世纪 50 年代的实验证明他们的观点是错误的，渐渐地，大多数生物学家接受了细胞往往通过其他细胞的融合或分裂而产生。这成为细胞理论的中心法则，即每个细胞都来自另外的细胞。施莱登是昂格尔崇尚的科学英雄之一，可能也是因为他的鼓励，孟德尔购买了施莱登的一本重要著作《科学植物学的基本原理》（*Basic Principles of Scientific Botany*，1842～1843 年），并做了仔细的阅读。

细胞理论对结束长期存在的关于两性交配过程的生物学争论，发挥了重要作用。雄性和雌性的影响到底是混合的，还是精子对卵子的作用不过是刺激一个预先形成的有机体发育？对混合影响的认可越来越普遍，但它的支持者仍然不得不解释这种混合是如何发生的。植物更为复杂，花粉落在柱头上，离卵细胞尚有一段距离，后者是在位于心皮底部的卵巢中发育的。显然存在某种雄性的影响，但它是如何移动到卵子那儿的呢？

当他们试图理解这些问题时，许多博物学家认为雄性和雌性的影响存在于两种液体中，并在受精过程中进行混合。甚至植物受精这件相当"干燥"的事情——灰尘一样的花粉粒落在一朵花上——也有液体的参与；例如，科尔罗伊特认为，一旦花粉成熟，其中包含的花粉粒就会变成液态，喷溅到花的柱头上。他认为雄性和雌性的元素在它们的后代中混合在一起，用化学术语去理解的话，恰如酸和碱结合形成具有新特性的新物质。如果他是对的，也许雄性的液体是直接渗入卵子的。

逐渐改进的新型显微镜使植物学家能够更仔细地观察花的秘密生活。1827年，法国植物学家阿道夫·布龙尼亚特（Adolphe Brongniart）观察到花粉粒落到柱头上时便开始生长；它们产生一个细小的花粉管，花粉管慢慢发育直到它抵达植物的子房。这就是雄性影响力的传播方式；布龙尼亚特认为花粉粒似乎含有他所说的"精原颗粒"，与动物精子非常相似，正是这个小小的"包裹"，而不是某种神秘的液体，将雄性的影响带给了新植物。他的观察结果使植物学家陷入了动物学家们早已根深蒂固的争论之中：精子是否能穿透卵子，还是仅仅刺激卵子发育？

这是新细胞理论家们想要解决的问题。施莱登和施旺认为植物界和动物界在它们最基本的层次——细胞上是统一的。每一种植物和动物都是由细胞构成的，所有的细胞都有细胞核，所有的新细胞都是由现有的细胞形成的。对于这个问题，施莱登认为，花粉管不能运送"一个已经存在的胚胎"；相反，它必须携带一个与雌性细胞融合的单细胞，从而形成一个新的细胞——新植物体的第一个细胞。施莱登坚信，他已经为"先成说"（即胚胎在精子或卵子中预先形成的理论）的棺材钉上了最后一根钉子；虽然不是每个人都赞同他，但他的理论在欧洲大陆上的德语区得到了广泛支持。昂格尔是施莱登的支持者之一，他认为现在已经很明显了，父母双方都对新植物的特性做出了贡献。

孟德尔于 1853 年重返修道院时，满脑子都是这些新思想。因为他受过大学教育，因此能够得到一份体面的教师工作。他还开展植物育种实验，把所学到的知识应用到他的父母和祖辈们要解决的老问题上——如何培育出更好的作物。他的一些学生也是农民的孩子，他们后来还记得被带去修道院参观孟德尔的花园时的情景。孟德尔在课堂上也教授花木种植，他有时会示范他的实验技术，向学生展示如何制作小纸帽来盖住花以防止多余的花粉进入。一个独身隐修士解释植物交配的场景不可避免地引起了一些学生嗤笑，这时，孟德尔会生气地吼道："别傻了！这些都是自然的事情。"[12]

孟德尔的实验有着明显的实用目的：他的第一篇科学论文涉及一种摧毁布鲁恩豌豆的象鼻虫。豌豆很重要；与农民邻居们一样，隐修士们种植豌豆来食用并拿来卖钱。他们种了好些品种，其中一些很容易去除豆荚，这些品种节省了时间，但不像其他品种那样甜。一些甜的品种，则生长在非常高的植株上，使得它们难以采摘，而且更容易受到暴风雨的破坏。孟德尔想，要是能把每个品种中最有用的特性结合在一起就好了。显而易见的解决办法是把甜豌豆——但长得又高又难采摘的品种——和低矮的容易采摘的品种杂交，但他怎么能保证改良后的品种在几代后不会回复其中一个亲本的特性呢？孟德尔从父母和老师那里知道，这是一个老问题，所以当他开始实验时，他了解了其他人，尤其是奈特、科尔罗伊特和卡尔·弗里德里希·冯·加特纳（Carl Friedrich von Gärtner）是如何做的。他在维也纳已经研究过一些他们的工作成果，从他留在加特纳的著作中空白处的笔记可以清楚地看出，他仔细阅读并用心思考了他们的想法。

｜ 杂合物种？

可食用的豌豆（*Pisum sativum*），是奈特在他的实验中使用过的品种之一，这也是孟德尔重读他的著作的另一个原因。加特纳也用可食用的豌豆做了一些实验。研究人员之所以对豌豆感兴趣的原因之一是，豌豆种植者有时会在同一个豆荚里发现几种不同颜色的豌豆，这使得非常容易就能判断出是否培育了一个纯种。然而，加特纳感兴趣的不仅仅是创造甜豌豆，还有培育稳定的杂交豌豆新品种，这也是一种对林奈提出的杂交能否产生新物种这一老问题的探索。随着孟德尔不断地阅读和实验，他将自己的实践技能与在大学中学到的知识相结合，并也对这一个问题产生了兴趣。

当圣彼得堡科学院宣布有奖比赛结果时，科尔罗伊特正好负责科学院的自然历史收藏。他本来希望自己能得奖，但错过了最后期限，对林奈的胜利也有些不满。他播种了林奈的杂交山羊胡子草种子，发现与林奈的说法恰恰相反，种子并没有全部都长成新的品种。虽然他完全接受林奈关于植物性别的观点，但拒绝接受杂交可能产生新的物种这一观点。

林奈获得科学院奖的第二年，科尔罗伊特也出版了自己的论著，一本描述他许多杂交实验的书；书中包括总共约 500 种不同的杂交实验，涉及 100 多个物种。与奈特一样，科尔罗伊特也知道用树木做实验是不切实际的，所以他花了很多年杂交烟草。科尔罗伊特对林奈的说法持怀疑态度，因为在自己的实验中，他发现杂交种总是会回复到亲本的型式；特别是如果亲本植株生长得比较近，亲代的花粉似乎总是比杂交种的花粉影响力更强，所以他得出结论，任何在野外产生的杂交种都不可能是稳定的。然而，尽管他付出了巨大的努力，却从未得到应得的认可。

科尔罗伊特的处境使他的问题更加严重。他不够富有，不能全身心投入研究工作，不得不工作谋生。在回到德国前，他在圣彼得堡的职位只维持了一年。随后，他四处漂泊，从事任何他可以找到的短期工作，直到最后成为卡尔斯鲁厄大学的植物学教授。多年来，科尔罗伊特不得不用盆栽植物做他的实验，他可以带着这些植物到处旅行。甚至当他在一个研究所里安顿下来的时候，他发现园丁们常常表现得不称职或者故意不帮忙，忘记给他的植物浇水或参加正在进行的实验。

科尔罗伊特和加特纳两人之间鲜明的对比很难在其他人身上看到，后者可能是 19 世纪德语世界里最著名的植物育种专家。科尔罗伊特的父亲是一位卑微的药剂师，而加特纳的父亲却是圣彼得堡植物学教授。加特纳打算从医，从斯图加特的皇家药房当学徒开始，之后又在一些 19 世纪的名牌大学里学习医学和化学。与科尔罗伊特相比，有一位著名的植物学家做父亲只是加特纳拥有的众多优势之一。当他的父亲去世后，加特纳变得足够富有，可以全身心地投入植物学研究。当加特纳还是一名年轻的医生时，他用父亲留下的钱周游欧洲，拜访欧洲著名的博物学家。在他返回后不久，第一次读到了科尔罗伊特的书(加特纳的父亲约瑟夫认识科尔罗伊特)。年轻的加特纳被书中的内容迷住了，决定献身于植物杂交事业。为了便于进行实验，加特纳建造了一个巨大的私人花园，并雇用了勤奋工作的员工。

正如我们所见，科尔罗伊特接受了林奈的观点，即植物确实是有性别的生物，他相信他自己的实验已经彻底证明了，在植物中双亲对后代的产生都是至关重要的(即使他不太确定混合亲本的特性是如何产生的)。他写道："即使是对植物性别最顽固的怀疑论者也会完全信服"他的工作；如果不是，"我会非常惊讶，就像在一个晴朗的中午，我听到有人说已经是晚上了"。[13] 然而在科尔罗伊特去世后不久，来自布雷斯劳的德国医生兼植物学家奥古斯·亨舍尔(August Henschel)对他的这项工作提出了质疑。亨舍尔声称科尔罗伊特的结果只反映了他的人工技术。就像奈特一样，科尔罗伊特也是如此依赖一些小把戏，比如"阉割"植物(去除花药），然后撒上另一种植物的花粉；亨舍尔认为，这种非天然的方法注定会产生“怪物”。他甚至认为在花盆里种植植物也是有问题的：非天然的条件会产生非天然的结果。他激烈地争辩说，只有自然的方法才能揭示自然的秘密。我们将看到，他不是最后一个以这些理由批评育种实验的科学家。

亨舍尔的书引发的争议是促使加特纳关注植物杂交的另一个因素。1830 年，加特纳在努力工作的同时，也在试图完成他父亲去世时尚未完成的一本关于植物学的巨著。这时，荷兰科学院宣称将向任何能回答以下问题的人颁发奖励：

> 通过人工方式开展异花授粉，教会了我们哪些能产生新物种和新品种的经验？有哪些具有经济价值和装饰用途的植物能通过这种方式产生和繁殖？

荷兰科学院对更有效地创造新的“经济和观赏植物”的方法感兴趣并非巧合；当时和现在一样，种植球茎植物——特别是郁金香——是荷兰的主要产业。

荷兰科学院对没有人参加它们举办的比赛感到失望，所以它们延长截止时间到 1836 年。加特纳直到 1835 年才听说这个奖项，于是匆忙提交了一份实验的总结报告。荷兰科学院又给了他一个延长期让他完善报告，并于 1837 年授予他这个奖项。他的著作《植物界杂交实验与观察》(*Experiments and Observations on Hybridisation in the Plant Kingdom*)最初只在荷兰出版，这限制了它的流通，但最终于 1849 年在德国出版。它包含在 700 个物种上开展的 10000 个实验的细节，其中发现了 250 个杂交品种；这是到目前为止，人类做过的最大、最全面的杂交实验研究。但这本书的销量令人失望(加特纳并不是一位才华横溢的作家)，不过达尔文有一本，他认为非常有用并希望更多人知道这本书。孟德尔也有一本，至今仍被保存在布鲁诺市的孟德尔博物馆里；从他做的边注和下划线可以清楚地看出，他读得很仔细。

加特纳的最终结论是赞同科尔罗伊特的观点，而否认了林奈的观点，即杂交不能产生新物种。加特纳的实验让他相信只有同一物种的品种之间的杂交才能产生可育的后代；任何杂交两个不同物种的尝试都会导致不育的后代，就像马和驴交配产生骡子一样。在此之后，孟德尔的老师昂格尔，发表了他自己的杂交实验结果，并详细地讨论了加特纳和科尔罗伊特的工作。但昂格尔得出了相反的结论，认为杂交可以创造新的物种。他没有说这是创造新物种的主要手段，但把它作为反对那些坚持认为物种无法进化的人的证据。昂格尔是一个生物演变论者，是进化论的信徒，他的观点引起了宗教争议。他短暂地面临了因为他的非正统观点而险被解雇的窘境，所以孟德尔不可能没有意识到他的豌豆实验有多么重要，也多么具有潜在的风险。

孟德尔豌豆实验的结果众所周知，不需要重述，但描述它的方式通常模糊了一个重要的事实：孟德尔并没有发明现代遗传学。想弄明白这点，我们需要了解他认为自己在做什么。

通过小心翼翼地让蜜蜂远离他的植物，孟德尔能够创造出一系列不同的纯系植株。当他公布结果时，他解释了为什么选择豌豆：首先，"外来花粉的干扰不容易发生"，为了更确定，"一些盆栽植物在开花期被放置到温室里，作为在花园里开展的主要实验的对照，防止可能受到的昆虫干扰"。[14] 此外，"无论是种植在开阔的土地上还是种植在花盆里都很容易"。正如奈特在他之前所发现的，豌豆的"生长期相对较短"，是"更值得一提的优势"；不需要等待数年才获得结果。最后，尽管"人工授粉有点困难"，但在豌豆实验中，"几乎总能成功"。孟德尔解释了他的技术：在花粉成熟之前，"每一颗雄蕊都要用镊子小心地提取出来，之后柱头便会被撒上另一朵花的花粉"。[15]

孟德尔花两年时间测试了"总共大约 34 个不同的豌豆品种"，这些品种的种子都是他从经销商那里获得的；在这方面，就像在他实验的其他方面一样，他比任何前辈都更细心——他吸取了多普勒和昂格尔在实验设计方面的优秀经验。最终，孟德尔选择了"22 个品种，这些品种在 2 年测试期之后没有任何变化"。[16]他把这些品种分成 7 个组合，每个组合具有相反的特性：有些品种总是产黄色豌豆，有些总是产绿色豌豆；有些长得高，有些长得矮。他从简单的杂交实验开始，例如将产黄色豌豆的植株与产绿色豌豆的植株杂交。科尔罗伊特和加特纳都只使用了少量的植株，而孟德尔用了数百棵植株——这是他在维也纳学到的统计方法，他知道他需要大量的样本来消除"纯粹的偶然效应"。[17]当第一代杂交豌豆开花结果时，孟德尔兴奋地打开它们的豆荚，他惊讶地发现，每个豆荚里的每一颗豌豆都是黄色的，绿色的特征已经消失了。

当他数着所有的黄色豌豆时，孟德尔一定很好奇绿色豌豆去哪儿了：永远消失了，或者还会再次出现？对于杂交种来说，这是关键问题。为了回答这个问题，他种下新一代的黄豌豆，等待着它们生长。当它们开花时，他又忙着摘除花药，将花粉撒在彼此的花朵上，保证每一株植物都只接收来自另一个杂交种的花粉。当豆荚开始膨胀和成熟时，他数着日子直到能打开它们。当他打开豆荚后，他有了第二个惊讶的发现：绿色豌豆又出现了，但只出现在一些植株里。

孟德尔一定有过好几次怀疑自己是否真的需要这么多植株——他记录道，他的实验涉及"超过 10000 株经过仔细检测的植株"，但对具有统计学意义的结果的需要，驱使他使用这么多的植株；他仔细地计数并计算自己的实验结果，他的判断得到了回报：他发现现在 1/4 的植株产出了绿色豌豆——黄色豌豆和绿色豌豆出现的比例是 3∶1。同样的比例均出现在他精心挑选的 7 个特征组合中。

孟德尔接着又做了第三轮实验：将第二代植株与最开始的纯系植株杂交。结果表明，第二代的黄色豌豆并非都一样：当把它们和纯系植株杂交后，他仍然得到了一些绿色豌豆，但在数量上没有上一代杂交品种那么多。很明显，第一次杂交中使用的黄色豌豆一定"含有"绿色，但是以一种隐藏的形式存在。同样地，他又计数了一遍并计算推导出豌豆有三种类型。为了节省时间，他用字母分别表示：纯种黄色以大写"A"表示，纯种绿色以小写"a"表示；也有一种黄绿豌豆杂合体，虽然它产黄色豌豆，但在下一代中也产绿色豌豆。孟德尔将这些杂合体标记为"Aa"。对于每一个纯种的 a 或 A，有两个混合的 Aa 型：3∶1 的比例实际上是 1∶2∶1 的比例—— 一份 a、两份 Aa、一份 A。仅具有 a(绿色)性状的植株产绿色豌豆，而仅具有 A(黄色)性状的植株产黄色豌豆，混合型(Aa)也产黄色豌豆。因为黄色支配绿色，孟德尔把它命名为显性性状，而绿色是隐性性状，因为它倾向于弱化或隐藏自己。

对于任何熟悉现代遗传学的人来说，这些比例和相关的字母都很眼熟，只不过在目前所用的标注中，总是用两个字母——aa、AA 或 Aa。每个字母代表了现在遗传学家所称的"等位基因"，即基因可能具有的一种形式。在豌豆这个例子中，决定豌豆颜色的基因有两种形式，显性的(A)和隐性的(a)。它们分别从双亲中继承而来；如果亲本都具有显性基因，该植株将是 AA 型(黄色豌豆)；如果亲本都具有隐性基因，该植株将是 aa 型(绿色豌豆)。但如果其中一个亲本是纯种黄色豌豆，另一个是纯种绿色豌豆，植株会从亲本那里各得到一个 A 或 a，成为 Aa 或者 aA，两种类型的植株都会产黄色豌豆。或者你已经理解了这点，或者你也许忘记了，因为这并不是孟德尔的结论。如果你感到困惑，那就太好了——因为当时孟德尔也是如此。

孟德尔的标注和现代标注之间有明显的差别，非常有趣，也很有启发性，因为它帮助我们理解孟德尔是如何思考这个问题的，以及这种思维方式和我们现在的思维方式有何不同。通过"Anlage"这个孟德尔所使用的术语——他用此来描述他用 a、A 或 Aa 标示的神秘物质，我们可以大致了解代代相传的孟德尔思想是什么。

"Anlage"是一个德语单词，没有确切的英语对应词。孟德尔从胚胎学借用了这个术语，在胚胎学里它的意思是"原基"，指正在发育的个体中处于早期阶段的某些部分。如果我们把它翻译成"基础"，我们就会对孟德尔的思想有所理解：黄色(A)植株传递决定黄色的基础，即决定豌豆最终呈现黄色的颜色颗粒。同样，绿色(a)植物也传递决定绿色的基础。杂合(Aa)植株看起来是黄色的，因为黄色占主导地位，在某种程度上比绿色"更强"，它们可以向后代传递黄色(A)或者绿色(a)的基础。按照孟德尔的观点，确实没有任何理由将纯系标示为 aa 或 AA：一棵纯种黄色植株只含有黄色的基础；把它说成是"黄色-黄色"有什么意义呢？很明显，从孟德尔的著作来看，他并不知道"Anlage"可能是什么；他只知道它是黄色性状的某种存在形式，但他根本不知道它真正的形式是什么。

孟德尔进行了一系列实验，在实验中他同时追踪了两个性状，然后是三个性状。虽然在数学和标注上变得更加复杂，但结果基本上是相同的：在杂合体中，任何性状都可以随机传递。这意味着只有纯系植株才是稳定的；它们只有一个性状，从不改变。相比之下，无论杂交种的外观如何，它们都包含了隐藏的性状，因此逆转可能随时会发生。孟德尔对自己发现的比例感到兴奋，这让他猛然联想起基本的代数公式。他似乎已经发现了支配杂交的基本数学法则，但他不认为这个最初的规律是遗传的普遍规律。孟德尔谨慎地说，该法则只适用于豌豆。记住他的比例只适用于 Aa 杂合型：它们似乎与大多数纯合品系没有关系。也许这就是为什么 1865 年孟德尔发表了一篇关于豌豆的论文，但并没有获得什么反响。大多数阅读该论文的人是做植物育种的，他们只对创造新的稳定的杂交种感兴趣。对于他们来说，似乎一旦清除了所有令人困惑的数学公式，孟德尔告诉他们的不过是他们已经知道的：大多数杂交后代会回复到亲本类型(顺便说一句，如果达尔文偶然读过孟德尔的论文，他肯定也会这么想)。一些历史学家甚至提出了这样的观点：孟德尔和他的读者一样失望。他试图培育出更好的杂交种，尽管控制回复的法则很吸引人，但这并不是他真正想要的。

| 山柳菊可不是豌豆

为了引起人们对他提出的杂合数学规律的兴趣，孟德尔给形形色色不同的著名科学家寄过他的豌豆论文。只有慕尼黑植物学教授卡尔·冯·纳格里(Carl von Nägeli)回复了他；尽管孟德尔希望获得更多的反响，但可能没有人的意见比纳格里的更让他看重。纳格里曾与施莱登共事，在植物的结构和生长方面做了开创性的工作。他也很受孟德尔的老师昂格尔的尊敬。昂格尔曾把纳格里描述为"既给了我们植物结构的平面图，也给了我们立视图，而且在图上，每一个结构所需的元件上都用数字做了标记"。[18]

在给纳格里的第一封信中，孟德尔提到他正在继续他的杂交实验，并选择了一些有趣的植物群开展进一步的工作，其中包括山柳菊。孟德尔与纳格里取得联系之前，已经选择了山柳菊，然而关于纳格里说服孟德尔去对付这类顽固植物的流言仍然存在。这个荒诞的说法家喻户晓，美国小说家安德里亚·巴雷特(Andrea Barrett)还将它写入一篇名为《山柳菊的行为》(*The Behaviour of the Hawkweeds*)的短篇小说里，书名引用自 1924 年出版的第一本关于孟德尔的传记，这本传记开创了谴责纳格里浪费孟德尔时间的悠久传统。[19]

从孟德尔给纳格里的第一封信中可以清楚地看出，他已经在努力地研究山柳菊了。他描述了人工授粉对于这个属的植物是如何"非常困难和不可靠"的，"因为花的体积小，还有独特的结构"，但他补充说，"去年夏天我试图将 *Hieracium pilosella* 与不同的山柳菊物种(*H. pratense*、*H. praealtum*、*H. auricula*)杂交，还将 *H. murorum* 与 *H. umbellatum*、*H. pratense* 杂交，我收获了可育的种子；然而，我担心，尽管采取了各种预防措施，自花授粉还是会发生。"[20]

孟德尔之所以选择难以驾驭的山柳菊，是因为它们作为一个难以分类的复杂群体，在野外很容易形成杂交种。19 世纪 60 年代，好几位布鲁恩的博物学家讨论了野生山柳菊杂交种与亲本物种的关系。纳格里正是这样一位著名的山柳菊专家，这也促使孟德尔写信向他求教。

孟德尔对山柳菊感兴趣的是，它们似乎有一种天生的创造能力，能产生真正的杂交品种："山柳菊拥有如此丰富的不同品种，其他任何属的植物都无法与之媲美。"因此，对它们分类也是特别复杂的："分开和界定不同品种如此困难，需要专家们密切的关注。"[21]

在他写给纳格里的信中，孟德尔讨论了他的每一个山柳菊杂交实验，描述了他预期和实际的结果。从孟德尔的描述来看，很明显他并没有预料到能重复出在豌豆上获得的结果；事实上，如果和豌豆的结果一样，他几乎肯定会失望。因为他认为，山柳菊杂合体的天然本质是决定结果的一个重要方面，"如果我们把通过对其他杂交种的观察而推断出的规律作为杂交法则，并不加思考地将其应用到山柳菊上，我们可能会误入歧途。"[22] 在他写给纳格里的私人信件中，孟德尔曾多次提到，他的一个山柳菊杂合体回复到了其亲本类型，但他并未在给布鲁恩自然历史学会的公开报告中提到这些问题，而是不断告知学会幼苗不变的特性。显然，孟德尔把偶然的变化看作是例外，认为可能是因为他自己的原因导致出现错误，因此不值得报告。他所报道的是恒定不变的杂交后代。

在一封信中，孟德尔对纳格里说："我忍不住要说，山柳菊的杂交种表现出与豌豆完全相反的行为，这真是太令人吃惊了。"一些历史学家把这句话解释为孟德尔对山柳菊迥异于豌豆的行为十分恼怒。事实上，从这封信的下一句话可以清楚地看出，孟德尔一点也不恼怒，因为他写道："显然，我们在这里讨论的是一种个别现象，反映了一种更高层次、更根本的规则。"[23] 孟德尔指的是杂交山柳菊获得的第一代变异很大，但其后的世代则保持不变；而豌豆则是第一代相同，但后来的世代不同。他告诉纳格里，当他将黄色山柳菊(*H. praealtum*)与金色山柳菊(*H. aurantiacum*)杂交后，结果令人大吃一惊：有些杂交后代会长得像亲本植株的混合，这和他的预期一样，而其他后代在某些方面长得更像黄色山柳菊，但在另一些方面又像亲本的混合。更值得注意的是，当灰白山柳菊(*H. auricula*)与牧场山柳菊(*H. pratense*)杂交后，出现了三种不同类型。

孟德尔认为第一代山柳菊杂交后代的变异性与新类型随后的稳定性是两种不同的现象。他一点也没有对意想不到的结果感到绝望，反而扩大了对山柳菊的研究。1869 年，他发表了第一篇关于山柳菊的论文，总结了当时的发现："尽管我已经在山柳菊不同品种间开展了许多人工授粉实验，却只成功获得了以下 6 个杂交种，每个杂交种只有 1～3 个样品。"纳格里曾断言完全不可能在山柳菊上实现人工授粉，因为山柳菊的花朵太微小，很难操作，而且它们很容易自体授粉，很难有意识地交叉授粉。孟德尔描述了他是如何克服这个困难的，"为了防止自体授粉，"他写道，"在开花前必须去除花药管，为了实现这个目标，蓓蕾必须用细针挑开"。[24] 他对自己的技术感到骄傲；虽然人工培育山柳菊杂交种很困难，但他已经证明了这是可行的。而且他也证明了至少有一些人工杂交种是完全可育的，只要它们能自体授粉，就是稳定的。孟德尔的 6 个杂交种中有一半涉及灰白山柳菊，这是难以驾驭的山柳菊属中最配合的一个物种了。

孟德尔在山柳菊论文的结尾写道："众多稳定中间类型的起源问题最近吸引了不少人的关注，因为一位著名的山柳菊专家，本着达尔文学说的精神，拥护这些中间类型是由已消失或仍然存在的物种转变而来的观点。"[25] 这位"著名的山柳菊专家"当然是纳格里，他曾写道："我看不出除了从已消失或仍然存在的物种转变而来的可能外，出现如此多的山柳菊品种还有其他什么可能。"[26] 进化造成了这种混乱，但是在大多数种群中，中间类型已经灭绝了，在种群间留下空白，这让它们可以被直接分类。纳格里认为，植物学家观察山柳菊的时候，它们还处于稍早的进化阶段，即繁殖刚开始而灭绝还没有把这一群体精简为独特、可理解的物种。

有趣的是，尽管孟德尔将纳格里的观点描述为"达尔文的精神"，但事实上纳格里对达尔文的进化论持有一些怀疑：他接受了物种进化的观点，但不赞同达尔文所提出的自然选择是进化的主要动力这一观点。就像其他几位德国生物学家一样，纳格里认为，生命体一定有某种内在的驱向完美的动力，驱动新物种被创造出来；自然选择只用于去除不成功的变异。然而，对于孟德尔来说，这就是他与纳格里之间存在的微小区别：纳格里是一个生物演变论者，尽管孟德尔很尊敬他，但孟德尔似乎完全拒绝进化论。他的确切观点很难摸清，但似乎他同意林奈的观点，即现有物种之间的杂交可以创造新物种，但只有上帝才能创造出最早类型的植物，这些植物随后杂交使物种充分多样化。[27] 山柳菊实验似乎在一定程度上有意证明了纳格里关于中间类型的观点是错误的；这些中间类型不是新物种，而是一种不寻常的杂合体，不会回复到亲本类型。调查这个不同寻常但具有潜在价值的行为，是孟德尔的另一个目标——如果他能找到稳定杂合体的规律，他可能就找到了一些让植物育种家兴奋的答案。

孟德尔在总结他的山柳菊研究时指出，豌豆的第一代杂交种看起来都一样，但是它们的后代是"变化的，并遵循一定的变化规律"。相比之下，在山柳菊中"似乎呈现了完全相反的现象"；第一代杂交种以意想不到的方式变化，但随后保持不变。他注意到类似的现象也出现在柳树中。孟德尔推测，在类似柳树和山柳菊这样的属中出现的令人困惑的多种中间类型，"与它们杂交种的特殊情况有关"，这些杂交种出人意料地稳定，但他承认"这仍然是一个开放的问题"，这个问题被提出，但还没有得到回答。[28] 这段话是孟德尔于 1869 年写下的，当时他打算继续在山柳菊上的研究，但奥古斯丁派中的高层人士有其他想法。修道院院长纳普于 1868 年去世，孟德尔被选为他的接班人。他告诉纳格里他对接受这个职位有些疑虑，因为这不可避免地会占用他的时间，而他需要钱去支付他那两个亲爱的侄子的教育费用。他的疑虑是有根据的。山柳菊小小的花朵需要在人工照明下使用放大镜人工授粉，但 1870 年孟德尔的视力开始衰退。最终受累于修道院的职务，他的花园疏于管理，因此他写信告诉纳格里，很遗憾，他不得不放弃他的实验。

山柳菊种子随风飘散，寻觅悦己之人。直到 20 世纪人类解开了孟德尔的"开放问题"，它们才结束了等待，部分原因是因为这其实是两个问题。第一个问题——所有的山柳菊杂交种是如何存活下来的——在 1903 年被解开了。人们发现山柳菊可以无性繁殖，而且它们基本上就是这样生存的。山柳菊的子房可以在不受精的情况下产生可育的种子——这就是为什么即使在野生环境中，没有刻意避免来自其他植株的花粉，山柳菊杂交种仍然能保持稳定的原因之一，这个问题深深困扰了纳格里和孟德尔。他本该知道，揭示山柳菊秘密的一条主要线索其实就在他鼻子底下：蜂箱里的蜜蜂掌握了同样的技巧。孟德尔所在的时代，人们已经知道雄蜂和工蜂是从未受精的卵发育而来的。这种现象在动物界被称为孤雌生殖，在植物中被称为单性生殖。单性生殖在山柳菊和它们的表亲蒲公英（蒲公英属），以及一些树莓类灌木（悬钩子属）中常见。它是使这些属的植物成为如此高效的杂草的原因之一；对于大多数物种，如果一粒种子落在草地上，它可以生长和开花，但因为只有一株植物，它不能繁殖。可是对于单独在空中飘浮的山柳菊种子，不需要第二株植物来授粉——一旦它发芽，将威胁任何一片草地。

理解单性生殖可以解决孟德尔的困惑之一：为什么山柳菊杂交种能持久而不回复到亲本类型。现代植物学家已经抛弃了林奈关于稳定的中间类型是否是真正物种的问题，他们避免直接答复，而是认为这些麻烦的中间类型是由许多"微物种"组成的"聚合物种"。但是对于这些最开始引起孟德尔注意的"异常丰富的具有不同形态的"微物种的起源，有一个不同的解释。而另一种植物，月见草，将引导我们去回答孟德尔的第二个问题。

拉马克月见草：
雨果·德·弗里斯的发现

Chapter 5
Oenothera lamarckiana：
Hugo de Vries led up the primrose path

19 世纪 20 年代，北美的皮毛猎人第一次接触到一个他们称之为克拉马斯 (Klamath) 的部落。该部落位于俄勒冈州西南部，那里少有产皮毛的动物，因此白人殖民者认为没有立即占领这里的必要，对克拉马斯也没什么兴趣。克拉马斯人有多与世隔绝呢？据说在他们第一次见到白人后，又过了二三十年，整个部落才拥有第一把枪。然而，随着北美移民人口的增长，移民人口对印第安人土地的需求也在增加，1864 年克拉马斯人迁至保留地。大约 30 年后，一位植物学家，弗雷德里克·V. 科维尔 (Frederick V. Coville) 经过他们的保留地，也许意识到印第安人的数量正在减少，他花了一些时间记录克拉马斯人的植物知识，包括他们的医学知识和关于植物的传说。科维尔记录了一种叫 *wasam-chonwas* 的植物，他解释说，它的名字来自一个故事，他在记录这个故事的时候尽可能地保留了印第安讲述者的感情和叙事顺序：

> 很久以前，那时候动物们像人一样生活和交谈，土狼，或者叫草原狼，非常敏锐和聪明，但善于偷窃，就和现在一样。有一天它遇到了印第安救世主，伊希斯——他能做任何想做的事——能创造出花朵、食物，以及任何东西。土狼以一种炫耀的方式说，它也能像伊希斯一样做这些事情。伊希斯说："非常好，那就做一朵花吧。"土狼知道自己其实创造不出任何东西，它感到非常羞愧，就跑走了。它在草地上没跑多久就呕吐起来。在它呕吐的地方很快长出一棵巨大的开着黄色花朵的野草。这是聪明的土狼能做得最好的事情了。[1]

wasam-chonwas 意为"长在土狼呕吐物上的植物"。对它与土狼呕吐物的关系，早期的欧洲移民并不忌讳（或者更可能的是，根本不知道），而且他们还把这种开着黄花的植物带回英国。在那里，除了因具有各种各样的医学用途之外，它还因其根具有坚果味而被大量栽培。约翰·帕金森 (John Parkinson) 将这种植物命名为"月见草"，因为它是在晚上开花并吸引给它传粉的蛾子。几十年后，约翰·雷 (John Ray) 指出，大花月见草品种在英国的花园里已经很常见，它们黄色的花朵吸引了许多园丁；博福特公爵夫人，我们在之前的章节中已经知道她是西番莲栽培的开拓者，也种过月见草。

林奈将西番莲命名为 *Passiflora*，将山柳菊命名为 *Hieracium*，他给月见草起

的学名是 *Oenothera*。和 *Hieracium* 一样，*Oenothera* 这个名字是林奈从普林尼的《自然史》中改编而来，可能起源于希腊语 oinos（葡萄酒）和 thera（猎手）。这种有点神秘的组合让一些人认为这种植物是"葡萄酒猎手"，要不就是鼓励饮酒，要不就是帮助醉酒者从宿醉中恢复，但其实它与葡萄酒的联系应该是一个误解。普林尼最初给月见草起的名字是 *Onothera*，来自 onos 这个词，在希腊语中是蠢货或驴的意思，所以这个名字的意思是"驴子猎手"。普林尼所指的植物（无论是什么，没有人知道）可能是一种轻微的麻醉药，用来让野驴昏迷，这样它们就可以被抓住，最终被驯服。但驯养驴似乎不及葡萄酒对植物学家的吸引力大，于是与葡萄酒的伪关系流行起来；1860 年，苏格兰医生威廉·贝尔德（William Baird）满怀信心地向他编写的《自然历史词典》（*Dictionary of Natural History*）的读者们保证："月见草的根是可食用的，以前人们在饭后用它来为葡萄酒增加风味，就像现在的橄榄一样；因此它的名字叫 *Oenothera*，或葡萄酒猎手。"[2]

　　因此，当科维尔——他曾在康奈尔大学学习植物学——记录下克拉马斯关于呕吐的土狼的传说时，他忽略了美洲土著人为这种土生土长植物起的名字，认为这是一个叫 *Oenothera hookeri* 的物种。这是一个默默纪念欧洲对美洲植物殖民的名字，因为其拉丁语属名与古典希腊语同根，而种名 *hookeri*，是为了纪念约瑟夫·胡克（英国植物学家，他给达尔文提供了很多帮助）。但 *O. hookeri* 至少在美国已经被两位植物学家，阿萨·格雷（Asa Gray）和约翰·托里（John Torrey）命名过。就像美洲的大多数物种一样，*Oenothera lamarckiana* 由远在欧洲的欧洲人命名，而很多欧洲人从未接近过美洲。1828 年，瑞士植物学家奥古斯汀-皮拉缪斯·德·坎多尔（Augustin-Pyramus de Candolle）推出了他的鸿篇巨制《植物概要》（*Prodromus*）第三卷，上面明确记载了每一种已知的植物。在成千上万的物种中，有一种月见草也被称为 *lamarckiana*，这是由法国植物学家，尼古拉-查尔斯·塞林格（Nicolas-Charles Seringe）为纪念进化论的先驱让-巴蒂斯特·拉马克而命名的。

　　Oenothera lamarckiana 因其外观美丽而被引进欧洲园林。1890 年，在德·坎多尔首次公布这个名字的 80 多年后，它引起了荷兰植物学家雨果·德·弗里斯（Hugo de Vries）的注意。德·弗里斯将其描述为"一种美丽、枝繁叶茂的植物，常常长到五英尺或更高"，花朵"大，呈现明艳的黄色，即使在远处，也会立刻引起人们的注意"。[3]他这样描述这种植物：

　　　　大花月见草或拉马克月见草，这种美丽的物种生长在离阿姆斯特丹很近的希尔弗瑟姆附近的一块废弃土地上。它们翻越公园，在这里大量繁殖。[4]

　　德·弗里斯仔细观察了那些"逃出来"的植物后，高兴得手舞足蹈；他多年来一直在寻找这样一种植物，考察了 100 多种野生物种也没能找到，但是在 *Oenothera lamarckiana* 身上，他找到了长久以来追寻的东西，这将证明达尔文是错误的。拉马克月见草将把进化带出推测的境地，并将之引入实验室，在那里它将帮助解决进化理论面临的两个最紧迫问题：自然选择可能不会像达尔文所设想的那样起作用；即使自然选择起作用，也会非常缓慢。

｜ 达尔文临终之际

虽然如今达尔文这个名字享有巨大的声望，但如果你知道 19 世纪末许多生物学家认为达尔文主义和其创始人一样已经死亡，可能会感到震惊。

一部分问题出自弗莱明·詹金关于混合的观点：一个异常的生命体不能改良一个物种，因为它的优势在被迫与那些未改良的"邻居"杂交时总是会被"稀释"。正如我们所见，达尔文认为他已经解决了这个问题：他认为，推动进化的不是独立竞技，而是物种内部常见、微小的变异。竞争的压力意味着这些是慢慢积累起来的，詹金想象的情况根本就不会出现。进化是缓慢且渐进的，或者，正如达尔文喜欢说的那样，"自然界无跳跃"。进化的缓慢解释了，为什么没有人见过物种的变化：

> 自然选择仅仅通过积累微小、连续、有利的变异来起作用，它不会产生重大或突然的改变；它只能以非常短小和缓慢的步伐行动。因此"自然界无跳跃"，我们知识的每一点增加都会令其更严谨。[5]

也许达尔文之所以会认为进化是缓慢的最重要原因，源自他的朋友和导师查尔斯·莱尔(Charles Lyell)的地质学理论对他的深刻影响。地质学是 19 世纪的重要科学，是绘制和开采煤与铁的关键；英国正是依靠煤和铁积累了工业财富。毫不意外，为科学工作者提供的第一份政府工作岗位就是给地质学家的。但像莱尔这样富有的绅士，认为靠科学赚钱并不真的值得尊敬；而业余地质学家，那些为知识本身而追求知识的人，才是科学的知识领袖。莱尔希望不仅仅是通过对岩石进行描述和分类来加入这一领袖阶层；他还想给地质学一个非功利的价值，一个可能把它转变成一门真正的科学的价值，或者，正如他用他那个时代的术语所描述的那样，让它变得更具有"哲学性"。

然而，地质学理论是存在潜在争议的，因为它可能导致理论家挑战《圣经》的字面真理。因此莱尔面临着一个两难的问题，那就是设计一种理论既值得尊敬，又尽可能没有争议。在他的三卷本巨著《地质学原理》(*Principles of Geology*)中，他遇到了这样一个问题，即在 19 世纪的英国，科学中占主导地位的原理都是基于归纳法获得的。科学工作者被期望(至少在理论上)在不受任何学说限制的状态下工作,仅仅通过观察和实验收集事实。一旦他们意识到能联系事实的普遍模式,他们就可以以此为基础制定自然法则(归纳与演绎相反,后者则是从已知的定律中推导出预测的过程)。博物学家声称他们的工作基于归纳法,收集标本、分类,然后归纳概括,但是,既然并没有人能一直观察地球的历史,那么归纳法又如何能应用到地球的历史上呢?

对于莱尔来说幸运的是,地质学家已经积累了许多关于过去的事实,他可以利用这些事实进行研究。其中最重要的一点是灭绝已经发生——这解释了为什么某些化石只会在某些岩层或地层中才能找到。地质学家利用这些特征化石去鉴定地层。但是如何解释那些消失的生物呢?一些地质学家——法国人乔治·居维叶(Georges Cuvier)是其中最著名的一位——认为地球经历了灾难性的变化,巨大的洪水、地震和类似的剧变,与今天发生的任何变化完全不在一个数量级上。居维叶的假设有充分的理由:地质学家能看到巨大的岩层是倾斜的,甚至是粉碎的,看起来好像发生了严重的极端事件。但是莱尔拒绝了这个解释,这不仅仅是因为,如果像居维叶的解答所暗示的那样,过去导致变化的能量与我们这个时代完全不同,那么地质学家如何能确切地描述地球的历史。所以莱尔做出了与居维叶的假设相反的设想:他认为我们今天所看到的力量——如火山、地震、风和水蚀——是唯一影响过地球的力量。他还认为,这些力量过去施放的强度和现在一样。他宣布脱离所有关于摧毁大陆的超级火山或淹没整个星球的大洪水的讨论。

莱尔的地质学理论后来被称为均变论,因为它假定了力量的均衡性,与其相反的假设被称为灾变论。《地质学原理》的副标题是“试图通过参考现在正在发生的改变来解释地球表面曾经的变化”。他认为现在是过去的关键。书的卷首插画概括了他的观点:它展示了那不勒斯附近塞拉皮斯的一座古罗马寺庙(现在已经成为一个集市)。在寺庙的柱子上留下了大概是藤壶这样的海洋生物所造成的损害痕迹,这些海洋生物在石头上钻孔并把自己固定在石头上。这些痕迹呈现出整齐的环状,说明这座建筑曾经被淹没在水下,但很明显罗马人是在陆地上,就是它现在所在的位置,建造了它。因此在过去的 2000 年里,陆地下沉(或海平面上升),而后这个过程发生了逆转,使柱子暴露出来。然而,对于莱尔来说最重要的是,那些柱子仍然屹立不动,尽管它们曾经被水淹没后又浮出水面。这表明这个过程一定是非常缓慢和渐进的,否则柱子就会倒塌。

达尔文以莱尔的地质学理论为基础构建了他的自然选择理论:两者都需要积累数亿年缓慢且渐进的变化。正如达尔文所写:“我很清楚自然选择学说……会遭到反对,就如同最初反对查尔斯·莱尔爵士的卓越观点一样”;不过时代变了,当达尔文撰写《物种起源》时,莱尔的观点越来越被人们所接受。“自然选择只能通过保存和积累极其微小的可遗传的改变来发挥作用,”他这样写道,“就像现代地质学几乎摒弃了诸如‘仅仅一场大洪水就挖凿出一个大河谷’这样的观点,自然选择也是如此，如果它是真正的原理，就要摒弃持续创造新生物的观点"。[6]

　　然而不幸的是，并不是每个人都像达尔文那样热情地接纳莱尔的观点。1871年，达尔文发现他被一个叫威廉·汤姆森爵士(Sir William Thomson)的"可恶的幽灵"所困扰。[7]

　　汤姆森(后来的开尔文勋爵，开氏温标用他的名字命名)是苏格兰物理学家和数学家，他在1866年发表了一篇短文，标题开门见山——"简短驳斥地质学上的'均衡主义'"。这篇论文认为，既然地球开始形成时是一个融化的球体，它的年龄可以通过测量它的温度来计算：热力学定律——人们已经能很好地理解加热和冷却的物理学知识，尤其是因为这些是支配维多利亚时代伟大的机器——蒸汽机(通常被称为"热力学引擎")——的法则。汤姆森利用他帮助建立的热力学定律来证明地球比莱尔声称的要年轻得多，最多有1亿年的历史(后来他把这个数字修正为2000万年；现代则估计是45亿年左右)。2000万年也似乎是很长的时间，但这只是莱尔和达尔文所推测的时间尺度的一小段。如果汤姆森是对的，自然选择是没有足够的时间来进行的，至少不能按达尔文所设想的从容的步调进行。汤姆森的论点一下就被达尔文的批评者抓住了：弗莱明·詹金就是许多用它来推翻自然选择的批评者之一。

　　麻烦也来自达尔文的表弟，弗朗西斯·高尔顿。他对测量变异的尝试让他得到了一个有关混合的结论，并被他用数学方式表达了出来。如果一个聪明的男人娶了愚蠢的女人，他们的孩子将不可避免地比父母中的任何一方更接近人口的平均智力水平；因此他提出了具有歧视性的观点，普通人是"无趣的存在"和"对进化没有直接帮助"。[8]在他的著作《自然遗传》(1889年)中，他将这一原则称为"回归定律"，并认为这是不可阻挡的：一个人、动物或植物的优越品质——无论是精神上的还是身体上的——永远都是一代代被稀释，直到消失。

　　达尔文的两个问题，即由旧物种产生的大量新变种和相对年轻的地球年龄，是紧密相连的。正如我们所见，达尔文排除了大而不寻常的进化跳跃，因为它们的影响将被淹没。这意味着进化必须循序渐进，其步伐如此之小，以至于没有人能察觉到它们，就像人类不能观察到雨水将嶙峋的山川变成平缓的山丘。巨大的变化只能在地球非常古老的前提下，通过一小步一小步建立起来。

　　如果进化速度能加快一点，汤姆森这个令人厌恶的"幽灵"就会被赶走，因此有些达尔文的支持者(包括阿尔弗雷德·拉塞尔·华莱士和好斗的年轻动物学家托马斯·亨利·赫胥黎)简单地假设进化的速度肯定比达尔文想象的要快。高尔顿也认为生物体必须在跳跃中进化；他的论点之一是，只有某些特征组合才可以创造一种可行的生物体，例如食肉动物需要腿来快速奔跑并捕捉猎物，需要爪子和下颚来杀死并肢解猎物，还需要有合适的消化系统来消化猎物。如果进化以难以测量的小步伐进行，它只能产生不可行的组合，例如食肉动物的牙齿与食草动物的消化道组合。其他人提出过反对意见，例如，他们很疑惑鸟类是如何进化成会飞的动物；自然选择如何通过一连串微小的进化步伐，将鳞片重塑成羽毛，减轻骨骼重量、增加肌肉和肺活量并产生具备空气动力学的翅膀？毕竟，对于一只鸟来说，处于早期进化阶段的翅膀，如果太小而无法使其升空，又有什么用呢？

高尔顿把有机体想象成一个平放在某个平面的八边形，它的每条边都被隐喻成一个稳定的特征组合，例如构成一只食肉动物的所有特征。八边形可以稳定地停留在它的任何一面上，但是没有中间平衡点；它只能从一个静止的位置移动一步到另一个静止的位置。将多边形突然从一个面翻到另一个面需要外力，而对于高尔顿来说，这个"力"就是自然运动：一种植物或动物，以某种方式产生足够的变化，使之偏离原来的物种，从而产生一个新物种。

然而，达尔文拒绝认同这一理论。他很不情愿地接受了进化可能偶尔发生得比他最初设想的要快一点，但总的来说，他不考虑汤姆森的观点；虽然他不知如何反驳，但他仍然固执地认为自己是对的。达尔文认为进化上的变化，就像莱尔的地质变化一样，必须以可观但不太突出的速度进行；除此之外，更快速的变化暗示着超自然，甚至是神圣的力量对地球史的干涉，而这种变化方式在合理的哲学解释中越来越没有一席之地。

无论如何，像高尔顿这样的解释都很容易被詹金最初的"淹没"论点所攻击，后者提出了一个问题，如果生物体可以如此迅速地变化，为什么没有人观察到哪怕一点变化呢？随着 19 世纪接近尾声，这些问题使生物学家们困惑不解，意见也开始出现分歧。一些人仍然坚持他们所认同的真正的达尔文主义：自然选择每天都在缓慢且渐进地对每个物种的变异产生影响。另一些人则认为反对前述观点的理论更占优势，无论如何，自然必须有飞跃；不管它们多么罕见，都是不凡的，推动进化的必须是巨大的变化而不是微小的变化。

出人意料的是，这两个派别都在高尔顿的研究中找到了支持自己观点的论据：有些人关注的是高尔顿的八边形，他们相信推动进化的不是平稳、正常的变异，而是很罕见的飞跃或跳跃。对于这些人来说，自然确实有过飞跃，他们被称为"跳跃论者"。与此同时，持渐进主义的对手借鉴了高尔顿的数学工作，比如他对正常变异度的统计分析。他们称自己为"生物统计学家"，是"生物统计学"的实践者。生物统计学派由卡尔·皮尔森(Karl Pearson)和拉斐尔·威尔顿(Raphael Weldon)创立并主导，他们主张数学可以使自然选择的研究成为一门严谨、可量化的科学。

皮尔森在剑桥大学国王学院求学时就是一名杰出的学生，在数学方面的优异成绩为他赢得了奖学金。他利用这份经济收入独立在德国待了几年，学习哲学、法律、生物学和物理学。他对德国的一切都如此迷恋，甚至开始用德语拼写他的名字，用的是 K 而不是 C。

回到英国后，皮尔森曾短暂地当过一名活跃的社会主义者，向革命俱乐部讲授德语文学，还为《社会主义歌曲集》(Socialist Song Book)写过赞美诗，但从本质上说，他是一位聪慧且自命不凡的人，对政治无法全身心投入。他成了高尔顿优生学的坚定信徒，并认为，"复兴"英国的途径是建立一个福利国家以及采取严格控制的优生政策：确保英国人在军事和经济上领先对手。1884年，皮尔森成为伦敦大学学院(UCL)的应用数学和力学教授。不久之后，他对高尔顿的数学工作产生了兴趣，这唤醒了他早先对生物学的兴趣。

沃尔特·弗兰克·拉斐尔·威尔顿(Walter Frank Raphael Weldon，人们通常简称为拉斐尔·威尔顿)比皮尔森年轻几岁，但他十六岁的时候就开始在UCL攻读学位，他上过希腊语、英语、拉丁语、法语和纯数学的课程，不过植物学和动物学课程最吸引他。他曾短暂学医，但不久就放弃学医到剑桥大学学习动物学。就像前辈高尔顿一样，威尔顿发现在剑桥大学读书的压力太大，他经历过一次身心崩溃。幸运的是，他的动物学教授弗朗西斯·巴尔弗(Francis Balfour)发现年轻的威尔顿颇具天赋，并帮助他获得了奖学金，以及待在普罗旺斯的三个月假期，这帮他获得了一等学位。之后他成了一名海洋生物学专家，专攻甲壳类生物，并最终成了剑桥大学的动物学讲师。

当威尔顿第一次读到高尔顿的《自然遗传》时激动不已：这本书为他用新方法分析所收集的关于螃蟹和虾的数据给出了建议。他热情地给高尔顿写信，并很快应用了他的方法。1891年，威尔顿也成了伦敦大学学院的教授，这让他与皮尔森有了更多的接触。两人成为亲密的朋友，分享想法，比较解决方案，回答对方的问题，提出新的问题。他们两人都开始使用高尔顿开发的工具开展数学研究。当威尔顿的分析被绘制在图纸上时，许多结果都呈现出同样的形状——一个单一、对称的曲线，看起来像一口钟，因此被称为钟形曲线。钟形曲线描述了这样一个事实——一个群体中的大多数成员倾向于聚集在平均值周围，与平均值离得越远，出现的频率越低。

设想一下，例如，人的身高：如果一个城市里的每个人都测量了身高，计算平均值，大多数人的身高都会在平均身高上下几厘米以内，特别高或特别矮的人都很稀少。这种分布非常普遍，1877年高尔顿将其命名为"正态"分布。几乎每个物种每天都会经历微小变异，总是产生一个钟形曲线，很快这就被称为连续变异，因为在可变范围内没有间断或间隙。例如，将大量的虾的身长绘制在一张图上，每个可能的大小都会对应一些虾；具有平均长度的虾总是比大小特殊的虾数量要多；没有间断，因此平滑的钟形曲线没有突然下降或出现台阶。正所谓"自然界无跳跃"。

高尔顿反对达尔文进化论的部分论据是，钟形曲线表示一个物种每天变化的稳定范围；而一个新物种的出现，需要出现一个全新的峰，这样单个的钟形就会变成双峰，并最终分离成两条曲线。高尔顿相信作用于每天发生的微小变异的自然选择不可能产生如此剧烈的变化。威尔顿决定通过利用他从普利茅斯水域中采集的褐虾(*Crangon vulgaris*)开展详细的研究来验证这一预测。经历了长时间的捕虾和计数，之后又是几个月细心地统计分析，1890 年威尔顿终于完成了研究，证明了高尔顿是正确的：自然选择可能会改变虾的某些特征的平均测量值，但测量范围仍然呈正态分布；钟形曲线重新出现。这些发现证实了生物统计学家的直觉——这些统计工具对他们的工作至关重要，因为它们是通过测量成千上万的个体来掌握模式的唯一有效方法。威尔顿等研究了野生种群，试图了解自然界的进化。他们不可能追踪小虾个体并试图找到它们的父母是什么样子或者它们的后代会长成什么样子；唯一可行的方法是捕获足够多的样本以便进行统计分析。因此，威尔顿在后来与皮尔森合作的一篇论文中宣称："极力主张动物进化问题本质上是一个统计问题，这一点都不为过"。[9] 例如，统计学让威尔顿确定体形大的虾在真实自然的环境中是否越来越普遍。他得出的结论是，"达尔文假说中提出的问题是纯粹的统计学问题，目前能用于实验检验假设的方法，很明显唯有统计学方法"。[10]

然而，当生物统计学家寻找数学证据来支持达尔文关于缓慢、渐进变化的观点时，其他一些人仍然持不相信的态度。英国最著名的怀疑论者是威廉·贝特森（William Bateson），威尔顿在剑桥的好友，他也曾求学于巴尔弗门下。巴尔弗将贝特森引荐给约翰·霍普金斯大学的美国生物学家威廉·基思·布鲁克斯（William Keith Brooks）。贝特森与布鲁克斯一起工作了两个夏天。后者刚刚写完《遗传法则》（The Laws of Heredity）一书，在书里采用了突变论者的进化理论，部分是因为该理论可以让进化进行得更快些。当贝特森与布鲁克斯一起在约翰·霍普金斯大学位于北卡罗来纳州的海滨实验室工作时，贝特森深受布鲁克斯思想的影响，由此对遗传也产生了浓厚的兴趣："对于我来说，整个领域都是新的。变异和遗传在我们看来是理所当然的。对于布鲁克斯来说它们是问题。当他谈到它们时，对这些问题的坚持迫在眉睫"。[11] 贝特森回到英国后，确信他的朋友威尔顿错了——推动进化的并非微小、每天都在发生的变化，而是大的跳跃。这种大的变异不会产生一个平滑的钟形曲线，而是有台阶或凹陷的曲线；一个群体中最大或最快的成员并不是通过中间(进化)步骤与所有其他成员联系起来，而是存在一个间断，因此这种变异被称为不连续变异。

贝特森决定在野生种群中寻找进化的证据：他动身去中亚，研究一种特殊的贝类是如何适应咸海和附近湖泊的不同盐度的。他花了 18 个月的时间收集和测量贝壳，测试每个湖泊的盐度。回到英国后，他在英国皇家学会的《哲学会刊》（Philosophical Transactions）上发表了他的研究成果，并寄了一份给高尔顿，可是高尔顿抱怨他不懂统计学。被这位尊贵老同事的批评所刺痛，贝特森买了一本《自然遗传》，而后也开始热衷于研究高尔顿的理论。然而，与威尔顿和皮尔森对用平滑曲线代表物种的渐进变异着迷不同，贝特森则对高尔顿的不稳定八边形感兴趣。因之前受布鲁克斯的引导，贝特森意识到不连续变异的重要性，并开始寻找它；他在此领域的第一篇论文就是关于花型对称性的变异。在一组近缘物种中，他检验了一系列花朵，但并没有发现对称性到非对称性的渐变混合——每朵花不是对称的就是非对称的——贝特森认为这种变异比达尔文认为的更普遍，也更重要。他承认有些特征，例如人的身高或威尔顿研究的甲壳类动物的大小，改变是缓慢且持续的，但他仍然坚信自然选择不可能通过作用于这些微小的变异来产生新的物种。贝特森认为，存在两种不同的变异——大的和小的——生物学家需要决定它们在新物种的形成中扮演了什么角色。

贝特森坚信进化是跳跃式的，而不是一小步一小步推进的。他写了一本大部头著作《变异研究素材》（*Materials for the Study of Variation*，1894 年），在书中提出了突变论者的主张。他反对正统的达尔文主义者为自然选择辩护时所采用的标准方式，认为他们依赖于太多的假设但证据不足；一旦所有的"如果"和"假设"都被去掉，论证似乎完全是循环的。高尔顿很高兴，并发表了一篇热情洋溢的文章支持贝特森。但并不是所有人都被说服。虽然当时华莱士已经 70 多岁了，但他认为为已故的朋友达尔文辩护是他的责任，不让任何胆敢批评达尔文理论的人得逞。这位年岁已高的伟大的达尔文主义者，被贝特森的书所蕴含的意义所震惊，也被高尔顿的热情所震惊，他在读者众多的《两周书评》（*Fortnightly Review*）上写了一篇长文，猛烈抨击了这本书，并驳斥贝特森所认为的不连续现象"最终证明公认的假说（如自然选择）是不充分的"这一观点。华莱士认为贝特森举的大多数例子完全是"畸形或怪异的"，与物种起源问题无关。并非巨大的而是"微小的"差异最终导致了变异。他同样驳斥了高尔顿关于回归到平均水平的主张，认为尽管高尔顿"承认存在自然选择"，华莱士写道，但他这么写就好像自然选择没有产生任何影响一样——他忘记了自然选择会"通过去除不利变异来保持和增加有利的变异"。为领会选择的力量，华莱士认为，必须记住"它摧毁了 99%不好的和不太有益的变异，保留了 1%极端有利的变异"。[12]生存斗争的激烈程度被保证了，即使是最小的优势也会很快形成一个新的钟形曲线，其平均值与前一个完全不同。虽然这条曲线会持续下去，但它也会发生变化，逐渐将一个物种变成一个具有与其祖先完全不同特征的物种。

华莱士并不是唯一批评贝特森书的人；威尔顿的评论也是如此不留情面，以至于他和贝特森，这两个曾经亲密的朋友，变成了越来越针锋相对的敌人。当他们成为学术职位上的竞争对手时，在进化理论上的分歧也更为加剧。在贝特森成为英国皇家学会进化委员会的成员后，情况进一步恶化——他利用日渐增长的影响力，以牺牲威尔顿的研究为代价，为自己的研究增加资金。对不赞同他理论的人，贝特森用尖刻、咄咄逼人的口吻加以批评，让科学上的分歧和金钱上的争论变得更糟。一位同行用一首打油诗总结了他们的不和：

> 卡尔自诩为生物统计学家，
> 站在他的立场也确实如此；
> 希望贝特森和他的专行独断，

走向孤立寡助的毁灭之路。[13]

如果华莱士感觉到达尔文主义四面受敌，他对贝特森的书一定更为愤怒。到 19 世纪末，突变论者已不是唯一坚信正统的达尔文主义是错误或者至少是不完整的群体。尽管几乎所有的生物学家都接受了进化论，但达尔文的自然选择机制——被视为累积微小变异的同义词——似乎越来越不令人满意。一些人试图复活拉马克主义，另一些人则认为是某种神秘的力量推动了进化，使生物倾向于越来越完美，从而解释了化石记录中明显的进步，这是自然选择不能做到的。到 1903 年，批评达到了这样的程度：一位德国植物学家写道，"我们现在正站在达尔文主义的临终床榻前，准备好给病人的朋友们寄一点钱，确保遗体得到体面的埋葬"。[14] 几年后，斯坦福大学昆虫学家弗农·莱曼·凯洛格（Vernon Lyman Kellogg）——尽管他自己也是坚定的达尔文主义者——不得不承认当前大多数生物学"在本质上明显是反达尔文主义的……鲜明的事实是，达尔文自然选择理论，考虑到它无法充分解释遗传机制，如今在生物学领域中受到了严重质疑"。[15]

| 进化实验室

因彼此学科领域被划分而导致生物学家们关于达尔文理论的争论更为激烈。18 世纪初，对植物和动物产生科学兴趣的人，称自己所从事的是"自然史"研究工作，自诩为"博物学家"，数百年来也一直如此。自然史是一门庞大而松散的学科，其特点是对大自然的产物，无论是动物还是植物，矿物还是化石，活着的或已灭绝的，都有着不可遏制的好奇心。博物学家通常是旅行者、收藏者、观察者和分类者。无论在世界的哪个角落，一眼就能认出他们：他们的口袋里装满了臭虫和甲虫；背包里装满了岩石和蝴蝶；一只肩上扛着几只最近射杀的鸟，另一只则挂着一个装满了干燥植物和草图的包袱。收集的欲望，对世界上所有东西的渴望，驱使着博物学家，踏入沼泽，登上高山，越过海洋和沙漠，冒着健康和生命的危险去采集标本——有时是为了牟利，有时是为了名誉和荣耀，但大多数时候仅仅只是为了收藏的乐趣。

渐渐地，欧洲的展览馆、植物园、动物园以及私人和公共博物馆都开始被大量的自然产物所填满。整个 17 世纪和 18 世纪，几乎所有人都认为，世界上的产物无论多么奇特和美妙，都有一个共同点——上帝创造了它们。对于许多欧洲人来说，研究自然是一项虔诚的活动，因为这是对上帝的杰作的研究。上帝所创造的产物的美和复杂性证实了他的存在并揭示了他的本性，因为只有乐善好施、慈爱的上帝才能为了我们的享乐以美丽填补世界，为了我们的生计给予我们食物，为了治疗我们的疾病提供药物。这一观点被认为是自然神学，确保了自然史和宗教信仰之间不存在冲突。相反，许多人还认为这两者是互补的，数百名英国牧师周日在讲坛上布道，平日则钻到灌木丛里收集植物、鸟类和蝴蝶。

然而，到了 18 世纪末，自然史发生迅速的变化。博物学家变成生物学家，不仅分为动物学家和植物学家，而且还分为生理学家和解剖学家，以及十几个其他专业。与此同时，那些研究化石和岩石的人也成了古生物学家和矿物学家。自然史和新生物科学的另一个不同之处在于研究开展的地点。博物学家在任何地方都可以工作，通常是在自己的家里。而生物学研究主要是在公共机构里进行，特别是在实验室中。随着越来越多的国家实现工业化，英国因其最早实现工业化而享有的竞争优势开始逐渐消失。随着世纪的推移，科学技术越来越成为帝国为争夺殖民地和市场而进行的艰苦斗争所需要的重要工具，因此政府的资金越来越多地被投入到科学研究，资助新的实验室，雇佣更多的人，并为他们提供更复杂、更精密的设备。因此，到 19 世纪末，对自然的研究被一群人所把持：他们几乎全是男性；具有正规的科学资质；通常在专业期刊上而不是流行的书籍和杂志上发表论文；公众往往难以理解他们的工作，只有他们的同行才能判断其价值；他们的研究通常由政府或企业资助；他们是被雇来做科学研究的，所以"业余爱好者"从一个褒义词变成了一个贬义词；最重要的是，这群人称自己为"科学家"，这个词在达尔文搭乘"小猎犬号"起航时还没有被创造出来。

最大的变化是研究自然的方式。自然史主要涉及收集和命名，而它更有声望的"堂兄弟"，自然哲学——现代物理学的先驱——则重在探究事物的潜在原因。19 世纪，一些人开始问是什么导致了他们曾经只满足于仅仅依靠描述的种种形态（这也是莱尔发明地质理论的主要目的）。对于博物学家来说，观察是理解的关键——一位博物学家走进大自然，坐在那里，等待着，倾听着，记着笔记，绘着草图，但最重要的是他在观察。对于新兴生物学家来说，这一切似乎太依赖于巧合了；生物学研究不再只是观察自然，而是将自然带到一个可以控制和管理的地方，那就是实验室。一旦在实验室有了植物或动物，就不再需要等待有趣的事情发生了；可以设计出能创造有趣现象的实验，然后在必要时重复它们。而像达尔文这样的博物学家大多满足于等着自然来创造有趣的现象，孟德尔和高尔顿则想把它移到实验室，让他们能够控制事件发生的条件，至少在理论上，这让确认事情发生的原因变得容易得多。

当然，这些变化并不是突然发生的；变化的速度因不同的国家和不同的学科而各不相同。但渐渐地，实验生物学的主张变得越来越难以抗拒；高尔顿之所以决定建立人体测量实验室，而不是纯粹依靠道听途说的证据，部分原因是他意识到科学标准在改变，他需要更有力的证据来证明他的理论。施莱登和施旺在 50 年前，基于实验室所做的工作为他们提出细胞理论奠定了基础。实验室革命最早发生在德语地区，之后才影响了英国；而英国惯于抵制欧洲的创新所产生的潜移默化的影响，让具有绅士派头的业余爱好者们相比欧洲大陆上的同行们，坚持抵制了更久的时间。英国人自己的家，无论如何不可能被当作实验室，于是德国生物学家开始质疑像达尔文这样仍然在自家后院捣鼓的人所做实验的可靠性。

实验室工作人员轻蔑地称野外博物学家为"捕虫者"；而捕虫者回应，实验室的科学家们是"蠕虫切片者"，这些科学家有时都搞不清楚自己是在解剖鸭嘴兽还是珍珠鹦鹉螺。蠕虫切片者反驳，捕虫者有时也不确定"是鸡生蛋还是蛋生鸡，过程又是怎样的"。[16] 蠕虫切片者认为只有通过适当的实验获得的结果才能提供可靠的科学数据，从而解释鸡通过什么方法产蛋或类似的问题；如果没有实验室提供的可控性，不管收集了多少数据，野生动物种群变异的原因都永远无法解释。对于许多实验室工作者来说，进化论似乎就是这样被搁浅的，他们也由此陷入了对可疑轶事毫无意义的争论中。相比之下，捕虫者研究的是野外的真实种群，他们常常认为实验室的工作是人为的，其结果是由非自然条件所决定的。这种不正常的环境永远不会揭示真正的野生生物的进化，因为进化太慢而无法在实验室中研究。分歧使得关于进化论的争论几乎不可能被解决，因为对于什么样的证据是相关的证据这一议题几乎无法达成共识。

| 从泛生论到变异

在月见草的帮助下，雨果·德·弗里斯决心结束不同进化论阵营之间徒劳无果的战争。他从小就喜欢植物，12 岁时就拥有了一间具有 100 多个标本的植物标本室。和当时的大多数植物学家一样，德·弗里斯的研究始于分类学——即对植物进行分类，这是几个世纪以来博物学家一直从事的工作。还是学生时，他读了德国植物学家朱利叶斯·萨克斯（Julius Sachs）的一本新书，这本书改变了他对植物的看法，将他变成了一名专注的实验室践行者。他将大部分注意力从分类转向实验，曾因研究温度对植物根系的影响而获奖。他最后的博士论文是关于温度和植物的，论文的相关研究让他在德国多待了一年，并与萨克斯一起共事。在那里，德·弗里斯对施莱登创立的德国实验植物学传统有了更加深入的了解。早在 19 世纪 40 年代，德·弗里斯还没出生时，施莱登就一直敦促他的学生不要在收集植物标本（他贬斥其为"干草"）上浪费时间，而应该去买他们能买得起的最好的显微镜。正如他所说的，任何人"指望不借助显微镜而成为一名植物学家或动物学家，就像指望不用望远镜研究天空的傻瓜一样"。[17]

1877 年，德·弗里斯担任阿姆斯特丹大学植物学教授，他决心将细胞理论、显微镜以及其他现代德国实验方法应用到理解植物是如何生存的研究上。例如，为什么植物得不到足够的水就会枯萎？他开展了精密的实验，揭示了是细胞内的水压在帮助植物维持茎叶的硬度。

然而，尽管德·弗里斯的生理实验取得了成功，但他却逐渐放弃了这些实验转而开始研究变异及遗传的机制。这些问题冲击着他(以及其他许多人)；谁能解决这些问题，谁就能完结达尔文理论，这对雄心勃勃的德・弗里斯产生了吸引力。1881 年，他写信给达尔文，告诉他"我研究植物变异的原因有段时间了，正如您那篇关于驯养对动植物变异影响的论文中所描述的，努力收集更多关于这个主题的事实"。与大多数研究变异的人相反，德・弗里斯告诉达尔文，他对"泛生论假说特别感兴趣，并收集了一系列有利于泛生论的事实证据"。[18]

　　然而，最终德・弗里斯修订了达尔文理论，将其一分为二。他认可遗传性状是由单独的泛子所控制，每个泛子被独立遗传。但达尔文还认为，泛子在机体内循环，在生殖器官里聚集，随时准备传给下一代。德・弗里斯则认为这第二个理论，即他称为"运输假说"的理论，并非必要的。把运输包括在其中不过是为了解释获得性特征是如何遗传的(变化的器官产生变化的泛子)，但这一观点在德・弗里斯那一代的生物学家中迅速失宠。奥古斯特・魏斯曼(August Weismann)的"种质连续性"理念——生殖细胞与机体其他部位的细胞是分开的——否定了获得性特征遗传的可能性，高尔顿的兔子实验似乎已经证明了血液中没有泛子。随着细胞理论越来越被广泛接受，生物学家开始相信细胞总是由其他细胞分裂或融合而产生的；这使得我们很难想象一群泛子是如何聚集在一起并结合成一个新的卵子或精子的。

　　所以德・弗里斯放弃了运输假说，但同时保留了某些微小颗粒负责生物体每个单独遗传特征的这一观点。他将修正后的理论写进了《细胞内泛生论》(*Intracellular Pangenesis*，1889 年)一书里，这本书在借书名向达尔文致敬的同时，强调了两种理论的差异；因为同样的原因，德・弗里斯重新将这些遗传粒子命名为"泛生子"。他推测，泛生子存在于每一个细胞中，很可能存在于由罗伯特・布朗首先发现的神秘细胞核内。每一个细胞核都储存着一种泛生子，但只有那些离开核的泛生子才有活性。德・弗里斯假设泛生子的活性依赖于它们所处的细胞类型，例如，决定眼睛颜色的泛生子在组成虹膜的细胞中具有活性，而不是在眼睑的皮肤中，即使它在两种细胞中都存在。

　　自布朗时代以来，显微镜及其使用技术得到了改进，实验室生物学家们在细胞核内观察到奇怪、线状的物体。它们最终被命名为"染色体"[chromosomes，来源于希腊语中的"色"(chromo)和"体"(soma)两个词]，这个名字也反映了显微镜学家们的困惑，没有人知道这些"有色小体"是什么或者是干什么的。直到 19 世纪 80 年代，一些研究人员才逐渐解开了染色体的工作方式。他们有新工具的帮助，如改良的显微切片机(它能将标本切成均匀的薄片，制作出更好的显微切片)，以及一种寄生在马身上的蛔虫——这种寄生虫曾短暂地成为研究染色体的明星生物。蛔虫让德国胚胎学家威廉・鲁林(Wilhelm Roux)在 1883 年揭示了染色体的作用——携带遗传物质。

　　德・弗里斯没有直接的证据证明他假设的泛生子是什么，但他猜想泛生子可能与染色体有联系——进一步的研究将会证明该结论。但不管它们是什么，泛生子都不是像达尔文想象的那种类似于自由游动的微小动物。这是德·弗里斯的关键论点：泛生子并不是泛子的另一个名字，它们是遗传元素，是组成物种的真正模块。他假设，就像相同的化学元素可以组合形成许多具有不同特性的分子一样，相同的泛生子一定存在于许多不同的物种中，但是每个物种都有其独特的混合，因此也具有独特的性质。否则，他推断，将不同物种杂交是不可能产生新的类型的。

德·弗里斯认为，泛生子彼此之间独立遗传，这解释了为什么你既继承了母亲的眼睛颜色又继承了父亲的头发颜色。他认为泛生子既可以活性形式也可以惰性形式存在，并能在这两个状态之间转换；这解释了为什么某些特征可能消失后又重现，比如你祖父的鼻子特征重新出现并作为你的遗传特征之一。更有趣的是，泛生子在细胞分裂期间可能会以某种方式发生变化，因此错误或无规律可能会出现，这些改变可能会非常强烈，从而仅经过一代就创造出新的物种。如此快速的变化可以解决许多因为自然选择依赖于微小的变异这一观点所造成的问题。

德·弗里斯兴奋地写了《细胞内泛生论》一书，确信他已经完成了达尔文未完成的革命，但这本书并不成功。寥寥无几的评论非常尖锐，几乎攻击了其理论的每一个方面，尤其聚焦在德·弗里斯无法为他的大多数主张拿出多少可靠的证据上。德·弗里斯已经是一位著名的植物生理学家，但他的理论几乎没有任何生理学基础。这一切似乎都是推测的。这本书卖得很差，没有为他赢来多少支持者。

德·弗里斯既失望又生气，但他并不打算放弃。他意识到在实验生物学的新世界里，他的理论需要更有说服力的证据，所以他开始收集证据。他进行植物育种实验已经有一段时间了，但直到19世纪80年代中期，他才开始运用统计学来分析实验。1893年，他读了威尔顿的一篇论文，这篇论文认可了高尔顿的影响和帮助。德·弗里斯立即找来了高尔顿的书，其中就包括《自然遗传》；他被书中的内容迷住了，并在阅读笔记中提到"高尔顿曲线"。[19]

德·弗里斯很快就相信高尔顿的统计对分析他所谓的"波动变异性"很有用——植物常规特征的日常微小变化，即其他人提到的连续变异。他认为，这些波动是由泛生子的数量所决定的：决定"体型"的泛生子的数量多少会决定下一代植物的个体大小，但它们只会影响特征的强度，而无法产生新的特征，更不用说新物种了。这需要更大、更剧烈的变异。

大的变化一定是罕见的，而且罕见到没有人能注意到，但德·弗里斯坚信他能找到大的变化。他写道："当时已知的情况足以让我相信，实验研究有助于理解物种的形成"，但他意识到自己的观点"一定是直接反对……缓慢且渐进的变异这一主流观点的"（如我们所见，这种观点远不是什么主流观点了，在19世纪晚期已经受到了挑战，但德·弗里斯喜欢把自己表现得像在与公认的观点做斗争一样）。他开始系统地寻找一种能证明他的观点是正确的植物。当时阿姆斯特丹美丽而古老的植物园——莱顿大学植物园收集并种植了数百种野花的种子。他以为很可能找不到，"然而我很幸运地找到了自己想要的东西"：拉马克月见草（*Oenothera lamarckiana*）——在对 100 多个物种的测试中，只有拉马克月见草展示了他所寻找的跳跃式进化。在离阿姆斯特丹不远的一个废弃马铃薯地里，他发现了月见草的一些新类型，这些月见草与熟知的类型并排生长。它们之间的差别很细微，但德·弗里斯多年的丰富经验告诉自己，这些差异是明确无误的。最重要的一点是，这些新类型与亲本植株一起生长得很好，它们没有因与亲本植株异花授粉而被淹没。德·弗里斯确信他的目的已经快达到，于是决定"放弃几乎所有其他的实验，对这种植物进行尽可能彻底的研究"。[20]

突变理论

德·弗里斯后来描述道：1886 年"我是如何从月见草的野生植株中收集大量种子的"，这些种子连同生长中的植株一起被带到了阿姆斯特丹植物园。他播种了月见草种子，"立刻获得了我们想要的东西"——能够证明他一直都是对的而那些摒弃《细胞内泛生论》的人是错的的证据。"由这些种子长成的植株中，有三棵是一样的，且都拥有完全偏离其余植株的特征。"这些新植株最初被戏称为"圆脑袋"，因为它们有成束的排列紧密的叶片。它们还有其他一些特点，最重要的一点是它们无法产生可育的花粉。德·弗里斯给这些植物起名为 *Oenothera lata*，他确信自己找到了一个新的物种。[21]

在接下来的几年里，德·弗里斯不断地造访他第一次采集种子的地方，寻找更多奇怪的品种，收集任何看起来有希望的东西。继在野外发现之前只出现在花园里的 *O. lata* 后，其他类型的植株相继被发现，但有一些"生命力太弱，不能存活足够长的时间"。[22] 这很令人担忧，因为这可能意味着它们只是患病或退化的植株，而不是新物种。*O. lata* 明显是不育的，这表明它不可能是一个新物种的始祖。幸运的是，德·弗里斯很快就发现了更有希望的植株，他把其描述为"一种极好、极其健壮的植物，花冠非常大，轻易胜过其亲本植株。"[23] 关键是，因为这些品种都是纯系繁殖，它们的后代和它们很相似，没有任何迹象表明回复到亲本类型。它们是"新品种，与亲本形成鲜明对比，从一开始就是完美且稳定的，从狭义的定义来说，正是所预期的纯系新物种"。[24]

这些新品种很罕见——15000 株植株只培育出了 10 株具有不同寻常特征的个体——但是这是意料之中的事；它解释了为什么这么重要的现象在过去被忽视。关键是，新旧品种之间没有中间过渡物，是一个完完全全的跳跃。正如德·弗里斯所描述的：

它们就这么突然出现了，所有特征一应俱全，没有准备或中间步骤。无须世代更替，无须选择，也没有为生存的斗争。这是一个品种突然飞跃成为另一个品种，"飞越"就是对这个现象最好的释义。它实现了我的希望，并立即证明直接观察物种起源及其实验控制的可能性。[25]

对于德·弗里斯来说，最关键的是，"对物种起源的直接观察"——进化不再是推测，而是可以在可控的条件下进行的事情。正如他在第一本解释他的理论的英文书扉页上所写的：

物种起源是一种自然现象。
——拉马克
物种起源是探索的对象。
——达尔文
物种起源是实验研究的对象。
——德·弗里斯[26]

月见草实验的第二个令人兴奋的暗示是对猜想进行"实验控制"的可能性；一旦理解了创造新物种的机制，就有可能定制新物种。不用等待自然抛出一个有用的变种，育种人就能够创造它们。自然本身将受到人类的直接控制。

经过十几年的实验，德·弗里斯出版了两厚卷论著，最初以德语出版，书名为《突变理论》（*The Mutation Theory*，1901～1903 年）。在书里，他大胆地宣称，长期以来所认为的进化是缓慢且渐进的观点是错误的，"本书的目的就是展示物种是由突变产生的，独立突变就像其他任何生理过程一样是可以被观察到的事件"。[27] 他将这些突变命名为"mutations"，赋予一个旧词新的含义，并认为它们是进化的关键。由于《细胞内泛生论》不受欢迎，德·弗里斯在他的新书中没有提及前者，但这仍然是他工作的基础理论。

不可避免地，一些人会产生疑问，如果突变是如此重要的现象——至少在月见草中是如此普遍——为什么之前没有被注意到。德·弗里斯的回答是这需要假设每个物种都进入突变期，但这是非常罕见的。也许是为了应对全新的环境条件（德·弗里斯在这一点上表述得很模糊），生物开始产生被自然选择筛选后的新形式，从而允许物种适应新的环境。随着环境趋于稳定，物种也趋于稳定，这也解释了为什么像月见草这样快速变异的物种如此罕见。它还解释了为什么化石记录显示的中间形态如此之少——毕竟，如果化石保存了一个处于剧烈、短暂突变爆发期的物种才更显奇怪。而且突变期的理论也克服了弗莱明·詹金提出的"改进的新形式一定会被未改进的旧形式所淹没"这一异议。正如月见草所展示的，"这些新物种不是仅产生一次或少量存在，而是每年都产生并且大量存在"，这意味着，在突变期间，周围有足够数量的新物种样本存在，允许它们相互之间进行交配，这就是为什么它们能纯系繁殖。[28]这一解释令德·弗里斯的支持者满意，但批评者仍然质疑，考虑到月见草似乎并没有面临过任何前所未有的环境条件，那么是什么造成了这些假设的突变期呢？

｜ 创建社群

《突变理论》难以让人产生兴奋感：德·弗里斯用沉闷的德语事无巨细地将详细的实验内容记录在两厚卷里。但它确实令人兴奋。1905 年，美国博物学家协会——美国最重要的生物学会——就《突变理论》和月见草在费城召开了一次特别会议。有些参会人可能是被德·弗里斯的论断所吸引——他认为自己的理论为物种提供了一个清晰明确的定义，这将结束物种分类人员之间无休止的争论。他认为一旦生物学家学会鉴定出创造新物种的巨大、渐进的突变，他们将能够确定所谓的"基本物种"，即自然的真正组成单位。就像泛生子是机体的组成元素一样，基本物种是机体呈现多样性的关键。月见草将结束几个世纪以来关于命名和分类的徒劳的争论，因为德·弗里斯声称，大多数由分类人员命名的物种其实是假物种，是由数个基本物种掺合在一起的混合物。鉴定出这些突变还可以让育种者选择纯系植物，并改善赖以为生的作物。

尽管关于如何实现这一有希望的转变过程的许多细节仍不清楚，但其潜力是显而易见的。查尔斯·本尼迪克特·达文波特（Charles Benedict Davenport），是纽约长岛的冷泉港实验室主任，颇具影响力，他称《突变理论》"和达尔文的《物种起源》一样，标志着生物学时代的新纪元"，并补充说"我们攻击进化论中问题的方法需要改革了"。然而，这两本书其实基于不同类的证据：达尔文依靠观察、轶事和推测；而德·弗里斯的书是"建立在实验上的"，在达文波特看来，这意味着只有通过重复和确认实验，生物学家才可以"判断其价值"。不管这个理论是否被证实，如果像达文波特所预期的那样，"它将对用实验研究进化产生普遍的激励"[29]，这本书将被证明是无价的。

德·弗里斯的书带来了实验室革命，以较任何人所能预计的更快的速度激发了新的实验：参加费城会议的生物学家们回到他们各自的研究实验室，安排实验，阅读德·弗里斯的论著，申请资助和测试假设，但最重要的是，他们种植月见草。每个人都希望回答关键问题：什么是遗传？父母的特征是如何传递给他们的后代的？就像卡尔·皮尔森写道的："如果达尔文的进化论是结合了遗传的自然选择，那么整个遗传领域所信奉的定律之于生物学家，就像万有引力定律之于天文学家，是划时代的。"[30]谁解决了这个问题，谁就是生物学界的牛顿，而现实生活中的月见草就类似于牛顿虚构的苹果。费城会议召开十年后，《自然》（Nature）杂志评论说："自从德·弗里斯关于月见草的经典研究著作出版以来,月见草研究已经获得了比其他任何植物或动物上的研究更多的科学关注。"[31]

人们做了各种各样的尝试来鉴定其他动植物的突变,但月见草仍是明星物种。围绕月见草开展工作的欧洲和美国的研究团体数量迅速增长;他们的语言不同,背景不同,专业不同,兴趣多样,但月见草为他们提供了一个共同的语言,促使他们沟通和合作。这是生命科学史上第一次由一种生物扮演了这样一个角色;月见草预示了一种新的生物学方法。参加费城会议的生物学家人数之多,可能是该会议最引人注意的地方。实验室的工作人员离开了他们的显微镜,与植物和动物育种者以及野外博物学家和胚胎学家齐聚一堂。这些不同的群体对理论的不同方面感兴趣,但所有人都认同德·弗里斯的观点,即"我们希望通过这样的方式来实现用实验阐明新物种起源所遵循的法则的可能性"。[32] 19 世纪的自然史传统以孜孜不倦的兼容主义为特征;达尔文不仅研究了几十种不同的动植物,而且还是一位著名的地质学家。相比之下,20 世纪的生物学正在迅速分化出新的专业领域,而月见草提供了将各专业领域的人聚在一起的机会,从而建立了以一种生物体为中心而不是以一个学科为中心的创新型生物学。

美国对月见草的关注在一定程度上反映了该国的经济需求;19 世纪的最后十年,美国经历了严重的经济萧条,引发了人们对社会动荡的担忧,这种担忧在欧洲发生类似的经济萧条后也出现过。美国还未建立起商业帝国,于是越来越依赖科学,以恢复其经济繁荣;1900 年,一些领头企业,例如通用电气和杜邦,建立了德国模式的研究实验室。但随着美国经济的复苏,其工业的快速增长也伴随着人口的不断增长。理解遗传的兴趣很大程度上来源于这种务实的考虑。1910 年,第一期《美国育种人杂志》(*American Breeder's Magazine*)宣称:"遗传是一种比电更微妙、更神奇的力量。一旦生成就不需要额外的力量来维持它。一旦创造了新的育种价值,它们就会持续作为永久的经济推动力。"[33] 理解这种神秘、有利可图的力量所带来的潜在回报远远不止于满足科学的好奇心。除了达文波特,德·弗里斯的美国支持者还包括雅克·勒布(Jacques Loeb),另一个对控制生命的基本过程感兴趣的萨克斯的信徒,以及哥伦比亚大学的托马斯·亨特·摩尔根(Thomas Hunt Morgan)。俄亥俄州立大学的约翰·H. 沙夫纳(John H. Schaffner)声称已经发现了一种马鞭草的突变体,而甲虫收集者托马斯·林肯·凯西(Thomas Lincoln Casey)上校利用突变理论解释了古生物学上软体动物化石快速出现的原因,他甚至认为突变理论在神学上比传统的达尔文主义更容易被接受。但在美国,丹尼尔·特里弗斯·麦克道格尔(Daniel Trembly MacDougal)才是研究月见草的首席生物学家。

麦克道格尔曾在印第安纳州普渡大学学习植物生理学,后来在德国工作了一年,并在那里获得了博士学位,更重要的是,在那里他遇到了两个人——萨克斯和德·弗里斯,他们很快成了麦克道格尔的导师。这位年轻的美国人回国后,决心采用欧洲实验室的方法，并将其应用于他最感兴趣的进化论课题，这一课题以前仅关注野外工作。麦克道格尔最后在纽约植物园担任实验室助理主任，同时也担任华盛顿卡内基基金会顾问，该基金会是由富有的企业家安德鲁·卡内基（Andrew Carnegie）建立的慈善机构，旨在推广科学。基金会收到的首批基金申请书中有来自弗雷德里克·V.科维尔（他收集呕吐的土狼的故事）的，他想要建立实验室来研究植物如何应对沙漠的严酷条件。卡内基基金会同意了他的申请。实验室于 1903 年创建，由科维尔和麦克道格尔选址，位于亚利桑那州图森市附近。三年后，麦克道格尔离开纽约，成为新实验室的主任。

月见草似乎给麦克道格尔提供了他一直寻找的能在实验室研究进化的方法。他开始开展一系列育种实验和谱系研究，最初在纽约开展研究，旨在复制德·弗里斯的月见草实验，以及确定是植物而不是阿姆斯特丹生长环境的特殊性导致了突变。他还想验证突变体确实是新的纯系繁殖的物种，而不是会回复到亲本型的杂交种。麦克道格尔从德·弗里斯那里拿到种子，开始将实验室延伸到植物园的花圃；他在播种前，为了控制每一个可能使实验结果复杂化的因素，甚至还用医用高压灭菌器对土壤进行消毒。种子发芽后，他很高兴地宣布所有"德·弗里斯突变体"都出现了，并且它们的外观和性状与德·弗里斯描述的一致。

麦克道格尔成为实验室方法的改革者：他甚至在开始自己的月见草实验之前就四处游说。他被革命性新生物学的憧憬所点燃——突变理论，欧洲实验室的方法，以及最重要的一点，月见草。他认为他提议的革命带来的好处将远远超出纯科学范畴；最终控制突变这一令人激动的前景有望带来经济回报，这将使传统动植物育种所能带来的回报相形见绌。麦克道格尔因此周游美国，讲学、访问研究机构和推广月见草。1904 年，他安排德·弗里斯在加州大学做了一系列关于突变的讲座，麦克道格尔随后将其编辑成一本成功的书——《物种与变种》(*Species and Varieties*，1905 年)，颇为畅销。这是德·弗里斯理论的第一个英文版本，一些评论家宽慰地指出，它比原版更短，也更容易理解，这无疑促进了月见草和突变理论的发展。与《细胞内泛生论》形成鲜明对比的是，《物种和变种》在几个月内就发行了第二版，其卷首插图是德·弗里斯参观麦克道格尔沙漠植物实验室的照片，象征性地给革新中的美国生物学带去了祝福。

对于麦克道格尔来说，这位杰出的欧洲植物学家所给予的支持帮助他赢得了赞助经费，而美国人给予突变理论的热情也让德·弗里斯激动不已。德·弗里斯赞扬了美国的科学进步，并提醒东道主，月见草"这种带来这些重要结果的植物正是一种美国的本土植物"。虽然它土生土长在美国，然而"说来也是奇怪和幸运的巧合，它与伟大的法国进化论奠基人拉马克同名"。[34]

对于麦克道格尔和他的同事雅克·勒布来说，20 世纪的生物学将不仅仅是简单地理解生命；他们的目标是控制生命，为人类的福祉创造新的生命体。卡内基研究所资助了麦克道格尔的工作和冷泉港实验室，在推广这种新方法中起着至关重要的作用。卡内基研究所主任罗伯特•S. 伍德沃德（Robert S. Woodward）对研究所的受托人说，麦克道格尔打算"在未来将这一发明运用到活的生物中"——在受他们资助的项目中没有比这个更令人兴奋的了。新理论的实际应用对美国人尤其有吸引力，因为美国需要养活的人口在迅速增长，而可控进化可能实现的速度——产生新突变的速度——极大地吸引了这个为自己的进步而自豪且似乎永远急于追求进步的国家。

麦克道格尔刚开始月见草实验时就宣布得到了令人兴奋的结果：第一个人工创造的突变。他和他的同事乔治•哈里森•舒尔（George Harrison Shull）借助放射线的神秘力量在月见草的近缘属中创造出了突变。他们的工作受到麦克道格尔的同事查尔斯•斯图亚特•盖格（Charles Stuart Gager）的启发，后者利用镭产生了似乎可遗传的变化。盖格对研究结果持谨慎态度，不确定这些变化是否与德•弗里斯的突变相同，但麦克道格尔没有这样的疑虑。镭对染色体有明显的影响，而染色体作为遗传性状的载体这一理念越来越被大家所接受。麦克道格尔于是跳到了结论：射线将提供一个"现成的抑制或替代性状的方法"。与此同时，沙漠植物实验室的野外研究表明，甲虫会产生可遗传的变化来应对强烈的环境刺激。这项工作不完整，其结果也并不确定，但是麦克道格尔坚持认为它证实了镭在实验室的效果。工程化创造生命似乎马上就能实现了。[35]

在 20 世纪的头十年左右，突变理论似乎越来越强大，但不是每个人都相信这个崭新、快速的进化版本。传统达尔文主义的捍卫者仍然存在。突变理论的反对者包括威廉•贝特森（William Bateson）和奥古斯特•魏斯曼（August Weismann），还有些反对者远在美国，其中最激进的可能是克林顿•哈特•梅里亚姆（Clinton Hart Merriam）。梅里亚姆是美国生物勘测部门中备受尊敬的一位成员；他在 1905 年的美国科学促进协会会议上作为副主席发表了演说，攻击突变论者，声称他们撤退到实验室只能让他们对真实的野生物种一无所知。他观察到突变理论出现之前，"全世界的动物学家和植物学家几乎一致认为"物种就是像达尔文描述的那样产生的。"没有什么理由甚至没有必要为改变这种信仰而辩护，"梅里亚姆质问道："我们难道就因为发现了一个物种的出现方式稍有不同——毕竟这种不同仅仅是程度上的不同——便对知识的"稳定性"失去信心，惊慌失措地冲向无信仰的海洋，却无视动物学家和植物学家已经累积起来的观察和结论吗？"[36]

梅里亚姆形容这些突变论者患上了"热情失控"的毛病。即使极其罕见的突变导致了物种的产生，但这并不能证明它们不能通过逐步选择更为常见的连续变异而产生。梅里亚姆问："为什么物种不能通过这两种方式产生?"[37] 然而，麦克道格尔与许多实验室生物学家不同，他确实有丰富的野外经验，在第二年的一次讲座中他对梅里亚姆的言论进行了反驳。随着实验室方法的普及，在 20 世纪的头十年，越来越多的美国博物学家为突变理论辩护；在 1908 年美国植物学会会议上，麦克道格尔带头抨击传统博物学家未能清楚地定义物种，认为只有实验室的证据才能清楚地揭示物种之间的真实关系。

　　然而，突变理论并不仅仅遭到野外博物学家和传统达尔文主义者的反对。一个新兴、越来越有影响力的生物学家团体正在形成，他们相信自己的理论将取代达尔文和德·弗里斯的理论。他们就是孟德尔学派。

|　孟德尔重生

　　尽管孟德尔的工作成果在他去世后的几十年里为植物学家所知，偶尔也会被引用，但一般都被忽视了。所谓的"重新发现者"是德国人卡尔·科伦斯（Carl Correns）、奥地利人埃里希·冯·切尔马克（Erich von Tschermak）和荷兰人雨果·德·弗里斯。据说这三人在独立开展植物育种和杂交实验时，找到了与孟德尔所发现的相同的比例，这让他们决定回头再读孟德尔1865年的论文。重新发现者坚持认为他们每个人都独立发掘了孟德尔定律，但历史学家们越来越多地对他们观点中的一些细节表示怀疑。有一点是清楚的，那就是当这三个人重读孟德尔的豌豆论文时，各自的目的均有不同，他们遵循了非常不同和迂回的思考方式来重新审视孟德尔的工作成果路线。这三人在读孟德尔的论作时，似乎并没有经历"原来就在这里呀！"这么一个激动的时刻。

　　尽管这三位植物学家一致认为孟德尔是这项新科学——不久就被称为孟德尔主义或孟德尔学说的真正创始人，但他们很快在新的方向上发展了孟德尔学说。例如，科伦斯立即将孟德尔的"原基"更改为更精确和熟悉的形式。植物的特性，如豌豆的颜色或高度，被其定义为性状，每个性状都由一对所谓的"因子"控制。孟德尔自己从来没有做过这样的假设；从他记录实验的方式可以清楚地看出，他从来没有想过每个特性都受成对的因子控制。结果，这成了众所周知的孟德尔分离定律——控制一个特性的两个因子，在卵子或精子的形成过程中分离——这显然并非孟德尔定律。因此，虽然孟德尔学派自称是孟德尔传统的真正继承者，但他们仍发现有必要将他的工作重塑成孟德尔自己可能都辨认不出或理解不了的形式；就像生物统计学家把达尔文主义改写成统计学一样，即使他们声称是其最忠实的捍卫者。

　　不出所料，生物统计学家们立即对孟德尔学说的新观点产生了敌意，一些支持魏斯曼工作的人也如此，魏斯曼认为是多个因子控制着每一个性状，而不是孟德尔学派最初认为的那样——是简单的一对因子。这些冲突有助于解释为什么科伦斯、切尔马克和德·弗里斯发现，将这项新科学的真正功劳归于孟德尔（一位英勇、被人忽视、安然去世的创始人），比他们之间来一场激烈的优先权之争，对新方法的推动更为有用；孟德尔学派之间的争吵只会对他们的对手有利。在德·弗里斯的例子中，优先权没有"重新发现"重要，因为他并不相信孟德尔的比例有多么重要。他一再强调，孟德尔的定律只适用于物种间的杂交，就像生物统计学家的曲线只描绘群体无关紧要的日常变化。对于德·弗里斯来说，这两件事都不重要，因为这两件事都不能创造物种。他并不否认自然选择的存在，虽坚持认为自然选择是"决定什么生存、什么死亡的筛子"，但不能创建它所选择的变异。正如一句玩笑话所说的，在德·弗里斯看来，自然选择解释了适者生存，但无法解释适者的到来。[38]

然而，如果德·弗里斯乐意将孟德尔的贡献降至次要地位，其他人会更兴奋。贝特森成为英国新理论最重要的倡导者后，他急切地抓住了独立因子这个概念，以及逐步被大家认可的单元性状，用于证明他一直是正确的——不连续变异是进化的关键。孟德尔的豌豆没有表现出对达尔文的自然选择理论似乎是致命一击的混合性状；它们要不是黄色的，要不就是绿色的；要不是皱缩的，要不就是光滑的。在贝特森的手中，孟德尔主义成了另一根用来打击生物统计学家的棍子，他对新理论的热切推广进一步加剧了与他们之间的冲突。德·弗里斯写信给贝特森，恳求他不要被孟德尔主义冲昏头脑："我很清楚孟德尔主义是常规杂交规律的例外，而绝不是普遍规律！"[39]

贝特森对这一恳求置若罔闻，但突变理论的支持者倾向于怀疑孟德尔学派夸大的主张。英国的月见草研究由加拿大出生的雷金纳德·拉格斯·盖茨（Reginald Ruggles Gates）主导，他在芝加哥大学研究月见草并完成博士学位。1910 年，他在一个科学会议上遇见了倡导控制生育的先驱玛丽·斯托普斯（Marie Stopes）。两人于当年结婚，并定居伦敦。尽管盖茨的声誉迅速增长，但他很难获得一个终身学术职位。第一次世界大战期间他曾在英国空军服役，抽时间写了一本关于月见草的重要论著——《进化中的突变因子》（The Mutation Factor in Evolution，1915 年）。然而，据他妻子斯托普斯说，盖茨一直没有时间完婚，他们的婚姻于 1916 年被宣告无效。盖茨对斯托普斯的声明反应激烈，直到去世前仍予以否认（私下里，他总是坚持认为她并非在法庭上假装成的无辜少女）。尽管盖茨后来又结过两次婚，却从未生育过孩子，这大概令这位虔诚的优生学家非常失望。战争结束后，盖茨在伦敦的国王学院安家，在那里他花了很多年研究各种各样的植物和动物，其中也包括月见草。

盖茨的《进化中的突变因子》获得了广泛的评论，一位评论人士说："这本书可被描述为是在为突变论者辩护，向他们的对手孟德尔学派投出了爆炸性和极具破坏性的弹药"。[40] 盖茨强调，月见草突变体根本不符合孟德尔比例，这表明突变迥异于生物体的正常变异。其他一些评论家对盖茨的弹药并不感冒：《植物学杂志》（Botanical Journal）评述道，"这本书完全没有清楚地陈述"，但书评人认为"就月见草而言，盖茨是德·弗里斯的亲密信徒，是孟德尔学派的强烈反对者"。[41] 而问题就在这里："就月见草而言"。尽管付出了巨大的努力，在其他植物或动物中仍很难找到勉强类似的突变例子。让突变理论的支持者越来越尴尬的是，突变似乎仅限于月见草，这削弱了该理论作为一个普遍进化论的主张。

　　正如我们所看到的，德·弗里斯认为，突变期的罕见性解释了为何未能找到更多突变的例子，但对于批评者来说，这似乎是一个暂时的解释。突变理论一直面对的另一个问题是，德·弗里斯未能证明突变的物质基础，即到底是什么在发生突变以及在哪里发生突变？在评论《突变理论》的第一个英文译本时，盖茨写道："虽然德·弗里斯对月见草突变的研究得到了充分认可"，但他的方法总有一些方面"似乎让评论者不满意"。尽管盖茨是一位分类学家，没有实验室工作经验，但他和他的同事们仍选择开始研究突变的物质基础。染色体在遗传中的作用一经证实，它们自然成了许多研究人员着迷的对象，其中也包括盖茨和他的团队。盖茨注意到，"突变体与亲本之间的关系，将比目前假设的要复杂得多"——我们将看到，这是英文措辞相对保守的一个经典例子。[42]

｜ 太大，太慢？

　　1915 年左右，人们对月见草的热情开始减退。很明显，无论是什么原因导致了新形态的出现，它都是月见草所独有的。作为一种实验生物，*Oenothera lamarckiana* 遭受了几乎和它著名的倡导者一样彻底的声誉下降。在 20 世纪的头十年左右，它是植物界的超级巨星之一，是世界上被研究最广泛的植物之一，但人们对这种植物的兴趣在第一次世界大战之后很快就消失了。随着月见草研究社群的衰落，突变理论也随之衰落：尽管花了很大力气去搜寻突变，但类似的"突变"并没有出现在其他生物体内，生物学家们也逐渐放弃了月见草研究领域，将注意力转移到其他地方。

　　月见草短暂地预言了一种新的植物学研究方法——不同的专家都以同一种植物为研究对象，从而为生态学家、胚胎学家、实验室和野外工作者提供了一种通用语言，使他们能够相互交流。然而，对于植物学家来说，这一预言直到 20 世纪最后几十年才被另外一种完全不同的植物所实现，我们将在本书后面的章节看到。月见草似乎总是很不幸运地吸引到一些"古怪"的人，雨果·德·弗里斯便是其中之一，他是个难相处的人，固执，爱挖苦人，而且常常盲目偏袒。他尖刻的言辞常常使他与同事和学生疏远，而且一旦与同行发生争执，他很少妥协。他从不承认自己对突变理论的认识是错误的。退休后，他继续在自己的花园里种植月见草，直到 1935 年去世，他还坚信自己最终会说服怀疑者。丹尼尔·麦克道格尔同样是一个难以相处的人，他总是乐于攻击博物学家、古生物学家、分类学家以及任何与他意见相左的人。他似乎下定决心要疏远那些他认为是错误的人，坚持认为生物学的研究方法只有一个；他甚至设法惹恼他的许多实验同行，坚持认为突变理论是唯一值得考虑的理论。他在卡内基研究所的资助人不希望被认为是在助长生物学内部的派系斗争,并悄悄地开始支持态度更温和的研究人员,努力在不同的生物学方法之间架起桥梁。雷金纳德·拉格斯·盖茨也是一个性格复杂的人,对于一个研究团队来说,他并不是一个能够"服众"的领导者。1962 年《纽约时报》发表了他的讣告,讣告作者不得不承认,"作为一名同事,他难以了解和友好地相处","当他偶尔卷入毫无价值的争论,有时站在错误的一边,他很少承认错误或收回任何先前的声明"。考虑到讣告作者倾向于淡化逝者的过失,人们不禁要问,在那些"毫无价值的争议"中,他的对手私下会如何描述他。也许让他颜面尽失的第一次婚姻失败留下了一些流言蜚语,但令人惊讶的是,讣告作者形容他"温柔得近乎柔弱"。当时,同性恋在英国还是非法的,而这种形容可能是在暗示盖茨婚姻失败的真正原因。[43] 如果月见草吸引的是一群不那么叛逆而是更温和的人,它在研究界可能会发展得更加蓬勃;事实上,许多生物学家都渴望看到这种植物的衰败。

然而,即使突变理论被证明是正确的,月见草还是注定前途黯淡。月见草可以长到 6 英尺(183 厘米)高,大多数是二年生植物,也就是说它们需要两年的时间才能结出种子;如果在一个更小、生长更快的生物体中发现类似的突变,这种生物将很快成为研究的主要焦点。如果研究人员可以利用其他生物更快地得出答案(和发表论文),那么他们为什么要用生长缓慢的植物填满实验田呢?

雨果·德·弗里斯以两个失败的科学理论闻名于世,细胞内泛生论和突变论——正如我们所见,它们实际上是以两种不同的方式呈现的同一种理论,这是一种相当可悲的"荣誉",虽然部分原因是月见草具有独特品质;他也因为一些他并没有真正做过而且他也认为并不重要的事情而被人们记住——重新发现孟德尔理论。直到 1922 年,突变理论基本上已经消亡,孟德尔学说却越来越兴荣,德·弗里斯仍然坚持认为,"对孟德尔的赞颂是一件赶时髦的事情,每个人,甚至是那些不太了解孟德尔的人,都可以加入;而这种风潮肯定会过去的"。[44]

德·弗里斯也许应该被记住的是,他加速了进化研究的实验室革命,并强调科学为改良我们赖以生存的动植物提供了巨大的可能性。虽然突变论衰退了,但实验室生物学不可阻挡:无论是在大学还是在工业领域,在政府、企业或个人的资助下,实验室不断扩张,实验室工作人员拥有的工具和技术也变得越来越强大。在实验室里,突变论很快被孟德尔学说所取代,但生物学依然存在分歧。在实验室之外,还有野外工作者、博物学家、分类学家和生物统计学家,他们中的许多人嘲笑实验室的"人造"条件——他们仍然相信孟德尔学说无法应对野生种群的复杂性。

美国生物学家托马斯·亨特·摩尔根最初是德·弗里斯的支持者之一,典型的孟德尔学说反对者。他认为孟德尔定律可能适用于豌豆,但并没有在其他植物上得到证实,更不用说在动物中,而在野生种群中,显性和隐性性状少有像孟德尔的绿豌豆与黄豌豆这样的简单对比那样鲜明。在人为约束下的实验室之外是复

杂的生物世界，许多杂交产生了中间形式，这使得混合遗传的整个问题仍然无法
得到解决。许多生物学家同意摩尔根的观点，证明孟德尔因子存在的证据比证明
德·弗里斯的泛生子存在的证据多不了多少——它们都是假设的物质。他的观点
得到支持，因为狂热的孟德尔学派确实具有这样的倾向，为保证他们得出的数字
是正确的，他们简单地假设存在任何他们需要的因子。摩尔根充满讽刺地评论道：
"事实正在被迅速地转化成因子。如果一个因子不能解释事实，那么就用两个；
如果两个还不够，有时用三个也行……我不得不担心我们会迅速发展出一种孟德
尔式程序，用来解释另类遗传的离奇事实。"[45]

　　由于担心"孟德尔式程序"的局限性，摩尔根成了突变理论的热心支持者，
但他意识到在其他物种上证明突变之前，这一理论永远不可能占上风。摩尔根在
曼哈顿上城区拥有一间拥挤不堪的实验室，因为没有空间"栽种这种美丽、枝叶
舒展、通常能长到 5 英尺或更高的植物"，他决定在一种小型、快速繁殖的动物
身上寻找突变，并选择了黑腹果蝇(*Drosophila melanogaster*)，这种小果蝇注定要
改变摩尔根对孟德尔的看法，并最终揭开月见草之谜。

果蝇：香蕉、奶瓶和布尔什维克

Chapter 6
Drosophila melanogaster:
Bananas, bottles and Bolsheviks

和大多数孩子一样，笔者儿子最喜欢的水果是香蕉，在这点上他和达尔文是一致的。1876 年，时任邱园园长的约瑟夫·胡克给爱吃甜食的达尔文送了些产自邱园温室的香蕉，达尔文欣喜地告诉他："你不仅让我心里高兴，同样令我的胃欢喜。香蕉简直太美味了。我从来没有见过这样的东西。"[1]当时即使对于经济相对宽裕的达尔文来说，香蕉也是罕见的珍馐，更不用说对于大多数维多利亚时代的英国人了，他们压根连香蕉都没见过。同年，在费城博览会上，许多美国人生平第一次尝到了香蕉的滋味。他们需要花 10 美分才能买到一根被小心包裹在锡箔纸里的香蕉。这个价格换算到今天，要超过 10 美元了。即使这么贵，买香蕉的人仍络绎不绝，甚至警卫不得不严防死守以防止参观者将香蕉树扯回家当纪念品。

看到香蕉如此受欢迎，一位来自美国的船长，洛伦佐·道·贝克(Lorenzo Dow Baker)在牙买加购买了 160 捆香蕉，并运到美国泽西城，在那里以 700% 的溢价出售。这单生意成功后，他与决心创业的波士顿商人安德鲁·普雷斯顿(Andrew Preston)合作，他们努力的最终结果是成立了联合果业公司(现在已改名为 Chiquita)。

1875 年，当香蕉在美国东海岸开始变得普遍时，另一个外来者——果蝇，第一次在纽约被发现——这两者之间并非巧合，追踪昆虫的博物学家把这种果蝇叫作 Drosophila ampelophila。ampelophila 的意思是"葡萄爱好者"，这个名词反映了它与水果，尤其是葡萄之间的密切联系，但现在这一物种被称为 melanogaster，意思就是"黑腹果蝇"，没有以前的名字那么富有乐趣。没有人知道这一物种是如何来到纽约的，但它出现的时间点表明它是随着水果一起来的，可能来自中美洲和加勒比海——美国大部分的热带水果如今仍然来自这些地方。

果蝇和香蕉总是如影随形。正如格劳乔·马克思(Groucho Marx)曾经所说的，"光阴如箭矢一样飞快流逝；水果如香蕉一样飞快褪色(英文谐音：果蝇爱香蕉)。"苍蝇和香蕉共同创造了现代遗传学，将孟德尔的原基发展为基因，但如果没有奴隶制和殖民主义的影响，也没有被称为多倍体的一种相当奇怪的基因行为，那么它们也许走不到这一步(当然香蕉也不会成为笔者儿子或者达尔文的美食之一)。

人类携带着种子在地球上穿行，将农作物传播到全世界，所以现在很难确切地知道许多驯化植物的野生祖先是何时何地进化的。香蕉也不例外——人类在有文字以前就开始吃香蕉了，所以没有记录显示人类第一次发现它们的时间和地点。

然而，我们可以通过观察其野生亲戚如今的生长地点来获得一个较清晰的认识。现代商业种植的香蕉来自芭蕉属（*Musa*）的两个种，它们广泛分布在东南亚，远至印度。通过研究野生物种之间的重叠，植物学家们几乎可以确定它们起源于现在的马来西亚。果蝇的类似实验揭示了相似的模式：它们也几乎肯定是在东南亚的丛林中进化而来，所以情况很有可能是：香蕉和其他热带水果被人类传播到世界各地，果蝇追随而至。

大多数学者认为阿拉伯人先把香蕉带到了中东，然后又从那里带到了欧洲。香蕉在《古兰经》中被认为是一种神圣的植物，伊斯兰教和一些早期基督教研究学者认为它们是人类吃的第一种水果；甚至基督教的一项传统——把香蕉作为伊甸园中的"禁果"，激发了林奈的灵感，令他将其中一个物种命名为 *Musa paradisiaca*。香蕉被阿拉伯商人传播到撒哈拉以南的非洲地区。有西方探险家报告说，15 世纪晚期就已有香蕉被种植在了那里。"香蕉"这个名字正好印证了阿拉伯文化的影响：源自西非，脱胎于阿拉伯语中的"banan"一词，即"手指"。

香蕉于 1516 年到达加勒比地区，这要归功于天主教传教士托马斯·德·贝兰加（Friar Tomás de Berlanga）。贝兰加因发现加拉帕戈斯群岛而闻名。他把非洲的香蕉带到了伊斯帕尼奥拉岛（现在的多米尼加共和国和海地），在那里，它们作为岛上不断增长的非洲奴隶的廉价食物。当贝兰加成为巴拿马主教时，他很可能把香蕉带到了美洲大陆。香蕉在美洲的传播如此之快，以至于后来的许多旅行者都认为它们土生土长于中美洲。

果蝇到达美洲的时间可能与香蕉到达的时间差不多，但欧洲人很早就知道果蝇了。它们首先在亚里士多德的《动物志》中被提及：他在书中描述了一种昆虫，这种昆虫的幼虫"是在醋的黏液中产生的"。[2] 亚里士多德把这种昆虫称为"conops"，翻译过来是"蚊蚋"（"conops"源自"conopeum"，是英文单词"canopy"的词源，原意是"带蚊帐的床"）。亚里士多德对 conops 的各种引用表明他似乎合并了几种不同的昆虫，因为他说有些 conops 吸血，有些则只吃酸的东西，比如醋，而不吃甜的东西。亚里士多德也许混淆了蚊子和醋蝇（果蝇的常见名称之一）。[3]

考虑到香蕉和醋的不同，一种昆虫似乎不太可能两者皆食，但果蝇其实根本不是吃水果的蝇类；它们甚至与真正摧毁水果作物的食果蝇没有密切关联。果蝇以酵母菌为生，酵母菌是水果发酵和腐烂的产物。其实是过熟和腐烂的香蕉而非新鲜的香蕉吸引了果蝇；当水果腐坏时就会发酵，生长的酵母菌可供果蝇食用。因此哪里有变质的水果，哪里就有果蝇。

黑腹果蝇原来的名字是 *ampelophila*，表明那时人类喜欢通过发酵水果生产酒精饮料（另一个在 20 世纪早期很常见的名字是"苹果渣蝇"——苹果渣就是制作苹果汁剩下的苹果泥）。运输朗姆酒可能与运输新鲜水果一样，与果蝇从加勒比海来到美国有很大关系。19 世纪早期，两位英国博物学家威廉·柯比（William Kirby）

和威廉·斯宾塞（William Spence）将这些昆虫命名为 *Oinopota*，意思是"酒徒"，并将其中一个物种命名为 *Oniopota cellaris*，因为他们认为这种昆虫只生活在储存葡萄酒和啤酒的酒窖中。19 世纪最畅销的著作《造物遗痕》（*Vestiges of the Natural History of Creation*，1844 年）提到了 *Oinopota cellaris*。[4] 该书的匿名作者利用这种果蝇"只生活在葡萄酒和啤酒中，而葡萄酒和啤酒是人类制造的产品"作为证据来证明生命是自发产生的。[5] 这位作者现在被认为是爱丁堡出版社的罗伯特·钱伯斯（Robert Chambers），他推测在人类为果蝇藏酒之前，它们是不可能存在的。因为它们无法在外面的环境下生存，它们只能在酒窖里反复地产生；无论何时何地，只要适合的环境存在，果蝇就能自发产生。[6]（很明显，这些果蝇并不是自发在酒窖中产生的，也不可能在果盘中自发产生；只是它们的卵实在太小，肉眼无法看到而已。）

　　尽管它们生活在酒窖里，对酒精有着明显的嗜好，但 *Oinopota* 这个名字并没有流传下来。尽管这些昆虫在热带地区进化，但它们无法适应过于炎热的天气——若温度上升，它们就会不育并最终死亡。所以，与疯狗和英国人不一样，果蝇会避开正午的太阳；它们通常在黎明和黄昏时分活动，这就是为什么 1823 年瑞典博物学家卡尔·弗雷德里克·费尔德（Carl Frederik Fallén）将它们重新命名为果蝇（Drosophila），字面意思是"露水的爱好者"。

　　由于天主教传教士、奴隶贩子和联合果业公司的积极努力，香蕉——以及果蝇——在 19 世纪末期的美国城市里越来越常见。20 世纪的第一个十年，联合果业公司有效地统治了它所经营的加勒比"香蕉共和国"，它拥有种植园、船只和铁路，以及水果市场。把种植和运输非常有效地组织起来，这样它们就能够全年在美国各地供应香蕉。截至 1905 年，联合果业公司每年为美国的男女老少平均每人进口 40 支香蕉；到 1920 年，它成为美国最大的公司之一。蒸汽船、铁路、冷藏设备以及心狠手辣的商业策略使香蕉从一种奢侈品变成了美国最受欢迎的水果。

｜ 种族、阶层和果蝇

　　香蕉和果蝇从牙买加种植园被送抵纽约厨房的速度，只是 20 世纪步调的一个象征。新技术，如冷藏运输，使人们有可能吃到新的东西，20 世纪初创造技术和食品的出口需求对美国的日益繁荣起了关键作用。19 世纪末，欧洲的歉收与美国的大丰收同时发生；由于出口飙升，美国的工厂和农民们发现他们无法跟上大西洋彼岸的需求。失业率下降得如此之快，以至于劳动力似乎可能出现短缺，而美国生产商担忧国内市场正趋于饱和。移民是这两个问题的解决方案。数以百万计的欧洲人越过大西洋来到美国，为了逃离大屠杀和饥饿，并希望获得自由和繁荣。第二次大移民为北方带来了成千上万来自南方的非洲裔美国人，留下被镇压的暴民和种植园，为看似不断增长的工厂工作。美国由此彻底转变。

百万富翁安德鲁·卡内基(Andrew Carnegie)出版了《财富的福音》(*The Gospel of Wealth*)一书的新版本，标志着新世纪的到来。书名赤裸裸地表达了美国工业界的自信，它们让数百万人有了工作——为每个家庭的餐桌提供香蕉，美国人的商业头脑让他们掌握了解决全球性问题的方法。如果世界各地都能像美国一样，每个人就都能有衣服穿，有房子住，有饭吃。为达成这一愿景，卡内基计划向华盛顿的卡内基研究所等雄心勃勃的慈善机构投资数百万美元，正如我们所看到的，卡内基研究所在生物研究上投入了大量资金，试图战胜疾病和饥饿。和大多数同时代的人一样，卡内基认为竞争是进步的关键："正是由于竞争法则，我们才有了惊人的物质发展，这为国家创造了更好的条件。"他认为，"竞争不仅是有益的，而且对种族未来的进步至关重要"。[7]与卡内基同时代的人把竞争看作一种自然规律，达尔文主义者也持有相同的观点，其中有人写道："百万富翁是自然选择的产物"。[8]

达尔文主义者借用了自然选择来比喻工业资本主义；他们相信，像维多利亚时代的大多数绅士一样，商业对手之间的竞争会使最好的产品在市场上占主导地位，他们认为生物体之间类似的竞争将使适应性最强的物种通过产生最多的后代来统治生殖市场。用达尔文主义来证明资本主义是天然存在的，更像是一个循环论证。像卡内基这样的人并不畏惧这样的评价，他们更倾向于担心没有足够的竞争来确保持续的进步。随着像美国这样繁荣的国家变得更加富裕，科技也让生活变得越来越方便(至少对于一些人来说)，而卡内基和其他人担心若自然选择的尖锐锋刃变钝了，美国人可能会开始堕落，而不是进步。类似的恐惧在欧洲也很普遍。1900年，《伦敦时报》告诫它的读者："一个像我们这样的帝国首先要有一个优等的种族——一个朝气蓬勃、勤劳无畏的种族。健康的身心在普天之下的竞争中能提升一个国度的地位。适者生存在现代世界里是绝对的真理。"[9]问题是，英国人仍然是拥有一定适应能力的种族吗？在布尔战争期间，有很大比例的新兵不适合服兵役；他们在城市贫民窟里长大，那里因肮脏和疾病而被民众广为诟病。其他评论家更关心的是官员阶层，他们声称不仅社会的精英阶层正在垮掉，而且精英阶层的生育率还如此之低("为什么会有这个问题"仍然不适合作为政治话题，尽管有效的避孕知识已为人所广泛知晓)。结果是，适应度低的人反而比其优胜者生育得更多，降低了整个种族的质量。

英国人担心阶级，而美国人则更关心种族。自由女神像象征着美国向旧世界疲惫、贫穷、"渴望自由呼吸的、鱼龙混杂的"人群表示欢迎，也为那些"被拥挤的土地拒绝的可怜人"提供了一个家。但美国人也存在一些忧虑，担心涌入埃利斯岛的新移民懒惰、愚蠢——确实是欧洲的弃儿。曾经驯服过荒野、吃苦耐劳的拓荒者们会不会被大量移民所稀释？

毫不奇怪，这些焦虑导致人们重新对高尔顿的优生学理论产生兴趣。当高尔顿在 19 世纪 60 年代第一次提出这一观点时，受到了广泛的嘲讽；但在 1904 年，高尔顿——当时已经是 78 岁高龄的老人了，在伦敦社会学协会上做关于优生学的公开演讲时，吸引了大量有影响力的听众。优生学教育协会得以成立，该协会旨在宣传他的思想，宣传约束生育的好处。高尔顿思想的复兴为他的老问题带来了新的答案。是先天还是后天培养决定了性格和行为呢？英国尚处于襁褓中的工党及其在自由党中的盟友认为，培养是关键：进步的钥匙在于消除贫穷和改善穷人的生活条件。但是，优生学家拒绝了这一建议：1909 年，由高尔顿资助的第一任伦敦大学优生学系主任卡尔·皮尔森(Karl Pearson)提出，如果政府要"为所有人提供教育资源，把劳动时间限制在每天 8 小时，让人们每周有空闲时间看两场足球比赛，给他们提供最低工资和免费的医疗建议"，他们会"发现那些没有工作的人、身心都脆弱的人只会增加而不是减少"。[10]

对于许多人来说，解决这些争论的唯一方法是通过生物学研究，理解遗传的机制。作为新式科学的孟德尔主义似乎提供了一个解决方案：可控的实验室实验能否最终一劳永逸地证明，选择创造普洛斯彼罗还是凯列班(英国剧作家威廉·莎士比亚创作的戏剧《暴风雨》中的人物)？

哈佛大学的威廉·卡斯特(William E. Castle)教授，一个谦虚的中西部美国人，后来成为 20 世纪最具影响力的生物学家，是接受这一挑战的众人之一。卡斯特对近亲繁殖的问题特别感兴趣：尽管重复近亲繁殖是育种者有意使用的作为"固定"适宜性状的一种方式，但会否最终被证明对品种有害？卡斯特在兔子身上进行反复的兄弟姐妹交配实验时，发现不好的性状似乎迅速积累，最终产生了过于孱弱而无法生存的动物。他主要对哺乳动物的遗传感兴趣：老鼠、马、兔子，还有我们将要看到的豚鼠。他努力尝试寻找一种能够承受反复近亲繁殖的生物体，并把目光投向了更远的领域，最终选定了一种能在近亲交配中不丧失活力地存活20 代的生物——黑腹果蝇。

卡斯特的研究重点仍然是哺乳动物，但是他的几个学生在 20 世纪初开始研究果蝇，很快就在哈佛大学、印第安纳大学和冷泉港实验室看到了他们的身影。卡斯特的一个学生弗兰克·卢茨(Frank Lutz)的果蝇实验是由卡内基研究所资助的。正是从卢茨和卡斯特那里，托马斯·亨特·摩尔根第一次发现了果蝇如此有用，而他当时仍然是德·弗里斯突变理论的支持者。一些研究人员往往喜欢抓住一种特定的生物并终生研究它，而摩尔根则喜欢寻找新的生物体开展研究；他曾在不同的时期研究了鸽子、夏威夷蜗牛和西部歌带鹀。正如他的一位同事开玩笑说的那样，摩尔根"要锻造的马蹄铁比炉子里的煤还多"。[11]

1907 年，纽约哥伦比亚大学摩尔根实验室的一名新进博士生对研究后天获得的性状的遗传很感兴趣，摩尔根建议他尝试使用果蝇，可能部分原因是他的实验室太小，而且已经很拥挤了——而果蝇非常小。卡斯特可能也出于类似的动机：1910 年，他的实验室有 400 只兔子、700 只豚鼠、500 只小鼠、1000 只大鼠、400

只鸽子、8条狗和数不清的青蛙。获取和保存果蝇的成本也很低，摩尔根在花费学校提供的经费方面是出了名的吝啬（尽管如此，他对花费自己的钱却非常慷慨）。这位学生后来回忆他是如何得到第一批果蝇的："我把一些熟烂的香蕉放在窗台上；用这种简单方法捉到的果蝇开启了我的实验工作。"[12] 香蕉和果蝇之间由来已久的关系即将使它们得到一个新的合伙人——生物学家。他们在一起会做出惊人的事情。

｜ 捕捉突变

果蝇和生物学家的关系有时候被用来当成"预适应"的典型。"预适应"也许不是一个恰当的词，但常常被用来描述这样一种重要的现象：当某个物种本来是为了适应某个环境而进化，但巧合的是，这样的进化让该物种完美地适应了另一个新环境。正如历史学家罗伯特·科勒（Robert Kohler）所指出的，果蝇对从事学术研究的生物学实验室这一环境存在预适应：秋天瓜果熟烂，是果蝇繁殖的季节，也是新学期的开始。只要把果蝇关在温暖的室内，它们就能一直繁殖下去，即使到了冬天也不会停止，且只需要几周时间就能产生新的一代。香蕉则是果蝇便宜又方便的食物。对于生物学老师来说，即使学生不小心弄死了果蝇，也能马上用新的一批果蝇来替代，而且花不了多少钱；可是如果让这些没有经验的学生去饲养大型动物，花费将大大增加。[13] 摩尔根还发现果蝇特别适应做"纽约客"——喜欢住在狭小、拥挤的小隔间里：在容量为1品脱①的牛奶瓶里，数十只果蝇就能生存并交配。摩尔根和他的学生们常常在清晨从邻居家的门口顺带拿一些奶瓶回实验室，因此除了买几根香蕉外，饲养果蝇基本不用花什么钱。

当摩尔根开启果蝇的故事时，他还是突变理论和欧洲实验生物学的拥护者。1904年，他与出身于费城富裕家庭并曾经是他学生的丽莲·沃恩·桑普森（Lilian Vaughn Sampson）结为夫妻。在加州海洋研究实验室度蜜月期间，摩尔根花了整个夏天学习蚜虫从无性生殖到有性生殖的转变。之后他们搬到纽约，摩尔根在哥伦比亚大学的动物学系谋到一份教职，成了他的朋友同时也是系主任的埃德蒙·比彻·威尔逊（Edmund Beecher Wilson）的同事。对于摩尔根来说，哥伦比亚大学是理想的工作地点，因为让人们对染色体——当时仍被视为细胞核内神秘的"着色体"——的认知迈出关键一步的，正是威尔逊的研究生沃尔特·萨顿（Walter Sutton）。萨顿来自堪萨斯州农场，他和老师克拉伦斯·麦克伦（Clarence McClung）用蝗虫做实验，研究细胞和染色体；他们发现大笨蝗（*Brachystola magna*）有巨大的睾丸，是非常好的研究对象。萨顿将蝗虫也带到了哥伦比亚大学，他希

---

① 1品脱 = 568.261毫升。

望利用蝗虫睾丸研究染色体和遗传的关系。很多知名的欧洲生物学家都相信两者之间存在关系，但仍不明确。萨顿发现细胞分裂时染色体的行为完美地符合孟德尔遗传规律。他提出这样的论据：在显微镜下观测到的体细胞中，染色体是成对排列的。当然我们现在知道，成对的染色体虽然相似但其实并不完全相同。体细胞是二倍体，比如果蝇的体细胞有四对染色体，也就是说共有八条染色体。当植物或动物生长时，它的每一个细胞都分裂产生新的细胞，而每对染色体在分裂时都得到了复制，因此每个新的细胞都得到一整套完整的染色体，这也是为什么体细胞是二倍体的原因。但是，生殖细胞，即动物的卵子和精子以及植物的卵细胞和花粉，则是单倍体。当机体产生生殖细胞或配子时，采用的是完全不同的细胞分裂方式，其结果是生殖细胞中染色体的数量减半。以果蝇为例，八条染色体减半成四条，即每对染色体贡献其中一条。如果不是通过这样的减数分裂方式，染色体的数目将一代一代不断增加。想象一下，如果每个生殖细胞都有一整套染色体，那么卵子和精子结合后形成的受精卵就有两套染色体；而下一代，将有四套染色体，以此类推。一旦生殖细胞中的染色体数目减半（即半套染色体），则两个单倍体细胞通过受精融合后就具有一整套染色体。很显然，受精卵的一半染色体来自卵子（即母系染色体），另一半来自精子（即父系染色体），这个时候受精卵就是一个二倍体，通过正常的分裂产生新的细胞，从而生长。最后要强调的一点是，染色体配对：在配子形成时，每个配子仅具有最初配对的染色体中的一条。为方便起见，生物学家为每条染色体编号，如果蝇的 1 号染色体、2 号染色体等。当两个配子融合后，从父方来的 1 号染色体与从母方来的 1 号染色体配成一对，其余染色体也以同样的方式配对。

萨顿在研究蝗虫的染色体时，威廉·贝特森来纽约宣传他刚刚"重新发现"的孟德尔理论。听了贝特森的报告后，萨顿突然意识到孟德尔理论和他工作的相关性：染色体的行为不正符合当时仍被视为假象的"孟德尔因子"的特点吗？他在论文中写道："来自父系和母系的染色体相互配对以及在减数分裂时彼此分离，可能构成了孟德尔遗传规律的生理基础"。[14] 萨顿将他的研究结果展示给威尔逊，威尔逊起初还很不相信，随后则震惊，他意识到如果萨顿是对的，那么染色体将是那些待解密的遗传粒子的物质基础。

摩尔根到达哥伦比亚大学时，发现威尔逊和自己曾经的一个研究生内蒂·史蒂文斯（Nettie Stevens）都在独立沿着萨顿的工作继续开展研究。他们都在关注染色体如何决定子代的性别，这个课题同样也吸引了摩尔根。研究的关键似乎就藏在一条神秘的染色体中。麦克伦首先发现了这条神秘的染色体，它似乎并不配对，因此也被称为"附属染色体"。麦克伦将它标记为 X，现在我们称它为 X 染色体。麦克伦认为这条附属染色体可能决定了后代的性别。萨顿在一半的蝗虫精子细胞中也发现了 X 染色体，因此他认为自己确认了老师的理论。既然只有雄性有 X 染色体，而雌性没有，那么 X 染色体确实决定了性别。但实际上，这个理论是不对的，而导致错误的原因是可以被原谅的：因为蝗虫非常特殊，其雄性比雌性少一条染色体(蝗虫没有 Y 染色体)。许多年之后，史蒂文斯才发现了一个更为常见的模式，即 X 染色体其实是有配对染色体的，那是一个比它小得多的 Y 染色体；对于大多数动植物而言，有两条 X 染色体就是雌性，而有一条 X 染色体和一条 Y 染色体就是雄性。

花了很多年研究人员才弄清楚染色体和性别的关系，与此同时，虽然摩尔根对萨顿的工作感兴趣，但他仍然认为性别的决定因素应该复杂得多。和同时代的研究者一样，摩尔根既对遗传问题着迷，又觉得困惑。他不相信常见的持续变异是能遗传的，他认为这些小的变异源自机体环境的微小波动。即使持续变异能被遗传，它们在群体中也会被迅速稀释，从而消失。但是，他认为突变论同样有问题，即使一个生物携带了一个大的不连续变异(突变)，仍需要找到另一个生物交配繁殖才能将突变遗传下去，但是它找到一个和它携带同样突变的配偶的可能性很小。因此，摩尔根得出这样的结论：因为有连续和不连续变异，"种间杂交就像和稀泥一样，无法产生新的物种形式"。[15] 只有存在相当数量的大的变异，且这些变异同时产生并且是相同类型，才能突破种间杂交对产生新物种的封锁。作为一个标准的实验生物学家，摩尔根认为在实验室无法用实验的方式验证达尔文的物种进化学说。

因为对达尔文物种进化学说有诸多怀疑，摩尔根转而接受德·弗里斯的突变理论。德·弗里斯认为，突变在性质上不同于通常的连续变异，而是指非常大的变异，大到产生了种间隔离，携带变异的个体与没有变异的个体交配后是无法产生后代的；他假设存在一个"突变期"，在这个突变期里许多突变同时产生，因此两个携带有同样突变的个体有很大的概率能交配并将突变遗传给后代。摩尔根最初对果蝇感兴趣，就是因为想为德·弗里斯的突变论提供除了月见草以外清楚的实验证据。德·弗里斯 1904 年访美期间，摩尔根听他谈起一种奇特的伦琴射线(即 X 射线)，这种射线是由一种神秘的新元素——镭衰变而产生的。[16] 能否借助这种射线对动植物进行人工突变？摩尔根用这种新方法在一些昆虫身上做了尝试，但并未获得值得发表的结果，因此就放弃了。

几年后，摩尔根重新尝试通过人工诱变的方式产生德·弗里斯突变。这次他还用酸、碱和一些化学物质处理果蝇，给它们添食不同的饲料，并开展了更多的射线诱变实验，但结果仍然令人沮丧。摩尔根想起德·弗里斯突变理论中的一个重要假设是，增强筛选条件——如大幅度改变生活环境——能诱导突变期的出现。也许正是这一假设，促使了摩尔根开始尝试大规模繁殖果蝇的实验。

由于果蝇繁殖速度实在太快，摩尔根很快就开始抱怨自己忙得脚不沾地。于是他雇了些本科生来帮忙。1909 年，他正在哥伦比亚大学给本科生上生物学导论，这也是他一生中上的唯一一门课。虽然摩尔根并不是一个好的教书匠，但他尽力向学生传递生物学研究的快乐以及告诉他们很多重要问题亟待解决。与其说是他的课程，不如说是他的个人魅力吸引了艾尔弗雷德·亨利·斯特蒂文特(Alfred Henry Sturtevant)和卡尔文·布莱克曼·布里奇斯(Calvin Blackman Bridges)。斯特蒂文特和布里奇斯询问是否能去他的实验室帮忙，摩尔根高兴地答应了。斯特蒂文特很快成为摩尔根最喜欢的学生；他爸爸在亚拉巴马州农场培育马匹，他本人则写了一篇关于马匹毛色遗传的论文，给摩尔根留下深刻印象，于是摩尔根专门在实验室给他安排了一张桌子。摩尔根了解到布里奇斯需要挣钱上学，他就雇他洗瓶子、清理腐烂的香蕉和死果蝇，为新一轮的实验做准备。

但是，摩尔根和他的这两个助手面临一个不同寻常的难题——因为果蝇并非驯化的生物，它们不具备清楚定义或者清晰可见的特征，它们看起来都一样，如何筛选？与之形成鲜明对比的是，狂热的人类钟爱培育如狗、鸽子这样的动物，创造鲜明或不寻常的性状，例如，格外旺盛的尾毛。摩尔根团队成了世界上第一支果蝇发烧友团队，他们选择了一个显而易见的性状——果蝇胸部像三叉戟的纹路，并开始筛选繁育，将具有大三叉戟纹路的果蝇与具有大三叉戟纹路的果蝇杂交，而具有小三叉戟纹路的果蝇与具有小三叉戟纹路的果蝇杂交。摩尔根早期的研究意图是让果蝇进入突变期，一个类似德·弗里斯认为自己在月见草上观测到突变的时期。但几年来突变并没有如期出现，就在摩尔根将要对果蝇研究失去兴趣时，一只具有暗色三叉戟纹路的果蝇在 1910 年 1 月诞生了。摩尔根给这个突变起了个绰号，叫"伴随"(with)；因为在同一时间，他和丽莲的第三个孩子出生了(是个女儿，也起名为丽莲)。当摩尔根赶去医院迎接新生儿时，丽莲问他的第一问题是"果蝇怎么样了？"他兴高采烈地讲了好长时间的研究工作，然后才想起来应该问问"宝宝怎么样了"。[17]30 个世代后(同年 11 月)，更为显著的突变——"超级伴随"(superwith)——出现了，之前几个月也陆陆续续出现了不同的突变。3 月出现了在翅膀和胸部连接处深色斑点的突变，同一个月还出现了身体呈橄榄色的突变；5月出现了翅膀具有串珠样图案的突变，以及身体呈现另一种橄榄色的突变。摩尔根迅速发表论文，宣称在除了月见草之外的物种上，第一次实践了德·弗里斯提到的突变期。

看起来果蝇实验为德·弗里斯的理论提供了依据，但也提出了挑战。这些新的"突变体"实际上并非真的突变体，至少并不是德·弗里斯定义的突变体。德·弗里斯认为，真正的突变应该是一个大跨度的改变，大到一步就产生了一个新的物种(对于"一步"这个概念，他总是含糊其词)，新物种将不能够与旧物种进行种间繁殖。正是因为突变的月见草无法与其亲代混交这一现象吸引了德·弗里斯的关注。而摩尔根的突变体则不同，虽然它们确实实现了跳跃式的改变，而不是经典的达尔文理论中的连续变异，但这个跳跃似乎太小，因为它们可以彼此交配产生后代，所以不能被视为新物种。

虽然这些小的突变并非德·弗里斯所认为的突变，但它们让摩尔根团队瞥见了仍然神秘的孟德尔"因子"，这些"因子"往往深藏不露。例如，眼睛的颜色，人类眼睛的颜色有很多种，其遗传模式让我们能推断出其决定因子的某些规律，比如决定蓝色眼睛的因子对于决定棕色眼睛的因子是隐性的。但是所有果蝇都是红色眼睛，因此哥伦比亚大学的果蝇发烧友们无法了解果蝇眼睛颜色的遗传规律。这个秘密直到一个新的白眼突变体出现才得以破解。当一只白眼雄果蝇与一只红眼雌果蝇交配，产生的后代全是红眼果蝇；如果这些后代之间相互杂交，在下一代中红眼果蝇数量是白眼果蝇数量的 3 倍。尽管对孟德尔理论表示质疑，但摩尔根在数年前还用小鼠杂交实验试图验证孟德尔遗传规律，当他一看到红眼果蝇和白眼果蝇的数量比，便马上意识到白眼突变果蝇并非一个新物种，而白眼性状正是孟德尔所说的隐性因子。虽然其他实验室也在用果蝇开展研究工作，但从来没有一个人亲眼看到过孟德尔比例的重现，其原因部分在于和豌豆或黄或绿的颜色相比，果蝇缺乏明显的性状。当年孟德尔为豌豆实验精心挑选性状，现在摩尔根和他的助手们重新造就了果蝇，让它们能用于科学研究。正是这些突变让一切成为可能：白眼揭示了在正常果蝇身上无法观测到的遗传规律。随着果蝇研究者不断地筛选和杂交携带可见突变性状的果蝇，这种野生昆虫逐渐被人类驯养成为一种科研工具。

摩尔根意识到他找到了饶有趣味的东西，并非常睿智地承认他对突变理论的认识是错误的。他迅速抛弃了这个理论，并开始追随孟德尔理论。而远在欧洲的德·弗里斯，也察觉到自己的突变理论开始站不住脚了。当摩尔根将白眼果蝇称为"突变体"时，他就知道，尽管这个称谓具有迷惑性，但与自己所宣称的突变体的概念相去甚远。

｜ 规模化生产

随着果蝇的不断繁殖和突变，位于曼哈顿上城区的摩尔根实验室，也从一个挤满了海星、鸽子、小鼠和一系列其他生物的普通生物学研究室，变成一个量产果蝇的生产线，以"果蝇工厂"而闻名。与差不多同时期的亨利·福特（Henry Ford）在底特律胭脂河上新修建的 2000 英亩①汽车厂房相比，果蝇工厂显得相当小巧，大概就 16 英尺×23 英尺大小。但果蝇工厂的 8 张桌子和福特的生产线一样，被用于现代化、标准化的大规模生产，只不过前者生产果蝇，后者生产汽车。

20 世纪早期，美国迅速认识到标准化所带来的好处。尽管 19 世纪伟大的发明家，如托马斯·阿尔瓦·爱迪生（Thomas Alva Edison），取得了耀眼的个人成就，但如果没有发电和输电的电厂，也没有制定从电线到电压等各种零件和参数的配套标准，那么他发明的灯泡就毫无作用。因为有了电网，比蒸汽机更小、更清洁、

---

① 1 英亩 = 4046.8564 平方米。

更灵活的电机，才能用于工厂。正是这种灵活性，造就了福特的生产线——仪器和工人无须再围着那些巨大、嘈杂的蒸汽机，而能够按照汽车制造的环节来进行组织。每辆汽车的组成是一样的，都是由标准化的零部件组装而成，用一条标准化的传送带即可完成所有组装；电力，让所有原材料从生产线的一端输入，而组装好的汽车从生产线的另一端输出。

1911 年，越来越多的新突变诞生在果蝇工厂。与此同时，弗雷德里克·温斯洛·泰勒（Frederick Winslow Taylor）出版了《科学管理原理》（*Principles of Scientific Management*）一书，列举了商业效率的新风气。这本书立刻受到了追捧，并迅速被翻译成好几种文字，泰勒对"科学管理"的理念被传播到了全世界：他认为每个机构都可以采取机器的运作方式，其中的每个人都能成为小而标准化的且可替代的部分。他这么写道："曾经，人的重要性都是被置于首位的；但在未来，系统才应该是最重要的。"[18] 当然这一理念是劳工领袖和工会所痛恨的，他们用"泰勒制度"来描述机器大规模生产这种摧毁灵魂的专制——无需技术和创造，甚至让人无法停下来呼吸。但是对于制造商而言，泰勒制度带来了生产力和利润的巨大增长。

泰勒本人出生于费城一个富裕的家庭，最初出于对他健康的考虑，医生推荐他从事点体力劳动，于是他选择在米德韦尔（Midvale）钢铁厂的车间工作。就是在这里，他从厂长威廉·塞勒（William Sellers）那儿学到了标准化生产，这影响了他的一生。塞勒是位多产的发明家，他设计了美国各个工厂都在使用的螺纹。塞勒螺纹正是提倡标准化生产的最好范例：每个机器制造商和工厂主再也不用让工人精确切割各自的螺纹了，标准化螺纹使得成千上万螺纹相同的螺钉得以大规模生产。

被泰勒奉为圣典的科学管理和标准化，成功吸引了费城威斯塔医学研究所所长米尔顿·J. 格林曼（Milton J. Greenman）的注意。格林曼认为泰勒管理体系中对时间的管理可用于科学研究，就像用于工厂一样容易。他也以塞勒螺纹为标准化范例，认为"这样的标准化为商业和科学都带来了巨大的经济效益"。[19] 于是他着手"泰勒化"威斯塔研究所的大鼠繁殖实验，用标准化程序实现实验大鼠的标准化生产。到 1912 年，威斯塔研究所在实验大鼠供给领域的地位，就好比联合果业公司在香蕉供给领域的地位：该研究所每年都会向全国提供超过 6000 只精心培育的"标准化"大鼠。

Wistar 大鼠为美国科学家展示了当一个物种被规模化生产后所带来的各种可能性。随标准化大鼠一并被提供的还有一份威斯塔研究所手册《大鼠数据和参考表》（*The Rat: Data and Reference Tables*，1915 年）。而此前，没有任何一份关于实验动物的统计，甚至连人类的都没有。标准化大鼠和手册，让一个实验室获得的结果可以更容易地与另一个实验室的结果相比较。大规模实验动物的生产让实验室以难以想象的速度，更深入地变革。

摩尔根果蝇工厂由卡内基研究所部分资助，外表上看起来和泰勒化科学管理的现代厂房完全不一样，比如桌子抽屉爬满了在果蝇饲料上摄食的蟑螂，整个房间杂乱无章，充斥着果蝇的嗡嗡声和实验人员的喧哗。尽管摩尔根团队并没有规模化生产果蝇的意图，"生产车间"也是如此脏乱，但哥伦比亚大学的果蝇从数量上还是很快超过了 Wistar 大鼠和福特汽车。果蝇工厂正在经历的显然不是德•弗里斯所说的突变期，新突变的迅速出现只不过是大规模生产的结果，与果蝇的数量相关。之所以以前没人发现这些微小但显著的突变，是因为它们实在罕见。如果平均 100 只果蝇中出现了一个突变，那么用 100 只果蝇做实验是很难发现突变的，但用上千只果蝇做实验，突变就常见了，突变模式也更明显。这也是为什么早期用酸和辐射并没有产生显著突变的原因。更多的果蝇意味着更多的突变；更多的突变意味着更多的论文发表，更多的声望，更多的研究生在世界各地传播果蝇的荣耀，以及更多的荣誉、科研经费和知名度。

如果说摩尔根是果蝇界的福特，领导了一个规模化生产系统，这个系统生产论文的速度和生产果蝇的速度一样快，那么卡尔文•布里奇斯(Calvin Bridges)就是果蝇工厂的泰勒。福特从没承认受过泰勒的恩惠，而摩尔根和布里奇斯却结成了理想联盟，也许摩尔根自己也未曾意识到这点。布里奇斯意图增加果蝇研究的时间，心甘情愿地用便宜的、自己改良的设备不断改进果蝇工厂的效率。

布里奇斯将"心灵手巧"运用到果蝇生产线的各个方面。在早些时候，如果研究者对某一只果蝇感兴趣，他只能利用果蝇趋光这个特性：拿掉装满果蝇的瓶子的瓶盖，迅速口对口式地罩上一个空瓶子，同时还期望他想要的那只果蝇没趁机逃走；然后他举着这两个口对口的瓶子，让光照到空瓶子的底部，这些小小的昆虫就会爬向有光的地方，进入空瓶子里；一旦那只目标果蝇爬到空瓶子里，他立刻盖上瓶盖。这一程序重复几次，直到分离出单一的目标果蝇，当然，在此过程中，目标果蝇也可能逃走。这一烦琐的程序让布里奇斯内心驻扎的工程师灵魂觉得窝火。他发现小心控制剂量的乙醚足以让果蝇昏迷而失去运动能力几分钟，在它们苏醒前，非常容易就能从其他果蝇中挑选出目标果蝇并置于一个新瓶中。但是大剂量乙醚会杀死果蝇，因此不能简单地将乙醚倒在果蝇上，于是布里奇斯设计了一个果蝇麻醉装置，可以精确控制乙醚用量。

和其他工厂一样，太热或太冷的时候，果蝇工厂的工作人员就会抗议。太冷，果蝇就停止繁殖；而太热，则会导致果蝇死亡。因此，布里奇斯在 1913 年利用一些旧书架、白炽灯和恒温器建造了一个恒温的橱柜。几年后，他又做了改进，增加了通风和加湿装置。布里奇斯实在无法阻止自己不去进一步改造它，他在 1930年又添加了些改进。显然，这一自创的果蝇饲养箱比买一台商业化饲养箱的花费要少得多。他还建造了第一个果蝇陈尸柜，用于存放死果蝇。1920 年中期，运营这样一个设备最先进的果蝇室，比繁殖豚鼠或者培育植物要便宜得多。

虽然布里奇斯的创造节约了时间和经费，但摩尔根对他不断向实验室引进的他称之为"无用物"的装置，比如复杂的双目显微镜，依旧有点抗拒，他仍然喜欢用手持显微镜片。他也无视布里奇斯那设计精巧的果蝇陈尸柜，他只是简单地在桌上或笔记本上压扁那些没什么用的果蝇。他同样拒绝使用果蝇麻醉装置，而是冒着杀死果蝇的风险，将乙醚直接倾倒在它们身上。不过其他工作人员对布里奇斯的设计却非常喜欢。

| 标准化果蝇和果蝇学家

那么，摩尔根和他的学生究竟在用这些果蝇做什么呢？当摩尔根第一次用白眼果蝇做实验时，他注意到一些有趣的现象——白眼果蝇总是雄性。精心的杂交实验证明了白眼突变总是与果蝇的性别联系在一起。这很有趣，因为它对摩尔根关于性别决定的研究有启发；它暗示了与威尔逊和其他人在染色体方面的研究的联系。摩尔根最初对染色体可能携带遗传因子这一观点持反对意见，其一是因为果蝇有比其拥有的染色体数量更多的可见性状(如眼睛的颜色、身体的颜色和三叉戟图案)。如果遗传因子位于染色体上，那么每个染色体上必须有几个因子，在这种情况下，单个染色体上的所有因子总是一起遗传的(连锁)。眼睛的颜色和性别之间的联系恰恰暗示了这种物理上的联系，或者说像最初已知的染色体理论所预测的那样是"成对"的。不到一年时间，摩尔根又发现了两个这样的例子，他称之为"限性"突变：一个是黄体色，另一个是微翅。一个连锁也许是巧合，但三个连锁似乎证明了同一条染色体上的遗传因子确实是一起遗传的。

但是发现这种连锁没多久，就出现了问题——正常连锁在一起的因子有时是独立遗传的。有趣的是，对于任意给定的一对因子，连锁失败的频率是恒定的，但每对因子连锁失败的频率不同。例如，因子 A 和因子 B 几乎总是共同遗传的，但它们在 1%的杂交实验中分离，而因子 C 和因子 D，通常也连锁，但是在 2%的杂交实验中分离。摩尔根的研究小组努力去理解这一反常现象，他们逐渐对染色体研究有了一个越来越全面的认识，从而使染色体在遗传中的作用逐渐显现。

1909 年，摩尔根读了比利时耶稣会牧师弗兰斯·阿方斯·詹森(Frans Alfons Janssens)的一篇论文，詹森同时也是位天才的显微镜学家，曾在鲁汶的佛兰德大学教授生物学。詹森的短篇论文很简单地描述了他在显微镜下看到的景象：染色体在减数分裂时的行为很古怪。在它们最终缩减到原染色体数目的一半前，它们互相缠绕在一起，似乎被打断并重新结合。詹森观察到的这种现象被命名为"交换"。摩尔根和他的学生认为，交换解释了偶然出现的连锁失败。他们把遗传因子描绘为沿染色体排列的珠串。在交换过程中，这两条染色体项链——一条遗传自父本，另一条遗传自母本——随机断裂了，然后重新连接。如果将果蝇从它父本那里继承的染色体比作一串绿色的珠子，从母本那里继承的染色体比作一串红色的珠子，经过交换，可能会出现一串夹杂着几颗红色珠子的绿色珠链，而红色珠链上会夹杂几颗绿色的珠子；这就是为什么连锁的因子有时是分离的。如果交换是随机的，就会在果蝇的四对染色体上产生不同的红绿珠子组合。然而，关键的一点是当两个珠子挨得越近，在它们中间发生随机断裂的可能性就越小；当它们离得越远，在它们中间发生随机断裂的可能性就越大。如果两个遗传珠子在染色体上靠得很近，它们几乎总是一起遗传的，表现出很强的连锁；但如果它们相距很远，它们就会经常分离，以至于它们看起来似乎是独立于彼此的遗传的。正如摩尔根所写的，这就是为什么"我们观察到某些性状总是成对出现，而很少能找到或者根本找不到与其他性状成对出现的证据；这取决于这些遗传因子在染色体上的线性距离"。[20]

受到这个想法的启发，摩尔根和他的学生们开始寻找通常连锁在一起的突变。他们发现突变分为四个不同的"连锁群"；黑腹果蝇有四对染色体，这使得每个连锁群极有可能对应一对染色体。到 1914 年，科学界已经非常清楚地知道了，孟德尔理论和染色体理论并非相互排斥，它们在本质上相同：孟德尔因子是真实存在的，它们位于染色体上。随着这一点被越来越多的人接受，"因子"这个为了谨慎保持中立而命名的词汇，逐渐被放弃，而一个新的术语——"基因"开始被使用。1917 年摩尔根和他的团队开始使用"基因"一词，很快，研究遗传的科学被称为"遗传学"（贝特森创造的一个术语），而从事这项研究的人被称为"遗传学家"。尽管还没有人知道这些基因是如何起作用的，但新的语汇反映了遗传学家日益相信他们正在研究一种有形的物理现象，其确切的自然属性迟早会被完全理解。

连锁、交换和染色体之间的联系一旦被理解，果蝇就可以被投入到全新的用途中。斯特蒂文特当时还只有 19 岁，就已意识到基因的交换频率可以用来估计它们之间的距离。果蝇研究者现在要驯服果蝇帮助他们精确地找出每条染色体上每一个基因的位置，就像确定每个珠子在绳子上的位置。1911 年的一个冬夜，斯特蒂文特把摩尔根的数据带回家，第二天早上他带着第一张基础染色体图谱回到实验室。接下来，摩尔根给他和布里奇斯布置了绘制果蝇染色体图谱的任务。

绘制图谱的原理很简单：突变是一个可以让"果蝇男孩们"看到在杂交实验中每个基因到底发生了什么的工具，但要利用它们，需要精心的育种来创造一个结合了特定成对突变的果蝇种群。一旦获得该种群，杂交后产生的特定的突变组合就能揭示交换的频率——通过简单计数果蝇的后代，观察基因保持连锁的次数和分离的频率。布里奇斯对这类工作有着无与伦比的耐心，他一次能在显微镜前坐好几个小时，数着成千上万只果蝇，寻找新的突变体。然而，频率仅仅揭示了基因是紧密挨在一起的，离发现它们之间的具体距离还相隔甚远。下一步是试着把它转化成一个精确的距离，从而确定这些因子在染色体上相隔多远。这就需要三个基因，A、B 和 C。它们通常是一起遗传的，所以它们位于相同的染色体上；

但由于交换，有时并不连锁。数据表明，A 与 B 比 A 与 C 更紧密地连锁在一起（即在染色体上更紧密地挨在一起，因为 A 和 B 之间的分离频率低于 A 和 C 之间的分离频率）。同样，B 和 C 也比 A 和 C 之间更接近，这表明 B 处于 A 和 C 之间。为了验证这一点，研究人员会仔细测量 A 和 B 的交换频率，然后测量 B 和 C 的交换频率（需要两组耗时、烦琐的实验）。A 和 B 的交换频率加上 B 和 C 的频率，就预测了 A 和 C 的交换频率。这个估计可以用第三个实验来验证。

对于这四条染色体中的每一条，都需要进行类似的实验，但由于果蝇繁殖的速度很快，每一条染色体上基因的相对位置被逐渐确定。这一切听起来单调乏味，事实也的确如此：1919～1923 年绘制的染色体图谱使用了 1300 万至 2000 万只果蝇的数据，每一只果蝇都必须被挑出来，杂交、麻醉并计数。虽然一只果蝇只有几毫米长，但如果所有这些果蝇都首尾相连，那么它们就会排成一条超过 35 英里长的线。在果蝇室中发展起来的高效规模化生产技术是必不可少的；如果没有这些技术，工作就不可能完成。

然而，这般对工作的描述还没涉及研究人员付出的劳力。基础的绘图方法假设交换在染色体上是均一的——在其长度上的任何一点都可能断裂——但事实证明并非如此。布里奇斯和斯特蒂文特在绘图的过程中，不断得到异常的结果。他们对这些结果进行研究，发现了许多种从来没有人知道其存在的基因：例如，对果蝇没有可见影响但是降低了其染色体交换速度的基因。又或者有时候，一个有用、可见的突变基因，太接近让果蝇衰弱或让果蝇死亡的突变基因。经历数月挫折后，需要重新培育不携带这些麻烦基因的果蝇新品系，这得花上更长的时间。

随着工作的继续，果蝇室里发生了一些不寻常的事情。野生果蝇不仅仅被驯化了，它们还被改造成标准化的生物，就像 Wistar 大鼠或塞勒螺钉一样。这些果蝇被"清除"掉了让实验陷于麻烦的无用基因；一旦检测到问题基因，比如发现一个种群繁殖太慢或易受疾病感染，就会通过精心的杂交培育一个新的果蝇种群。任何减慢工作速度的基因都被淘汰了。在这个过程中，"果蝇男孩们"学习了许多关于基因的知识，同时他们也在制造一种新的果蝇，一种混合了来自不同野生果蝇品系的基因的混合体。果蝇室最终容纳的近 400 个独特的种群，都是在实验室里培育出来的，每一个种群都被清理干净，使其携带了精确选择的突变组合；每一个种群既是一个很有吸引力的研究对象，也是一个工具，一个基因探针，可以用来研究未知果蝇的基因。

随着标准化果蝇的生产，它作为实验室工具的价值被提升了，果蝇研究者开始重视和尊重它。在研究的早期，他们经常抱怨讨厌的果蝇让他们窒息，但这种评论逐渐消失；一位研究者甚至称果蝇为"高贵的动物"。[21] 在他们早期的论文中，许多研究人员丝毫不提他们把这些令人厌恶的小昆虫带进了实验室，但是当果蝇展示它的能力时，从事果蝇研究的遗传学家们开始将自己视为一个共同体，称自己为"果蝇人士"，或者"果蝇学家"。

❘ 果蝇走天下

果蝇室独特的氛围吸引了很多人，最开始是哥伦比亚大学的研究人员，最终遍及全世界。每个参观过果蝇室的人纷纷评论其不拘礼节的气氛和热情。斯特蒂文特后来也感到疑惑，"大家一直在讨论聊天，是怎么把这么多工作完成的？"[22]

斯特蒂文特对理论问题特别感兴趣，而布里奇斯则负责赠送精心构建的果蝇品种。和果蝇打交道的一大好处就是它们便宜轻便；它们占据的空间如此之小，以至于用一个瓶子就可以装进整个繁殖群体，并且很容易把它们送给想要做果蝇研究的人。果蝇的天性对果蝇能成为标准生物体——就像塞勒螺钉一样，非常重要；标准只有在每个人都能使用时才是有用的。很早大家就意识到，果蝇能很快地产生有趣的问题，这远远超过摩尔根团队的负荷量；赠送果蝇有助于建立一个共同体，大家能分享彼此了解的知识，从而能更快地解决问题。但是，如果人们不能使用果蝇，赠送果蝇就一点用处也没有，于是，摩尔根团队在赠送果蝇的同时，也附赠他们所知道的关于果蝇的知识和技术。布里奇斯尤其乐意将他发明的所有让果蝇持续繁殖的技术和妙招教授给任何感兴趣的人。最后，一份时事通讯——《果蝇信息服务》(*Drosophila Information Service*)得以问世，用于协助记录和传播基本的果蝇知识。自由交换果蝇和信息成了果蝇研究社群不成文的规定之一；果蝇学家们认为分享保证了每个人的利益，不愿意分享的研究人员则悄悄地从社群中被剔除。

赫尔曼·约瑟夫·穆勒(Hermann Joseph Muller)是果蝇室众多访客中的一位，当时他还是哥伦比亚大学生理系的硕士研究生。最开始他每周四拜访斯特蒂文特和布里奇斯，因为只有这天他没其他事情——其他时间，他必须靠给本科生教授胚胎学，以及给外国学生教授英语来养活自己；此外，他还在酒店做店员。他开始参加果蝇室的晚间读书会，大家在摩尔根家里一边喝啤酒、吃奶酪，一边讨论新的想法。穆勒发现果蝇小组的工作令人兴奋；听到斯特蒂文特回忆并描述起他拿出第一张染色体图谱时的那个晚上，穆勒兴奋得跳了起来。

穆勒出生在纽约，祖父是移民来的铸铁工人。他是一个聪明、勤奋的男孩，高中时就成绩优异，大学期间还获得了哥伦比亚大学的奖学金。他很快就迷上了生物学，并组织了一个本科生生物俱乐部，通过这个俱乐部他认识了斯特蒂文特和布里奇斯，从他们那里得知了果蝇室。虽然穆勒很想加入果蝇研究团队，但一开始摩尔根的实验室并没有空位。

摩尔根、斯特蒂文特和布里奇斯都很随和，喜欢自嘲和开玩笑，但穆勒则是个不苟言笑的人。他的个性，再加上加入果蝇室又晚，这让他觉得自己像个局外人，而这种感觉因为他所持有的刻板意见和想法而更加强烈。摩尔根是一个走人道主义中间路线的保守主义者，憎恶各种极端主义，但基本上对政治不感兴趣。相比之下，穆勒是一个政治激进分子，被马克思主义和共产主义思想所吸引。无论是在科学上还是在政治上，摩尔根似乎都认为穆勒有点狂热，但是穆勒却觉得他的贡献经常被忽视，而其他人得到了更多的赞扬。果蝇室不拘礼节的氛围意味着每个人都可以自由地分享自己的想法，但必须承认——只有那些实际做过实验的人才能把名字列在出版的论文上。穆勒逐渐开始怀疑这些不成文的规则是摩尔根和斯特蒂文特设计的，剥夺了他应得的认可。但是，穆勒处于这样不利的地位，很可能是因为他虽然思维敏捷，但工作进展缓慢：他提出想法的速度远远快于他拿到实验结果的速度，而有条不紊地开展非常复杂精细的实验需要数年才能完成。与此同时，其他人利用他的想法先完成了工作。穆勒帮助创造了许多其他人用于研究的果蝇种群，包括一些最巧妙的种群，最后他开始怨恨摩尔根，至少在私底下，他觉得摩尔根妨碍了他的事业。

来自旧式的南方家庭，带有一些贵族风范的摩尔根，还有他最钟爱的学生斯特蒂文特，首当其冲地受到了穆勒的怨恨。布里奇斯基本上没有受到影响，部分原因是他和穆勒有共同的政治观点——尽管布里奇斯的共产主义同情心与其说是一种深深的信念，不如说是一种好感。穆勒似乎也把布里奇斯看作果蝇车间里受剥削的蓝领工人；当斯特蒂文特变成一个理论学家的时候，布里奇斯则做着维持果蝇种群的实际工作，因为他患有色盲，不善于发现突变体。

1917年，当果蝇工作达到顶峰时，俄国革命缔造了世界上第一个社会主义国家。像当时许多西方的年轻人一样，穆勒认为这是一个壮举，是对抗腐败、不民主的政权的理想主义——斯大林的古拉格集中营和公开审判当时还未发生。革命迷住了他，1922年，他决定去苏联，迫不及待地想看看新共产主义社会，并与苏联生物学家见面。

当时的苏联成立仅仅5年，经历了血腥的内战和一系列毁灭性的饥荒，仿佛一个经不起折腾的实验品在努力求生。几乎所有东西都短缺，所以穆勒和其他有礼貌的客人一样，给主人带了礼物——32个小瓶子。瓶子里装的并不是免税酒，而是活果蝇，是他帮助培育的果蝇种群的样本。有人可能会想，获取美国果蝇不可能是布尔什维克政府的首要任务，但穆勒的苏联同行都很兴奋。列宁政权对科学有浓厚的兴趣，尤其是对生物学。马克思主义向其追随者许诺将拥有使世界变得更美好的力量，因此被视为一种科学理论。受其鼓舞，布尔什维克政府向动植物育种等领域投入了大量资金，希望创造更好的作物和动物，以避免未来的饥荒。

穆勒会见了苏联顶尖的遗传学家，其中包括莫斯科庞大的应用植物学研究所的负责人尼古拉·瓦维洛夫（Nikolai Vavilov），此人曾与贝特森一起在英国研究遗传学。然而，最早对穆勒的思想表现出极大兴趣的，是另一个尼古拉——尼古拉·柯里佐夫（Nikolai Kol'tsov）。

在革命之前，柯里佐夫一直是沙皇政府的自由主义批评者，这让他丢掉了在莫斯科大学的工作。他成功地说服一位俄罗斯铁路百万富翁捐资成立了一所新的实验生物学研究所(后来被称为柯里佐夫研究所)。该研究所专注于柯里佐夫对新式生物学的展望,即将 19 世纪伟大的科学成果汇聚在一起,并结合了孟德尔学派、统计学和化学的新思想。受到实验室革命的启发,柯里佐夫鼓励他的学生掌握实验技术,但更不寻常的是,他还让他们到野外去观察活的生物。

柯里佐夫邀请穆勒在他的研究所做一个关于美国果蝇研究的报告,并出版了该报告的俄语译本。穆勒回美国前,留下了果蝇,以便该研究所可以发展自己的果蝇研究。但是柯里佐夫有一个问题——在这个研究所里没有人知道任何关于昆虫的知识。于是他求助于老朋友谢尔盖·切特维里科夫(Sergei Chetverikov),一位曾和他一起在莫斯科大学求学的昆虫学家。

切特维里科夫似乎不太可能领导一个遗传学项目:他不仅几乎没有任何遗传学方面的知识,他还教授生物统计学——而大多数生物统计学家对孟德尔主义怀有敌意,另外他还是一名野外昆虫学家,而不是实验室研究人员。但他拥有很多关于昆虫的知识,这对柯里佐夫来说已经足够了,他认为切特维里科夫对生物统计学的兴趣构不成缺点,这是他乐于接受新思想的标志。

切特维里科夫确实渴望学习。他和他的同事认为他们需要开始学习英语。他们决定不从课本或小说开始,而是读最新的美国遗传学论文。他们把论文做了划分,把自己那部分带回家,阅读并翻译,然后晚上在各自的公寓碰面,讨论彼此所学到的知识。实际上,他们同时学习了两门学科:英语和孟德尔遗传学。或许是受到穆勒和摩尔根团队的启发,苏联果蝇研究者也成立了一个团队,后来被称为 Droz-So-or(sovmestnoe oranie drozofil'shchikov 的首字母缩写,意思是果蝇学家的杂谈),这个名字温和地嘲讽了不断涌现的粉饰苏联新政权的繁文缛节。

在很多方面,Droz-So-or 和摩尔根团队很相似,除了三分之一的同事都是女性这一点之外,这与“果蝇男孩们”主导美国果蝇实验室形成了鲜明对比。和美国同行一样,一些苏联人对研究和绘制染色体图同样很感兴趣,但是切特维里科夫却对研究野生种群的遗传学更感兴趣。因为仍然对实验室工作与野生种群的相关性存在怀疑,他开始研究摩尔根团队提出的突变是否也可以在野生种群中发现。

Droz-So-or 开始捕捉野生果蝇,并将其与穆勒带来的实验室果蝇杂交,从而发现了野生种群中隐藏的基因。实验室果蝇就像化学试剂,因为它们产生可预测的反应,可用来测定未知物质的化学组分。切特维里科夫的研究小组知道美国果蝇携带哪些基因,因此,通过耐心地捕捉、杂交和计数野生果蝇,他们可以推断出哪些基因在野生果蝇中存在。杂交显示,野生果蝇的变异很多,携带着各种各样的隐性突变基因,这些基因只有与其他隐性基因杂交时才可见。

正如我们看到的孟德尔的豌豆,如果一棵植株结黄色豌豆,它可以有两个黄色基因,或者一个黄色基因和一个绿色基因的拷贝(因为黄色是显性的,而绿色是隐性的)。在 20 世纪早期,这些基因被称为等位基因(alleles,源自希腊语,意为

"另一个"）。贝特森创造了一些至今仍被用来描述基因的术语：具有两个相同等位基因的生物体是纯合子；而那些有两个不同等位基因的是杂合子。区分这两种情况的唯一方法是与你已经知道的纯合子植株杂交（因为绿色是隐性的，所以绿色豌豆的植株肯定是纯合子），下一代绿色与黄色的比例将清楚地表明原来的植株是带有两个黄色等位基因，还是一个黄色和一个绿色等位基因。

切特维里科夫的研究小组可以利用这类信息，将野生果蝇与实验室果蝇杂交，已知实验室果蝇为隐性基因纯合子；杂交后代就会揭露野生果蝇是否也带有隐性基因。实验令他们相信野生种群的确包含了相当规模的隐藏变异。然而，不能像对待瓶子里的实验室种群一样对待野生种群。在实验室里，交配是可以控制的，所以任何一只果蝇的祖先都是已知的，它携带的基因的精确组合也可以被计算出来。实验室果蝇就像斯特蒂文特父亲最喜爱的赛马一样：它的血统可在种马名册上查到。瓶子里所有的果蝇都有相同的血统，意味着它们有一套共同的基因。这在野生果蝇身上是不可能的，所以切特维里科夫开始运用一些他从英国生物统计学家那里学到的数学方法来理解野生种群的基因。他具备的统计学知识让他从野外采集样本，在实验室里开展实验来确定它们的基因组成，然后用数学方法推算——将结果用到了实验室以外的种群上。切特维里科夫计算了不同隐性性状在野生果蝇种群中发生的频率，猜测当具有某一特定基因的果蝇变得更常见或更不常见时，这很可能是自然选择的结果，因为所研究的基因提高或者降低了果蝇的生存机会。

1926 年，切特维里科夫以"从现代遗传学的角度论进化过程中的某些特征"（On Certain Features of the Evolutionary Process from the Viewpoint of Modern Genetics）为题，发表了团队最初的发现，这是一个平淡无奇的标题，却隐藏了一些极其重要的东西：生物统计学家第一次理解了达尔文的自然选择学说，以及摩尔根版本的孟德尔遗传学，这两者曾被认为是对进化相互矛盾的解释，现在却被证明是互补的。柯里佐夫对此很钦佩，他评价切特维里科夫的工作是一个综合分析，具有"重大的理论意义，它将实验室遗传学和自然界中生物的进化问题联系在一起"。[23] 如果切特维里科夫是对的，那么他就找到了德·弗里斯一直在寻找的东西：一种不再依靠推测来描述进化并将其引入实验室的方法。但一开始，几乎没有苏联以外的人知道他的工作。

│ 月见草的终结

在苏联人发现果蝇新用途的同时，美国人也有进一步的发现。1918 年，摩尔根写信给弗里斯，征求他对一篇文章草稿的意见，这篇文章描述了穆勒一个令人兴奋的新发现，这一发现对解决月见草之谜的一个关键问题至关重要。

"果蝇男孩们"已经发现，在某些情况下，一个在正常情况下起着至关重要作用的基因可以变异成一种根本不起作用的形式：杂合果蝇（即携带一个起作用的基因拷贝和一个不起作用的基因拷贝）仍正常生存，但它会将没有功能的等位基因传给一半的后代。如果任何一个不走运的后代得到了两个没有功能的等位基因（一个来自父本，一个来自母本），它们就无法生存。当果蝇携带两个这样的基因时，情况就变得更加复杂。这就是穆勒所发现的现象。假设基因1有两个拷贝——A（起作用的）和a（不起作用的）；基因2也有两个拷贝——B（起作用的）和b（不起作用的）。能存活下来的个体至少分别拥有这两个基因中一个起作用的拷贝（它们要么是AA或Aa，要么是BB或Bb）。任何一种隐性等位基因纯合果蝇（要么是aa，要么是bb）都无法生存。

问题是如何检测这些致命的隐性基因。通常，隐性性状，比如绿色豌豆的出现，是因为一些后代是这种隐性性状的纯合子；它们有两个绿色等位基因拷贝，因此产生绿色豌豆，但任何有两个隐性致命等位基因拷贝的果蝇不能存活。当穆勒开始对他精心设计的杂交育种实验进行果蝇计数时，本来应该显示果蝇携带了一个隐性基因的孟德尔比例变得乱七八糟。穆勒花了大量的时间来理解在这些复杂的情况下到底发生了什么。当他解决了这个问题，他才意识到同样的问题也发生在德·弗里斯的月见草上。拉马克月见草（*Oenothera lamarckiana*）就是这样一个例子，穆勒称其致死等位基因为"平衡致死因子"，这意味着这种植物看上去是纯合的（因为杂交没有出现隐性性状），但实际上却是杂合子（携带隐藏的致命等位基因）。这类情况非常罕见，以至于以前从未被发现过（果蝇室规模化生产的另一个效应）；德·弗里斯宣称他发现了一个新物种，而他真正拥有的是一个非常不同寻常的杂合子。

摩尔根在给德·弗里斯的信中描述了穆勒的发现及其影响，结语是这样的："我大胆地设想，月见草的突变问题，在平衡致死因子这一理论下能找到一个很愉快的解决方案。"在手稿的空白处，德·弗里斯只写了一个词"不愉快"。[24]

然而，如果穆勒的发现让德·弗里斯不高兴还可以理解，那么后面发生的就显得尤为糟糕。随着果蝇研究工作的展开，通过一次跳跃产生一个新物种的大突变的想法越来越令人难以置信。染色体之谜的逐渐解开显然让月见草越来越成为一种异常生物。几个国家的研究人员发现，月见草的染色体行为很不寻常，因此正常的孟德尔规律完全被打破了。雷金纳德·拉格尔斯·盖茨（Reginald Ruggles Gates）是研究这种植物染色体的科学家之一。尽管他对突变理论抱有热诚，但在证明"这一理论是失败的"过程中起了关键作用。他在1906年与安娜·梅·卢茨（Anna Mae Lutz）发现了突变体*gigas*，一种巨大而健壮的月见草"新物种"，这一突变体由德·弗里斯首先发现，它的染色体数量是正常拉马克月见草的两倍（有28条，而不是通常的14条）。在接下来的几年里，这很快被证明是月见草的一种普遍现象：许多突变体的染色体数目都不正常。

　　导致这些情况的原因是，月见草的减数分裂没有正常进行：当植物产生卵子和花粉时，染色体数量没有减半。一些生殖细胞仍然是二倍体，所以授粉时，新植株得到额外的染色体。这种复制在动物中很少见，被称为多倍性(意为"多个拷贝")。

　　月见草是最早被发现的多倍体植物之一，它的名气吸引了很多研究人员对其进行研究，这有助于揭示多倍体的重要性。回想一下受精过程中的配子融合，来自亲本的染色体必须配对才能形成通常的二倍体，而二倍体是正常体细胞的特征。但是，如果两个不同的物种杂交，它们的染色体不匹配，便不能成对；有时产生不了后代，有时产生不育的后代。典型的例子当然是骡子，驴(*Equus asinus*，有62条染色体)和马(*Equus caballus*，有64条染色体)的后代；当马和驴交配时，它们的染色体无法配对，其结果是产生的后代骡子虽然强壮结实，却没有生育能力。然而，如果植物在花粉或卵子的生产过程中染色体已经复制——因为没有发生减数分裂——那么每个染色体在受精卵中会有两个拷贝，因此每个染色体还可以找到一条配对的染色体。其结果是，新的杂交植物是可育的，但前提是只能与其他多倍体植物交配。如果与原亲本杂交，就会导致不育。因为新的多倍体植物通常看起来和它们的亲本非常不同，且不会与它们杂交，所以像是一个新物种——这正是德·弗里斯在月见草中发现的。类似的现象发生在许多山柳菊属的植物中，这正是令孟德尔对它们的行为感到困惑的一个原因。

　　多倍性也被证明与果蝇学家的另一项发现有关。正如我们所见，孟德尔的豌豆实验采用的是具有鲜明对比性状的纯合品种，如绿色的或黄色的豌豆，所以20世纪的孟德尔学派往往将基因看作开关——它们开启或关闭生物体的某些特征。然而，果蝇研究创作了一幅更加复杂的图景。人们逐渐清楚，基因也会影响其他基因的功能，例如，有时染色体片段在交换的过程中被复制了，这样果蝇就拥有了一个基因的两个拷贝，有时两个基因产生的效果是一个基因的两倍。这种效应也可能发生在多倍体植物中，这就是为什么突变体 *gigas* 比其亲本植物更大、更健壮的原因，因为突变体 *gigas* 的染色体数量是正常染色体数量的两倍：决定其体型大小的一些基因被复制了，因此它们的效果是原来的两倍。同样的事情也发生在我们赖以为生的一些植物上，如普通小麦，积累超过六组染色体；这些重复的染色体让植物产生了更大、更有营养的种子——这一特征对人类尤其具有吸引力。比较一下饱满、美味的麦粒和大多数野草所产生的细小、坚硬的种子，就能知道多倍性的作用。

　　多倍性还可以解释香蕉是如何成为还没长牙的婴儿最喜爱的水果的。野生香蕉满含又硬又黑的种子，这让它们几乎不能被人类所食用，但是我们买到的香蕉却根本不含种子。这是多倍性的另一个效应：在进化的某个时刻，香蕉的染色体被重复了——所有现代的栽培品种都有三套染色体，而不是两套——这些香蕉能结出更大的果实但不产生种子(因为就像骡子一样，它们是不育的)。这本来似乎到达了进化的尽头,但香蕉是众多可以通过发芽或生根长出全新植株的植物之一;这些植物被称为吸芽植物——这是亨斯洛教授讲过的现象之一。幸运的是,一个爱吃甜食、目光敏锐的人类祖先注意到了这些无籽香蕉,并研究出如何利用它们能产生吸芽的特点来实现种植。

| 受果蝇青睐的人

事实证明,果蝇的适应性很强,它们仍在开拓实验室温暖丰富的食物生态环境。但是它们还是不得不面对科学潮流的转变。在第二次世界大战之后的一段时间里,随着研究人员对更小、更简单的生物体的青睐,果蝇时代似乎结束了。但是在经历了一个糟糕的时期后,果蝇种群迅速恢复。20 世纪 70 年代,各种各样的遗传研究成为可能,果蝇重新成为关注的焦点。今天,数以百万计的小果蝇继续在世界各地的实验室里忙碌着,教初学者遗传学的基本知识并帮助诺贝尔奖获得者理解基因是如何控制复杂行为的。尽管自从第一只果蝇落在实验室窗台上那个熟透的香蕉上后,人类已经在科学知识和技术方面取得了非凡的进步,但果蝇研究的许多基本技巧仍然保持和原来一样。学生们仍然需要首先学习如何让果蝇存活和繁殖,然后才能开展他们的实验。最近一本手册调侃那些想成为果蝇学家的人,“果蝇经常要求你在任何重要的项目上都经历学徒期——直到它们确定你是认真的,才会与你合作”。[25]

感谢那些花时间认真对待果蝇的人,他们教给我们的事情几乎是无止境的,发现染色体和遗传之间的精确联系可能是其中最重要的一件。受到果蝇研究人员成功的鼓舞——果蝇迅速成了科学明星,其他研究人员也开始研究各种动植物的染色体。渐渐地,基因作为简单开关的这一概念——只有开启和关闭两种状态,开始让位于一个更复杂的描述。我们将在下一章看到,其结果之一就是,平滑连续的变异和陡然跳跃式变异之间似乎存在的坚硬壁垒开始被打破了。

1915 年,摩尔根和他的学生出版了《孟德尔遗传机制》(*The Mechanism of Mendelian Heredity*)一书,总结了他们的许多发现。由于果蝇繁殖速度快,他们只花了几年便收集到了大量的证据来支持他们的主张,即遗传粒子是存在于染色体上的。他们不是第一批提出这个观点的人,但是他们能够提供比前人更好的证据来证明孟德尔因子存在于特定染色体的特定物理位置上。他们的研究结果来自实验室开展的实验,这一事实使他们的研究更加令人信服,并且摩尔根的团队很高兴地把相关的果蝇品系送给任何想自己检验结果的人。然而,尽管人们对果蝇的迷恋迅速蔓延,但并不是每个人都被新想法完全说服了。在英国,贝特森有他自己的遗传理论,多年来他一直抵制美国思想;他的名气让果蝇在英国举步维艰。

　　然而，正如人们所预料的那样，对孟德尔染色体理论最强烈的反对，来自一些博物学家和野外工作者，尤其是生物统计学家。他们抱怨说，在奶瓶中饲养果蝇，调节温度使其能连续繁殖，是制造了非自然的生存环境；在这样的生存压力下，它们当然会发生突变，所以得到的结果与野生果蝇无关。摩尔根对这些批评不屑一顾，这当然是可以理解的。批评人士暗示，"这些来自养殖圈、播种盘、花盆和牛奶瓶的结果不适用于普遍、'开放'自然条件下的进化或者野生种群"。然而，如果生物学家放弃这些实验，化学家和物理学家也应该放弃使用分光镜、试管和电流计，因为这些都是"非自然仪器"。摩尔根认为，"真正的对立不是存在于对自然的非自然和自然处理之间，而是在受控的或可验证的数据与不加限制的泛化之间"。[26]

　　然而，即使是最抱有同感的博物学家，也很难领悟到如何将果蝇室的发现应用于野外的进化。果蝇实验依赖于通过与已知的谱系杂交创造纯合品系，这似乎是研究人员能获知他们正在研究什么基因的唯一方法。当然，如果博物学家知道切特维里科夫的研究，他们可能会很快理解其深意，但切特维里科夫从来没有完成能发展其个人观点所需的实验。斯大林上台后，苏联成为一个越来越专制的国家，他的事业就此中断。切特维里科夫成为斯大林统治苏联时期开展的镇压和清洗运动中被捕的数百万人中的一员；1929 年，他被流放，并被禁止访问莫斯科或列宁格勒，于是被迫当了老师。他还是很幸运的，至少活了下来，最后寿终正寝。但他无法发表任何关于遗传学的进一步研究。

　　切特维里科夫的学生们继续了他的工作，但仅延续了一段时间，Droz-So-or 最终被斯大林统治时期控制苏联生物学界的特罗菲姆·李森科（Trofim Lysenko）所摧毁。李森科拒绝传统遗传学，支持拉马克学说，该学说声称能够让植物以比孟德尔的方法快得多的速度进化。李森科声称他的观点比所谓的资产阶级"果蝇爱好者"更符合马克思主义，这些人与美国遗传学的联系众所周知。李森科谴责传统遗传学，并在 20 世纪 30 年代的饥荒时期，开始获得国家政治领导人的支持。他承诺要迅速解决饥荒问题。在斯大林的支持下，他最终获得了驱逐孟德尔遗传学的权力。许多遗传学家或者失踪，或者被捕，在某些情况下，甚至被处以死刑。

　　在切特维里科夫被捕和 Droz-So-or 被驱散之后，他们的工作在苏联以外几乎不为人知，只被少数在西方宣传它的人知晓。这些人当中有一位是英国生物学家霍尔丹（J.B.S. Haldane），他是左翼同情派，于 20 世纪 20 年代访问了苏联，当时苏联政府对科学的大力支持（不为西方社会所知）给他留下了深刻的印象。几年后，霍尔丹在一次国际遗传学大会上遇到了切特维里科夫后，他计划将一些俄语论文翻译成英文，并鼓励他的英国学生阅读。霍尔丹对将生物统计学工具应用到遗传学研究上的可能性颇有兴趣，但想做到这一点需要大量的数学知识，以及大量的实验对象——豚鼠。

豚鼠：
数学与生物学的结合

Chapter 7
Cavia porcellus：
Mathematical guinea pigs

$$p^2 + 2pq + q^2 = 1$$

　　《牛津英语词典》（*Oxford English Dictionary*）的封面是温和的深蓝色，可这厚厚的二十卷却记载着侵略和殖民史。殖民就是一场彻头彻尾的偷窃——偷窃别的国家以及它们的动植物，对英语来说就是偷窃它们的语言。一些英语单词的拉丁词根在一定程度上记录了罗马人强加给英国人的词汇，目的是训练和教化英国人。例如，我们从事被给予报酬（remunerate）的体力劳动（manual work），这句话两次让我们想起了曾经的罗马统治者，因为"manual"（意思是体力的）和"remunerate"（意思是给予报酬）这两个单词都来源于拉丁语 *manus*，即"手"的意思；而"salaries"（salary 的复数形式，意思是薪酬）这个词来源于发给罗马士兵用于购买盐（salt）的钱——拉丁语是 *salarius*，指"与盐相关的"。同样，当"牛"这种动物出现在田野里，我们称之为"cow"；当它出现在我们的餐盘里，则称为"beef"（牛肉）——这是 1066 年征服英格兰的诺曼人带来的。诺曼君主食用牛肉，称之为"boeuf"；被征服的撒克逊农民养牛，仍然沿用其古英语词汇"cú"，这与北欧一带流行的数十个类似词汇有共通的印欧语系词根。

　　"有些人穿着马裤（jodhpurs，很可能是卡其色的）去运动场（gymkhan）玩，坐在自家平房（bungalow）的阳台（veranda）上乘凉"，这个句子里使用的单词实际上代表了英国统治时期其他语系对英语产生的影响：卡其（khaki）是乌尔都语，意思是灰尘；焦特布尔（Jodhpur）是印度拉贾斯坦邦的一座城市；gymkhana 和 bungalow 都来自印度斯坦语——前者是印度斯坦"gend-khna"（球场）一词的变形，而后者则源自孟加拉语，意思是"来自孟加拉"。然而，veranda 通常被认为是一个印度词，实际上取自另外的途径：它来自葡萄牙语和更古老的西班牙语"varanda"（或"baranda"），意思是栏杆或阳台；欧洲人把它带到印度，然后被印度语和孟加拉语所接受。

　　新大陆许多动植物的名称也彰显了语言帝国主义。正如我们所看到的，大多数生物——如月见草——在欧洲人重新命名它们的时候就失去了本土名字，但是少数当地名字仍被沿用至今。有时，殖民者只是没能想出新物种的名字，而借用了当地的称谓，这就是为什么英语最终大量借用了印加人的语言，盖丘亚语。

　　盖丘亚语至今仍然是美国印第安人使用最广泛的语言，为英语贡献了许多词汇：鸟粪（guano），一种曾经被用作肥料的珍贵的鸟类粪便，来自盖丘亚语中表示粪便的词"huanu"。在电影中牛仔们吃的"牛肉干"（jerky）得名于"ccharquini"，意为"准备干肉"。但是也许盖丘亚探险者最重要的借用来自一种被土著人称为

"kina-kina"的树。早期的西班牙探险家从当地人那里了解到，这种树的树皮能治疗发热，甚至对致命的疟疾发热也有奇迹般的疗效，这让曾因易引发疟疾发热而免受欧洲人入侵的热带地区陷入险境。在欧洲，这种神秘的树皮被西班牙人所垄断，让他们得以成功进入少有白人去过的地方。因此，它成了侵略者对付那些告诉他们秘密的土著人的重要武器。英国人将这种神秘的物质称为"耶稣会树皮"（Jesuit's bark），并想努力"获取"种子，以便在印度种植，打破西班牙的垄断。西班牙人将这种树皮的名字拼写为奎纳-奎纳（quina-quina），我们由此得到了这种药物的现代名称——奎宁（quinine）。

由于一个物种经常有许多本土名，或者几个物种共用一个本土名，因此本土名很少作为学名被保留下来，但豚鼠的学名是个例外。豚鼠的属名叫 *Cavia*，来源于盖丘亚语 cui 或 cuy，这可能是对这种动物发出的吱吱声的模拟。cuy 是美洲仅有的四种已被驯化的哺乳动物之一，其他三种分别是羊驼、骆马和美洲驼。人们驯养这三种动物是为了它们的皮或将它们作为驮畜，但 cuy 则是肉的来源。也许早在公元前 7000 年，居住在安第斯山脉的人就开始饲养 cuy 作为牲畜。那时它们的待遇可能和今天差不多；安第斯山脉大多数农户的屋子里都养着十几只——通常住在厨房的棚屋里，以吃剩饭为生。一旦它们长得足够肥，就会被宰杀和烹煮。在安第斯人中间，它们还有其他用途——作为礼物或儿童的零花钱。它们在传统的治疗仪式中也扮演着重要的角色，在这种仪式中，有时在摩擦过患者的患处后，活的 cuy 会被献祭。从生日到婚礼，在安第斯人的各种仪式中，cuy 都是必不可少的。在向基督教的过渡中，它们在仪式中的意义被保留了下来——在万灵节，死者会得到一份 cuy 肉。

就像对待任何驯养的动物一样，印加人在对 cuy 产生兴趣后，无意中开始了随意的选择性繁殖。那些跑得太快的、抓不住的、太好斗的或者太瘦的 cuy，根本就无法在安第斯人的棚屋里找到栖身之所。与其他驯化的物种一样，其具有的在野生环境中可能是一个明显缺陷的动物特征，在驯化品种中成为了一个优势；自然选择不太可能偏爱一种平和缓慢还可产生大量食用肉的动物，但人工选择恰恰偏爱这些特征。当 cuy 改变形态和行为以适应它的新栖息地时，人类肯定已经留意到发生在它们身上的变化，并在大概 3000 年前，开始有意地繁殖它们。当 16 世纪西班牙人入侵南美洲时，cuy 已经被完全驯化，被当作食物和用于印加宗教仪式。在印加古墓中发现了 cuy 的木乃伊和代表它们的陶土雕塑。从那时起，豚鼠就一直在不断地适应人类的需求，以至于它们现在被归为一个单独的物种——*Cavia porcellus*，其与安第斯山脉野生物种的关系已不再清晰。

1547 年 cuy 第一次在出版物里出现，贡萨洛·费尔南德斯·德·奥维耶多·瓦尔德斯（Gonzalo Fernández de Oviedo y Valdés，通常简称为奥维耶多）出版了他的《印加自然通史》（*General and Natural History of the Indies*），这是西班牙最早出版的有插图的自然史。奥维耶多是西班牙宫廷的御用编年史学家，在陪同征服者弗朗西斯科·皮萨罗(Francisco Pizarro)清点西班牙获得的新财富时，新世界无边无际的无名丛林让他为难。他写道："虽然它们就在那里，但我们对大部分都忽略不计，因为我们既不知道这些树的名字，也不知道它们的属性。"[1]和当时的大多数欧洲人一样，他从资源的角度来看待新大陆，对其物种命名，以便使其更容易被开发利用。他准确地保留了这些物种的本土名，是为了让资源的特性变得明显。他在圣多明哥第一次看到了 cuy，但因为 cuy 并非土生土长在中美洲，所以他认为这些可能是已经被驯化的 cuy，被西班牙人带到了这里。奥维耶多将它们重新命名为"印第安小猪"。他给这些动物起名为"猪"，可能是因为它们发出吱吱声和尖叫声，但这个名字似乎更可能是在暗示它们被圈养的方式通常与欧洲的猪相同：被允许在院子里四处走动，吃剩菜剩饭，直到它们长得足够肥，可供食用为止。

正如我们所了解的那样，欧洲的博物学家们通常通过复制和汇编彼此的论著，热情地为世界所包含的一切事物编写详尽的目录，因此，一旦奥维耶多描述过印第安小猪，它就成了自然历史书籍的一部分。瑞士博物学家康拉德·格斯纳(Konrad Gesner)在他的《四足动物的图谱》(*Icones Animalium Quadrupedum*，1553 年)中提到过它，也许是因为其体型和爱掘洞的习惯，给它起名为 *Cuniculus indus* 和"印第安兔子"。在爱德华·托普塞尔(Edward Topsell)1607 年出版的《四足兽类的历史》(*The Historie of Four-Footed Beastes*)中，它首次以英语形式出现。托普塞尔是一名牧师，他并不自命为博物学家——他的大部分动物故事都是用来阐明道德观点的——他的书在很大程度上是对格斯纳著作的改写。托普塞尔知道，一种被格斯纳比作兔子的动物，也曾被比作猪，所以他进行了折中，给它取名为"印第安小兔猪"。

17 世纪，说英语的人开始称这种动物为豚鼠(guinea pig)。尚不清楚这是发生在何时或为何，但 1664 年英国自然哲学家亨利·泡尔(Henry Power)相信这种动物如此常见，以至于可以用来形容他在显微镜下看到的完全陌生的干酪蛆，他是这样描述的："许许多多的 Ginny 猪在咯吱咯吱地咀嚼着干酪。"[2]"Guinea"的起源仍然是个谜。人们做出了各种难以置信的联想，包括这些宠物的价格为 2 个 guinea(货币单位，值 21 个先令，相当于今天的 100 英镑——对于这样的小宠物而言，价格有些太高了)。也有人提出，从南美洲运输动物的船只在前往欧洲的途中停靠西非国家 Guinea(几内亚)，但没有证据表明这一点，也没有证据表明几内亚与南美洲国家圭亚那之间存在似是而非的混淆。更有可能的是，在英国人的使用习惯中，"Guinea"这个词的意思非常宽泛，是指任何一个遥远、充满异域风情的国家——一个遥远且陌生的国家，但没有人知道(或许也不在乎)它的确切位置。

德国博物学家彼得·西蒙·帕拉斯(Peter Simon Pallas)在他的《动物学杂记》(*Miscellanea Zoologica*，1766 年)中正式给这种动物起了一个属名——*Cavia*，这是 cuy 的拉丁语形式。其种名 *porcellus*，是由林奈授予的。英国博物学家托马斯·彭南特(Thomas Pennant)似乎觉得常用的英文名"guinea pig"是不恰当的，因为它既不是猪，也不是来自几内亚，所以 1781 年他加了一个盖丘亚语名字 cuy 到英语词典，将托普塞尔的小兔猪称为焦躁不安的豚鼠。

然而，用"焦躁不安"来形容被驯化的豚鼠，在逻辑上极其不恰当。数千年来，人们一直在选择驯养性情平和的豚鼠。在奥维耶多第一次描述它们之后不久，荷兰水手注意到它们很少咬人，于是把它们作为给孩子的宠物带到了欧洲。英国人尤为喜欢豚鼠，很快它们就成了广受欢迎的宠物；甚至伊丽莎白女王一世也有一只。它们温顺的性情深受宫中闺阁的喜爱。在那里常常可以看到，被仆人用丝质枕头托着的宠物豚鼠的身影。维多利亚时代，它们非常受欢迎，以至于可以通过英国人用它们做比喻的习惯来判断，每一个英国人都应该知道豚鼠的模样和声音。乔治·艾略特(George Eliot)多次提到它们，例如，用来描述《丹尼尔·德隆达》(Daniel Deronda)一书中的某个人物拥有"一双闪闪发光的眼睛，就像一只神奇的豚鼠"。[3]它们也出现在几个常见的表达方式中：那些仅仅为了钱而担任公司管理者的人被称为"豚鼠"，同样被称为"豚鼠"的还有一些神职人员，他们拿钱是为了代表富有但懒惰的同行布道。

19 世纪的英国，养宠物成了一项竞争日益激烈的商业活动，就像越来越普遍的狗展和鸽迷俱乐部一样，豚鼠很快就吸引了它自己的"豚鼠迷们"，这很大程度上要归功于一位名叫查尔斯·坎伯兰(Charles Cumberland)的作家，他也是动物学协会的成员。1886 年坎伯兰出版了《几内亚猪或家养豚鼠》(The Guinea Pig or Domestic Cavy)一书。他说有"新东西要讲"，作为"我把这篇简短的论著公布于众的主要理由"，希望"可以用新颖和事实的价值来弥补我所意识到的缺陷"。[4]

坎伯兰对新奇事物的主张并不明显，因为他首先概述了格斯纳、托普塞尔和法国博物学家布丰(Buffon)的相关著作，但他声称，他用的是第一手经验，并断言他的许多前辈都是直接从其他作家那里抄来的，而且没有核实信息的真实性。结果导致一些基本信息，比如豚鼠脚趾的数量，几个世纪以来一直被误传。尽管他希望用科学扫除错误认识，却增加了一些混淆事实的、有关豚鼠常用名的图注，来暗示其名字源自西班牙语：西班牙人第一次看到这种动物是在市场上，它们在出售前用滚水烫去毛，和处理猪皮的方法一样；因此，它们看起来很像小乳猪。坎伯兰列举了它们众多的欧洲名字——"Cochon d'Inde"(法语名)，"Cochinillo das Indias"(西班牙语名)，还有"Meerschweinchen"(德语名)，并认为它们最常见的名字应该是家养豚鼠，还指出"Cavy"接近秘鲁印第安语单词 coüi 或 coüy(现在拼作 cuy)。[5]

坎伯兰依靠动物学会的图书馆和大英博物馆为论著收集史料，但他觉得从其他作家那里收集资料的日子应该结束了。被当时盛行的经验主义所吸引，他自豪地宣称："对豚鼠的观察是基于我自己在五年多的时间里开展的相当大规模的实验。"坎伯兰饲养豚鼠，与安第斯人饲养豚鼠一样；他描述道，一只名叫"博比"

的公鼠被允许"在厨房里跑来跑去，还经常被人爱抚"。一旦你了解了你的豚鼠，坎伯兰建议道，你很快就会学会识别它们表示满意或感情的"小小的呢喃声"，并能与它们"迎接主人脚步声"的叫声区分开来。那些"与动物亲密接触的人，会……发现许多令人满意的智力和情感方面的表现"。[6]

坎伯兰写书是为了发起花哨的豚鼠秀，所以他敦促读者们饲养和繁育豚鼠，加入或成立豚鼠俱乐部，交换种鼠，从而"避免近亲繁殖的恶劣影响"。然而，想要成为育种家的人却面临着如何处理"废物"的问题，这些废物是指不合格的幼仔，不仅对育种无用，而且不能出售。坎伯兰写道："这种困难可以通过把没用的豚鼠送到餐桌上来解决，因为它们最初可能就是为了这个目的才被驯化的"。事实上，他不仅把吃豚鼠作为繁殖豚鼠的一种必要的"副产品"，而且正如他所承认的那样，说服读者把豚鼠当成可以食用的东西是"在我开始养殖豚鼠的时候考虑的主要目标"（他的书已经出了好几版，副标题是"为了食物、皮毛和嗜好"——不过他不得不承认，这些动物的皮毛没什么用处）。

坎伯兰就如何宰杀和清洗豚鼠给出了详细的指导，但他补充道，他期待着"有朝一日豚鼠会被那些以肉类加工、宰杀和烹饪为业的人带到市场上来"。为了确保每个人都了解他的观点，坎伯兰在书里添加了一些食谱，包括咖喱豚鼠、香草豚鼠肉和"豚鼠吉贝洛特"（爆炒过的豚鼠肉，配浇上白色酱汁的鳗鱼、蘑菇和白葡萄酒，加上"一点盐、胡椒、欧芹、百里香和小绿洋葱"）。他写道：

> 我不希望人们认为我将豚鼠作为一种便宜的食物向大家推荐，我推荐它是因为它的味道和可口的肉质。毫无疑问，养殖豚鼠的成本有时很低；不过，我认为它若能作为饭桌上的菜肴，是值得费时费力来养殖的。在野味收获的淡季想想它的价值吧。[7]

｜ 将豚鼠引进实验室

如果与鳗鱼一起爆炒对豚鼠来说是一种不幸，那么当科学界人士开始对这种可怜的动物产生浓厚兴趣时，才是它们真正噩梦的开始。坎伯兰指出，这些动物第一次进入实验室是在 1780 年左右，当时法国化学先驱安托万·拉瓦锡（Antoine Lavoisier）用豚鼠测量呼吸过程中消耗的氧气和产生的二氧化碳。豚鼠之所以成为理想的宠物，正是因为它们个头小、温顺、易于照料。它们繁殖相对较快；雌性三个月大的时候就能怀孕，之后每两到三个月就能生育一次。它们通常一次产 2～4 只幼崽，但一窝产多达 8 只幼崽的情况也并不少见。

坎伯兰为他的论著做研究的时代，在全欧洲的科学实验室里都可以看见豚鼠。在德国，罗伯特·科赫（Robert Koch）曾用豚鼠来说服医生，让他们相信当时仍然属于新概念的"微生物学说",即疾病是由新发现的微生物传播的。科赫开创了在显微镜下识别微生物的新技术,并证明每种疾病都是由不同的微生物所引起的;他和他的同事们分别在1882年和1883年发现了导致肺结核和霍乱的微生物。几年后,一家美国杂志报道了科赫最新的突破:他在豚鼠身上做的实验令"他发现了遏止结核病发展的方法","豚鼠相比人类对致病微生物更敏感"。[8]几年之后,《哈泼斯》(*Harper*)杂志报道,每一个微生物都有针对它的抗毒素,并描述实验最终结果是一个笼子里"有一只因接种过白喉毒素而死去的豚鼠,而它的同伴,也接种了相同的毒素,还同时接种了相应的抗毒素,除了看上去有点儿疲惫和不舒服以外,状态良好,精神振奋"。[9]

美国出生的生理学家查尔斯·爱德华·布朗-斯卡德(Charles Édouard Brown-Séquard)是众多发现豚鼠对他们的研究有宝贵价值的医学和科学工作者之一。他在癫痫研究中使用了豚鼠,发现豚鼠可"因脊髓损伤而产生癫痫"。[10]与他同时代的一些人,包括查尔斯·达尔文,都对他的研究结果很感兴趣,并为动物实验对科学进步至关重要的观点而辩护,但其他人则对布朗-斯卡德的工作深感忧虑。当他提到豚鼠的"脊髓受到了某些损伤"时,他掩盖了——可能并非完全是无意地——一个重要的问题:这些损伤是他造成的。为了发现这些神经及其携带的信号在癫痫发作中发挥的作用,布朗-斯卡德故意切断了这种动物的主坐骨神经。坐骨神经连接着脊髓、腿部和脚部肌肉。他做这些实验的理由很充分:人们早就知道,有些人的癫痫病可以通过屈曲或固定脚趾来治愈。

然而,尽管像布朗-斯卡德这样有合理理由的生理学家认为他们只是在动物身上做实验,但越来越多激昂、有影响力的公众不同意他们的观点。渐渐地,布朗-斯卡德的名声走向败坏:正如一位美国医生在流行杂志《斯克里布纳评论》(*Scribner's*)上写道,"他给动物造成的痛苦可能比他那个时代的任何人都多"。这篇文章描述了他到巴黎造访布朗-斯卡德的工作时所看到的情形:"豚鼠小小的,个头大概是未成年猫的一半大小,手术伴随着一阵阵刺耳的吱吱声,之后豚鼠绝望地转着圈跑,受伤的大脑让它不能直线行走。"作者争辩道:"这个实验和治疗疾病没有丝毫关系。"[11]那么,动物为什么要受折磨呢?布朗-斯卡德发现,部分是因为这种宣传的影响,他有时无法参加科学会议,因为反活体解剖主义者可能会来示威。

然而在此后一期的《斯克里布纳评论》中,另一名医生跳出来为活体解剖辩护,布朗-斯卡德不仅在豚鼠身上诱发了癫痫,而且还发现"如果切除面部的某个区域,动物就会康复"。这对人类健康有直接影响:

> 曾经一个男孩被砖头打中了头,癫痫随之而来,经历了长达两年的健康崩溃,还有成为白痴的风险。最后咨询了活体解剖师的意见,参考

布朗-斯卡德的实验，把男孩头上的伤疤切除了。结果男孩被治愈了。对于一个年轻的生命来说，这是一件多么好的事情。[12]

对于一些医生来说，这样的治疗方法足以证明活体解剖的合理性。他们主张，这些对"人类如此有价值"的手术所造成的痛苦，与大自然通过疾病、狩猎和寄生虫所造成的痛苦相比，"难以想象的微小"。给杂志读者提供的最有力的论据是，管束活体解剖，其代价将是非常昂贵的：作者用修辞的口吻问道，"对这些人课以重税"是否真的合适，这不过是"让神圣的治疗艺术的进步更吃力也更令人恼火"。[13]

由于豚鼠作为宠物很受欢迎，在这些关于活体解剖的争论中，豚鼠常常是话题的中心，渐渐地，"豚鼠"就成了"实验生物体"的同义词。在美国小说家艾伦·格拉斯哥(Ellen Glasgow)的短篇小说《道德的观点》(*A Point in Morals*)中，豚鼠以一种奇怪的文化形象出现。在她的故事中，几个人物讨论人类的生命是否被高估到必须保证每个人都活着，"适者生存被扼杀"（她的故事最早出现在1895年，当时正值大西洋两岸对优生学的兴趣开始复苏）。其中一个角色是"去维也纳参加某个会议的著名精神科医生"，他描述了在火车上遇到一个杀人犯的经历。这名男子承认了自己的罪行，并声称不后悔："我是在把一个该死的叛徒赶出这个世界。"但他决定自杀，这样他的妻子和家人就不会因为看到他被审判和处决而痛苦。他随身携带了一小瓶石炭酸，但意识到精神病医生可以让他死时少受很多痛苦——这要归功于医生恰好在包里携带了大量吗啡——于是凶手乞求得到吗啡。医生犹豫着是否应该协助一个杀人犯自杀，并帮助他逃脱法律的审判，但他记得"我曾经见过一只豚鼠死于石炭酸，这让我突然感到恶心"。他应该让杀人犯免受无辜动物所遭受的痛苦吗？他不知道他最喜欢的哲学家会给他什么建议，他想象着这个男人的"宽脸爱尔兰妻子和两个孩子"，以及他们可能会面临的痛苦和耻辱。然后，他想到了垂死的豚鼠，当火车驶进医生要下车的车站时，他弯下腰，打开包，把药包放在座位上；然后走出去，随手把门关上。第二天，当他在报纸上看到这名男子的死讯时，他承认自己感觉像个杀人犯，但"是个有良心的杀人犯"。[14]到19世纪末，因为反活体解剖主义者的出现，豚鼠在小说中扮演的角色与20年前乔治·艾略特所描述的拥有闪闪发光的眼睛的豚鼠已大不相同。

反活体解剖主义者经常抗议说，动物实验不仅残忍，而且毫无价值。现代科学的成本不断上升，研究人员对政府应该为其提供资金的期望也越来越高，这使豚鼠陷入了关于"谁应该为科学买单"的广泛争论中。一位杂志作家讽刺科学家的要求："每年给我1500美元，"这位虚构的生理学家问政府，"作为回报，我将告诉你一些关于……一种新型毒药杀死一只豚鼠所需时间的新数据"。[15]

对科学家来说幸运的是——如果不是对豚鼠来说的话——豚鼠被证明易患坏

血病，这一事实在很大程度上挽回了实验室科学的公众形象。几个世纪以来，坏血病给水手带来的痛苦比风暴和海盗加起来还要多。经过长途航行，水手们回到家时满身是瘀青，口腔出血，牙齿脱落；如果不及时治疗，他们最终会因内出血而死。18世纪中叶，英国医生詹姆斯·林德(James Lind)发现新鲜橙子可以预防和治愈坏血病。从那时起，英国海军舰艇总是携带水果，通常是柠檬或酸橙汁。1844年以后，所有的英国商船都这样做，因此英国水手和船上的乘客在澳大利亚和美国被称为"喝酸橙汁的人"。但奇怪的是，有时酸橙汁会失效，所有定期饮用的船员还是会生病。

医生们仍然不知道坏血病到底是什么，也不知道为什么酸橙汁有时能治愈坏血病，有时却不能。这种疾病的症状类似于一种更痛苦的疾病——佝偻病(软骨病)，这是一种在19世纪晚期经常折磨着生长在英国贫民窟里的孩子的疾病。在许多情况下，痛苦呻吟的儿童被送进医院，大多会被发现患有这两种疾病。医生们发现，像坏血病一样，佝偻病也可以通过及时给孩子们喂鲜奶、水果和蔬菜而被治愈，但贫民窟的孩子们很少见到这些食物。甚至来自富裕家庭的孩子也会患上这种疾病，因为一些误入歧途的中产阶级父母认为味道强烈的食物，比如水果和蔬菜，不适合孩子食用。另一种类似的疾病，被称为"航船脚气病"，这种疾病似乎折磨着从东方远航而来的水手，即使他们在船上有肉和蔬菜可以食用。一些医生怀疑罐头蔬菜的制作过程导致了污染，尽管没有证据表明罐头里存在毒素，但很明显，由于某种原因罐装的蔬菜或干蔬菜不能防治类似于坏血病的疾病，它们被腌制并保存下来，但失去了新鲜蔬菜拥有的一些功效。

科赫等"微生物猎手"的成功给医生们留下了深刻的印象，他们转向实验室，试图找出导致坏血病这样疾病的确切原因。一些人认为感染了微生物是主要原因，另一些人则怀疑船上保存不当的食物中存在有毒成分，还有些人则认为原因在于食物本身。起初，研究人员用鸽子做实验，但是发现鸽子吃了会让人生病的食物后仍然健康，于是开始寻找一种哺乳动物来做实验——希望它的反应能更接近人类。实验室里常见的豚鼠是显而易见的候选者。两位挪威医生，阿克塞尔·霍尔斯特(Axel Holst，曾在科赫的实验室工作)和西奥多·弗罗里希(Theodor Frölich)，用不同的食物喂食豚鼠，并证明尽管豚鼠食用新鲜马铃薯可以保持健康，但如果只食用干马铃薯，它们就会死亡。他们还证明，众所周知的抗坏血病食物，如卷心菜，煮得越久效果越差，甚至变得毫无功效。当他们在1907年发表研究结果时，并没有找到微生物或毒素的证据——只要是不良饮食就会导致坏血病。不幸的是，挪威科学研究长期缺乏资金，这使得他们几乎不可能继续他们的工作，因此他们的研究在很大程度上被忽视了。

尽管越来越多的人接受坏血病这样的疾病(除了佝偻病和脚气病之外，还包括糙皮病)都是由饮食缺乏引起的，但很明显，英国军队并没有吸取教训。第一次世界大战期间，坏血病在军队中广泛传播；许多从加里波利灾难中撤离的人被发现患有脚气病和坏血病。伦敦李斯特研究所(Lister Institute)于是开展了更多的实验，用了更多的豚鼠；几年前，一位名叫卡西米尔·芬克(Casimir Funk)的波兰化学家在这里证明，一种大米提取物可以治疗脚气病。由于提取物中含有一种名为胺(氨的衍生物)的化学物质，芬克认为自己发现了一种新的化学物质，他称之为"维持生命的胺"，或者维生素(vitamine)。[16]1915 年，芬克移民到美国，而李斯特研究所几乎所有的男性科学家都参加了战争，所以他们的女同事，哈丽雅特·齐克(Harriette Chick)和玛格丽特·休谟(Margaret Hume)领导了一个女性团队，执行容易且能让士兵保持健康的食物的鉴定和运输任务。她们发现，除了燕麦、麸皮和水以外什么也不吃的豚鼠很快就患上了坏血病，于是她们尝试为豚鼠的饮食添加辅食，每次增加一种食物，以发现什么是预防这种疾病的最佳食物。除此之外，她们还发现并不是所有的酸橙都是一样的；西印度酸橙，自 19 世纪晚期以来一直是皇家海军酸橙汁的主要来源，比被它们所取代的地中海酸橙效果要差得多。更糟的是，当被保存在酒精中时，它对坏血病的治疗效果迅速下降，这与船上可进行食物冷藏之前出现的情况一样。

与此同时，在大西洋的另一边，人们克服了几十年的偏见，将老鼠引进了生物实验室。老鼠长期以来一直被认为是具有攻击性、携带疾病的有害动物，但它们最终成了常见的实验室动物，如我们在前一章看到的 Wistar 大鼠。埃尔默·V.麦科勒姆(Elmer V. McCollum)领导着威斯康星大学的一个研究小组，他特别热衷于将老鼠作为一种标准动物来推广("麦科勒姆大鼠"至今仍在实验室中被使用)，因为它们的繁殖速度比豚鼠要快得多。然而，当他第一次向领导提出这个建议时，却被告知，如果有人发现他的团队"用联邦和州政府的资金饲养老鼠，将让我们蒙羞，绝对不能允许"。[17]尽管存在这样的反对意见，麦科勒姆的研究小组还是设法获得了一些纳税人资助的老鼠，并用它们来研究饮食疾病。在这个过程中，他们发现每一种饮食疾病都是由不同的缺乏症引起的，并将这些神秘的因素命名为"A"(缺乏 A 会导致儿童失明，降低自身对其他疾病的免疫力)和"B"(缺乏 B 会导致脚气病)。美国人还重复了英国人的豚鼠实验，但发现新鲜牛奶似乎不能像英国人宣称的那样预防坏血病。由于麦科勒姆的研究小组无法将坏血病与因素 A 或因素 B 联系起来，他们认为坏血病可能根本不是一种由营养缺乏引起的疾病。远在英国的奇克和休谟重复了她们最初的实验，发现新鲜牛奶确实可以预防坏血病。

为什么大西洋两岸的实验结果不同？英国牛奶中是否有美国牛奶所缺乏的东西？一项针对不同饮食的化学分析最终发现了第三种成分，最初被称为"辅助性食物因子"的"C"，毫不奇怪，这个名字后来没有流行起来。公众已经习惯谈论"维生素"(vitamine)，所以科学家们最终采用了这个单词，尽管事实证明胺并不重要。作为对科学准确性的让步，"vitamine"一词末尾的"e"被去掉，于是维生素(vitamin)C 诞生了。

新鲜牛奶是维生素 C 很好的来源，所以美国人的实验失败令人费解，但奇克和休谟的一位同事解释说，他观察到，"对营养学研究致命的一项工作是，把动物送到动物房由专人来照料"，美国人通常就是这么干的。在动物房，没有人检查过豚鼠是否真的喝了牛奶；相比之下，奇克和休谟的豚鼠"是由观察者自己照料、看护和喂养的"。[18] 只要豚鼠真的喝了牛奶，它们就能保持健康。但另一个谜团仍然存在，那就是为什么豚鼠吃了规定食物后还会患上坏血病，而这些食物对于老鼠来说显然足以让它们保持健康。解释这个困惑的答案是，由于豚鼠和人类不能在体内制造维生素 C，因此如果他们想保持健康，就必须摄入维生素 C；然而，如果饮食中的维生素 C 不足，老鼠和鸽子会自己生成维生素 C。一旦明确了豚鼠是合适的研究对象，人们就开始寻找维生素 C 到底是什么，并最终发现了其化学结构。1933 年，人们第一次人工合成了维生素 C，并在豚鼠身上成功进行了测试。

征服如坏血病这样的疾病成为一门新学科的首个重大成功，而这门学科就是生物化学，当时旧的物理科学被越来越多地用于创建新式而危险的武器，比如炸弹和毒气，而维生素的故事被用于推广生物化学是有关生命的科学。具有巨大影响力和财富的洛克菲勒基金会(Rockefeller Foundation)被这些言论所说服，在 20 世纪 30 年代将大部分基金从物理研究转向生物研究。在某种程度上，多亏了豚鼠，资金充足的生命科学开始吸引聪明的年轻科学家，从发酵和光合作用到呼吸和消化，他们开始分析维持生命的过程。理解生命的化学是生物学迈向繁荣的第一阶段，它最终有可能取代物理学成为科学的女王。

▎ 从农业到爵士乐

具有讽刺意味的是，挪威人霍尔斯特和弗罗里希并不是第一个让豚鼠患上坏血病的人：美国农业部(USDA)动物产业局的一个小组，早在十年前就在无意中做了同样的事情——当新鲜草料耗尽时，饲养员忘记给动物喂食新鲜的蔬菜。该局的年度报告对这一错误的细节进行了辩解，但不幸的是，他们并没有太广泛地宣传这个事故；如果他们这样做了，维生素 C 的故事可能会大不相同。

美国农业部由亚伯拉罕·林肯(Abraham Lincoln)于 1862 年建立。林肯是农民出身，他知道他的大多数同胞都是农民，他们需要最好的种子、庄稼和科学建议。林肯任命了一个名叫艾萨克·牛顿(Isaac Newton)的人(和物理学家牛顿没有亲戚关系)来领导这个新部门。牛顿是宾夕法尼亚州一位成功的农民，此前曾负责专利局的农业组。在这个新部门的第一份报告中，牛顿确定了主要目标：发布有用的农业信息；引进有价值的动植物；回应农民的需求；测试新的农业机械设备和发明。

意料之中的是，豚鼠饲养并不在牛顿列举的目标里，然而在成立后的几十年内，美国农业部养了很大一群豚鼠，用来测试疫苗。12 年后，豚鼠作为传统农场动物的替代品，被更大规模地饲养；但与查尔斯·坎伯兰不同的是，美国农业部饲养豚鼠既不是为了"狩猎淡季时的野趣"，也不是为了它们"被精心调制过的"味道。美国农业部想要调查家畜的繁殖情况，但是没有足够的空间容纳数千头猪或羊。由于在疫苗和维生素的测试中，豚鼠被证明是一种重要的可替代人类的动物，于是它们成为家畜的替代品，用于大规模调查近亲繁殖所带来的影响。1906 年，美国动物产业局畜牧部门的负责人乔治·M. 隆美尔（George M. Rommel）决定对近亲繁殖进行调查，因为在商业化动物饲养中，近亲繁殖仍然很常见——尽管存在争议。正如我们所看到的，一些人认为这是"固定"一种优良性状的最佳方式，而另一些人则认为这种乱伦行为总是有害的。隆美尔设计了对照实验来回答这个问题，由于该局已经饲养了一大群豚鼠，他于是选择使用它们来开展实验。

豚鼠在马里兰州实验农场的生活比其他待在实验室里的同类的生活更幸福；美国政府希望它们进行大量的交配活动，尽管是和自己的兄弟姐妹。为了建立大量近亲繁殖的家庭，美国动物产业局的研究人员对豚鼠开展了二十多代的兄弟姐妹间的交配，但这样做之后，他们遇到了一个问题：到 1915 年，他们已经收集了成千上万只豚鼠的数据，但无法确定这些数据的最佳分析方法。很明显，他们需要一个年青聪明的遗传学家，而且这个人还必须已经学会了最新的技术，所以隆美尔找到他在哈佛大学的朋友威廉·E. 卡索尔（William E. Castle），看他是否能推荐一个。

正如我们所看到的，卡索尔对近亲繁殖也很感兴趣，这就是为什么他第一次把果蝇带进了实验室，但他真正感兴趣的是哺乳动物。他出生在俄亥俄州的一个农场，19 世纪 90 年代初在哈佛大学学习生物学。他的老师，查尔斯·达文波特（Charles Davenport）是美国实验生物学的先驱之一。卡索尔毕业后继续担任达文波特的助手，在中西部教了几年动物学后，又回到哈佛大学，开始饲养豚鼠和老鼠做实验。当孟德尔的工作被宣布"重新发现"时，卡索尔很感兴趣，开始利用他的哺乳动物种群进行遗传研究，成为首批在哺乳动物身上开展研究的孟德尔学派人士之一。

在卡索尔返回哈佛大学的几年时间里，他已经培育了 1500 多只兔子、4000只大鼠和 11000 只豚鼠。当他听说哈佛大学巴塞学院（Bussey Institution）——巴塞学院最初是为了教授农业而成立的——即将关闭时，他的实验空间正好极度匮乏。卡索尔和其他人成功地游说，将它变成生物科学的研究机构，并说服卡内基研究所出资。

有了继续研究哺乳动物的资金和场所，卡索尔开始检测德·弗里斯的突变理论。起初，他对此深信不疑——1905 年他受达文波特邀请在美国博物学家协会费城会议上就这个问题发表了演讲——但从那时起,他就开始产生了怀疑。在学生汉斯福德·麦克库迪(Hansford MacCurdy)的帮助下,卡索尔开始测试选择的力量。他在费城的会议上说:"新品种的形成是从发现一个特殊个体开始的,这个特殊个体就是突变"。[19] 问题是,既然找到了这样一个个体,那么通过选择性育种是否不仅能创造一个新的品种,还能创造一个新的物种。正如卡索尔和麦克库迪在他们发表的实验报告中所说的那样,支持和反对德·弗里斯理论的人都很多,"但是现在与其争论,不如对这些观点进行实验测试"。[20]

在实验中,卡索尔和麦克库迪选择了花枝鼠(别名头巾鼠,之所以这么叫是因为它们的头是黑色的,身子是白色的)。这些老鼠呈现出一种典型的连续变异:一些老鼠几乎没有黑色皮毛(好像戴了个"小帽兜"),而另一些老鼠则很明显是黑色的(戴了个"大帽兜"),大多数老鼠都处于这两个极端之间。由于黑色色块的大小变化平稳,没有跳跃或中断,色素沉着似乎不太可能是由简单地打开或关闭孟德尔因子所控制。卡索尔和麦克库迪让大帽兜鼠和大帽兜鼠交配,小帽兜鼠和小帽兜鼠交配。他们希望发现,就像植物育种者之前所发现的那样,选择只能在一定程度上改变物种;黑色色块的大小可以增加或减少到一定程度,但最终会产生所谓的"纯系",除非发生新的突变,否则不会有进一步的变化。[21] 他们还假设,一旦他们停止选择,把大帽兜和小帽兜的品种放回到一起,让它们再次随意交配,后代的老鼠就会迅速回复到原来的类型,并在连续的后代中显现出原来的变异。

令卡索尔和麦克库迪吃惊的是,他们的老鼠并没有恢复原状;它们似乎创造了持久的遗传变化。正如他们所指出的,这些结果"支持达尔文的观点,而不是德·弗里斯的观点"。[22] 卡索尔成了一个坚定的达尔文主义者,他认为,尽管研究的是外貌,"帽兜"这一性状肯定是孟德尔因子决定的,但这个因子在某种程度上被选择改变了,从而产生了不连续的变异。然而,他的同事们并不相信这种说法,他们认为,假设几个孟德尔因子都在起作用,它们相互影响,但实际上并没有发生遗传改变,这能更好地解释类似帽兜鼠这样的例子。例如,可能有一对基本基因——大帽兜基因和小帽兜基因——但也可能有其他几个"修饰基因"增加或减少了基本基因的影响。通过去除拥有中等大小黑色色块性状的老鼠,卡索尔和麦克库迪不断在它们的繁殖种群中去除修饰基因,直到剩下的老鼠只拥有大帽兜基因或者只拥有小帽兜基因。当这些种群被允许再次杂交时,原本平滑渐变的黑色色块不再出现,因为修饰基因没有被保留下来。经过几年的争论,后一种观点被广泛接受,很大程度上是因为它被果蝇的研究成果所证实,正如我们所看到的那样,这表明基因并不是最初设想的简单开关。因此,长期以来对连续变异和不连续变异,以及混合遗传和非混合遗传加以区分的做法开始被抛弃。卡索尔说:"在连续变异和不连续变异之间做出明显的区分是不可能的。"它们都是由基因控制的。卡索尔认为,将所有的进化过程都归结为一种变异或一种遗传似乎是一种误导。[23] 老鼠和果蝇最终说服了大多数生物学家,所有的遗传都是孟德尔式的——一切都由基因控制。

卡索尔也要感谢老鼠，因为他借助在老鼠上的研究成了美国早期最有影响力的遗传学家之一。他旅行、演讲、写作，解释孟德尔学派如何"能够预测新品种的产生，并真正生产它们"。[24] 预测是任何科学的最高目标之一：理想情况下，科学理论允许你提前计算实验的结果——这样，开展实际的实验就可以检验你的理论是否正确。卡索尔的听众可能已经领会了他的意思：生物统计学家——尽管他们有各种复杂的数学工具——无法预测特定交配的结果，而孟德尔学派却可以。1912 年春，卡索尔访问了伊利诺伊大学，在那里讲授帽兜鼠和孟德尔遗传学；在他的听众中有一位年轻的研究生休厄尔·赖特(Sewall Wright)，他对讲座内容感到非常兴奋。赖特随后找到卡索尔，告诉他，"我对遗传学非常感兴趣，但伊利诺伊州没有这方面的课程"，并询问有没有可能与卡索尔一起做研究。[25] 赖特通过《大英百科全书》(Encyclopaedia Britannica)中一篇介绍孟德尔理论的文章自学了遗传学；书中对遗传背后简单数学规则的描述深深吸引了他。卡索尔对这个年轻人的智慧和热情印象深刻，于是他邀请赖特和他一起工作。

当赖特来到哈佛大学时，他发现自己不是要研究果蝇或老鼠，而是要研究豚鼠。卡索尔即将失去他现有的豚鼠饲养员约翰·德勒夫森(John Detlefsen)，因为他已经完成了研究生学业期间的相关工作；赖特将接替他的工作。在赖特开始他的第一份工作之前，德勒夫森向他介绍了豚鼠。赖特对豚鼠一无所知，但它们将成为他今后工作的重点。除了教他豚鼠护理和喂养的基础知识外，德勒夫森还向赖特展示了自己积累的六代豚鼠的数据；这些豚鼠是实验室常用豚鼠 *Cavia porcellus* 与卡索尔几年前收集的秘鲁野生豚鼠 *Cavia rufescens* 杂交后的品种。杂交结果表明，尽管第一代杂交后代几乎都是不育的，但随着野生豚鼠基因比例的下降，种群的生育能力在后面的连续几代中逐渐恢复。然而，德勒夫森无法对他的数据做出更精确的分析。赖特看了一眼，迅速做了一下计算。假设可能有几个孟德尔因子在起作用(就像帽兜鼠一样)，每一个因子对不育的影响都是一样的。他立刻意识到，如果有 8 个因子，他计算得出的理论百分比与德勒夫森实际观察到的比例会非常接近。整个计算只花了赖特几分钟的时间，这让德勒夫森对他满是敬佩，而赖特对此感到惊讶，因为理论和计算对于他来说是如此轻车熟路。

赖特计算的速度表明了他从小就对数学着迷。他快满 8 岁时才开始上学，学校要求他展示自己的数学技能，以便老师给他安排年级。他回忆当时自告奋勇地说"我可以提取平方根和立方根"。后来回想起来，他遗憾地补充道，如果他多一点学校生活的经验，他就不会这么做了。他被带到了八年级的教室，尽管几乎够不着黑板，他还是成功地解出了一个数的立方根。赖特后来回忆说："对于学生们来说，这一定是让人讨厌的一幕。"[26] 赖特比大多数同学都要年幼矮小，这让他感到"格格不入"，但他对数学的热情丝毫未减。后来他说希望自己能接受更全面的数学教育，但正如他谦虚的说辞，他"获得了将问题转化为数学符号并尽其所能地解决它们的能力"。[27]

赖特的谦逊完全是出于他的品性。他用数学理解遗传，对遗传所做的贡献让他成名；他帮助建立了一种新的数学方法来研究遗传，结束了孟德尔学派和生物统计学家之间的长期争论。这种对进化的数学处理方法——连同他的豚鼠——也使赖特接触到了 20 世纪早期英国生物学领域最杰出的人物之一，约翰·伯登·桑德森·霍尔丹（John Burdon Sanderson Haldane）。

▎炸弹、生物化学和豆子袋

霍尔丹和赖特的出身有着天壤之别。赖特来自一个相当普通的美国中产阶级家庭。而霍尔丹的家族可以被追溯到古代苏格兰贵族，但更重要的是，他出生在英国的科学贵族家庭。雷尔丹的父亲是牛津大学一位杰出的生理学教授，是呼吸研究领域的专家，经常被政府请去就矿山安全等问题提供建议。从四岁起，年轻的霍尔丹（几乎所有人都称呼他为 JBS）就被他父亲的"实验室"和有趣的"实验"游戏所吸引。作为一个早熟的孩子，霍尔丹在三岁的时候就能阅读；到五岁时，他已经从他的保姆那里学会了足够多的德语，以至于可以在给她的小纸条上用德语写"我不喜欢你"。[28]

霍尔丹和赖特可能是在 1915 年第一次听说彼此，当时他们各自发表论文，首次证明了哺乳动物的基因连锁。他们证明在哺乳动物中，特定的孟德尔因子总是一起遗传的——因为它们处于同一条染色体上，就像在果蝇中所显示的那样——这对确定"染色体和遗传之间的联系是普遍存在的"这一观点非常重要；当时在植物中也发现了这种连锁，这说明似乎每一种生物都有相同的机制来传递变异。赖特的研究成果来源于他在哈佛大学的研究生学习，是卡索尔老鼠研究的延续，但霍尔丹的研究有着更为不同寻常的根源。1901 年，霍尔丹的父亲带着年仅 8 岁的霍尔丹去牛津青年科学俱乐部听阿瑟·达比希尔（Arthur Darbishire）关于重新发现孟德尔理论的演讲。几年后，他的妹妹纳奥米［婚后随丈夫姓，改名为纳奥米·米齐森（Naomi Mitchison），是著名小说家］对她喜爱的马产生了过敏反应，转而养起了豚鼠。她爱这些动物，知道许多动物的名字；她还能很好地模仿它们的尖叫声和咕噜声，以至于动物们都会应答她。她哥哥放假从伊顿公学回来后，发现了她的新宠物，他"建议我们应该在它们身上尝试当时被称为孟德尔学说的东西"。她同意了，认为"以我的智力似乎能完全理解孟德尔学说"，于是她的宠物数量开始增加。著名的科学家，包括遗传学先驱，都是霍尔丹家族熟悉的人物——纳奥米给她的一只豚鼠取名为贝特森，以纪念她父亲的一位来访者。霍尔丹的一个朋友记得，1908 年，霍尔丹家的草坪上完全没有上流社会常见的杂乱堆放的槌球圈和球网；相反，"铁丝网后面是 300 只豚鼠"。纳奥米在霍尔丹上学期间照顾它们，她虽然比霍尔丹小五岁，但也对遗传学产生了深厚的兴趣。她后来回忆道："我拿到摩尔根的著作《孟德尔遗传的机制》后好兴奋，急切地想要读完它，我蜷缩在学校沙发的一个角落里，看它如何解释我们百思不解的难题。"[29]

后花园实验让霍尔丹和纳奥米发现，他们已经——用她的话来说——"陷入了当时被称为'连锁'的东西中"（事实上在那个时候"连锁"经常被称为"复本"，但是"连锁"这一术语很快就被认可了）。霍尔丹阅读了所有关于孟德尔学说的论文，然后试图理解他们的结果。在达比希尔那时发表的一篇科学论文中，霍尔丹注意到了连锁的证据，而达比希尔却忽略了这些证据；霍尔丹和纳奥米试图用他们的宠物来证明连锁的存在。纳奥米回忆说："豚鼠是一个信息宝库，我们必须安排它们交配，有时这与它们对伴侣的明显倾向相悖，尽管我很喜欢对它们行使权力。"[30] 但悲剧还是发生了。霍尔丹在学校的一个朋友塞德里克·戴维森（Cedric Davidson），回想起当时"实验需要培育很多代豚鼠，我们家可怜的小狐狸犬比利……爬上你们家的前门……天知道它是如何迅速跳上豚鼠笼子的，豚鼠们一下子全都被吓死了"，祸不单行的是"它们是倒数第二代，正好是用来证明你的理论的！"因此戴维森吓坏了；四十年后，他还记得那天下午霍尔丹的母亲有多么伤心，她等着霍尔丹从伊顿回来看这场意外发生的事故。但戴维森回忆起霍尔丹回来时的情景，他对霍尔丹说："你来见我们，告诉我们不要担心，你自己很满意你的理论是正确的，但承认你只需要再培育一代就可以把它们作为科学论据提交了。"很久以后，戴维森写信给当时已声名显赫的朋友霍尔丹，提醒他那场灾难，他是这样写的："我后来想想，还是觉得你撒谎了，尽管很有绅士风度。我从未忘记它，也永远不会忘记。"[31] 其实，霍尔丹也没有忘记——他对戴维森那封闲聊口吻的长信的答复很简洁。

因为小狐狸犬比利造成的事故，霍尔丹直到 1912 年才宣布哺乳动物存在连锁，当时他在牛津大学的一个本科生研讨会上展示了他对达比希尔老鼠数据的分析。在牛津大学，他先学习了数学，然后学习了古典文学。有人建议他在发表之前先收集自己的数据，或许他还在为最初的豚鼠的命运而伤心，他决定改用老鼠做实验。纳奥米和另一位朋友，A. D. 斯普伦特（A. D. Sprunt）帮助他完成了这项工作。但在论文发表之前，第一次世界大战已经爆发——到1915 年这篇论文刊出时，斯普伦特已经去世，而霍尔丹还在战壕中。

战争开始后，霍尔丹立即入伍，勇敢（完全不是出于鲁莽）地成了一名"黑哨"（苏格兰高地警卫团）的炮手。在德国发动第一次毒气袭击之后，他短暂地离开了前线：他的父亲被要求帮助设计针对毒气的防御措施，并请求他儿子的帮助。和许多早期的实验一样，霍尔丹父子把自己当作豚鼠（霍尔丹家族的座右铭是"承受苦难"）。他们测试防毒面具的方法是，进入一个充满有害气体的密闭房间，然后观察他们在有或没有防毒面具的情况下，行走、跑步或背诵诗歌的能力。他们的工作改进了呼吸器，挽救了数千人的生命。实验完成后，霍尔丹返回战场，发现他离开战场的这段时间，他在"黑哨"第三营的大部分战友都已阵亡。

　　战争结束后，霍尔丹回到牛津大学开始教授生理学，尽管他在这门学科上没有任何资质，但他父亲是一位著名的生理学家(事实上，霍尔丹从未获得过任何科学学位)；他声称，离他开始收学生只有"大约六个星期"的时间来准备相关课程，但事实证明这已经足够了。然而，他仍然没有对遗传学丧失兴趣，当他发现赖特和卡索尔发表了一篇关于哺乳动物存在连锁的论文后，霍尔丹寄给赖特一份关于他在老鼠上做的研究的论文副本。他担心"这篇文章不太好理解"，但他解释说："我写这篇文章的时候受伤了，我想我最好能尽快发表。"[32]

　　这两位遗传学家很快就发现他们对豚鼠有共同的兴趣。赖特的博士研究涉及用孟德尔学说解释豚鼠不断变化的皮毛颜色。因此，当美国农业部的隆美尔向卡索尔寻求一位在豚鼠方面具有专业知识的孟德尔学派学者时，赖特——他当时刚刚获得了博士学位——成了当之无愧的人选，并成为美国动物产业局畜牧部门的"高级动物育种员"。

　　除了做研究之外，赖特还需要保持美国农业部长期以来的传统——回答农民、业余和专业育种者以及任何想给他写信的思维怪诞人士的问题，其中包括伊利诺伊州警戒协会的秘书。该协会在寄给赖特的信笺上写着："组织该协会的目的是制止贩卖妇女和女童的行为，以及使这种贩卖成为可能的条件。"此外，它还发起了一场反对芝加哥不断繁荣的爵士乐所带来的邪恶影响的运动。《纽约美国人报》(*New York American*)的一名记者写道："爵士乐团那病态、令人神经过敏和具有性刺激的音乐，令数百名年轻的美国女孩正经历一场道德灾难。"他还说："根据伊利诺伊州警戒协会的数据，仅在芝加哥，该协会的代表就追踪到了过去两年里1000名女孩因爵士乐而堕落。"[33]该协会的秘书写信问赖特，抑制"性本能"是否能被科学证明对物种有益。赖特用他特有的礼貌和谨慎回答：除了"雄性暂时不育"，他不知道"家畜或野生动物的不频繁繁殖"会带来什么不良影响。该协会的秘书要求，如果赖特有进一步的证据来证明抑制性本能的益处，要提供给他们。[34]赖特对自己的时间和知识格外慷慨，他觉得作为一名公仆，他有责任尽可能充分地回答每一个问题。这是一个他一直坚持的习惯；他最终在科学界产生了巨大的影响，部分原因在于他对于回答同行们的问题总是如此慷慨。

　　赖特太过谦虚和害羞，不喜欢抛头露面，但霍尔丹却很活跃。他为英国共产党党媒《每日工人报》(*Daily Worker*)定期撰写专栏文章，还为许多受欢迎的书籍和儿童故事集《我的朋友利基先生》(*My Friend Leakey*)撰稿，该套书在问世近80年后仍在被印刷。他还定期参加英国广播公司(BBC)的广播节目，事实证明他是编辑求之不得的嘉宾，每当需要就任何科学话题发表意见(最好是有争议的意见)时，他总是如约而至。霍尔丹和赖特一样，愿意回答公众的来信，当赖特耐心地回答有关公牛和堕落女人的问题时，霍尔丹也在给公众回信，信中涵盖了从表亲婚姻的明智性到其他星球上存在生命的可能性等内容。还有人送猫给他并邀请他在学生社会主义社团演讲，并要求他解释数学四色图定理的原证明。[35]

霍尔丹对遗传学的了解，让嘉宾不可避免地向他谨慎询问优生问题，特别是如果配偶中有一方患有某种疾病或残疾，生孩子是否明智。有一次，一位"深受缺陷之苦，不愿冒险传播病痛"的来信者，请求霍尔丹帮助她找到一位捐精者，最好是一位"精神和身体上的全才"——来信者似乎是在暗示，她需要寻找像霍尔丹本人这样的人。霍尔丹用笔在信的空白处写道"真的不能"，并让他的秘书告诉来信者这个坏消息。[36]

1923 年，霍尔丹经历了两次"叛逃"：从牛津逃到剑桥；从生理学逃到生物化学。被新的生命科学的力量和前景所吸引，他接受了一份新的工作，与另一位维生素发现者高兰·霍普金斯（Gowland Hopkins，他在 1929 年获得了诺贝尔奖——这是在豚鼠的帮助下获得的 23 个诺贝尔奖之一）一起工作。十年后，霍尔丹再次来到伦敦大学，最初担任遗传学教授，后来转任生物统计学教授。这些地点、专业和兴趣的变化当时看来并没有像现在这样反常，当时生物学还没有变得像现在那么专业，但这些变化仍然表明霍尔丹具有不安分的"知识能量"，以及与周围的人争论的非凡才能。和其他人谈话，他"常常是刻薄的，有时是激烈的，但总是发人深省的"。[37] 另外，霍尔丹与赖特的对比也很显著：赖特是美国人，工作很安静，在公布结果之前会反复检查。与他这一代遗传学家不同的是，他对优生学不怎么发表言论，至少在公开场合是这样的；而霍尔丹对优生学，和他关注的大多数主题一样，一生中发表了很多意见，每一个都可能在几年之内被他公开抛弃，以支持一个他同样极力维护但完全矛盾的观点。

当霍尔丹忙于改变他的立场和专业时，赖特仍然坚守着豚鼠。抵达华盛顿后赖特发现，美国农业部对 3.4 万多对豚鼠的交配进行了细致、详细的记录；每一个杂交结果都被仔细地记录下来——用橡皮图章勾勒出一只豚鼠的轮廓，并涂上颜色，以显示其后代的模样。赖特被这些记录的准确性所深深震撼，于是开始用他在哈佛大学开发的技术来分析它们。他发现，尽管有 20 代的兄妹交配，但没有出现诸如畸形等重大问题的迹象。然而，更详细的观察表明，后代的数量正在减少，产仔的频率也在降低，豚鼠的出生体重和抗病性都在下降，而且它们的寿命也在缩短。近亲繁殖显然对它们是不利的，赖特肯定对这一结果有兴趣，因为他的父母——像查尔斯·达尔文和艾玛·达尔文一样——就是堂兄妹。

赖特还发现，近亲繁殖的豚鼠家族彼此之间看起来非常不同，尽管它们都来自同一个原始种群。就像切特维里科夫发现的野生果蝇一样，可能隐藏着许多变异，在一个经历过几代近亲繁殖的种群中才慢慢显现出来；这是隐性基因的效应，只有当动物有两个隐性基因拷贝时，隐性基因才会显现出来。近亲繁殖使得那些通常罕见的组合——其中许多对动物的健康有害——变得更加普遍。然而，值得注意的是，当近亲繁殖的家庭彼此杂交时，立即产生了更健康、更有活力的动物，这一现象被称为杂种优势（后文还会讲到）。赖特的结论是，改良一个品种的最佳途径不是在整个品种中继续选择，而是培育出可能具有稀有且有用性状的高度自交系品种。然后，这些品种相互杂交，组合出理想的性状同时恢复该品种失去的优势。

赖特一定知道霍尔丹对豚鼠的兴趣，因为他主动提出把美国农业部的一些品种送给他。霍尔丹对他表示感谢，但建议说："如果你正在大规模测试这种连锁，我就没有必要插手了。如果很麻烦，就不要送给我了。"霍尔丹已经从一位同事那里得到了一些兔子，"因此我能拥有的空间会比我想象的要小，所以我不可能像我希望的那样养那么多豚鼠"。[38] 空间的缺乏可能妨碍了霍尔丹对豚鼠的正常研究，但他的"不安分"同样妨碍了他的研究；他在性格上不像赖特那样，能多年来耐心地关注细节。事实上，生物学研究还需要霍尔丹所不具备的其他技能；他以前的一个学生记得"他不是一个好的观察者——他还是一个非常糟糕的实验者"。[39]

然而，霍尔丹和赖特都擅长的一个领域是数学。霍尔丹曾获得牛津大学的数学奖学金，成绩在该学科位列第一。1924 年，就在他从生理学转向生物化学之后，霍尔丹发表了他的第一篇重要的遗传学论文。就像赖特把他的数学思维转向了豚鼠一样，霍尔丹把他的数学思维转向了飞蛾，尤其是斑点蛾（即桦尺蠖，当时的学名是 Amphidasys betularia，现在改名为 Biston betularia）。这是证明自然选择起作用的一个著名例子：19 世纪中期，随着工业污染熏黑了英国的大部分土地，昆虫学家注意到，在这些灰白色的蛾子中，这种通常非常罕见的黑色蛾子的数量在不断增加。斑点蛾通常栖息在白桦树苍白的树皮上，这使得偶尔出现的黑色飞蛾显得很突出，因此它们很快就成了饥饿鸟儿们的食物。然而，在这个国家的一些地区，工业烟尘和烟雾使树皮变黑，因此，更常见的白蛾变得更容易被捕食，而深色的蛾子则被伪装起来。在污染地区，随着白蛾数量的减少，黑蛾逐渐变得普遍。这一解释在霍尔丹的时代是被广泛接受的，但他感兴趣的是计算出蛾子体色基因的"深色"版本相对于"浅色"版本的优势究竟有多大，从而使种群以博物学家观察到的方式发生变化。早在 1848 年，这种深色蛾子就有了首次记录，50 年后，它在污染地区占据了主导地位。霍尔丹运用他在数学和基因方面的非凡才能，计算出这种深色物种的后代比它的浅色竞争对手多出 50%。

霍尔丹和赖特几十年间的来往信件中经常包含计算和公式，以及澄清和批评彼此的想法，但当霍尔丹的注意力从老鼠和豚鼠，经由飞蛾和马，转移到蝾螈上时，赖特的目光却从未离开过他的豚鼠。他写信给霍尔丹说他将无法在那个夏天的国际遗传学大会上和霍尔丹见面，由于他的研究生休假回家，他需要加紧利用暑假的时间来"分析通过豚鼠种群积累起来的大量数据"。[40]

霍尔丹和赖特并不是唯一试图用数学方法解决生物学问题的人。罗纳德·埃尔默·费舍尔（Ronald Aylmer Fisher）也是其中之一，他曾在剑桥大学接受过数学训练，他的数学头脑甚至让赖特和霍尔丹都相形见绌。他在罗斯特德实验站（Rothamsted Experimental Station，英国最古老的农业研究中心）的工作涉及分析实验站的植物育种实验结果，如测算不同化肥的有效性实验，需要精确计算两个作物之间的收益差异，并研究这种差异到底是由于生长条件还是由于一个品种的遗传优势导致的。用数学分析先天和后天的相对贡献对于费舍尔来说是很重要的工作；他是一个坚定的优生学家。他在学生时代帮助成立了剑桥大学优生学协会，并成为查尔斯·达尔文之子、优生学教育协会主席伦纳德(Leonard)的密友。

然而，是统计学而不是生物学使费舍尔接触到了生物统计学和卡尔·皮尔森。甚至在被孟德尔主义说服后(孟德尔主义导致了他和皮尔森的决裂)，他仍然对生物统计学家使用的技巧有兴趣。费舍尔创建了一个假想的物种种群的数学模型，该模型使用微妙而复杂的数学技巧来演示有益基因是如何在种群中传播的。他还展示了，尽管不利突变的发生率会下降，但如果它们是隐性突变，就不一定会被去除，而有可能会被保存下来，就像切特维里科夫在他的野生果蝇中发现的那样。费舍尔的数学论证很重要，因为一些人将生物统计学家的论点解释为自然选择最终会耗尽种群中的所有变异。他们认为，如果适者生存、不适者死亡，那么不是每个生物体都会有最好的基因吗?由此产生的基因均一的种群将完全适应其所处的环境，但如果环境改变了，物种就将无法适应。似乎每一个物种，包括人类自己，都必将因完美而灭绝。这对优生学家来说是一个特别令人担忧的前景，因为他们的选择性育种计划旨在比自然选择更快地达到完美。但是费舍尔展示了种群的遗传多样性是如何保持的，部分原因是拥有两个不同基因拷贝(杂合子)的生物体有时比任何一种纯合子形式都更适合生存。这一过程的典型例子是镰刀状细胞贫血症：单一拷贝的镰刀状细胞基因对疟疾具有一定的抵抗力，但两个拷贝会导致这种痛苦、有时甚至危及生命的疾病。尽管如此，这种基因所带来的好处——抵抗疟疾——已经足以确保自然选择不会将其从人群中消灭。对于生物学家来说，费舍尔的计算——如果他们能够理解他复杂的数学模型的话(许多人并不能)——揭示了一幅连续、渐进且无止境的进化情景。

尽管赖特、霍尔丹和费舍尔在政治和科学上的观点有许多不同之处，但他们各自独立地提出了关于切特维里科夫数学研究进化论的观点。每个人都认识到了孟德尔遗传学的预测能力，同时意识到，由于无法记录每个野生生物的谱系，不能将标准的对照实验技术应用于野生种群。具有讽刺意味的是，正是孟德尔学派的科学对手——生物统计学家们，提供了解决方案：他们的统计工具使取样并通过实验评估样本基因，再将结果推广到整个群体成了可能。方程式向实验室科学家揭示了数千种野生动植物的基因；当这些基因都被绘制到曲线图上时，就可以观察到整个种群的基因变化。他们让遗传学的力量从实验室扩展到自然界成为可能。

▌ "不过是另一个遗传学家"

1920 年，赖特在冷泉港实验室度过了 30 天年假，利用假期做了更多的豚鼠实验。在那里，他遇到了一位名叫路易丝·威廉姆斯(Louise Williams)的年轻女士，她是一位生物学者，在实验室里照料她前导师的兔子。负责清理兔子笼的动物管理员最近辞职了；因此赖特来的时候，她希望他是新的动物管理员。他后来回忆说："她对我说的第一件事……就是当他被证明是'又一个遗传学家'时，她对我多么失望。"赖特既懊恼又为之着迷，立即提出帮她清理笼子。晚饭后，他们一起散步，在实验室的日常野餐中，他们总是坐在一起。赖特后来写道："假期结束时，我是如此爱她，以至于我觉得仅用通信联系没把握，于是我在最后一晚向她求婚了。起初她是反对的，因为我们认识的时间不长，也因为我没有见过她的父母，她也没见过我的父母，但最后她同意考虑订婚。"第二年他们就结婚了。[41]

多年后，芝加哥大学低调地找到赖特，给他提供了一份学术工作。尽管他和路易丝(婚后改名为路易丝·赖特)更愿意在开阔的郊外抚养孩子，但更好的前景、更先进的设施、由其他遗传学家组成的学术社团(赖特在华盛顿感到有些被孤立)和上涨的薪水终于说服他接受这份工作，这对夫妇举家搬到了芝加哥。赖特曾短暂地考虑过换用另一种实验动物，但他意识到自己已经在豚鼠身上投入了太多的时间和精力，现在不能放弃它们；他接受这份新工作的条件之一是，芝加哥大学要为他定制 120 个笼子，用来安置他从华盛顿带来的豚鼠。

在芝加哥大学，赖特发现他天生不是一个当老师的料，他过于害羞，以至于紧张到不能发表即席讲话或与学生开玩笑。但即使听课学生少，他也为每节课做了详尽的准备，讲课也是规规矩矩的。教学任务迫使赖特不能完全依赖豚鼠——它们繁殖太慢，无法在为期 10 周的课程中用于实验，因此他从哥伦比亚大学摩尔根实验室获取了一些果蝇品种。赖特的一个学生记得他是"一个非常温和且有礼貌的绅士，当学生不能说出显而易见的结论时，他会站在那里，看起来很受伤，眨着眼睛，当然'显而易见'只是对他而言，他认为从他在黑板上写的分析中可以明显地看出结论"。赖特一边说一边不停地潦草板书；"他会把一个 30 英尺宽的教室的整个黑板都写满，而且是一堂课写满三次。"在实验中使用果蝇是必要的，但只要赖特觉得合理，他就会把豚鼠也带到教室里；有一次，他带了一只豚鼠来给他的学生看，这只豚鼠的毛色有一些有趣的变化。一名学生回忆说："这只豚鼠比往常脾气更暴躁，在桌子上跑来跑去，完全安静不下来。"于是，赖特把这只不安的小豚鼠夹在腋下，而平时他总是习惯把黑板擦放在腋下。几分钟后，由于黑板上没有地方写下一个方程式了，他伸手去腋下拿黑板擦，"开始用一只吱吱叫的小豚鼠擦黑板"。[42]

　　在豚鼠的帮助下（有时是不情愿的），赖特设计出了能够解释生物学问题的数学工具。费舍尔和霍尔丹也提出了解决类似问题的相似方法；在这个过程中，他们三人发现，他们发明了一门新的科学——群体遗传学。但是他们的工作有很大的区别：霍尔丹和费舍尔的工作在数学上比赖特的更复杂，也更抽象。他们将每一个基因分别对待，并给它们各自分配一个适应值，然后预测它们将如何在一个假设的种群中传播。这种描绘独立基因行为方式的抽象模型被称为"豆袋"遗传学，但并不是很经得起推敲，因为模型中的基因被视为随机、独立地从袋子中挑选出来的豆子，而不是像在生物体中那样彼此共存并相互作用。

　　霍尔丹和费舍尔明白，为了使他们的计算成为可能（特别是在电子计算机出现之前），他们必须简化模型，减少必须计算的变量。但他们意识到这样做会导致一些不切实际的假设：例如，在真实的飞蛾种群中——或任何其他生物体——交配从来都不是完全随机的；除此之外，飞蛾（和人类一样）更有可能在附近找到潜在的伴侣。在一小群飞蛾中，可能纯粹是因为偶然，暗色飞蛾比浅色飞蛾多，因此暗色飞蛾的后代数量可能会增加，而与自然选择无关。卡索尔的帽兜鼠也显示了类似的效应——在一个小种群中持续的选择产生了不寻常的基因组合，而这种组合在一个大种群中可能永远不会存在；矛盾的是，这意味着一个小的近亲繁殖种群实际上可能比一个大的自由杂交种群变异更大。为了避免计算这种随机因素的影响，费舍尔和霍尔丹假设每个物种都是一个无限大的种群；所有可能在小的孤立群体中出现的潜在复杂情况都被简单地忽略了。而赖特的方法略有不同，部分原因是他对豚鼠有着持久的感情，他的数学方法将近亲繁殖等因素计算在内。

　　数学三人组的工作成果之一对说服生物学家们相信自然选择起到了作用——仅凭自然选择本身就足以实现在斑点蛾身上所观察到的变化。因此，一些关于遗传的旧观念，特别是拉马克遗传，最终被抛弃了。霍尔丹从未相信过拉马克遗传，但他最终因政治原因而为其辩护，这成为历史上最具讽刺意味的事件之一：因为获得性遗传是李森科在苏联推广的遗传学的核心。拉马克的思想经常吸引那些政治左派，因为他们似乎认为更好的生活条件会产生更优秀的人。相比之下，很多人觉得，不断壮大的孟德尔学派的信条——基因是稳定遗传的，是一种反动观点，因为这表明穷人之所以贫穷是因为他们在生物学上是低等的，只有优生学才能通过去除导致贫穷的基因以及携带这些基因的个体来治愈贫穷。许多右翼优生学家选择这样解释孟德尔主义，而纳粹也是如此。李森科便抓住这一事实，指责苏联的孟德尔主义者与法西斯主义结盟。

　　尽管霍尔丹并不赞同获得性遗传，但他对马克思主义表现出极大的认同。他首先是支持，然后最终加入了英国共产党。这正好是从20世纪30年代中期到40年代末期，在此期间李森科的观点变成了苏联主流的生物学观点。20世纪30年代，随着人们逐渐清楚地认识到纳粹主义的本质，甚至连非共产主义人士也开始把苏联作为唯一能阻止法西斯主义兴起的屏障；西班牙共和党为了生存反抗希特勒和墨索里尼支持的法西斯军队，而民主政府却在一边袖手旁观。霍尔丹是前往西班牙抗击法西斯主义的数百名英国共产主义者之一；他为此贡献了自己的科学知识，并多次访问马德里，帮助共和党政府为空袭和可能的毒气袭击做准备。法西斯主义的威胁使支持苏联成为英国共产主义者更为紧迫的任务；在这种情况下，任何对苏联政策的批评行为都被视为不忠。

正如我们所看到的那样，塑造霍尔丹观点的另一个因素是，他访问过苏联。和之前的赫尔曼·穆勒一样，他对苏联政府资助科学研究的慷慨程度印象深刻，这使英国政府提供给科学家的微薄资金相形见绌。霍尔丹是 20 世纪 30 年代许多左倾科学家之一，英国共产党积极并成功地招募了包括霍尔丹在内的这些科学家，并向他们承诺未来的科学研究将不受金钱或自由的限制。但这些承诺开始变得越来越难以令人信服，因为在苏联，李森科的策略是确保那些不同意他的人失去工作、被捕或消失。正如我们所见，切特维里科夫本人以及他的朋友和同事都是斯大林和李森科恐怖活动的受害者，尽管霍尔丹在西方为切特维里科夫的研究工作做了大量的推广和宣传，但他只选择了旁观，也许是因为他不能或者不愿为苏联的同行们辩护。多年来，霍尔丹一直保持着一种令人不安的沉默，不愿说任何对反共宣传者有用的话。私下里，尤其是在英国政党的科学辩论中，他对李森科的许多主张持批评态度，认为它们是不科学的胡言乱语。但渐渐地，他对政治的忠诚迫使他捍卫李森科和共产党的路线，这些路线即使不涉及彻头彻尾的谎言，也肯定与事实相去甚远。20 世纪 40 年代末，他甚至开始提出，拉马克的遗传可能有一些科学依据，但他最终发现，自己再也无法忍受这种分裂的忠诚。1950 年，他退出了共产党，因为他承认自己已经无法调和自己在政治上的忠诚与作为一名科学家追求他所见真理的义务。这是一份迟来的"承认"，而他实际上是唯一一个因为李森科主义而退党的英国共产主义科学家。

▍ 研究果蝇的苏联人

或许李森科主义的正面成果只有狄奥多西·多布赞斯基（Theodosius Dobzhansky），他可能是 20 世纪最杰出的生物学家之一，因为他完成了孟德尔学派和生物统计学家之间的和解，而这正是霍尔丹、费舍尔和赖特发起的工作。多布赞斯基于 1927 年来到美国，和摩尔根在哥伦比亚大学的团队一起工作。他原本计划在学业结束后返回苏联，但当他意识到苏联的政治气候对孟德尔学派的巨大敌意时，他决定留在美国，最终成了美国公民。

多布赞斯基来到美国前，早已深受苏联野外研究传统的影响，他习惯了与野生果蝇打交道。虽然他不是切特维里科夫的学生，但他知道切特维里科夫所有的统计方法，以及如何将这些方法应用于理解实验室之外的进化。在哥伦比亚大学，他掌握了摩尔根实验室所有的实验技术，并决定尝试将苏联和美国的方法结合起来；他带着他的实验室上路了。20 世纪 30 年代末，他开始驱车前往南加利福尼亚州的圣哈辛托山区，车上装满了瓶子和显微镜，最重要的是，还有实验室培育的果蝇。在接下来的几年里，多布赞斯基走遍了美国南部，从加利福尼亚州到得克萨斯州，捕捉野生果蝇。每天清晨或深夜，他都会把一些发酵的香蕉泥放进半品脱的奶瓶里，等待果蝇循着香味进入瓶里；然后他和他的学生就会捕获它们。一旦被捕获，这些果蝇就会与"被清理干净"的实验室果蝇杂交，这些实验室果蝇的基因构成当时已被熟知。育种实验让多布赞斯基像切特维里科夫那样，利用实验室果蝇作为"探针"来揭示野生果蝇的未知基因。

多布赞斯基发现，野生种群的遗传由几组独特的基因(或称基因型)决定，更令人意外的是，他发现每种基因型的比例随季节而变化。其中一种在夏季占主导地位，但在冬季捕获的果蝇中则少见得多。和大多数生物学家一样，多布赞斯基一直认为，自然选择的速度太慢，人类无法用一生的时间来观察，但当他捕获并饲养果蝇后，他意识到，只有自然选择才能解释不同基因型的频率变化。一种基因型更能适应寒冷的天气，另一种则更能适应干旱，等等。他通过在用细网眼网罩建造的大笼子里饲养混合种群来验证这个想法。一些笼子保持潮湿和寒冷，另一些笼子保持炎热和干燥，以模拟不同的季节；他发现，每只笼子里都由一种特定基因型的果蝇占据主导地位。在一个实验中，一种只占初始种群 10% 的基因型在短短 10 个月内就增长到了 70%。由于果蝇的快速繁殖，让他观察到了正在发生的进化。

通过将实验室果蝇与野生果蝇杂交，多布赞斯基完成了切特维里科夫发起的转变：将实验室和野外结合起来。正如他自豪地写道："被人为控制的实验现在可以取代对什么是自然选择、什么不是自然选择的猜测。"这是生物学历史上第一次，生物进化的原材料以及生物无穷无尽的变化，"通过实验手段活生生地被呈现在眼前"。[43]

1932 年，多布赞斯基在一次国际遗传学大会上遇到了赖特，用多布赞斯基的话来说，他对赖特"一见钟情"；这是一段长久而高产的友谊的开始。尽管对数学知之甚少，多布赞斯基还是通过细读赖特论文的引言和结论、略读核心数学问题，掌握了他所有的论文内容。当他需要帮助时，他常求助于赖特，他们在多布赞斯基一系列影响深远的论文中密切合作，这些论文描述并分析了多布赞斯基对野生果蝇的工作。多布赞斯基养成了在计划新的实验前咨询赖特的习惯，赖特经常在多布赞斯基的研究成果出版前对其进行检查和评论。

多布赞斯基和赖特的工作成果是 20 世纪生物学最重要的成就之一——现代进化理论的创立，也是 20 世纪末最有决定性意义的一步。现代进化理论被称为"现代综合学说"，因为——生物学家仍然喜欢这样介绍——它结合了达尔文和孟德尔的思想。但用这种方式来描述现代进化理论的产生过程，显然忽略了故事发生的所有实际细节：韦尔登花了大量时间计数虾，促成了达尔文主义转变为生物统计学；或者是"果蝇男孩们"耐心地繁殖果蝇，把孟德尔神秘的原基变成了染色体上的基因；尽管突变理论失败了，但月见草确立起"进化可以在实验室中进行研究"的观点，卡索尔在描述他使用老鼠来测试自然选择时认可这个观点——"我们非常感谢德·弗里斯证明了这样开展实验是可能的"。[44] 虽然现代综合学说往往被称为达尔文学派和孟德尔学派的联姻，但它其实包含了用豚鼠与苏联和美国的果蝇"杂交"，结合科学实践和理论，并迫使生物统计学家与孟德尔学派合作，这样他们就可以用数学解释飞蛾，在图表纸上描绘基因。

赖特自己从未真正自愿选择研究豚鼠；从某种意义上说，是豚鼠选择了他，因为他在哈佛大学的职位需要他照料现有的豚鼠种群。有充分理由解释他曾经为什么想要研究别的物种：豚鼠比果蝇更难饲养，它们的繁殖速度慢得多，容易生病，染色体远比果蝇多（豚鼠的染色体32条，而果蝇是4条；直到赖特毕业很久之后，人们才知道豚鼠的染色体数目）；豚鼠的染色体很小，在显微镜下很难辨认。而摩尔根的果蝇团队可以研究数以百计的突变，但豚鼠几乎没有任何已知的突变（因为在豚鼠身上只找到了两个连锁的例子，赖特曾经抱怨"豚鼠的一切似乎独立于其他物种"），所以不可能绘制豚鼠的染色体图谱。[45] 最糟糕的是，没有与赖特分享想法的豚鼠研究社群；当时只有少数科学家利用豚鼠进行基因研究。然而赖特似乎从一开始就喜欢上了豚鼠，而且从不后悔它们选择了他。尽管当时已知的豚鼠基因寥寥无几，但也存在大约350万个基因组合，因此赖特用他的整个职业生涯研究了基因相互作用的问题——基因是如何相互影响的。

种种原因迫使赖特专注于基因之间的相互作用，却又阻碍了他做出一些虽不切实际但精致的简化，而这些简化正是霍尔丹和费舍尔的研究所依赖的。这使得赖特的工作对于野外工作的生物学家来说更容易理解，也更实用。在某种程度上，这要归功于卡索尔的影响，但也有赖于赖特与华盛顿豚鼠近亲繁殖群落的合作，因为赖特不得不开发出数学工具来分析近亲繁殖的影响。当赖特努力去理解那些从美国农业部单一起始种群繁育而来的且看起来古怪的近亲繁殖群体时，他不断地意识到，基因相互作用产生变异，这是进化的来源。当生命体最初持有的一手基因组合在每一次新的交配中被重新洗牌和分配时，新的组合就产生了，这给后代带来了新的优势或劣势。赖特的结论是，进化最有可能发生在小且孤立的种群中——这些种群与霍尔丹和费舍尔假设的无限大的种群完全不同。

鉴于赖特的观点比较容易被应用到真正的人口研究上，在这三位数学群体遗传学家中，赖特对多布赞斯基和许多野外生物学家的影响最大，也就不足为奇了。很多野外生物学家不会使用群体遗传学先驱们常用的复杂数学。对于他们来说，将赖特的想法用于自己的工作是最简单和最有用的，特别是将物种视为一系列小且基本上是孤立的亚种群的重要性，在野生种群的实地研究中纷纷显现出来。在很大程度上，多亏了多布赞斯基的《遗传学和物种起源》（*Genetics and the Origin of Species*,

1937 年)一书，赖特的研究成为一代又一代生物学家至关重要的参考。

然而，尽管赖特深受同行们的爱戴和尊敬，但他在芝加哥大学的实验工作也有未能遂愿的方面。他希望将遗传学与发育联系起来，以展示基因是如何让受精卵成长为豚鼠的。就像许多同时代的人一样，赖特怀疑其中有一种化学联系，即特定的基因产生特定的化学物质。这种化学物质很可能是酶，而这些酶的工作原理后来被生物化学家们揭示(霍尔丹在投身遗传学之前，在这项工作中发挥了重要作用)。然而，尽管赖特多年来努力工作，但他从未在这个问题上取得任何实质性进展。要了解基因实际上是如何起作用的，需要一门新的科学——分子生物学。这门科学是以一种与豚鼠截然不同的物种为基础而建立起来的——一种叫作噬菌体的病毒。

噬菌体：
揭秘 DNA 的病毒

Chapter 8
Bacteriophage：
The virus that revealed DNA

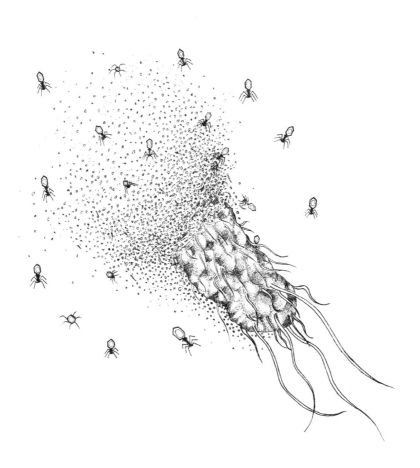

"马克斯•戈特利布(Max Gottlieb)教授正要用炭疽杆菌杀死一只豚鼠，细菌学课程的学生们都很紧张。他们研究了细菌的形态，使用过培养皿和铂丝接种环……现在他们要给活的动物接种一种能够迅速传染的疾病。这两只眼睛圆圆的豚鼠在饲养笼里吱吱地叫着，两天后就会身体僵硬并死亡。"

这一场景出自辛克莱•刘易斯(Sinclair Lewis)1925 年的小说《阿罗史密斯》(*Arrowsmith*)，它戏剧性地描述了 20 世纪早期医学专业面临的困境：在大多数情况下，比起治愈，他们仍然更擅长杀戮。多亏了路易斯•巴斯德、罗伯特•科赫(书中人物戈特利布与他们一起做过研究)和其他一些科学家，导致炭疽的原因找到了，其致病效果可以很容易地展示：

> 助手紧紧抓住豚鼠；戈特利布捏起它腹部的皮肤，用皮下注射针向下快速地刺穿。豚鼠猛地一抖，吱吱地叫了一声，另一只豚鼠吓得战栗……他轻轻地说："这可怜的畜生快要死了，像摩西一样。"全班同学不安地面面相觑。"你们有些人会认为这无关紧要；你们中的一些人会认为，我是一个刽子手，就像萧伯纳(全名为乔治•伯纳德•萧，George Bernard Shaw)说的那样，而且因为我对此很冷静，所以我更像怪物；而你们中的一些人则什么也不会想。不同的人观点上的差异才让生活变得有趣。"

戈特利布提到萧伯纳，可能是想到了《医生的困境》(*The Doctor's Dilemma*)这本书的序言——萧伯纳是一位坚定的反活体解剖主义者，他慷慨激昂地问道："如果牺牲掉一只豚鼠不过是为了能从它那儿学到一点点东西，那为了学到更多，岂不是要牺牲掉一个人？"事实上，戈特利布正准备证明炭疽的影响，他把这只眼睛明亮的豚鼠比作自己一个无聊又无趣的学生，并问自己："为什么我应该杀了它去教笨蛋？在那个胖小子身上做实验应该更好。"[1]

实验室里的医学研究已经把善良、仁慈的治疗师变成了冷酷的临床杀手；至少，一些人是这样看待这些受过科学训练的新式医生的。在小说的后段，主人公马丁•阿罗史密斯(Martin Arrowsmith)在美国中西部当家庭医生，当时他试图挽救一名患有白喉的孩子，但失败了。他站在那里，对着死去的孩子面露惧色，"他被疯狂的念头所焦灼着。这个孩子不能死。他很努力在抢救……"，但其实他无能为力。"她死了吗？真的死了吗？"孩子的母亲问，"是你用这根针杀了她！甚至没有告诉我们，不然的话我们可以叫牧师来！"[2]

阿罗史密斯和现实生活中的医生们一样，例如，辛克莱·刘易斯的父亲，一位明尼苏达州的家庭医生，在很大程度上对微生物无能为力。他知道怎么找到它们，培养并鉴定，但在 20 世纪 20 年代，注射抗毒素或疫苗仍然是不确定的事情。但在刘易斯的小说中，阿罗史密斯做出了一个非凡的突破：他发现了细菌杀手，一种神秘的生物，它让细菌生病并死亡；阿罗史密斯还使用他的发现抗击瘟疫。虽然他并不完全成功，但小说给出了将来有一天医生会真正消灭细菌的希望。

这本书的大多数读者可能认为，神秘的细菌杀手和阿罗史密斯一样是虚构的，但其实刘易斯描述的是他那个时代真实的科学，那时确实几乎没有科学家和医生听说过还有细菌杀手这么一种生物。和阿罗史密斯一样，细菌杀手的真正发现者相信，这是对抗微生物的终极武器。事实证明，更不同寻常的是：随着时间的推移，细菌杀手向我们展示了基因是如何工作的，神秘的"遗传物质"是什么以及它如何被保存、复制、变异和传递。细菌杀手最终帮助我们理解和治疗疾病，这是阿罗史密斯永远无法想象的，但这需要花费超过半个世纪的时间，我们才能明白这个神秘的细菌杀手要告诉我们什么。

│ 瘴气和细菌

自从人类开始思考，就对生病和治病产生了好奇。一些古希腊医生认为，世界是由四种元素组成的——土、气、火和水，人类也由四种相关的"体液"组成——黑胆汁、血液、黄胆汁、黏液。体液的严重失衡可能让我们生病，这就是为什么几百年来医生治疗疾病的方法就是试图让体液重新平衡。

尽管体液学说在西方医学中有着悠久的历史，但它的支持者们却难以解释流行病。例如，为什么疾病似乎偏爱扫荡城市(城市比小镇或村庄更常出现)，一下子让成千上万的人同时患病？16 世纪早期，意大利的许多城市暴发了流感，市民们将其归咎于不吉利的星象影响：这就是为什么意大利语中"influenza"(影响)一词，成为了我们现在称之为的"流感"(influence)。然而，到了 19 世纪初，占星术基本上让位于两种对立的传染病理论。一个派别深信，瘴气，即空气中传播的有毒物质，如腐烂的动植物产生的有毒物质，会引起疾病。意大利人早就知道，那些跑到沼泽和湿地的蠢人往往会生病，他们将此归因于那些地方的空气不好，或称之为"mal aria"。19 世纪末，人们发现沼泽病是由在那里繁殖的蚊子所携带的寄生虫传播的，但仍称之为"malaria"(疟疾)，以纪念最初的"瘴气理论"。

然而，瘴气理论遭到了批评者的抨击：医生发现一些根本就不住在沼泽或污染严重的城市附近的人仍然患上了沼泽病，而且沼泽病在家庭和村落里迅速传播。

他们怀疑这些疾病是否是由某种微粒引起的，病人被这种微粒感染后，再通过接触将它传播给其他人。这一理论被称为"接触传染"（来自拉丁语 *tangere*，意思是"触摸"）。有些人认为这种传染性粒子只是无生命的化学物质，比如毒素，但这似乎并不能解释流行病是如何形成和传播的。所以，其他接触传染论者认为这些微粒一定是"极微小的动物"，就像早期显微镜学家在水滴中发现的那些密集游动的微粒一样。他们推测其中一些可能是致病的原因，它们繁殖和传播时就会造成流行病。

1835 年，接触传染学派的微小动物理论获得了极大的支持，当时有研究表明，有种蚕病是由真菌引起的。这第一次证明了一种生物能引起疾病。与此同时，施旺（细胞理论的奠基人之一）证明了发酵的关键过程是由活的有机体酵母所引起的，而并不像人们普遍认为的那样是纯粹的化学反应。在法国葡萄种植户的要求下，巴斯德也对发酵进行了研究——他发现几个破坏葡萄酒和啤酒的"疾病"也是由微小的生物引起的。这些生物在显微镜下是可见的，因为它们看起来像小棍子，所以被称为杆菌（bacteria，源自希腊语中的"小棒"一词）。1865 年，巴斯德又被请去调查蚕病，经过五年的测试和实验，他鉴别出两种不同的疾病，每一种都是由不同的微小生物引起的；这些看不见的杀手被命名为"微生物"或"病原菌"，接触传染学派的"微小生物"成了疾病病原体理论的基础。

巴斯德的工作鼓励了欧洲大陆上其他数十位科学家开始寻找微生物，以确定曾经神秘的疾病病因。1877 年，科赫发表了关于炭疽的研究工作，他清楚地表明，无论何时出现这种疾病，相应的微生物都会出现。他的批评者回应道，这些微生物只是这种疾病的副产品，于是科赫在实验室用玻璃皿来培养这些微生物，然后将它们注射到健康的动物体内，这些动物很快就生病并死亡（与戈特利布在他那只倒霉的豚鼠身上开展的实验一样）。与此同时，巴斯德证明，如果微生物从受感染动物的血液中被过滤出来，就不会再引起炭疽。

巴斯德和科赫共同说服了医学界，是微生物导致了疾病。伴随他们成功而来的宣传导致出现了这样一种假设：每种疾病都必须有与其相关的微生物，于是产生一门新的科学——微观生物学或微生物学。随着大学和医学院纷纷建立实验室来教授学生如何用病原菌杀死豚鼠，人们也开始更加努力地改进实验室设备。例如，随着对显微镜的需求大增，制造商们发现自己身处一个竞争日益激烈的市场，所以他们纷纷投资制造功能更强大的显微镜。与此同时，生物学家也在改进标本制作的技术，如更容易观察标本组成部分的染色方法。随着每一个新工具的出现，更多的微生物被发现，研究人员则要求更进一步地改进工具。每个实验室似乎都有那么一两个修理工，就像摩尔根果蝇室的卡尔文·布里奇斯一样，在努力改进实验室的工具。至今仍被用来培养微生物的平底圆形玻璃皿，就是以其发明者，德国细菌学家朱利叶斯·理查德·彼得里（Julius Richard Petri）的名字命名的，他曾与科赫共事。科赫实验室里还有一位年轻的德国医生瓦尔特·黑塞（Walther

Hesse），在一个炎热的夏日午后，他发现培养微生物所用的明胶都融化了，因此感到非常沮丧。明胶（来自动物组织）也被用于烹饪，让果冻凝固。黑塞注意到他妻子安吉利娜的果冻并没有融化。当他问她为什么时，她解释说，她没有使用明胶，而是用了一种叫作琼脂的粉末。琼脂是由海藻制成的，在远东地区被用于烹饪长达几个世纪；安吉丽娜生长在纽约，她从一个出生在爪哇的荷兰邻居那里得知了琼脂。更稳定的琼脂凝胶很快代替明胶成为科赫实验室标准的微生物培养材料，现在仍被世界各地使用。

一旦有了合适的设备，学生们——就像阿罗史密斯班上的学生一样——就会被教授所谓的"科赫法则"。这是微生物猎人都尊崇的信条：首先，每一个患有某种特定疾病的病人都必须被证明携带相同的微生物；其次，微生物必须能被分离并在实验室培养，产生所谓的"纯培养物"，不被其他微生物所污染；最后，当纯培养物被引入健康人（或者通常是豚鼠）体内后，必须能够导致这种疾病。

至少，在理论上应该是这样的。实际上，当时世界上的疾病数量仍然比微生物的数量多。天花就是违反科赫法则的顽疾之一：没人能找到一种确切的可以在实验室里培养的微生物，或者能在实验室里生长的微生物，让健康受试者产生天花。"微生物狩猎"已经成为一门成熟的科学，人们对研究方法很有信心，不愿意接受不符合较高专业标准的结果；寻找导致天花的微生物的研究人员越来越相信，他们找不到的唯一原因是，根本就不存在这种微生物。

1890 年，连科赫都不得不承认有许多疾病——包括天花、狂犬病和流感——没有相关细菌存在的迹象。他认为一些微生物可能太小了，根本看不到。人们早就认识到无论光学显微镜多么复杂和昂贵，都不能分辨出小于可见光波长的物体。到 19 世纪 90 年代，显微镜已经达到了显微可见的理论极限，细菌学家们推测一些微生物将永远无法被观测到，也许是这个原因导致无法找到那些神秘的疾病所对应的病原菌。

几十年来，微生物学家一直在使用过滤装置来清除血液中的微生物。早期是使用活豚鼠的胎盘来过滤炭疽细菌，但这一次不幸的豚鼠并没有成为标准的实验室配备——它很快就被未上釉的陶瓷或石膏过滤装置取代了（截至 19 世纪 80 年代，人们已经很清楚地知道一些细菌可以穿透胎盘屏障）。1884 年的伦敦国际健康博览会展示了一系列标准化的商用过滤器，可用于过滤城市受污染的水，使其足够安全、适合饮用。

过滤器在寻找越来越小的微生物的过程中发挥了重要作用。19 世纪 90 年代，一些欧洲研究人员正在研究烟草花叶病，之所以取这个名字是因为这种病导致叶片变得斑驳，出现亮斑和黑斑。这种疾病侵袭了许多珍贵的农作物，因此人们对寻找出致病原因的兴趣非常大。1898 年，荷兰研究人员马丁内斯·威廉·拜耶林克（Martinus Willem Beijerinc）发现，导致这种疾病的物质很容易通过细菌过滤器，而且似乎可以永久存活下来，能够从一棵植株传播到另一棵植株，并一代一代传下去。这排除了毒素——因为毒素很快就会被稀释到没有任何效果。无论病因是什么，可以确定的是它能繁殖，能以某种方式在受感染的植物中自我更新，感染其他植株，然后重复这个过程。拜耶林克认为它不可能是任何一种微生物，因为它通过了过滤器，而且不能以任何通常杀死微生物的方式杀死它。无论他多么努力地用显微镜观测，始终没找到它。

拜耶林克想知道感染源是否是某种液体，于是设计了一个实验来测试这个想法。他拿了一个琼脂凝胶培养皿，把受感染植物的汁液倒在上面搁置 10 天，这样任何液体都能在琼脂里扩散。然后他去除与树液有直接接触的顶层琼脂。他测试了处于底部、没有接触树液的琼脂层，看它是否还能传播感染。结果是仍然能传播。他的结论是，感染源不可能是细菌或真菌——而一定是某种液体或者溶解在液体中的东西。

巴斯德把看似无法确认的狂犬病病因称为狂犬病毒，拜耶林克采用了这个术语。罗马人率先使用"病毒"这个词，以表示任何苦涩或不愉快的东西。到中世纪后，它的意思变成毒药，最终被用来指代任何引起感染的东西——17 世纪的德国耶稣会学者阿纳塔修斯·克尔彻(Anathasius Kircher)似乎是第一个在这个意义上使用它的人，他把引起瘟疫的原因称为鼠疫病毒。18 世纪后，"病毒"在英语中经常被用来指一种具有传染性的物质；爱德华·詹纳(Edward Jenner，疫苗的创始人之一)，在他关于天花的经典论文中使用了"virus"(病毒)这个术语，用来指从具有天花特征的脓疱或痘疮中提取出来的物质(牛痘病毒)。19 世纪早期，这个词有两层意思：既指一种疾病的特定病因，也指一种未知的致病物质。到了 19 世纪七八十年代，巴斯德和其他人使用"病毒"来泛指各种致病微生物。例如，科赫在发现导致结核病的微生物时声称，"我们发现了真正的结核病病毒(病因)"。[3]

然而，无论"病毒"这个词的起源多么古老，都无法回避的事实是它实际上意味着"我们并不知道(致病物质到底是什么)"。拜耶林克意识到他的烟草花叶病病毒不可能是一种简单的毒素，因为它在植物中繁殖；这一定是一种活的传染性液体，于是他简单地称之为"活的传染性液体"，不过他用了拉丁语(*contagium vivum fluidum*)，大概是因为这样听起来更令人印象深刻。他的提议违反了细胞理论的中心法则，即万物皆由细胞组成，所有的细胞也都来自细胞；无论他那神秘的液体是什么，它都不符合这一法则。尽管它是有生命的，但它无法在植物体外生长；它只可以在能分裂的活细胞中繁殖。拜耶林克的想法非常新颖，却让人难以接受，尤其是他提到的不能独立复制自己的生命体的概念——毕竟，能自我繁殖是定义生命的关键。他的想法与细胞理论和细菌理论都相矛盾，而后两个是 19 世纪生物学的两大成就，因此，毫不奇怪，很少有人愿意去相信他。

然而，到了 20 世纪初，科学已经颇为清楚地知道病毒的一些特征：它们不能被过滤器阻止；在显微镜下看不见；不能在实验室里生长。所有这些发现都很有趣,但人们依然不清楚它们到底是什么?

| 细菌杀手

第一次世界大战前夕,英国微生物学家弗雷德里克·特沃特(Frederick Twort)注意到他的琼脂皿上出现了一些奇特的现象:在他所培养的菌群中间出现了一些清亮的斑点。他按照程序染色、固定,然后在显微镜下观察。斑点中所有的细菌都死了,只留下空空的菌体。他进一步调查发现,杀死细菌的物质可以通过过滤器,并仍然保持对细菌的致命性。特沃特就他的发现发表了一篇论文,他讨论了几种理论,包括存在一种能攻击其他微生物的微生物的可能性。但作为一个科学家,他太过谨慎,无法在自己的假设之间做出选择。就在他继续寻找答案时,战争爆发了。在论文发表后不久,特沃特加入了英国陆军医疗团,并被派往希腊北部的萨洛尼卡(现塞萨洛尼基),英国军队在那里陷入了一场长期、血腥、几乎毫无意义的战役中。战争结束后,其他人还在研究细菌杀手,特沃特则"转向了别的工作"。他最初的论文基本上被忽略了。[4]

当特沃特在军队服役时,法裔加拿大人费利克斯·休伯特·德赫利勒(Félix Hubert d'Hérelle)和其他数十位研究人员试图回答一个看似简单的问题:假设世界到处都是微生物,其中很多会致病,为什么我们没有一直都生病呢?这个问题引出了其他问题,例如,为什么在流行病暴发时,不是每个人都生病?对疾病抗性的一个可能解释由俄国胚胎学家伊拉·梅契尼科夫(Elie Metchnikoff)提出。他在海星和海绵中观察到,当这些生物遭受潜在的病原菌袭击时,一些奇特的细胞就会在体内大量产生。这种特殊的细胞似乎能通过吞噬和消化入侵者来保护机体,梅契尼科夫称它们为"吞噬细胞"("吞食细胞"),认为它们是先天免疫的基础。

1915 年,德赫利勒在巴黎巴斯德研究所工作,研究一位罹患严重痢疾的病人。和科赫所建议的一样,他忙着培养痢疾细菌,直到试管里充满了蓬勃生长的混浊菌体。重复实验几次后,某一天早晨,德赫利勒吃惊地发现出现了一根完全透明的试管,而试管里的细菌都已死亡。更令人惊讶的是,他发现,如果从透明试管中取一滴液体加到充满生机勃勃的活细菌的试管里,这个试管里的细菌也会全都死掉。他无意中重新发现了特沃特首次观察到的现象。经过几年的实验,德赫利勒于 1917 年宣布无论是什么杀死了这些细菌,这些物质都能通过过滤器,而且似乎在连续的培养中变得更加致命。这表明这个未知的杀手在生长和繁殖——很明显它类似于拜耶林克曾在烟草中观察到的病毒,德赫利勒把它命名为"噬菌体"(bacteriophage,即"吞食细菌的有机体",其单复数形式一样)。

德赫利勒提出噬菌体病毒是自然界对细菌的防御,这一观点源自他在寻找一种能杀死蝗虫的微生物时的想法。他发现一些蝗虫对他所认为的致命微生物具有免疫力，蝗虫的肠道存在某种能杀死细菌的物质。他开始寻找产生这一现象的其他例子——痢疾细菌实验是其中之一，而且他发现对痢疾细菌具有杀灭功能的噬菌体在刚患病的人的粪便中比在健康人中更为常见，这更激起了他的兴趣。这表明噬菌体为了抵抗感染而生长繁殖，就像梅契尼科夫的吞噬细胞一样。

1922 年，德赫利勒就自己的发现写了一本书，这本书被翻译成英文，取名为《噬菌体：在免疫中的作用》（*The Bacteriophage*：*Its Role in Immunity*，1922 年）。同年，他的研究工作在《皇家协会进展》（*Proceedings of the Royal Society*）上发表，他和特沃特受邀在英国医学协会的年度大会上发表演讲。这一发现迅速传开：第二年，科学、艺术和文学学院在密歇根讨论了噬菌体。不久之后，好几个国家的研究小组也开始对噬菌体展开研究，其中包括美国的安德烈·格拉提亚（Andre Gratia）和西蒙·弗莱克斯纳（Simon Flexner）、法国的德赫利勒以及比利时的诺贝尔奖获得者朱尔斯·波尔多特（Jules Bordet，他在布鲁塞尔领导了一个研究小组）。

随着研究细菌杀手的人越来越多，关于"它到底是什么"的争论变得更为激烈。甚至没有人能就"它应该被称为什么"达成一致：少数人使用德赫利勒的术语"噬菌体"，表示他们含蓄地接受了他的观点，即它确实是一种病毒，但其他人不同意——就像他们不同意拜耶林克一样。但对于一件事，大家的意见一致：这个神秘的细菌杀手能导致细菌分解[科学术语为"溶解"（lysis）]。波尔多特坚持认为这种现象纯粹是化学现象，而不是有生命的，他将之称为"传染性自溶"（"可传染的自我分解"）。科学家们清楚地意识到，他们对不同术语的选择会将他们划入科学世界里一个个规模虽小但日益分裂的不同阵营。因此，一些人试图通过刻意采用中立短语来与争论保持距离，如使用"特沃特-德赫利勒现象"。[5]

波尔多特确信他的"传染性自溶"——顾名思义——在某种程度上是可遗传的，但他同时确信噬菌体不是活的——它纯粹是一种化学物质，由细菌自身产生。生化学家已经证实有机体会产生被称为"酶"（在希腊语中是"发酵"的意思）的物质，起着催化剂的作用，控制着机体化学反应的速度。波尔多特推测，自溶或许是由细菌的突变导致的，这种突变让细菌产生过多的酶，这种酶在正常情况下有用，但如果太多将导致化学反应失控，并最终杀死细菌。它甚至可能有一些有益的功能；也许溶解并消灭了有害的突变体，从而"约束了物种的进化"。[6]然而，这是一个非常有争议的想法。细菌没有细胞核，也没有可见的染色体，因此它们可能遵循着与其他生命体不同的遗传规律。的确，在 20 世纪 20 年代早期，人们还不清楚细菌是否可以被视为普遍意义上的有机体。波尔多特的同事，安德烈·格拉提亚（Andre Gratia）也加入了反对德赫利勒的观点——即噬菌体是生命体——的阵营。但是，这种现象之所以会产生和传播，难道不就已经证明噬菌体是活的了吗？对此，格拉提亚进行了反击，他讽刺地指出火苗能蔓延并"复制"自己，但"火是无生命的"；气泡在苏打水瓶的内表面产生，就像透明斑点出现在细菌培养皿上一样，"然而气泡不是病毒"。[7]格拉提亚在加入纽约洛克菲勒医学研究所（Rockefeller Institute for Medical Research）后，也把反德赫利勒的思想带到了美国。

｜ 石油和蛇油

洛克菲勒医学研究所是老约翰•D. 洛克菲勒爵士（John D. Rockefeller Sr.）庞大慈善帝国的一部分。到 1912 年，洛克菲勒从石油生意中已经赚了 9 亿多美元（相当于今天的 80 万亿美元），但他还是被小时候在教堂里听到的事情所困扰——富人进天堂，比骆驼穿过针眼还难。他那笃信宗教的母亲教会了他慈善的重要性，于是洛克菲勒开始了一系列捐款。他的慷慨和他的财富一样具有传奇色彩，很快他就收到了大量慈善机构寄来的求助信。1891 年，他任命了一位全职财务经理，弗雷德里克•T. 盖茨（Frederick T. Gates）牧师，管理他的投资和慈善事业，负责其财产的增资和减资。

洛克菲勒的儿子，小约翰•D. 洛克菲勒（John D. Rockfeller Jr.）意识到当时对大多数疾病仍然没有有效的治疗方法，于是敦促他父亲和盖茨将资金投入医学研究。小洛克菲勒可能也有一种家族内疚感，他的祖父威廉•艾弗里•洛克菲勒（William Avery Rockefeller）靠卖蛇油赚钱，并自称为"医生"，一次无效的癌症治疗，收费 25 美元（相当于现在一次收费超过 500 美元）。不管他们的动机是什么，1901 年洛克菲勒家族的慈善事业促使洛克菲勒医学研究所（现洛克菲勒大学）落成；到 20 世纪 30 年代，洛克菲勒家族已经向医学院捐款超过 5000 万美元。

1920 年，一位名叫保罗•德•克鲁伊夫（Paul de Kruif）的年轻科学家来到洛克菲勒医学研究所，他渴望成为一名微生物猎手。他立即被该研究所的豪华设施所震撼："洛克菲勒学院，华美的科学殿堂！"他回忆说，相比之下，他曾经受训练过的密歇根大学医学大楼，充满了老鼠和豚鼠的臭味；"但在洛克菲勒，闻不到任何动物的气味。动物由仆人从大楼深处一座美丽的动物房里带出来。"大楼设备都是崭新且昂贵的，生活也很轻松："实验室的仆人们清洗玻璃器皿，配制培养基，"德•克鲁伊夫回忆道，"如果你有一个训练良好的技术员，他甚至可以为你做实验"。[8]

德•克鲁伊夫认识这个小而繁荣的噬菌体学界里的每一个人。他参观过巴黎巴斯德研究所，在那里他听说了（甚至可能见过）德赫利勒。回到美国后，他曾与弗雷德里克•诺维（Frederick Novy）共事，诺维是美国第一位正儿八经研究噬菌体的科学家。德•克鲁伊夫到洛克菲勒医学研究所的那一年，他遇见了波尔多特，并与格拉提亚共用一间实验室。

然而，德•克鲁伊夫在洛克菲勒医学研究所的工作与高深莫测的细菌杀手无关，而是一个完全不相干的领域：细菌污染。正如我们所知道的，科赫假说要求细菌学家培养出疑似致病微生物的纯菌落；这是至关重要的第一步，因为如果存在不止一种细菌，就不可能弄清楚到底是哪种导致了疾病。操作程序是公认的；德·克鲁伊夫应该是在课堂上从诺维那里学到的，就如同《阿罗史密斯》里所描述的那样。然而，有时看似纯的菌落会分离成两种类型的细菌，只有一种被证明对本该杀死它的抗毒素敏感。德·克鲁伊夫称这种令人费解的行为为"分离"，并提出细菌可能正在经历一种德·弗里斯式突变，产生一个新的物种。他的想法受到大多数生物学家的质疑：突变理论正在衰落，很大程度上正是因为摩尔根的果蝇研究人员将注意力集中在了染色体的孟德尔式行为上。

德·克鲁伊夫只不过是众多试图理解细菌为何如此易变的科学家中的一个。细菌不仅能在显微镜下彻底改变自己的形态，而且当它们以一种形态存在时，会依赖某种物质生存，可是当变成另一种形态时，就不需要那种物质了。细菌似乎具有很强的适应性，但没人知道这些是真正的基因变化，还是其他机制在起作用？早期的微生物猎人发现细菌时，他们通常称之为"酵素"，听起来更像一堆起泡的化学混合物，而不是一群独立的生物体。到了 20 世纪，细菌学家仍然倾向于讨论细菌"培养物"的特性和行为，将其视为整体，而不是可变异的个体。甚至德·克鲁伊夫即使可能观察到了个体变异的影响，但仍然用"分离"来称呼这种现象，含蓄地表明这是细菌培养物的整体行为，而不是指构成整体的个体的行为。

德·克鲁伊夫最初是一名医科学生，但随着他越来越意识到医生面对大多数疾病时是无助的，他转向了纯科学。洛克菲勒医学研究所是显而易见适合搞纯科学研究的地方；弗雷德里克·盖茨向老约翰·D.洛克菲勒保证，只要有足够的钱，科学将很快征服微生物，重大疾病将在数年内被治愈，洛克菲勒将在历史书和天堂都占有一席之地。但是这些承诺并没有实现，德·克鲁伊夫为此疑惑不解。他对他和他的同事们本应该从事的医学专业越来越感到怀疑，他甚至开始怀疑大多数医生只对赚钱感兴趣。

德·克鲁伊夫开始考虑当一名作家。当时美国比以往任何时候都拥有更多的杂志和报纸；1910 年，美国大约有 2600 种报纸，各个报社都在为发行量和广告努力，迫切需要故事来填满他们的版面。德·克鲁伊夫想知道他是否可以运用他的科学训练，向公众解释最新的突破和发现，同时揭露欺诈和失败。一天晚上，在纽约一个文学聚会上，他又喋喋不休地抱怨那些本该无私的美国医生多么自私贪婪时，遇到了历史学家哈罗德·斯特恩斯(Harold Stearns)。斯特恩斯认为德·克鲁伊夫在科学殿堂——洛克菲勒医学研究所工作，却在嘲笑大多数医学上显而易见的无用性，这与那些仰仗医学获得声望和财富的人之间形成了巨大反差，显得很有意思。他邀请德·克鲁伊夫为他正在编撰的一本书写一章关于美国医学现状的内容；此时，正好厌倦了研究的德·克鲁伊夫欣然接受了这一提议，但条件是他必须匿名。当这篇文字出现后，《世纪杂志》(Century Magazine)的编辑邀请德·克鲁伊夫将其扩充，在杂志上连载。

德·克鲁伊夫开始了写作，但当他写的连载文章《我们的医护人员》(*Our Medical Men*)的第一篇被刊登在《世纪杂志》上时，使他陷入困境的不是他对医生的批评，而是他的署名，这让他丢了工作。尽管坚持匿名，但他向洛克菲勒基金会的许多同事提到了自己预支的 500 美元，所以，当这篇署名为"Kruif, MD"的文章被发表时，他的老板西蒙·弗莱克斯纳(Simon Flexner)已经知道作者是谁了。弗莱克斯纳召见了德·克鲁伊夫，愤怒地斥责他本来是理学博士(PhD)，却假冒医学博士(MD)。事实上，德·克鲁伊夫基本上是无辜的：一位助理编辑在他不知情的情况下做了修改，但德·克鲁伊夫没有发现这个错误，因为他没有费心去审阅杂志社寄给他的样稿。德·克鲁伊夫在弗莱克斯纳解雇他之前，就从洛克菲勒研究所辞职了，开始创造一门全新的职业——他成了世界上最早的全职科学作家之一。

1922 年，德·克鲁伊夫正在调查欺诈性药物治疗时，他在一位医生的办公室里遇到了"一个红头发的年轻人，个子很高，有点驼背，神情紧张，脸颊布满红斑点……样子怪异，一见就不会忘记"。[9]他就是小说家辛克莱·刘易斯(Sinclair Lewis)，德·克鲁伊夫将他描述为"当时世界上最著名的作家"。彼时，刘易斯刚刚发表了他的第二本代表作《巴比特》(*Babbitt*)，这本书和前一本《大街》(*Main Street*)一样，在商业和评论界都取得了巨大的成功。刘易斯在全世界声名鹊起；一些英国评论家称赞他为美国的狄更斯。

刘易斯和德·克鲁伊夫一见如故，不仅仅是因为他们都喜欢走私酒。刘易斯正在为他的新小说寻找一个主题；在德·克鲁伊夫激情昂扬地抨击美国医学界毫无科学可言时，他觉得自己找到了新的灵感。这两个人都渴望看到真正的医学能够帮助老实但却无能为力的家庭医生(比如刘易斯的父亲)，这样这些家庭医生就能够把那些见利忘义的蛇油推销员赶出医药行业。在他们第一次见面的几个月后，刘易斯和德·克鲁伊夫乘坐"圭亚那号"航船，驶向加勒比海，他们计划以此地为背景设置一个结合医学和科学的故事；德·克鲁伊夫将为刘易斯的写作技巧和想象力提供一个坚实的科学基础。[10]

从学生时代起，德·克鲁伊夫就一直是 H.G. 威尔斯(H.G. Wells)小说的忠实读者，威尔斯的小说植根于真实的科学，其中一些是他直接从达尔文的门徒托马斯·赫胥黎(Thomas Huxley)那里学到的，这给德·克鲁伊夫留下了深刻的印象。在和刘易斯讨论写哪些既真实又相当引人关注的科学话题时，德·克鲁伊夫建议，他们虚构的人物——马丁·阿罗史密斯(Martin Arrawsmith)使用噬菌体抗击加勒比海瘟疫。即使在医学界也很少有人知道德赫利勒的工作及其潜在的治疗用途，实际上医学界外的人也从未听闻，但如果德赫利勒是对的，那么它就是真实的科学，可以征服那些让人类戒备森严地活着的微生物。

根据德·克鲁伊夫(并非完全可靠)的回忆录所述，两人很快就因为这个想法而激动不已；他们白天努力工作，晚上痛饮烈酒，装模作样地戴着太阳帽(显然是为了让自己看起来像英国人)勘察每一个他们造访的加勒比海岛屿。合作者们给他们带来了一大箱医学书籍、地图和给各个岛屿上医生和官员的介绍信。从刘易斯现存的笔记中可以了解到，很明显，在他们的航程中德·克鲁伊夫给他教授了相当有深度的微生物学课程；他的笔记本上全是实验流程和技术的细节，以及科学设备的草图。德·克鲁伊夫承认，刘易斯"从来没有试着用假的电影科学来应付……他一直教我要把真实的科学戏剧化"。[11]

刘易斯让德·克鲁伊夫为小说中的每个人物写一个简短的科学传记。书中，阿罗史密斯的导师，马克斯·戈特利布的原型是雅克·勒布(Jacques Loeb，他也在洛克菲勒医学研究所工作)和德·克鲁伊夫的老师弗雷德里克·诺维。而对阿罗史密斯的塑造，刘易斯则基于德·克鲁伊夫的几个同事以及德·克鲁伊夫本人。在航行结束时，他们完成了这本书的梗概和刘易斯需要的所有科学背景。1925 年小说出版，引起了轰动；刘易斯于 1930 年获得诺贝尔文学奖，很大程度上是靠了这本小说的声望。

《阿罗史密斯》受到了广泛的好评。《科学》杂志在其"科学图书"栏目中对这本书进行了评论。杂志很高兴地评价，它不仅是"一流的小说"，而且还以"一位科学家为主角"。《科学》杂志甚至认为，这本小说的出版是"对我们文明发生着某种转变的又一佐证，越来越多的普通人对科学问题产生了兴趣"，因为科学"大祭司"终于"摘掉了他们的假胡须，并让普通市民得以一窥科学殿堂里举行的盛典"。《科学》杂志向刘易斯表示祝贺，不仅因为他有"勇气"让一位科学家成为自己作品中的主角，而且对研究进行了如此"清晰且专业的刻画，而不是一味迎合小说阅读者对专业的认知"。

德·克鲁伊夫对这部小说的贡献得到了刘易斯的认可(尽管没有达到德·克鲁伊夫想要的程度)，《科学》杂志的评论员认为，"人物和动作的逼真程度"大部分无疑归功于德·克鲁伊夫的努力。在赞扬了小说方方面面令人信服的实验室生活以及刘易斯的讽刺幽默感后，评论员力劝"每一个医学专业的学生，如果对科学怀有模糊的好奇心，或有从事纯科学研究的冲动，都应该读读这本书"。[12] 这个建议似乎得到了广泛的响应：《阿罗史密斯》是第一部以科学家为主角的小说，许多理想主义的年轻人都受到了启发——还包括德·克鲁伊夫的下一本书，《微生物猎手》(The Microbe Hunters，1926 年)——去追随医学或科学事业。

《阿罗史密斯》畅销的另一个结果是噬菌体成了新闻工作者的热门话题。在小说问世之前，只有两篇与这一现象有关的短文出现在英文的非专业杂志上。待小说出版之后，很快噬菌体就被频繁地报道，以至于《柳叶刀》杂志尖刻地抱怨"将噬菌体简化成最后的音节，俨然成了歌舞喜剧的伎俩"。[13] 杂志的抱怨是徒劳的。不到一年，"噬菌体"这个词成了常用名词，出现在《大英百科全书》中，并从那时起沿用至今。

| 生命是什么?

《阿罗史密斯》出版一年后,广受欢迎的美国《科学》杂志(月刊)展开了对"细菌有疾病吗?"这一问题的讨论。文章指出,尽管人们对噬菌体很感兴趣,但关于"病毒到底是什么"仍然存在相当多的争论。科学家们曾试图让它们通过孔隙越来越小的过滤器直到最后将它们捕获这一方法来测量它们的大小。基于这些测试,估计它们是细菌大小的千分之一,即使用当时最强大的显微镜也观测不到。第二个值得关注的问题是:"这么小的东西有生命吗?"如果测量出来的尺寸是对的,像噬菌体这样的病毒的大小大概相当于单个的蛋白质分子,就像《科学》杂志说的那样,"这似乎让我们陷入了一种两难境地"。既然蛋白质被认为是组成生命的基本单位,那么"有可能存在比蛋白质还小的生命体吗!"[14]

蛋白质有可能是生命的基础,这使得蛋白质成为生物化学家研究的焦点,他们不仅怀疑像噬菌体这样微小的东西是否可能存在,而且不愿意看到这样一个有趣的和潜在的重要现象落入细菌学竞争对手的领域。生物化学家相信噬菌体是蛋白质分子,而且因为蛋白质研究是生物化学的一部分,所以噬菌体"属于"生物化学家。

领导洛克菲勒医学研究所蛋白质研究的是约翰·H. 诺斯罗普(John H. Northrop),他已经证明了酶是蛋白质(他和他的两位同事因这项研究而获得了1946 年的诺贝尔奖)。基于霍尔丹等的研究基础,他还研究了酶催化反应的方式。诺斯罗普的团队发现,体内化学反应的速度是由酶的浓度控制的——酶浓度越大,反应越快。抱着这一想法,诺斯罗普把注意力转向噬菌体——噬菌体几乎完全由蛋白质组成。如果像波尔多特等声称的那样,噬菌体现象仅仅是一种化学反应,那么研究人员可以预见它也依赖于简单可测的数量,如噬菌体的浓度。活病毒理论的反对者认为细菌爆裂完全是菌体内的纯化学变化:渗透压使得水涌入菌体内,直到细菌解体。如果他们是对的,噬菌体就是由细菌自身产生的完全没有生命的东西。

为了验证这些想法,诺斯罗普的同事阿尔弗雷德·克鲁格(Alfred Krueger)开发了一种估算培养基中细菌和噬菌体数量的方法,把它们视为酶和底物(酶起作用的物质)。他的实验表明噬菌体的浓度确实是细菌是否解体的关键因素——这表明噬菌体确实起了类似于酶的作用,因此噬菌体属于生物化学家而不是细菌学家的研究范畴。同样重要的是,像噬菌体和烟草花叶病毒(洛克菲勒医学研究所也在研究这种病毒)这样的病毒就像其他蛋白质一样,可以结晶。这似乎是生命体最不可能拥有的性状,但这也许可以解释为什么病毒有一些"类似生命"的特性,当然,晶体的成长是无生命的行为。也许病毒是某种能自催化的酶:反应会产生更多的病毒；由于病毒本身催化了反应，因此病毒浓度上升，反应加速，产生更多的病毒。这个想法解释了是病毒的增殖和反应失控最终导致了细菌解体。

诺斯罗普关于病毒纯粹是化学物质的论点部分源自奥卡姆剃刀定律。奥卡姆剃刀定律是以一位中世纪圣方济会修士的名字，奥卡姆的威廉（William of Occam）来命名的（也许令人惊讶的是，这已经成为一个科学箴言）。他提出 "Pluralitas non est ponenda sine neccesitate"（如无必要，勿增实体）；换句话说，如果一个简单的解释就已足够，就没有必要去寻找一个更复杂的解释。科学家们经常建议使用奥卡姆剃刀定律，在对立的理论之间做出抉择：如果一个简单的理论解释了事实，它就应该比一个复杂的理论更可取。当然，这一定律并不假定自然实际上是简单的，而仅仅是为了避免进一步的复杂性，除非这不可避免——通常是由于某些实验或观察不能用最简单的理论来解释。在诺斯罗普看来，生物学家把事情弄得复杂完全没有必要，他们太倾向于假设，关于"生命"的一切是神秘的，甚至像谜一样，因此这令他们不愿意完全接受这样的事实：生物是由简单的化学物质构成的，生命过程基于直截了当的化学反应。当然，这不是一个崭新的观点——在我们获得提出"生命是什么"这样看似简单的问题的能力后，它就已经以多种面貌出现了。

对于对这一问题感兴趣的人来说，噬菌体等病毒提出了一些具有挑衅性的理论问题，而科学家们也对他们碰到的实际问题感兴趣。1934 年，埃默里·L. 埃利斯（Emory L. Ellis）在加州理工学院（Caltech）获得了生物化学博士学位后，便开始关于病毒的博士后课题，试图研究病毒是否以及如何引起癌症。他决定研究噬菌体，这似乎是一个奇怪的选择，因为没有证据表明它们导致癌症，而且他对细菌并不是特别感兴趣。埃利斯想要了解的是，病毒在癌症中扮演的角色——他需要首先在动物身上做研究，并最终在人类身上开展研究。然而，在动物身上测试病毒，"需要一个很大的动物种群，并考虑随之而来的所有问题和费用"。[15] 所以埃利斯放弃了他一直在研究的老鼠转而研究噬菌体。埃利斯和他的妻子马里昂（Marion）拜访了帕萨迪纳市污水处理厂，在那里收集未经处理的污水样本。他们发现污水中充满了不同种类的噬菌体，其中许多似乎专门攻击某些特定类型的细菌。

埃利斯选择研究一种以大肠杆菌（Escherichia coli，通常简写为 E. coli）为食的噬菌体。大肠杆菌是一种非常常见的细菌（我们每个人的肠道里都有数百万种），摩尔根的一个学生（摩尔根果蝇团队已经从哥伦比亚大学搬到了加州理工学院）正好也在研究这个，因此他们有许多共同的话题。埃利斯谨慎地选择了一种不太致命的噬菌体——这样当它杀死细菌后，所产生的透明区域（称为噬菌斑）相当小——他能够在一个培养皿中找到大约 50 个斑块（德赫利勒首先想到将斑块数作为计算噬菌体数量的方法）。

噬菌体不仅小而且廉价，繁殖速度还相当快。在动物身上测试病毒时，等待它们生病可能需要几天或几周的时间，而完成一个噬菌体实验只需要几个小时（埃利斯后来把这个时间缩短到两个小时）。"那么，很明显，"他决定，"从这些角度来看，噬菌体是最好的材料"。[16] 他希望这些又小、又快、又廉价的噬菌体能帮他了解病毒的基本生物学，这是他迈向目标——了解病毒在癌症中发挥什么作用——的第一步。噬菌体被当作模式生物，就像美国农业部把豚鼠作为家畜的模式动物一样，让昂贵的大规模实验在小规模上就能实现；使用噬菌体就像在建成昂贵的模型之前，用按比例制作的飞机模型开展风洞实验。

一天早上，当埃利斯正忙着摆弄他的噬菌体时，一位访客，德国物理学家麦克斯·德尔布吕克（Max Delbrück）打断了他。德尔布吕克正在寻找一个可以揭示物理学新定律的悖论。然而，他并没有进错实验室，他希望埃利斯的噬菌体能帮助他。

1935 年，当德尔布吕克还是柏林一名 19 岁的学生时，就与阿尔伯特·爱因斯坦（Albert Einstein）和马克斯·普朗克（Max Planck）坐在一起，聆听维尔纳·海森堡（Werner Heisenberg）首次提出量子理论。他后来承认，他不怎么理解海森堡那天所说的话，但他已经领会并意识到，他见证了一件非同寻常的事情的诞生——一个对原子和物质本身完全崭新的理解。第二年，德尔布吕克加入哥廷根大学海森堡的研究团队。他原计划成为一名天文学家，但很快就被新的量子物理学完全吸引住了。

19 世纪晚期，物理学家们已经发现了很多关于原子的知识，对于原子，古希腊人首先提出假设，它们是构成世间万物的基本成分。毋庸置疑，这些曾经假设的物质确实存在，但显然物理学家们所发现的原子，实际上并不是希腊人所想象的基本物质。随着对 X 射线和其他种类的辐射等新现象的探索，科学家们清楚地认识到，原子是由更小的粒子组成，如电子和质子。对这些新的亚原子粒子展开研究后，发现它们并不是撞球和行星的微小版本；撞球和行星的行为遵循经典物理学定律，但在这个尺度小得难以想象的新领域里，这些定律失效了，被崭新而奇怪的定律所接管。例如，能量不再是平稳且连续地流动，而是离散的，被称为量子。只有某些量子态是稳定的，电子似乎在它们之间莫名其妙、断断续续地跳来跳去——从一个量子态跳到另一个量子态。另一个不解之谜是普通的光呈现出矛盾的性质：有时它的行为方式只能由假设它是波来解释，而其他时候它的行为表明它是由粒子组成的。物理学家们研究得越深入，发现的谜团就越多。海森堡、尼尔斯·玻尔（Niels Bohr）和埃尔温·薛定谔（Erwin Schrödinger）最终用数学的方法解释了这些悖论。完全无法想象这些难以置信的现象——有时是波，有时是粒子；要么哪儿都不存在，要么不止存在于一个地方，只有实验才能真正给它们盖棺定论。但数学起了作用，而且效果很好。

受量子物理学的启发，德尔布吕克去哥本哈根与杰出的丹麦物理学家玻尔共事了一年，玻尔因在原子结构方面的研究工作获得 1922 年诺贝尔奖。德尔布吕克回忆说，玻尔"不断地对他的观点进行反复的研究，试图找到量子力学更深层次的意义"。量子力学的核心是互补性原理，它说明在量子物理学中不可能用单一的相干图像完备地描述物质所处的任何状态。每一种实验只能提供一种信息，而不同的实验是相互排斥的，所以这些信息不能被用来建立一个完整的图像。海森堡将其总结为著名的不确定性原理。一些人将海森堡的数学解释为亚原子粒子根本不存在固定的可知属性；这一观点让一些物理学家感到震惊。爱因斯坦拒绝这一解释，直到生命的尽头他都坚信量子物理学最终会被一个更新的物理学所取代，这个新物理学会将量子理论和经典物理中可知、稳定的现实结合起来。但玻尔认为这个关于不确定性的新观点并无不妥，他确信这是向前迈出了一大步。[17]

在玻尔的所有想法中，最能启发德尔布吕克的是互补性可能适用于所有的科学，包括生物学。德尔布吕克记得玻尔反复问他"这个新的辩证法是不是对其他学科不重要？"也许生物学家没有理解生命的本质就是因为类似的相互排斥，"你可以把生命体看成是活的有机体，也可以是一堆杂乱的分子"，但不能两者兼而有之。一些实验揭示了"分子的位置"，但需要完全不同的实验来"告诉你动物的行为"。[18]玻尔的部分论点是，研究有机体的原子结构不可能在不杀死有机体的情况下进行，但也许生命物质确实具有独特的属性——比如复制的能力——当它死亡时，这种能力就失去了。在这种情况下，传统的生物学研究方法，如解剖，就注定束手无策；如果玻尔是对的，生物学就需要沿着物理学的道路走下去——走向尺度更小的领域，寻找生命真正、基本的"亚原子粒子"。研究这些亚原子粒子时，或许像量子世界那样的悖论会出现，而解决这些悖论可能会揭示出新的科学定律，解释生命神秘的属性。实际上，生物学可能是解决物理学下一步问题的关键。

德尔布吕克接受了玻尔发人深省的观点，回到柏林，在那里他遇见了俄国生物学家尼古拉·弗拉基米罗维奇·季莫费弗-雷斯索夫斯基（Nikolai Vladimirovich Timoféeff-Ressovsky）。季莫费弗-雷斯索夫斯基在赫尔曼·穆勒第一次访问苏联时和他见过面，并因此而成了果蝇遗传学家。像季莫费弗-雷斯索夫斯基和他的合作者一样，德尔布吕克很快受到穆勒思想的强烈影响。对于一个物理学家来说，穆勒工作中最有趣的部分也许是，1926 年他使用 X 射线在果蝇上制造了人工突变（他最终因此获得了诺贝尔奖）。这个研究对生物学家来说非常有用，他们现在可以人工制造一些突变，而不用等待它们偶然出现。他们无法控制突变的种类——突变仍然是随机的——但它们出现得如此之快，以至于可以更容易地找到有趣或有用的突变。在 X 射线实验的辅助下，绘制染色体图谱的速度加快了，更重要的是，说服了许多科学家，基因确实存在；如果基因能受到 X 射线的影响，它们必须是真实的，是具有明确性质的物理实体。这是用确定的物理实体取代孟德尔"原基"的重要一步。

对于有德尔布吕克这样背景的人来说，穆勒的 X 射线研究开启了一个有趣的可能性：也许基因在某些方面就像原子。两者都是稳定的——基因可以遗传给一代又一代——但是基因（就像原子一样）的稳定性可以被破坏，爆发的能量会产生突变。也许 X 射线所产生的可遗传突变是由一个基因被"翻转"到一个新的稳定态所引起的，类似于一个电子从一个稳定的量子态翻转到另一个。如果是这样，基因可被证明是生命的真正元素，真正的生物原子，因此研究基因也许可以解释新悖论，从而揭示玻尔和德尔布吕克所期待的物理学新定律。

德尔布吕克、季莫费弗-雷斯索夫斯基和卡尔·冈特·齐默（Karl Günter Zimmer）合作完成了一篇论文，这篇论文后来被称为"绿皮书"（因为他们寄出论文时，封面的颜色是绿色）。论文提出了为什么基因通常是不变的，但也提出了为什么它们可以因辐射而改变：基因是稳定的化学分子，但辐射的能量足以让组成它们的原子重新排列成新的形式。绿皮书以最直接的方式把物理学和生物学联系起来。

20 世纪 30 年代，由于种种原因，许多科学家热衷于将物理学和生物学联系起来。生物学向来与更严谨、更有声望的科学，如化学，尤其是物理学，联系得并不紧密。这也是生物学家对建立与所谓的"硬科学"和它们的"软亲戚"（生命科学）之间的联系感兴趣的原因之一，他们希望能享有物理学家们的一点儿声望和基金。他们也得到了一些物理学家和化学家的支持，这些物理学家和化学家也许是第一次想要和生命科学联系起来，而这正是因为它们是生命的科学。众所周知，从第一次世界大战开始，就出现了生物化学家，他们发现了维生素，挽救了许多生命；而化学家们被认为是毒气的发现者，毒气使许多人致残致死。硬科学开始被视为死亡科学，尽管这么定义并不公平。到了 20 世纪 30 年代，一些人认为似乎是物理学家和化学家组成的邪恶联盟发明了新的杀戮技术：1937 年，法西斯飞机轰炸了格尔尼卡的巴斯克古城，手无寸铁的平民因此丧生。许多人担心科学还可能为他们带来新的恐怖。与此同时，生物学家在揭示生命的基本原理，比如呼吸和消化——最起码，这些知识是无害的，往好的说，它可以拯救生命，使人类免于患病，甚至征服死亡本身。

生物学从围绕着物理科学的不安感觉中获益。20 世纪 30 年代，在很大程度上得益于洛克菲勒基金会的资助，生物学家们开始着手解决一个新问题：研究蛋白质等大型复杂分子的形状，以了解它们是如何起作用的。蛋白质结构开始被许多人视为"生命的问题"，是理解生命本身的关键。传统的生物化学似乎并没有在解决这个问题上取得多大进展，因此 20 世纪 30 年代，一门新的学科逐渐取而代之。它使用了新的工具，如 X 射线晶体学，并在 1938 年获得了由沃伦·韦弗（Warren Weaver）赋予的新名字——"分子生物学"，韦弗当时是洛克菲勒医学研究所自然科学部的主任。他把这个领域定义为"分子生物学"或"亚细胞生物学"，从细胞本身转向一个更基本的层面来做研究。韦弗用量子物理学家的亚原子世界来做类比：为了在这个领域有所进展，生物学必须进入更小的尺度。

韦弗是一位没有生物学背景的工程师；他认为生物学是一门"未来的科学"，这种想法来源于生物学家们，他们在媒体上描述自己控制生命和征服疾病的雄心壮志。然而，似乎没有什么证据支持这些宏大的主张，韦弗当时的观点是，生物学似乎仍然"缺乏规律，无法进行理性分析"。[19] 洛克菲勒基金会的回应则是注入一笔可观的资金并引入物理学，尤其是新的技术。韦弗相信，这将使生物学家能够建立起生命科学的规律，快速获得进展和拯救一个受到法西斯主义、共产主义以及全球经济衰退威胁的文明。

韦弗和那些与他观点相同的人是真的塑造了生物学的新面貌，还是只不过蹭上了已经在加速的潮流，仍然是有争议的。也许两者都有，但是新的资金确实允许并鼓励生物学家采用那些令人激动但又昂贵的新技术——这些新技术是物理学家发明的——并将其应用于生物学研究。除了产生突变，X 射线也可以被用来揭示化学结构，这一方法称为 X 射线晶体学。这种技术所基于的事实是：当一种物质结晶时，它的所有分子都排列成有规则的、均匀间隔的结构。这意味着，在某些重要的方面，晶体就像一个巨大的分子。当一束 X 射线穿过它时，光被散射，而散射图谱可以用照相胶片检测到。想象一下把手电筒照进盒子里，可能更容易理解：盒子里有一个烛台，但你无法看见它；你所能看见的只是它将光线折射到盒子外时在墙上所形成的图案。使用光学定律，烛台的样子就可以从墙上的图案推导出来。相同的原理也应用于 X 射线晶体学——X 射线被晶体内分子的晶格结构散射时所形成的图案可以被用来推断单个分子的形状。

X 射线晶体学首先被用来研究简单的无机化合物，如金刚石的结构，但是，生物化学家意识到，这些在研究中发展起来的规律可以被应用到更大、更复杂的有机分子，如蛋白质的研究上。这样的研究让人们认识到，这些分子的三维形状与其行为方式、所执行的化学反应以及最终的生物学功能有直接的关系。

1935 年，也就是绿皮书发表的同一年，诺斯罗普在洛克菲勒医学研究所的一位同事，温德尔·斯坦利（Wendell Stanley）成功地获得了烟草花叶病毒（TMV）的晶体，并宣布病毒只不过是一个蛋白质分子。他的宣告引起了轰动：德尔布吕克和数百名生物学家对这项实验感到非常激动，因为它似乎将蛋白质，这种被认为是生命的基本组成模块，坚定不移地带入了物理学领域。1937 年，德尔布吕克获得洛克菲勒医学研究所的分子生物学奖学金，并受邀来到加州理工学院与摩尔根和他的果蝇团队一起工作。

随着对烟草花叶病毒和类似植物病毒的研究，科学家越来越清楚地认识到它们属于一小类蛋白质，这些蛋白质的化学结构中含有微量的磷。五十年前，化学分析就已经表明，染色体也是由含磷蛋白质组成的，而这种蛋白质——因为染色体是在细胞核中被发现的——被称为"细胞核素"。但在 20 世纪早期，这个名字被"核蛋白"所取代；它可以结晶这一现象令许多研究小组开始利用 X 射线探测它的结构，希望得到能揭示它的功能的精确形状。

许多科学家对病毒也是由与染色体一样的物质所构成的这一发现很感兴趣，穆勒是其中之一。他对病毒——尤其是噬菌体——感兴趣已经有一段时间了。早在 1922 年，他就想知道噬菌体是否"真的是基因，其本质上和我们的染色体基因一样吗？"如果答案是肯定的，那"将为我们提供一个全新的角度来解决基因问题"。现在看来，噬菌体可能类似裸露的基因，不知何故暴露在细胞外，能够独立生存。穆勒承认，"称它们为基因还为时过早，但目前我们必须承认，它们和基因没有区别"。这一想法开启了一种可能性，即"我们或许能够在研钵中研磨基因，在烧杯中烹煮它们"。[20]

烟草花叶病毒的结晶似乎证实了穆勒的观点：即使病毒不是基因，基于其与基因的相似性，它们也可以为研究遗传的机制提供理想的工具。德尔布吕克去美国前，对噬菌体和病毒就已经很感兴趣了，他想知道噬菌体到底是不是裸露的基因以及基因是不是生命的元件。他来到加州理工学院后发现摩尔根的团队正等着迎接他的到来："果蝇男孩们"非常有兴趣与物理学家合作——这很大程度上得益于穆勒的 X 射线研究——但他们中很少有人能理解德尔布吕克绿皮书中的数学原理。到达帕萨迪纳后，他的首要任务之一就是向他们解释清楚这些数学原理。

| 噬菌体小组

当"果蝇男孩们"开始学习数学时，德尔布吕克也在试图掌握果蝇遗传学，但他在加州理工学院的头几个月，难以理解果蝇遗传的复杂性。当时，果蝇研究已经成为一个成熟的领域，有自己的术语和文献，从事果蝇研究需要阅读大量的学术书籍和论文，以及掌握果蝇实验的方方面面。德尔布吕克后来承认，"在阅读这些令人生畏的论文方面没取得什么进展……我真的是一点儿也不懂"。[21] 他认为，果蝇遗传对他来说太过晦涩难懂。无论如何，对于一个物理学家来说，果蝇遗传既太大也太复杂了。物理学家们常常发现，解决问题的第一步是简化它，把它剥离到只剩下最基本的组成部分；研究果蝇就像试图从大量不确定的分子，如蛋白质，推断量子物理学的基本原理。德尔布吕克希望有一个生物学上相当于氢原子的研究对象——仅有一个质子和一个电子，而没有其他错综复杂的东西。

在离开欧洲前往美国之前，德尔布吕克已经隐约地意识到病毒可能会很有趣。1937 年，在前往加州理工学院的途中，德尔布吕克拜访了温德尔·斯坦利在洛克菲勒医学研究所的实验室，但他失望地发现，甚至烟草花叶病毒似乎也比他所设想的更加复杂。当他觉得实在搞不懂加州理工学院的果蝇时，他休了个假去露营。回来后，他发现自己错过了埃利斯关于噬菌体的报告。"我很遗憾自己错过了这个报告，"德尔布吕克回忆说，"后来我下楼去问他报告都讲了什么。我隐隐约约听到了病毒和噬菌体……我当时有一些模糊的概念，认为病毒可能是一个有趣的实验对象"。[22] 于是他来到了埃利斯实验室。

埃利斯急于向德尔布吕克展示噬菌体实验，当时德尔布吕克所看到的给他留下了极为深刻的印象。尽管一开始完全没有微生物学或病毒的知识，并且还在使用一些非常原始的设备，但埃利斯已经完全掌握了养殖噬菌体的基本知识：培养大肠杆菌；让噬菌体感染它们，并测量结果。德尔布吕克说："他被震惊了，通过如此简单的操作就可以看到单个病毒颗粒"。至少，这是一些与物理学一样简单明了的生物学，能产生清晰的数学结果。对于德尔布吕克来说，噬菌体似乎有潜力成为生物学上的氢原子——证明生命体能够繁殖的最简单的例子。他决定研究噬菌体，直到它们呈现出他所追求的悖论。"在我看来，这似乎是我做梦也想不到的。"德尔布吕克回忆道。终于他能"用生物学上的氢原子做简单的实验了"。[23] 德尔布吕克和埃利斯同意共同研究噬菌体。

德尔布吕克相信噬菌体不仅仅是一种化学现象，而且是真正的生命体；它们像其他生物体一样繁殖和生长。如果要把噬菌体作为更复杂生命体的模型，就必须相信噬菌体也是生命体，但在 20 世纪 30 年代只有少数人认同病毒是生命体这一观点。洛克菲勒医学研究所蛋白质化学家的工作使大多数生物学家相信，病毒，比如噬菌体，是某种酶，而根本不是有机体。

诺斯罗普确信，即使有些病毒是活的，噬菌体和烟草花叶病毒也只是纯粹的化学物质——它们太小也太简单了。斯坦利起初同意他的观点，但是——与之前的贝耶林克一样，他认为烟草花叶病毒肯定不仅仅是一种化学物质，因为只有活细胞才能产生病毒，而这是简单的化学物质所不具备的特性。这也是让德尔布吕克接受噬菌体是活病毒这一观点的部分原因：它们只在活细胞中繁殖。它们对宿主的特异性也很高——攻击大肠杆菌的噬菌体不攻击其他细菌——这种模式也被发现存在于其他动植物病毒中。此外，噬菌体与其他病毒大小相近，而且——也是最重要的是——它们是由同样的核蛋白构成的。

随着关于噬菌体的争论继续，德尔布吕克开始集中精力寻找合作者。他最初决定把细菌细胞当作一个黑匣子来处理，但并不打开它，因为那样会扰乱生命系统。他的想法只是简单地将感染细菌的噬菌体数量作为"输入"，把细菌解体时释放的噬菌体数量作为"输出"。他推断，这样一种简单的方法能让他得出一个精确描述噬菌体繁殖的数学方程式。用他的话说，"一个好的游戏促使认真的孩子提出雄心勃勃的问题"。[24] 他原本以为这个项目只需要几个月的时间，在洛克菲勒奖学金期满前他就能宣告"生命的秘密"。像许多物理学家一样，他不久就意识到自己低估了生物问题的复杂性：他仅仅设计一种可靠的噬菌体计数方法就花了两年时间。

在发现生命的秘密之前，德尔布吕克的洛克菲勒奖学金就被花光了。他不得不找一份物理学家的工作，因为人们对他用噬菌体研究"生物物理学"仍然没有多大兴趣。不久之后，德尔布吕克遇到了意大利生物学家萨尔瓦多·卢里亚（Salvador

Luria)。卢里亚在罗马听说了穆勒的 X 射线突变研究，也碰巧读过绿皮书和了解过德尔布吕克基于物理学的基因观念。但卢里亚不久就不得不离开罗马大学；他来自一个犹太家庭，1938 年在意大利法西斯政府的迫害下离开了工作岗位。他在巴黎待了一阵子，但德国军队在 1940 年入侵了这座城市，卢里亚骑自行车逃了出来，最终离开欧洲，途经西班牙和葡萄牙，前往纽约。

德尔布吕克立刻意识到这位意大利难民就是他要找的合作者：卢里亚是一位微生物学家；他有物理学博士后的经验，而且他已经在研究噬菌体了。德尔布吕克和卢里亚都发现一些细菌对噬菌体的攻击具有免疫力，所以他们决定通过确认这种抗性是否实际上是一种基因突变来解决细菌是否真正具有基因这一核心问题。许多细菌学家认为微生物没有基因(部分原因是因为细菌没有细胞核)，而且它们必须以某种拉马克式的方式进化，例如，一旦受到噬菌体攻击，它们可以迅速获得对噬菌体的抗性。

一天晚上，卢里亚在俱乐部一边看着同事玩吃角子老虎机，一边考虑这个问题。赢钱时硬币零星从机器上哗啦哗啦地掉下来，这使他想到了随机性和概率。如果细菌发生了真正的突变，这些突变一定是随机发生的，因此，在任何给定的培养皿上生长的抗噬菌体细菌的百分比也将是随机的。然而，如果细菌是因为噬菌体的攻击而产生抗性，具有抗性的细菌的百分比应该与噬菌体的数量成正比。卢里亚做了实验，同时德尔布吕克做了计算，他们发现具有抗性细菌的数量确实是随机的。1943 年，他们共同发表了一篇论文，让他们的同事们相信细菌确实有基因，且其行为方式和果蝇的基因很像(我们将在后面一章看到，最终人们发现细菌属于一个完全独立的生物界，它们没有细胞核，但仍然和其他生物体一样，拥有基因)。

在研究过程中，德尔布吕克和卢里亚偶然发现了阿弗雷德·赫希(Alfred Hershey)的论文，并对其产生了浓厚的兴趣。卢里亚给密苏里州圣路易斯的华盛顿大学提交论文时，遇见了赫希。赫希被噬菌体遗传学的潜力打动了。于是，后来被称为"噬菌体小组"的团队诞生了。德尔布吕克、卢里亚和赫希将为分子生物学提供一个新的工具——噬菌体——来解决其中一些最重要的问题。

1944 年，一位物理学家以一本小书为分子生物学做了一份意想不到的贡献，书名雄心勃勃，这本书就是《生命是什么？》(*What is Life?*)，作者是埃尔温·薛定谔，他是量子物理学的奠基人之一。他偶然发现了德尔布吕克的绿皮书，并受到了启发。薛定谔认为，德尔布吕克关于基因的概念确实"涉及迄今为止未知的其他物理定律"，然而，一旦这些定律被揭示出来，它们也将和现存的定律一样，成为这门科学不可分割的一部分。薛定谔认为基因可能由某种不规则(或"非周期")的晶体所组成，这些晶体由若干分子组成，这些分子具有相同数量的原子，但实际上以不同的方式排列，这将使它们具有不同的化学性质(类似的分子被称为同分异构体)。他评论说："在这样的结构中，原子的数量不必很多就能产生几乎无限种可能的排列方式。举个例子，想想莫尔斯电码，两个不同的符号——点和破折号有序排列成组，每组不超过 4 个符号，能产生超过 30 个不同的组。"[25] 薛定谔选择的隐喻——基因可能就像密码——深刻地塑造了第二次世界大战后遗传学发展的方式。

1945 年日本原子弹爆炸的悲剧意想不到地推动了分子生物学的发展。许多人认为，原子弹拯救的人比杀死的人多，因为它迅速结束了战争；但一些年轻的物理学家更相信罗伯特·奥本海默(Robert Oppenheimer)的评价，"物理学家已经知道了什么是罪孽，这是他们一辈子都不会忘记的"。[26] 随着在军事方面对各种物理学研究的投资达到了前所未有的水平，其中一些读过《生命是什么？》的人受到了启发，放弃了制造原子弹这逐渐看起来是与死亡在打交道的科学，而转向新领域——分子生物学。

噬菌体研究小组的工作进度很快让人们意识到，即使是这三个绝顶聪明的人也不可能在一个月内发现生命的奥秘。于是德尔布吕克开始招募那些幻想破灭的物理学家。他组织了一年一度的噬菌体大会，并且在他回到加州理工学院担任生物学教授后，开始招收研究生，一起传播噬菌体研究。《生命是什么？》出版一年后，德尔布吕克开始在冷泉港实验室教授暑期课程，指导新加入的研究人员学习噬菌体的基础知识。这些课程每年都开设，持续了 26 年，20 世纪许多最有影响力的生物学家都曾毕业于德尔布吕克的噬菌体课程。

尽管德尔布吕克后来回忆说"噬菌体小组并不是一个真正的小组"，但是小组的成员们不断地相互沟通，这对它的成功至关重要：分享信息和结果的开放精神，是从物理学借鉴来的。德尔布吕克承认这方面是"直接从哥本哈根大学和玻尔那里复制来的"，在那里"首要原则必须是开放。告诉对方你在做什么，在想什么"。[27] 与玻尔的实验室一样，噬菌体小组享受着一种亲密无间的气氛，而其核心就是德尔布吕克，他总是很高兴和每个人交谈。许多来过加州理工学院并参加了一年一度夏季噬菌体课程的人员，掌握了德尔布吕克的方法和技术，也倾向于采纳他的开放性原则，并将其传递给自己的同事和学生。1944 年，一份名为《噬菌体信息服务》(*Phage Information Service*)的通讯问世，和它仿照的《果蝇通讯》一样，很快成为噬菌体遗传学先驱们的重要工具。及时的成果交流被认为是至关重要的，德尔布吕克宣布设置"无实验日"，在这一天每个人都必须离开实验台桌，把结果写出来发表。结果一旦被发布和共享，这种开放将带来更快速的进展：大量有趣的新结果产生了大量的出版物，这反过来又吸引了大量的研究生，此举不仅增加了他们对噬菌体的关注，还提高了噬菌体研究人员的知名度。噬菌体小组的成功意味着，它的理念和方法将被许多遵循它的遗传学家所复制。

物理学对遗传学的另一个重要影响是对标准化的驱使。在研究早期，每个研究组都有自己的菌种，通常都是从污水处理场或类似地点获得的。对于德尔布吕克来说，这相当于每个物理学实验室都使用自己的一套砝码和测量标尺，或对加速度和力的定义。这种混乱让合作的益处难以发挥，因为这让比较各个实验室的结果变得更加困难。因此，他利用自己在这个新领域迅速提升的影响力，实施后来被称为"噬菌体条约"的规定：任何希望成为噬菌体网络中一员的研究人员，都必须同意从七个"通用"、感染特定大肠杆菌的噬菌体(T系列)中选择一个或多个进行研究。只有当每个研究人员都用他们在冷泉港噬菌体课程上所学到的标准技术去研究同一种噬菌体时，将分散在世界各地的不同噬菌体小组视为一个大的合作团队才能成为可能，就好像是噬菌体把这些群体绑在了一起，使他们之间的合作成为可能。

分散在世界各地的团队对噬菌体开展了研究，他们逐渐确信细菌和噬菌体都有基因，而且像果蝇一样，以标准的"孟德尔式"方式遗传。然而，核心问题仍然没有答案：基因到底是什么以及它们是如何运作的？逐渐清楚的是，噬菌体实际上并不以细菌为食，也不消灭细菌；病毒所做的就是控制细菌自身的细胞机器，这是细菌繁殖必需的工具——这就是为什么病毒不能在培养皿中生长，而只能在活细菌中繁殖的原因。噬菌体以某种方式劫持了细菌的生殖系统，使细菌不再自我复制，而只产生噬菌体。德尔布吕克和其他人现在可以解释存在于噬菌体攻击细菌和细菌死亡之间的时间差：这是新一代噬菌体产生的时间——一旦噬菌体数量过多，细菌无法承受，就会破裂并死亡，从而释放出新的噬菌体。这种模式强烈地表明，每个噬菌体都含有制造更多噬菌体的模板，但是模板是由什么组成的，以及存在于何处都无从得知。

一个重要的线索来自微生物学从物理学那里获得的一个昂贵工具，电子显微镜。20世纪30年代初，新技术，特别是阴极射线管(传统电视机的核心)，让人们能制造出用电子束而不是光束"照亮"物体的显微镜。因为电子束的波长很短，新的显微镜可以让科学家观察到更小的物体——比用最好的光学显微镜观测到的还要小数百倍。第一台电子显微镜由德国在20世纪30年代中期制造，当消息传到美国时，一些科学家认为这台神奇的机器可能是纳粹的骗局。但事实并非如此。很快，美国公司，比如RCA就开始生产电子显微镜。为了刺激市场，它们开始研究新的用途。1940年，RCA为探索生物应用提供了3000美元的奖金；这笔奖金被一位叫作托马斯·安德森(Thomas Anderson)的研究人员赢得，他是美国最早的电子显微镜学家之一。

1941年，卢里亚找到安德森，问他是否能拍下噬菌体的电子显微镜照片，看看它们到底有多大。安德森认为这是可行的，尽管卢里亚还需要先申请安全许可才行(洛克菲勒医学研究所的实验室当时参与了国防机密的研究工作)。他们的第一次尝试失败了，因为噬菌体的溶解度不够，无法让它们浓缩。1942年3月，卢里亚成功地提高了浓度，并成功拍出照片；他们发现噬菌体的形状类似蝌蚪，有明显的头部和尾巴。噬菌体具有相对复杂的解剖结构，这一事实进一步支持了噬菌体确实是生命体的观点。早期照片显示了另一个有趣的现象：噬菌体的头部朝向细菌，就像精子游向卵子一样(安德森花了 11 年才终于排除了他长期以来的怀疑，即这种现象实际上只不过是制备样品时偶然出现的结果)。精子样的外观说明了噬菌体感染可能类似于受精过程。更有趣的是，电子显微镜照片似乎显示，噬菌体实际上并没有穿透细菌，而是停留在细菌外面——然而不知何故，它们仍然能够将它们的生殖模板转移到细菌内。

经化学分析证实，噬菌体是由一层蛋白质外壳包围着核蛋白核心的有机体。那么，到底是蛋白质外壳还是核蛋白提供了产生新噬菌体的模板呢？在 20 世纪 40 年代，一些研究人员提出这神秘的模板是由脱氧核糖核酸(核蛋白去除蛋白质成分后的物质，即 DNA)组成的，但这一说法遭到了相当多的质疑；与相对巨大的蛋白质分子相比，DNA 似乎是一种很小、很简单的化学物质。尽管德尔布吕克更喜欢用一个简单的系统来做实验，但他依然否认了这一观点，认为 DNA "乏善可呈"，分子太简单，无法为构建一个完整的新生命体提供基础。[28] 然而，1952 年，赫希和他的同事玛莎·蔡斯(Martha Chase)利用物理学的另一项技术——放射性标记，揭示了模板正是由 DNA 所构成。他们利用 "构成噬菌体外壳的蛋白质含硫而不含磷，但 DNA 则含磷而不含硫" 的特点，用这两种化学元素的放射性同位素标记了一些噬菌体，然后用被标记的噬菌体感染细菌。他们的分析表明，噬菌体的蛋白质外壳仍然留在细菌体外，而所有 DNA 都进入了细菌。细菌的蛋白质合成机器被噬菌体 DNA 所劫持，产生新的噬菌体，每个噬菌体都含有原始噬菌体 DNA 的拷贝。多亏了噬菌体，现在的图片才算完整：基因就是 DNA。

众所周知，继赫希和蔡斯之后，第二年剑桥大学的两位研究人员——詹姆斯·沃森(James Watson，也是噬菌体课程的毕业生)和弗朗西斯·克里克(Francis Crick)确定了 DNA 的化学结构。他们所公布的 DNA 双螺旋结构是建立在其他许多人的研究之上的：伦敦国王学院的罗莎琳·富兰克林(Rosalind Franklin)和莫里斯·威尔金斯(Maurice Wilkins)提供了 X 射线晶体学证据，X 射线图片暗示了螺旋形的结构；埃尔温·查加夫(Erwin Chargaff)进行了化学分析，分析结果表明组成 DNA 的四种关键成分的数量存在对等关系：腺嘌呤(A)和胸腺嘧啶(T)的数量相等，鸟嘌呤(G)和胞嘧啶(C)的数量相等。这些精确的匹配对于理解双螺旋的两条链如何结合在一起，以及 DNA 如何精确复制自身是非常关键的：腺嘌呤总是和胸腺嘧啶配对，鸟嘌呤总是和胞嘧啶配对，所以螺旋中的每条链都与另一条互补。噬菌体小组为噬菌体和细菌都拥有基因提供了重要的证据——首先是赫希和德尔布吕克的噬菌体抗性实验；然后他们证明了这些基因是由 DNA 组成的。当然这些都不能削弱沃森和克里克的成就，但这是一个有益的提示：就像任何杰出的理论家一样，他们不可能仅凭一己之力就获得成功。

▌ 医用噬菌体

发现 DNA 在遗传中的作用成就了现代遗传学，但其中也有一些意想不到甚至矛盾的结果。人们可能会认为，德尔布吕克会很高兴地看到"他的"噬菌体项目促成了沃森和克里克的成功，但事实上 DNA 才最让他失望。一旦确定了 DNA 的结构，那么很显然它是通过一个简单的化学过程来复制自己：它不需要新的物理定律。德尔布吕克失去了对噬菌体的兴趣，把这个项目交给了年轻的同事们，并接受了新的生物学挑战，继续寻找可能产生激进新理论的悖论，但始终没有找到。

另一个具有讽刺意味的是，费利克斯·休伯特·德赫利勒从未参与过噬菌体遗传学革命。他在耶鲁大学待了五年，试图让美国医生对噬菌体治疗的可能性产生兴趣，即用噬菌体攻击引起疾病的细菌来治疗疾病，但没有成功。1933 年，他接受邀请，加入位于第比利斯的苏联噬菌体研究所。西方的经济萧条迫使耶鲁大学削减了对他的研究资助(他甚至要自掏腰包补足系里的预算)。与此同时，他的苏联同僚得到了实质的政府支持，尤其是因为当时苏联仍然定期暴发流行病，如霍乱。在苏联，他发现自己平生第一次被视为科学明星，周围都是殷勤、训练有素的员工和仆人(他甚至还有一名司机)，还有所有他能想象得到的现代化设备。更幸运的是，他在巴黎还有一个私人实验室，每年夏天都在那里度过。虽然他不是共产主义者，但德赫利勒认为这里的学术氛围很有吸引力：他对细菌遗传所持的新拉马克主义观点与当时在苏联盛行的李森科学说非常契合。

民主国家面对经济萧条时的无情让德赫利勒失望，他希望苏联能更加积极和有组织地改善人民的生活。他认为，研究疾病的关键在于观察"自然宿主"——人类：

> 因为所有有影响力的人士所研究的疾病都是"人为的"疾病(在自然环境中，兔子和豚鼠都不感染霍乱或伤寒)，这些研究成果并不能被实际应用到真正发生在人类身上的自然疾病中……[29]

他希望凭借苏联的资源最终取得实质性进展，特别是在他看来，作为一个遵循理性原则的国家，这种原则不受他所认为的偏见所束缚，他在其他地方遭遇的这种偏见阻碍了他对噬菌体治疗的设想。但事与愿违，1937 年，第比利斯研究所所长被捕并被枪杀；虽然所长对政治基本上不感兴趣，但不知何故，他成了斯大林秘密警察头子拉夫伦蒂·贝利亚(Lavrenty Beria)的敌人。当德赫利勒听到这个消息时，他正好在巴黎；于是他再也没有回到苏联。然而，噬菌体疗法在苏联和其他东方国家仍然普遍流传；战后情况依然如此，许多成功的案例都证明了这一点。德赫利勒在第二次世界大战中幸存下来，并在 1947 年终于得到了迟来的认可，他被邀请到巴斯德研究所做关于噬菌体的讲座，并被授予奖章（尽管研究所内部有些人反对）。但他从来没有对分子生物学感兴趣，直到 1949 年去世，他仍然坚信新拉马克主义。

人们可能还认为，解决了噬菌体如何繁殖的问题最终会平息关于它们是否为生命体的争论，但是，令人惊讶的是，诺斯罗普和一些蛋白质化学家仍然没有被说服。诺斯罗普坚持自己的立场，这看起来可能很固执，但这确实是一个很好的例子，说明了如何回答科学问题取决于如何提问。以化学家的身份研究噬菌体，使用化学家的工具和化学家的认知，它们看起来就是化学物质；但如果你从生物学家的角度来看待它们，它们似乎就是生物。从某种意义上说，诺斯罗普和德尔布吕克都是对的，但他们也都错了；噬菌体繁殖的方式和细胞制造蛋白质的方式很像，而蛋白质的制造方式又像简单的催化反应。病毒是否真的可以被认为是活的生命体，仍然是一个悬而未决的问题：这一切都取决于对"生命体"的定义。

噬菌体研究小组的成功启发了许多遗传学家寻找其他小且简单并能被快速培养的生物，以加速他们的研究工作。与此同时，与冷泉港实验室的噬菌体工作人员一起工作的，还有一位野外遗传学家，她想要放慢速度，研究大型、复杂、繁殖缓慢的生物，并让自己的工作适应它的节奏；她的名字叫芭芭拉·麦克林托克（Barbara McClintock），她通过研究美洲最古老、最重要的农作物之一——玉米，建立了自己的声誉。

玉米：
无可救药的谷物

Chapter 9
Zea mays：
Incorrigible corn

在哥伦布之前，没有一个欧洲人见过番茄或辣椒，也没有哪间意大利厨房飘着玉米粥的味道。玉米、番茄和辣椒都土生土长在美洲。1492 年 11 月 5 日，在哥伦布登陆古巴的几周后，两名水手给他们的首领带来了"一种叫作玉米的谷物，这种谷物味道很好，可以被烘烤或晒干制成面粉"。据哥伦布记载，当地人称之为"mahiz"，但和许多探险者一样，他喜欢用一些熟悉的类似事物来重新命名，他称之为"panizo"，即意大利语中的小米。

《圣经》里，露丝对纳奥米说："现在我去田野，收集玉米穗"。受这句话的启发，约翰·济慈(John Keats)在他的《夜莺颂》(*Ode to a Nightingale*)中写道，露丝站在异邦的谷地里哭泣。但其实露丝捡拾的是麦子：詹姆斯国王钦定版《圣经》的译者使用了大家熟悉的单词"玉米"(corn)，意思就是"谷物"(grain)。"玉米"源于欧洲一些最古老的语言中"辗磨"(grind)这一动词——其拉丁语是 *granum*，意思是"碾成谷粒"，对于詹姆斯国王钦定版《圣经》的译者来说，这个词的意思和"corn"相同；它们都指被碾磨的东西。这个词甚至包括盐粒，这就是为什么咸牛肉被称为盐腌牛肉(corned beef)。

玉米源自美洲，在哥伦布发现它之后的若干世纪里，全世界其他地方的人都是从重视和改造它的美洲当地人那里了解这种植物的。

在哥伦布发现新大陆后的一个世纪里，西班牙修士贝纳迪诺·德·萨哈贡(Bernardino de Sahagún)曾撰文论述了玉米在阿兹特克人的烹饪和生活中的主要作用，描述了我们现在仍然熟悉的墨西哥食品——裹着肉或豆子的玉米饼和玉米粽。萨哈贡记录了一位阿兹特克人对玉米的看法："它很珍贵的，我们离不开它。它味道很棒，口感绝佳，令人嘴馋和向往——真是个让人垂涎三尺的东西。我感到荣幸和骄傲，我也渴望和崇拜它。"担心西班牙人不能理解他的观点，他补充道："我们的生存全有赖于它"。[1]

哥伦布和他之后的征服者们把玉米带回了欧洲，从那里玉米被运往世界各地并繁殖开来。它变得如此普遍，以至于 16 世纪的草药学家约翰·杰拉德(John Gerard)没有意识到它的起源地是美洲，硬把这种植物塞进一个他所熟悉的古老类别，他把它称为"亚洲玉米"。另一方面，与他同时代的卡洛斯·克劳修斯(Carolus Clusius)，管理着位于维也纳的帝国植物园，他最早认识到美洲有一种新的植物，他将它命名为"mayz"。

没有任何一种美洲本土植物(甚至烟草)能像玉米那样成功地传播到地球的各

个角落；根据联合国粮食及农业组织的数据，小麦是覆盖地球最大表面积的作物，但就重量而言，全世界仅 2004 年就收获了 7 亿多吨玉米，远远超过小麦的收成。英国人定居北美前，玉米就已经在欧洲广为人知，以至于饥肠辘辘的清教徒们常偷走玉米作为食物。"五月花号"上的乘客在普利茅斯殖民地的第一个季节过得非常艰苦，直到他们发现了一个印第安人堆的沙堆。清教徒们徒手把它挖开，"发现了一个小小的旧篮子，装满了不错的印第安玉米；接着往下挖，发现了一个漂亮的新篮子，装满了今年新收成的相当不错的玉米，一共 36 只，玉米棒子有黄色的，有红色的，还有混着蓝色的，非常漂亮"。[2] 正如每个美国孩子在他们第一个感恩节学到的那样，清教徒的向导斯匡托（Squanto，也被称为蒂斯匡托），一名万帕诺亚格部落的印第安人，教会普利茅斯殖民地的居民如何播种和栽培他们"发现"的玉米，帮助他们生存了下来。

玉米对美洲的每种文化都至关重要。对易洛魁人来说更是如此，玉米和豆子、倭瓜并称为"三姐妹"——"我们所赖以生存的食物"。白人入侵者了解到印第安人对玉米的依赖，并意识到焚烧他们的玉米田可能比与他们作战更容易。美国独立战争期间，乔治·华盛顿的一位指挥官，约翰·沙利文（John Sullivan）少将被派往参加一场抗击易洛魁人血腥而愚蠢的战役，他告诉他的部队，烧毁玉米地就是为了向他们的敌人证明"我们心中的仇恨，足以摧毁供养他们的一切东西"。[3]

玉米造就了美洲的伟大文明，但也让欧洲人得以征服这些文明。大多数土著的耕种、储存和烹调技术都被移民采用，也包括其他两个"姐妹"，豆子和倭瓜。现代营养学家已经认识到这些食物完美的互补：豆类提供了玉米所缺乏的蛋白质和维生素，而倭瓜提供维生素 A 和种子中的脂肪（被迫仅靠玉米生存的人会患上糙皮病）。这些植物被种植在一起也会长得很好：倭瓜藤遏制了杂草，豆子缠绕玉米秆向上生长以获取阳光，但不会过多地遮挡玉米。通过模仿当地的习俗，殖民者生存下来，繁衍生息，兴荣昌盛，将殖民地不断向大陆纵深，最终横贯大陆，连接两大洋——这都要归功于玉米。

玉米成为美国人自我意识的核心。1766 年，在美国独立战争前的印花税危机时期，本杰明·富兰克林（Benjamin Franklin）曾写信给伦敦一家报社，质疑英国人宣称美国人将无法维持对茶的抵制，因为这样的话，他们就没有早餐吃了。富兰克林反驳说："印第安玉米，可以取代所有东西，是世界上最令人愉快和健康的谷物之一……刚从火里烧热的玉米薄饼比约克郡松饼都好吃。"富兰克林确信，英国人对玉米的无知只会"让我们对自己国家的，而不是你们国家的，每一个优势都更为确定"。[4]

在南北战争之后的几十年里，玉米的命运因蜿蜒穿过大陆并最终连接了整个大陆的铁路而起伏。因为铁路让长途运输谷物成为可能，于是广阔的草原被开拓用于农牧业，但最初小麦才是美国殖民者的主食。19 世纪 70 年代，美国小麦产量激增，部分原因是欧洲农作物歉收推高了世界价格，使小麦获得了巨额利润。

截至 1884 年，美国小麦产量是 1830 年的 5 倍，但那时欧洲的农业产量已经恢复到 1830 年的水平，小麦价格迅速下跌。美国农业部——其成立的目的就是服务和保护美国农民，它开始鼓励农民多样化种植，促进了对新的和改进的农作物品种的种植。

玉米是美国农业部多样化计划的最大赢家。从 1866 年到 1900 年，玉米种植面积翻了 3 倍，产量翻了两番——到 19 世纪末，玉米产量达到了小麦产量的 2 倍。哥伦布发现新大陆的 400 年后，玉米种植博览会在美国南达科他州的米切尔举行，它的特色是建立了一座玉米建造的宫殿，至今仍屹立不倒，每年吸引着成千上万的游客。1893 年，在 19 世纪最后一次世博会——芝加哥的哥伦比亚博览会上，游客们可以"花 50 美分游览地球"，同时也可以"一睹美国的过去和将来"。这次博览会除了通常没完没了的机械和发明展示、精美的艺术宫殿——展出了 8000 多幅画作，还有动物园和气球、"世界美女代表大会"、野牛比尔的狂野西部秀等，"印第安玉米厨房"也是其中一大亮点。疲惫和饥饿的游客们看到"印第安玉米厨房"后一定会松一口气，"印第安玉米厨房"由伊利诺伊州当地妇女代表团经营，每道菜都是用玉米做的，如果游客在用餐结束时还没有对玉米感到厌倦，他们甚至可以买一本全玉米食谱书做纪念。

玉米大多被喂给动物，用来生产肉类，还有更多的玉米被蒸馏成威士忌或制成抹了盐或糖的爆米花。一些美国人不赞成这些用途：肉，糖，盐，尤其是蒸馏过的玉米。对于一些提倡健康生活的人来说，滥用玉米是导致身体、精神和道德衰退的原因。1877 年出版了一本名为《致所有人的简单事实》（*Plain Facts for Old and Young*，以下简称《简单事实》）的书，敦促读者戒掉烟酒、茶和咖啡，以及"糖果、香料、肉桂、丁香、薄荷和所有有强烈香味的食物"。根据作者的说法，无论是甜的还是咸的爆米花以及以玉米为原料的波本威士忌，对"孤独的恶习""最危险的性滥交"都负有同样的责任，"频繁的食用几乎让受害者不可抗拒地着迷！"饮用烈性饮料和食用被认为是无害的糖果的消费者会发现，他们受到"强有力的生殖器官刺激"，导致甜食成为诱惑，所以"用自己的手毁灭了他对这个世界和下一个世界的所有希望。即使在受到严肃的警告之后，他们还是常常继续这种恶劣的行径，为了一时疯狂的肉欲故意剥夺自己的健康权和幸福。"[5]

《简单事实》列出了手淫对健康的毁灭性影响，削弱身体和精神，从而容易得病。该书还概述了一些大家较为熟悉的原因，比如"邪恶的文学"和"令人兴奋和刺激性的食物以及暴饮暴食"。[6]这对作者来说，显然"茶和咖啡已经导致成千上万的人以这种方式走向毁灭"；烟草的影响很大，对任何一个吸烟的男孩"不会沾染上这种恶习"的怀疑是可以理解的，但是对肉类、香料、糖和盐的谴责可能会让现代读者惊讶。

然而，如果读者正因可怕的上瘾而感到痛苦，他们不必绝望。对于男孩来说，最好的治疗方法是包皮环切术，"外科医生不用麻醉剂，因为手术时的短暂疼痛对思想的影响是有益的，特别是当它与惩罚的想法联系在一起时"。[7]如果这听起来很糟糕，那留一点儿同情心给那些可怜的女孩子们吧："在女性中，作者发现把纯石炭酸用于阴蒂是一种很好的缓解异常兴奋的方法。"[8]

对于那些急于想把自己从肉体和精神上拯救出来的读者来说，从这些"疗法"转向以食材作为替代疗法，是一种宽慰。"一个靠吃猪肉、用精制面粉做的面包、油脂丰富的馅饼和蛋糕、调味品以及饮用茶和咖啡、还吸烟的人，都可以试着做到贞洁"。[9]想要康复的自慰者被要求"吃水果、谷物、牛奶和蔬菜。这些食物种类繁多，有益健康并且不会引起刺激。"[10]

这本激动人心的小册子的作者是约翰·哈维·凯洛格（John Harvey Kellogg），玉米片的发明者，他希望这种无刺激性的早餐麦片能拯救数百万人，使他们免于自我毁灭的可怕后果。然而，在写这本书的时候，玉米片还未被发明，因此凯洛格向他的读者推荐"格雷厄姆面粉、燕麦和成熟的水果，对于那些性行为过度的人来说，这些是不可或缺的饮食"。[11]格雷厄姆面粉是以福音传教士和禁酒运动倡导者——西尔维斯特·格雷厄姆（Sylvester Graham）的名字命名的，凯洛格的许多想法都源于他。格雷厄姆是一个魅力十足、倍受欢迎的演讲者，曾经代表宾夕法尼亚州禁酒协会提倡戒酒和禁欲，宣传健康饮食（不喝茶和咖啡、不吃肉或抽烟）、新鲜空气和能增强身体对疾病抵抗力的运动。他的哲学核心是吃肉会促进肉体欲望，从而削弱身体机能。他建议的替代食物是格雷厄姆面包——由自家种植的小麦磨成的全麦面粉制成的面包。除了格雷厄姆面包，禁止食用几乎其他所有东西正是格雷厄姆的哲学。

尽管格雷厄姆自制力很强，但他仍英年早逝，不过他的想法被各种各样的健康食品爱好者和疗养院管理者所采纳，其中就包括詹姆斯·凯勒·杰克逊（James Caleb Jackson）。杰克逊发现格雷厄姆面包在他的疗养院太容易腐烂，所以他发明了一种更实用的替代品——颗粒面包（Granula），这是世界上第一个冷餐麦片。这种颗粒面包由两次烘烤的全麦饼干磨成碎屑制成，必须浸泡在牛奶或水里才能让它看起来更美味。格雷厄姆面粉和格雷厄姆饼干也是类似的创新，不过所有这些肯定会吓坏格雷厄姆，因为他认为要自己种植和制作食物；任何包装产品都不可能让消费者建立起与土地和季节的联系，而基于这种联系的劳作才是真正健康所需要的。当然，很少有美国人有时间自己烘焙面包，更不用说自己种谷物了，所以预制好的面包开始流行起来。支持者之一是艾伦·哈蒙·怀特（Ellen Harmon White），一位基督复临安息日教会的女先知。

怀特的预言启示包括反对自慰，她经常引用格雷厄姆和杰克逊的话，与人谈论健康饮食和节制的好处。最后，上帝指示她在密歇根州的巴特克里克开了一家疗养院，那里健康食品的功效是平时的两倍，因为人们是在合适的精神氛围下吃下这些食品的。然而，上帝没有告诉她怎么让疗养院盈利，直到约翰·哈维·凯洛格，一个当地基督复临安息日教会教友家的儿子，于1876年接手了疗养院。

凯洛格在东海岸学习了替代疗法和传统疗法后，回到了巴特克里克，接管了疗养院。他发明了一种健康的谷物早餐，用烘焙的小麦、燕麦和玉米制成，不加盐和糖，他也将其称为 Granula，但杰克逊起诉了他，所以凯洛格将名字改为格兰诺拉（Granola）麦片。几年后，在开展进一步的早餐食品实验时，凯洛格意外发明了玉米片，并在 1895 年第七日基督复临安息日会上第一次做了推介。这种玉米片最初是由整粒玉米粒制成的，结果并不受欢迎，但凯洛格的弟弟威廉·基思·凯洛格（William Keith Kellogg）发现，只使用玉米粒心制作，并加以麦芽糖来调味，就能创造出一种更美味的麦片。凯洛格兄弟最终因为拒绝接受教会长老们在精神和经济上的指导，被怀特从基督复临安息日会驱逐出来。1906 年，他们成立了巴特克里克玉米片公司，后来成了 Kellogg（家乐氏）公司。

巴特克里克疗养院里的一名病人查尔斯·威廉·波斯特（Charles William Post）曾观看过凯洛格兄弟的最初实验，之后也推出了自己的品牌玉米片，最初称为"伊利亚的玛娜"（Elijah's Manna）。因为人们抱怨这个名字亵渎了神灵，他随后改名为"Post Toasties"（宝氏）。面对竞争，弟弟威廉基思·凯洛格决定用家族姓氏来推广他们的玉米片：每个盒子上都印着他的签名，旁边写着标语"原版有此签名"。对于哥哥凯洛格来说，这样推广品牌和赤裸裸的商业化已经足够糟糕，令他不满，但直到弟弟威廉开始往玉米片里加糖的时候，兄弟俩才真正闹翻。尽管遭到基督复临安息日会的驱逐，哥哥凯洛格仍然专注健康，特别是不适当饮食造成的不良刺激性影响。他后来出版了有关这个问题的著作《关于童年、少年和成年期的朴素真相》（*Plain Truths Plainly Told About Boyhood, Youth and Manhood*，1960 年），书名十分响亮，这本书衷心反对手淫罪恶，同时支持以他的无糖玉米片为基础的疗法。

与他的哥哥相比，弟弟威廉·基思·凯洛格似乎更关心致富而不是手淫。两兄弟在理想和金钱上都发生了分歧，并就玉米片这个点子的所有权相互诉讼。和查尔斯·威廉·波斯特一样，威廉·基思·凯洛格去世前也是百万富翁。对于哥哥凯洛格来说，具有讽刺意味的是，加工食品工业已经成为以玉米为原料的主要消费产业之一；无论是甜味剂、淀粉、油、膳食还是糖浆，几乎所有垃圾食品，从薯条到汤，从蛋黄酱到花生酱中都含有玉米。

尽管约翰·哈维·凯洛格对自己的发明受到玷污感到失望，但他活到了 91 岁。正如《纽约时报》发表的讣告所言，他"或许是自己信奉的教条真理最好的证明"。[12] 在他的努力下，玉米在美国人的饮食中占据了更重要的地位。到 20 世纪初，玉米以几十种不同形式的食物出现，为美国人提供了从早到晚的餐食。他们吃的大部分肉都来自用玉米喂食的牲畜；从塑料到防腐液，从火药到婴儿爽身粉，玉米出现在各种各样的商品中。第一次世界大战期间，玉米纤维素甚至被包裹在战船的内外壳之间，因为它被水浸湿后会极度膨胀，当船体被破坏时可以起到密封剂的作用。

　　玉米已经成为美国最重要的农作物，尤其对许多中西部人来说，玉米更是国家象征。1885 年，通俗诗人伊迪丝·托马斯（Edith Thomas）提议正式采用玉米作为美国的国花，因为"一株成熟的印第安玉米，虽然寿命短暂，但它年年生长，拥有的风采和高贵不亚于橡树本身"。[13]

　　不管玉米有多高贵，仍然要剥去它的外壳即去掉外面的苞叶后，里面的玉米粒才可以食用或储存起来。这是一项乏味的工作，从殖民时期早期开始，就有了邻居或朋友聚集在一起剥玉米壳的习俗，将剥壳从一项耗时的杂务变成了一个集体庆祝活动。朋友和邻居从几英里外赶来，分成两队比赛，胜者被给予适当的奖励，如奖励埋在一堆没有剥去苞叶的玉米棒子下的玉米酒。庆祝活动通常还有野餐、游戏和比赛，随着玉米威士忌越饮越多，剥玉米的歌曲可能会变得越来越放荡，这是受到玉米棒子那隐讳的生殖器形状的刺激。当人们仍然生活在一个个彼此孤立的农场里时，剥玉米成了一个非常重要的社交活动，这让农民们和他们的家庭团聚。在活动上，他们互换消息，认识新的朋友，和老友把酒言欢；当然，也是许多爱情故事的开始，或者结束。玉米借助了丘比特之手；剥去玉米外面的苞叶，在白色或黄色的玉米粒中常常会夹杂着一颗红色的果粒。红色的果粒，有时也被称为"美洲商陆之果"，其发现者可以索取任何他们倾心的人的亲吻。因此，红色玉米粒有时会被偷偷地回收再利用。

　　伊迪丝·托马斯引用了朗费罗（Longfellow）对这一习俗的庆祝诗（引用自他的 *Hiawatha*）：

> 幸运的姑娘，
> 剥叶子时发现一颗红色的果粒，
> 像血一样红的果粒，
> "Nushka！"他们齐声欢呼；
> "Nushka！"你会有一个心上人。

　　托马斯提出疑问，"植物学家对这种异常现象有什么解释吗？"[14]到 1885 年为止，答案仍然是"没有"，但是对这一解释的探寻将最终改变美国的每一片玉米田。

｜ 变化无常的玉米

　　到 19 世纪下半叶，美国的玉米地达到数百万英亩，这对一些人来说是民族自豪感的来源，但对另一些人来说，则是尴尬。随着美国农业的迅猛发展，在提高产量和品种改良方面，玉米几乎没有什么变化。基本品种（因其果粒的特殊品质而得名）——如马齿玉米（dent）、硬粒玉米（flint）、甜玉米（sweet）、糯玉米（waxy）和爆裂玉米（pop）都已为人所知，在殖民者到达美洲之前就开始被种植了。400 年来，一向自诩为优越种族的人几乎没有对玉米做任何改良。玉米还是印第安玉米。

人们通常喜欢通过举办玉米展来鼓励农民改良玉米；根据大小和颜色来评判玉米穗，但最重要的评判标准是均匀性，即玉米粒之间的相似程度。这些展示会同时也是社会活动，随着时间的推移，玉米展成了一种狂热的风潮，几乎可以媲美 17 世纪荷兰郁金香狂热；一只冠军玉米可以被卖到 150 美元。竞争变得如此激烈，小诡计也开始出现：金属棒被钉入玉米芯里以增加它们的重量，于是有些展会用 X 射线检查玉米，以发现玉米芯里的金属棒；另一些人则伪造玉米，小心地去除有缺陷的果粒——包括"美洲商陆之果"——并用胶水把新果粒粘在它们的位置上，使果粒看起来更规则和均匀。

像伊利诺伊州玉米育种者协会这样的组织为玉米展列出了一些玉米理想的特性，甚至印刷官方记分卡来指导评委。类似的展览已经促成培养出更好的狗和鸽子；选择最好的一代来繁殖，无论是狗还是玉米粒，如我们所见，这是提高品种质量的标准方法。这种选择性繁殖的力量——达尔文称之为人工选择——正是自然选择的基础。

玉米展本应鼓励农民培育出更好的玉米，从而涌现出更富有的农民，但不知何故没有实现办展初衷。因为胜出的玉米穗太过珍贵，很少被用来种植；如果用它们来种植，产量也不是特别突出。一些种植者认为，再三比较不过是为了选出好看的玉米棒子，这无疑是在浪费时间——除非对实际产量本身进行评判，否则评判标准甚至可能降低产量。

一些政府育种研究人员甚至开始反对这些展览，他们认为是时候让科学来研究什么才能真正提高玉米产量了。威廉·詹姆斯·比尔（William James Beal）是密歇根农业学院的植物学教授，他最先批评把这种选择作为改良玉米的手段。他并不是反对达尔文主义——恰恰相反，他师从哈佛大学阿萨·格雷（Asa Gray）学习植物学，格雷是达尔文的密友，是最早也是最热情的美国达尔文支持者之一。正是通过格雷，比尔了解到达尔文关于植物授粉的实验。众所周知，达尔文花了数年的时间试图确定杂交是否能使植物生长得更好，他得出的结论是，在很大程度上确实如此，尤其是在品种的亲缘关系不太接近的情况下。在达尔文研究过的植物中，有一种就是玉米，甚至在达尔文的《植物界杂交和自交的效应》问世之前，比尔就开始了他自己的实验，他称之为"受控亲子关系"。他把'flint'和'dent'品种一起栽种，但是将其中一个品种"去穗"——在花粉成熟前摘除雄花——以确保雄花只能被另一个品种的花粉授粉。几十年来，这项简单的技术一直是玉米杂交的基础。

比尔的实验确实培育出了产量更高的品种。作为一位直言不讳的批评家，他反对玉米展会上倡导的仅仅依据玉米穗的外观来选择，而是敦促农民摘除任何有不良性状的植株的雄花，以防止这些性状被传递到下一代。他期望看到低劣的玉米植株被"阉割"，科学作家保罗·德·克鲁伊夫继《微生物猎手》后，又写了一本名为《饥饿斗士》(*Hunger Fighters*，1929 年) 的书，在书里他温和地嘲讽了这种现象。他恰如其分地将比尔描述为"第一个玉米优生学的狂热分子"，在德·克鲁伊夫看来，"比尔几乎和幽默感缺失的现代人一样愚蠢，提倡用科学来挑选父亲，而不是让自然来选择"。比尔四处走访农场，试图说服农民们让任何劣质的玉米绝育，密歇根的农民们毕恭毕敬地听他讲话，但还是忍不住怀疑"这个高个儿的疯教授在胡说些什么"。比尔怎么能想象出忙碌的农民哪有时间把每株看起来不完美的玉米秆上的雄花摘下来？[15]

对于大多数农民或商业玉米育种者来说，去穗实在太过耗时，但美国政府很乐意花钱请科学家来做这件事，所以一些政府研究站和农业院校开始研究培育玉米纯系品种。随着玉米研究人员的增加，他们发现这些异常的红色果粒的价值比一个吻更大：它们实际上是理解并最终改良玉米的关键。

正如清教徒前辈所记载的，早在 1620 年，所谓的印第安玉米的果粒颜色就发生了变化，"有些是黄色的，有些是红色的，还有一些混合着蓝色"。这样的混合颜色，早在人们知道是什么造就了果粒颜色之前，就吸引了育种者用玉米开展实验。托马斯·安德鲁·奈特 (Thomas Andrew Knight) 从事过早期的植物杂交实验，而他尝试使用玉米正是因为玉米棒子上不同颜色的玉米粒是玉米谱系的线索。许多植物育种家对这种高大的美洲植物很感兴趣；孟德尔也用玉米做过实验。达尔文的朋友兼植物学记者约翰·斯科特 (John Scott) 参与了达尔文的"西番莲实验"，他以用什么物种开展研究这一问题征求这位老者的建议，达尔文建议他用玉米，因为"这样的实验将是非常重要的"。[16]

因为玉米长期以来用于育种实验，即使在欧洲也是如此——虽然它对欧洲的农业意义没那么大——在孟德尔学派出现的早期就发挥了重要作用。雨果·德·弗里斯 (Hugo de Vries) 从 19 世纪 70 年代开始对统计学在生物学上的应用产生兴趣，他打算检测这种适用于动物的正态分布是否也适用于植物。他对玉米棒子上的玉米粒行数进行了计数，并将结果绘制在图上；果然，他发现确实出现了一条钟形曲线。即使在他对月见草感兴趣之后，他仍然继续种植玉米。1899 年，他开展了给玉米授粉的研究工作，他将白玉米和黄玉米杂交，并计算了下一代不同颜色的玉米粒数：3176 粒黄玉米和 1082 粒白玉米——符合孟德尔的 3∶1 比例，这在 20 世纪的遗传学家看来会是一个飞跃，但德·弗里斯当时并没有意识到在他这些数字后面也许有着统计规律的可能性，直到他读了孟德尔的豌豆论文之后，他才注意到这关键的潜在模式。孟德尔的另一个"重发现者"，卡尔·柯伦斯 (Carl Correns) 也在用玉米做实验，试图建立神秘、五彩缤纷的玉米棒子背后的规律。

然而，尽管两个世纪以来人们积累了丰富的专业知识，玉米仍然被证明是顽抗的，尤其是对美国植物育种家和遗传学家来说，他们研究这种植物的目的比欧洲人的更有实际意义。美国农民如何养活快速增长的人口？新移民涌入这个国家；作为美国劳动力的重要补充，他们受到了广泛的欢迎；同时，美国工厂生产的商品的消费者也越来越多。但是给他们吃什么？难道这个国家的每一寸土地都要被犁出来以养活美国日益增长的人口吗？提高产量——用同样的英亩数生产更多的玉米，是这些问题最显而易见的答案。它还将为美国农民带来可观的利润：1908年，美国农业部部长评述说，"这种作物（玉米）的价值几乎超出了人们的想象，高达 16.15 亿美元"，足够"修建巴拿马运河和 50 艘战舰了"。[17] 难怪美国农业部组建农业实验站网，就是为了提高产量，以满足美国人口的需要，降低进口依赖度，并开拓新的出口市场。

但让玉米成为有趣的实验对象的原因是，它有不可预测的变化，这让那些有更实际目的的研究人员感到沮丧。其中一个原因很明显地出现在 17 世纪英国植物学家亨利·吕特（Henry Lyte）对这种植物最早的英语描述中。吕特在《新草药》（*New Herbal*，1619 年）中描述了玉米，他指出，这是一种"奇妙而怪异的植物，与其他种类的谷物完全不像；因为它的种子完全不是从花生长的地方长出来的，这是违背自然规律的，与其他植物迥异"。与此同时，"在玉米秆最高的地方，长着毫无价值且不育的玉米穗，只开花不结果"。[18] 让吕特感兴趣的是，玉米在植株顶部产生"花"（穗状雄花），而玉米棒子（带着可食用的种子）并不是像大多数植物那样生长在花的附近，而是生长在远离花的下方。玉米有单独的雄花和雌花，正如植物学家长期以来所认识到的，这代表了玉米和其他谷物的一个关键区别：大多数常见的欧洲谷类作物，如小麦、燕麦和大麦，在同一朵花里生长着雄蕊（产生花粉）和雌蕊（受精后发育成种子）。

穗状花序——长在植株顶部——是雄花，产生花粉但不产生种子。玉米棒子，长在植物较低的位置——远离雄花——每个都有一簇细细的须状物；商店里买来的还被包裹在苞叶里的玉米，通常仍带着从穗轴顶部伸出来的玉米须。这些细长的结构连接着柱头（花粉着陆的位置）和子房；在玉米中，每一根玉米须上都覆盖着细小的绒毛，能捕获花粉。玉米棒子实际上是它的雌花；一旦受精，小小的卵就会膨胀并长成果粒。玉米能产生大量极轻的花粉——因为微风就能把它吹走，很少有花粉落在自己这株的雌花上，所以玉米总是异花授粉，不像大多数自花授粉的谷物。

像小麦这样的作物是有规律的，雌雄同花；自花授粉，就像伍迪·艾伦（Woody Allen）曾经评论的那样，和你真正爱的人做爱——当然也包括展示作为一个有性别分化的物种所具有的忠诚性。相比之下，玉米是非常混杂的——每一个玉米穗轴都可能有几个父本。这就是为什么会有红色果粒——一粒来自天然红果粒品种的花粉随风而来，落在了玉米须上。一个玉米棒子就是一个丰饶的基因混合物。

玉米的花粉很轻，微微一阵风就可以让它传播 5 英里以上。一位名为科顿·马瑟(Cotton Mather, 臭名昭著的萨勒姆巫师猎人)的农民在1716年发现他邻居的地里种着黄色的玉米, 边上则是一排红蓝相间的玉米。黄色的玉米长出一些红色和蓝色的玉米粒, 这些玉米粒更多地长在迎风的那一端(因为更多的花粉从那个方向吹来)。几乎不可能把零星的花粉挡在玉米地之外——也许方圆数英里内都没有红玉米, 但是红色果粒仍然会偶尔出现。

然而, 尽管玉米的花朵完全不受拘束, 依然很难创造或维持一个纯系, 但分开的雄花和雌花对育种者有一个很大的好处, 那就是可以很容易在不同品种间进行杂交, 这让比尔的"玉米优生学"成为可能。像小麦这样的谷物有细小的簇状花朵, 是典型的草本植物——杂交育种者需要小心翼翼地打开每穗小麦并将其"阉割", 即在花药成熟并产生花粉之前将花药除去。相比之下, 给孟德尔带来麻烦的山柳菊还更容易对付些, 所以杂交小麦在农民的田里完全不实用。而玉米则不同。

玉米优生学

玉米的"怪癖"也引起了乔治·哈里森·舒尔(George Harrison Shull)的兴趣, 他曾与丹尼尔·麦克道格尔(Daniel MacDougal)合作, 试图人为地制造月见草突变。舒尔在俄亥俄州的农场长大。事实上, 他是在好几个农场里长大的, 因为他的父母太穷了买不起地, 愤怒的银行家和坏账不断地把他们从一个农场赶到另一个农场。舒尔从来没能完成一个整年的学业, 因为他的父亲总是要他回家帮忙种玉米。然而, 舒尔并没有对玉米产生持久的怨恨, 他设法进入安提阿(Antioch)学院, 通过为学院工作来支付学费。由于找不到实验室或图书馆管理员的工作, 他愿意黎明前就起床给学院的炉子生火, 也许这印证了他那似乎颇有威名的头衔, "负责蒸汽加热装置和供水的工程师"。[19] 从安提阿学院毕业后, 舒尔曾在美国国家植物标本室(属于华盛顿特区史密森研究所)工作过, 之后被调到美国农业部的植物工业局。他在芝加哥大学开始了研究生生涯, 与查尔斯·达文波特共事, 1904年获得博士学位后, 他去了冷泉港实验室, 和麦克道格一起研究月见草。

尽管舒尔在美国农业部任职, 但他对植物育种的实用性并不感兴趣。他离玉米带有1000英里远, "他根本不知道美国这块富饶的土地除了大汗淋漓劳作的人以外还需要什么"。[20] 像孟德尔和他之前的其他许多人一样, 舒尔研究玉米是因为玉米作为实验对象很有吸引力。

在《饥饿斗士》一书中, 德·克鲁伊夫将舒尔描述为一位"纯粹的科学家, 其头脑远在理论的云端, 在诸如高尔顿回归等深奥的问题上消磨时光, 也不管这意味着什么……"[21] 这意味着舒尔通过与达文波特这位生物统计学家一起学习, 学会了将统计方法应用于玉米育种。面对大面积种植的植物, 每一棵植株都结好几个果穗，而每个果穗又有几个父本，这时候能用的处理方法显而易见是统计学。统计分析也是处理大量数据的唯一方法。由于他在统计学方面接受过训练，舒尔明白了高尔顿的想法，尤其是关于向平均值回归的主张，即异常双亲的后代比任何一个亲本都有更接近平均水平的倾向；正如我们所看到的，这是德·弗里斯反对自然选择的一个基础。当舒尔获得博士学位时，读到了一些实验论文，这些实验论文似乎证明了达尔文所倡导的那种选择——选择一些小且平常的变异来改良作物——并不能像达尔文所设想的那样创造出一个新的物种。

丹麦植物学家威廉·约翰森(Wilhelm Johannsen)对豆子进行了上述实验。他选取了一块豆子地，只留下地里最大和最小的豆子。然后把它们种在两块分开的地里，把长出来的豆子再收集起来。通过这样连续的种植，约翰森最后把结出大豆子的植株与结出大豆子的植株杂交，把结出小豆子的植株与结出小豆子的植株杂交。正如他所预料的，在最初的几季里，大豆子植株持续结出大豆子，而且结出的大豆子还在逐年变得更大；与此同时，小豆子植株持续结出小豆子，结出的小豆子也在逐年变得更小。然而几代之后，这两类品种却似乎开始减速，豆子一代又一代地保持大小不变了。这让达尔文主义者感到担忧，因为达尔文理论似乎要求不断发生新的变异，这样大豆子品种就可以继续生产出更大的豆子(小豆子品种也是如此)，从而可以历经多代对品系进行持续选择，最终把这两个品种变成完全不同的物种。但约翰森的实验似乎证明了这种变异在几代之后就已经完全消失了；如果选择仅仅是保持新的变异，而不能产生新的变异，那么新的动植物是如何产生的呢？

显然，约翰森的"纯系实验"可作为说服人们相信自然选择是行不通的部分证据，至少证明了自然选择对物种微小的日常变异是不起作用的。德·弗里斯是约翰森的崇拜者之一，他认为约翰森的纯系与他自己的"基本物种"是完全一致的。舒尔也回顾了约翰森的主张，并得出结论："如果能开展进一步的研究"，肯定会建立一个重要的新原理。[22]

约翰森还引入了"基因"一词，并给遗传学制订了两个非常有用的术语："基因型"(genotype)，是指一个有机体所携带的全套基因；"表型"(phenotype)，是指有机体的外部特征，从大小、颜色到行为。从孟德尔最初的豌豆实验中我们可以看到，一株黄豌豆(黄色表型)植株可能有两个黄色基因的拷贝(黄色等位基因)，或者一个黄色基因和一个绿色基因的拷贝；仅从表型来看，无法判断是哪种情况。但是绿豌豆植株必须有两个绿色等位基因的拷贝，因为绿色对黄色来说是隐性的。

约翰森的研究在众多生物学家中引起了相当大的反响：受约翰森研究的影响，威廉·卡斯尔(William Castle)和他的学生们决定开展帽兜鼠实验；舒尔则决定探索约翰森的研究结果是否可以在其他植物上重复。舒尔选择了玉米，因为每个玉米品系的玉米棒子上玉米粒的行数都是独特的；他认为，杂交不同的玉米品系，例如，将 10 行玉米粒品种与 8 行玉米粒品种进行杂交，然后计算杂交品种中的玉米粒行数，可以让他知道这两个品种是否混合以及是如何混合的。实验的第一步是对每一个品种进行近亲繁殖，以确保每个品种的每一棵植株都具有相同、固定的行数。他采用了比尔的方法——该方法已经成为生产实验杂交种的标准方法。用纸袋子或塑料袋子罩住雄花和雌花，防止其意外授粉。一旦花丝（雌花）成熟，植物学家就可以收集花粉，并将其撒在同一棵植株的花穗上——而通常花粉很少落在同一棵植株的花穗上。一位玉米研究员建议，在涂撒花粉时，最好"撑把伞以防止花粉从花穗上飞散开，取掉袋子，然后涂抹花粉，直到花丝几乎全被花粉覆盖"。[23]

舒尔开始辛勤地劳作，引用德·克鲁伊夫的话，他成了一个"用纸袋子给玉米婚配的高级知识分子"。当他对不同的品种进行自交以产生具有不变玉米粒行数的纯品种时，舒尔发现每一个品种确实变得越来越整齐。就像约翰森的豆子一样，玉米的变异性逐渐消失。经过几代"纸袋婚配"后，自交品种的每一根玉米棒子看起来都一模一样。这是个好消息。坏消息是，棒子很小，是非自然结合下产生的"发育不良的后代"，是"乱伦婚姻产下的不健康子嗣"。[24] 果粒同样发育不良，每一个自交品种的产量都非常低，但这一切对舒尔来说都无所谓。他并不打算出售他的玉米，他只想要为自己的实验设立一致的起点。一旦玉米都一模一样，不管大小如何，舒尔认为他就已经分离出了相当于约翰森豆子品种的纯系。

实验材料准备好了，舒尔继续他的主要实验，杂交不同玉米粒行数的品种：用 10 行品种与 8 行品种杂交会产生 9 行杂交种吗？令人惊讶的是，并没有！所有的后代都像亲代一样有 8 或 10 行玉米粒，但真正令人惊讶的是，产生了大量的后代。他的田里突然长满了高大健壮的植株，而不是发育不全的矮个子，植株上挂着巨大、健壮的玉米棒子。杂交种和亲本一样整齐，但每英亩的产量是亲本的好多倍。正如达尔文所发现的那样，杂交种比亲本更有活力，但是舒尔发现玉米比达尔文的实验更能说明这一现象；他把其命名为杂种优势，或者说杂交活力——休厄尔·赖特（Sewall Wright）在他的豚鼠身上也观察到的这种活力。

发表结果时，舒尔注意到玉米对常规育种方法的抵抗，因为通常被用来维持改良品种稳定性的近亲繁殖将"导致退化"。玉米几代"乱伦婚姻"揭示的是，"一个普通的玉米地上生长的是一系列非常复杂的杂交后代"。被种子商人作为单一品种出售的实际上是一种"混合物"，"是由多个基本物种混杂而来的"。[25] 他用德·弗里斯的"基本物种"这一术语并非偶然：舒尔相信，和约翰森把大豆品种分解成基本的组成单位一样，他对玉米也做了同样的事情。德·克鲁伊夫用他特有的口吻说："至少在他看来，（舒尔）完全可以撒欢去了。他已经揭示了一块玉米地的组成。乔治·舒尔把玉米拆分成基本单位了。"[26]

舒尔立刻意识到他对玉米的剖析有重要的实用价值，他认为这是玉米改良的关键。这个过程分两步：首先进行自交，固定你想要的性状；然后进行杂交，将理想性状结合在一起，获得杂交优势。

但事实证明，玉米并不那么容易被驯化：育种家发现他们只在第一代中获得了杂交优势；如果农民像往常一样保存一些种子到来年种植，杂交优势很快就消失了。几代后，高大、强壮的杂交后代的产量不比原种的产量更高，而人们在原种自交上已经花费了很多精力。为了保持杂种优势，农民们需要持续在几块地里种植自交系，然后每年重新杂交，生产新的杂交种子。这意味着需要大量的工作和土地来种植非生产性的玉米。

就像比尔以前做的一样，舒尔在美国的玉米带四处奔走，推广他的技术。玉米种植户们再一次礼貌地倾听，然后在他离开后嘲笑他。仲夏时节，哪个农民有时间或精力去摆弄纸袋和雨伞？谁又能负担得起年复一年地耕种无用的矮玉米呢？舒尔让农民相信了杂交玉米的好处所在，但产量上的提高并不足以说服他们采用他的技术。

然而，到了 1907 年，当舒尔向新成立的美国育种家协会（American Breeders' Association）展示他的早期研究成果时，他找到了一个更乐于倾听的听众：一位来自伊利诺伊州的年轻植物育种家，名叫爱德华·默里·伊斯特（Edward Murray East）。

伊斯特是工程师的儿子，来自一个对科学有浓厚兴趣的家庭。高中毕业后，他去了伊利诺伊大学学习化学。当宣布"重新发现"孟德尔定律时，他还是一名学生；到 1907 年他获得博士学位时，新的基因科学把他征服了。为了追求对植物的兴趣，伊斯特在伊利诺伊州的农业实验站找到了一份工作，该实验站致力于改良玉米的研究（在玉米种植带这是意料之中的）。该实验站的育种人员正试图通过选择具有更多蛋白质、更少脂类的品种，生产能更好地用作动物饲料的杂交种。伊斯特对新品种进行化学分析，并观察到——正如舒尔同时做的那样——用于保持纯系的近交（近亲繁殖）降低了产量。他建议更全面地调查近交的影响，但他的领导反对说："我们知道近交影响了产量，但我不打算花纳税人的钱去学习近交是如何降低玉米产量的。"[27]

伊利诺伊州的纳税人可能会同意伊斯特领导的观点，即调查如何减少玉米产量不是政府研究人员的事，但伊斯特有其他想法。他认识许多农民，并且非常熟悉玉米种植的实际操作；在他的一份官方报告中，他提到有必要"在收获玉米时避免啮齿类动物进入谷仓"，并补充道，"不要小瞧猫的作用"。[28] 但伊斯特像熟悉农场里的猫一样，同样也熟悉孟德尔因子，所以他离开了家乡，搬到了康涅狄格州的农业实验站，打算开展进一步的近亲繁殖实验。

伊斯特抱着明确的目的来到康涅狄格州：他将把孟德尔定律应用到玉米上，用清晰的科学证据取代代代相传的玉米育种经验，让美国农民们相信玉米优生学既实用又有利可图。他抨击玉米展和他们的评判方式，认为漂亮的玉米棒子和丰产之间没有关联；许多获奖的玉米，他认为，"尽管它们体型大、外观漂亮，但作为种子没有价值"——因为它们根本不生长。[29]

然而在将孟德尔定律应用于玉米之前，需要鉴定所涉及的基因。提高玉米产量的部分困难在于创造用于育种的纯系；另一部分困难，正如伊斯特很快意识到的那样，在于农民的"产量"问题不是像豌豆颜色那样简单的单基因问题。总产量显然是由许多不同的基因共同决定，每个基因控制着植物的不同方面，并相互作用。例如，一些基因调节茎高，其他基因调节玉米棒子的大小；一些基因能产生更多的糖分，而其他的基因则控制玉米粒颜色。一次性对所有这些基因进行选择显然是不可能的，但约翰森对纯系提出了一个解决方案：一次选择一个因素。通过近亲繁殖将其分离，然后将其与其他有用的因素结合，以生产出具有若干有用特性的植株，如抗病能力或高产，这些便是杂种优势带来的额外好处。

伊斯特的主张和证据都具有说服力，但他的想法再次被证明是不切实际的。他建议农民们记录他们农场里每一棵植株的谱系，以确保他们只种植性能最好的植物的后代。然而，这对大多数农民来说还是太复杂和费时了。

因此，当伊斯特在美国育种家协会听到舒尔的演讲时，他已经做好了充分的准备去理解他听到的内容。事实上，他因此尤为自责：他做了几乎相同的实验，但没有继续进行舒尔展示的那种复杂、科学的分析。伊斯特后来也许会想"我为什么会愚蠢到看不到这一事实"——杂交产生了杂种优势，克服了近亲繁殖造成的低产量问题。但他放下了自尊心，在会上与舒尔交谈，并设法借到了舒尔尚未发表的论文的副本，然后他在自己的实验报告中引用了这一副本。他说，他很谨慎地承认自己欠了舒尔一笔人情债，他申明，舒尔提出了一个"对这个令人烦恼的问题的正确解释"。但是，伊斯特继续说道，尽管舒尔"清晰并合理地发展了"杂种优势概念，"但几乎没有数据支持"，这就是为什么它没有产生多大影响的原因。伊斯特暗示他自己的实验可以提供舒尔所需的证据。[30]

舒尔有点恼火，因为他在伊斯特发表看法之前还没能完善自己的想法，但他勉强承认，"在我看来，鉴于玉米作物的价值，这件事太重要了，不能再自私地把它留给自己了。"两位研究人员之间的争论部分源于这样一个事实：伊斯特对种植的实际情况了解得更多，并且倾向于指责舒尔不切实际。他写信给舒尔："我希望你能有一点经验，设法让农民接受最不复杂的事情，我知道你会同意我的看法，玉米种植者只爱做最简单的事情。"[31]

如何切实利用杂交玉米的效益，这个问题需要一段时间来解决。舒尔回到实验室去研究月见草，再也没有在玉米上开展过研究，但是伊斯特和他的学生们正在努力解决这样一个问题：近亲繁殖的品种本身毫无价值，很难让人认识到培育它们所需的时间、精力和土地是合理的。他们还面临着第二个困难，那就是近亲繁殖的品种生产更少的玉米粒，更少的玉米粒当然意味着更少的植物，因此很难生产足够的杂交玉米种子用以用于商业种植。1915 年，伊斯特的一名学生，唐纳德·F. 琼斯(Donald F. Jones)最终解决了这个问题。他的解决方案是杂交玉米两次：他从四个自交品系开始，每一个自交品系都很矮小，有时几乎不育。但每个自交品系都有一个特殊的性状，如抗旱性，这对于农民来说是很有价值的。将其中一个自交品系与另一个自交品系杂交，这样就产生了两个杂交品系。每一个杂交品种都结合了两个理想的性状，也表现出杂交活力，产生了大量种子。大量的种子意味着大量的植物。因此，当这两个杂交品系之间再次进行杂交，生产的种子数量巨大，种子的价格也更便宜——但它几乎和亲本品种一样有活力(有时甚至更强大)；取决于选择的性状，产生的杂交种通常会更甜，抗病、抗旱性更强，产量也更高。琼斯发表该方法后不久，杂交玉米在美国的产量迅速攀升：到 1933 年，美国开始大规模商业化玉米生产；到 1950 年，美国 75% 的玉米都已经是杂交玉米了。

| "行为失常"的玉米

杂交玉米在美国和世界各地迅速传播，几个世纪以来玉米都被认为"难以合作"，现在似乎终于被驯化了。但事实证明，玉米的变异性仍然没有被完全理解——它的基因盒子里有最后一个令人困惑的谜团，需要 20 世纪最杰出、最异类的遗传学家来充分理解玉米行为失常的原因。

种植玉米一直是妇女的工作。美洲土著男人打猎，女人干大部分的农活；早期的欧洲殖民者有时称这种植物为"印第安女人的玉米"。这种模式持续到拓荒时期，至少一半的玉米种植工作是由妇女和儿童完成的。然而，到了 1919 年，一位名叫芭芭拉·麦克林托克(Barbara McClintock)的年轻女子离开布鲁克林高中，告诉父母她想上大学学习科学时，玉米种植已经成为男人的工作了——当然也有女人在研究站工作，在农业学院教书或在大学里做研究，但人数很少。麦克林托克的母亲一直支持她的女儿，接受她穿男装，支持她玩男生酷爱的游戏的爱好。年轻的麦克林托克因被一个女邻居责骂说不够淑女而接到她母亲怒气冲冲打来的电话，她母亲在电话里生气地指责了这个女邻居，并认为她是在多管闲事。然而，当女儿想上大学时，她母亲却犹豫了一下：她认为，受过大学教育的女子找不到什么工作，还可能很难找到丈夫。幸运的是，对于麦克林托克(事实证明，对于 20 世纪的遗传学而言也是如此)的选择，她的父亲持不同的观点，于是最后她成功入读了康奈尔大学的农学院。

康奈尔大学非常适合麦克林托克，因为这所学校欢迎女学生(至少在当时比大多数其他大学都欢迎)。而更幸运的是，负责遗传学课程的罗林斯·亚当斯·爱默生(Rollins Adams Emerson)是在中西部的一个农场里长大的，他那十几岁大的女儿在授粉季节还经常来帮忙。因此他知道，在研究玉米方面，女人具备相应能力的重要性远远超过玉米种植所需要的体力。虽然麦克林托克是遗传学课程上唯一的女生，但爱默生对她和其他学生的态度却没有什么不一样，这在当时是很不寻常的。

1900 年，年轻的爱默生和伊斯特一样被孟德尔理论的"重新发现"所吸引，他当时正担任内布拉斯加州大学园艺学的助理教授；和伊斯特一样，爱默生也开始研究遗传，最初是对豆子进行研究。他在给学生们布置理应简单的练习时，无意中涉及了玉米——他让学生重建柯伦斯的玉米实验，其中涉及杂交两个玉米品种，一个品种的玉米粒富含淀粉，另一个品种的玉米粒富含糖分。全班没有一个同学得到应得的 3：1 比例(显性淀粉：隐性糖分)。爱默生认为他的学生只是没有好好计数，但是当他检查他们的结果时，他不得不承认——令他难堪的是——他们是对的，富含糖分的玉米粒数的确太少。他开始调查，认为最多只用花几个星期，就能重新检查完结果，然后就可以再继续他的豆子实验。但他所预想的几周变成了几个月，他仍然不知道问题出在哪里，而他对玉米却越来越感兴趣。许多年后，当他解决了这个问题时，他对玉米的神奇特性更加着迷。结果是，他无意中给了学生一个变异的爆裂品种(爆裂品种是某类玉米品种的名称，当玉米粒受热时会爆裂，因此适合于制造爆米花)，这个品种在控制糖分含量的基因和控制授粉过程中一个关键方面的基因之间有不同寻常的连锁；这种连锁导致了比例的偏差。

这一悬而未决的问题，即混合性状是否符合孟德尔定律，促使爱默生与伊斯特合作开展更多的行数实验，以评估混合的程度。[32] 和伊斯特一样，爱默生很清楚玉米在农业上的重要性，但他对玉米有更大的野心。他相信玉米可以让植物学家做基因实验，而这些基因实验即使是摩尔根和他的学生们也无法做到，即精确地演示基因是如何工作的。

果蝇实验证明基因是存在的，而且每个基因都有特定的功能，但是爱默生和像他一样的遗传学家们，都想知道基因是如何工作的。玉米粒的颜色，就像花的颜色一样，是由植物制造的化学物质——色素——决定的。爱默生相信，理解玉米的色素是如何发挥作用的，将揭示植物基因(基因型)与其物理结构和外观(表型)之间的生化联系。通过对彩色玉米粒的研究，最终可发现基因和植物之间存在的明确的化学联系。爱默生开始热情地推广玉米，与任何有兴趣的人分享他的研究、结果和种子；正如他告诉一位同事的那样，他急于"跟上玉米游戏中基因这条线"。[33]

他的一个学生后来将爱默生描述为"玉米遗传学的精神之父"，和那些建立类似研究社团的人一样，爱默生促成了一个非常友好和乐于合作的玉米研究社团的建立，这主要是因为他是"如此的无私，是一位真正值得尊敬的人"，他启发了其他人跟随他的脚步。[34] 接受他慷慨帮助的人中有唐纳德·F. 琼斯，他在康涅狄格州与伊斯特一起工作。但爱默生最主要的贡献，是把他对玉米的热情传递给了他的学生；尽管麦克林托克只上了他的几门课，但她完全被他对玉米的矢志不渝所感染了。

麦克林托克是一个特立独行、充满自信的人。她是康奈尔大学最早留短发的女性之一，而且还是早在短发流行之前。她拒绝了一些同学的反犹太主义，培养了与犹太人的友谊，甚至学习和阅读意第绪语（意第绪语是犹太人使用的通用语言）。她被爵士乐的即兴创作和独特风格所吸引，晚上还在爵士乐团中演奏班卓琴，这确实符合她打破习俗的个性。

麦克林托克与乔治·比德尔（George Beadle）和马库斯·罗德斯（Marcus Rhoades）一起成为康奈尔玉米研究团队的关键成员。麦克林托克、比德尔和罗德斯组成了一个紧密结合的团队——也许他们不得不这样做，因为他们都深信，自己远远领先于大多数同学，不太可能赢得同学的友谊，但他们却一直保持着朋友关系。比德尔后来对其他生物产生了兴趣，并因在酶方面的研究而获得了诺贝尔奖；但罗德斯和麦克林托克一生都忠于玉米研究。

在她学生生涯的早期，麦克林托克就发现自己是一个有天赋的显微镜学家。如果你从未在生物实验室尝试过使用显微镜，那么这听起来可能是轻而易举的事，但其实并非如此。学习制备标本和染色，调整仪器以获得最佳光照，解释你所看到的，这些都是需要时间和耐心磨炼的技能。在每个生物专业的班级里，都有一些学生很快就学会了使用显微镜，有些学生则学不会，就像有些学生更擅长解剖或处理活体动物一样，而有些则不在行。麦克林托克很快发现，她不仅很快学会了使用显微镜，而且还做得非常出色。在她的一生中，她能够清楚地鉴定显微镜下的结构，而这些结构是其他人几乎无法解释的。她的一位学生记得，请麦克林托克在显微镜下看东西总是有些惶恐不安：因为她总是批评仪器装置上的某些问题，但如果她没有觉得有必要做一些小调整，那么"你会感觉到一种胜利般的解脱"。35

由于她那特殊的显微镜技术，麦克林托克成为第一个识别玉米染色体的人。在这个过程中，她利用了一种新的技术来制作显微镜标本。任何需要在显微镜下观察的东西都必须非常薄——薄到足以让光线穿透它。当麦克林托克刚到康奈尔大学时，制备标本的标准方法是把它们切成薄片，即切片。这确实很有效，但在这种情况下，它也把染色体切成许多小片段。观测一个特定的染色体意味着需要很费劲地在不同的切片上追踪它，每一个切片都在不同的玻片上。麦克林托克听说了一项新技术，并首次将其应用于玉米研究。这项技术被称为"压片"，操作技术和科学原理都非常简单，令人耳目一新：取一些细胞，将它们分散在一张玻片上；染色，然后用拇指压扁细胞。这让它们足够薄，在显微镜下可见，同时也让染色体处在同一张玻片上。

压片听上去很简单——实际上也确实简单——但同时也是技术上的突破。在使用压片技术前，人们很难识别玉米染色体，以至于伊斯特放弃了对玉米的研究。然而，压片技术加上新的染料，增强了样本的细节，使得研究玉米细胞更加容易；麦克林托克是第一个鉴定出玉米全部 10 条染色体的科学家。这为合作研究每个染色体上的基因奠定了基础,就像在果蝇上开展的研究一样。于是爱默生在一场"玉米会议"上发起了合作。

通过压片而不是切片,麦克林托克发现一些染色体末端有奇怪的结团,她称之为"结节"。20 世纪 30 年代初,她和她的学生哈里特·克里顿(Harriet Creighton)利用这一特性和其他一些特性来鉴定每一条染色体。这样,他们就可以观察到一套染色体在进入花粉或卵细胞前,分成半套染色体。他们是第一次清楚且明确地观察到,在半套染色体产生之前,染色体确实发生了交换的研究团队。每一个正常玉米细胞携带两组染色体(每个亲本提供一组),其中每条染色体与其配对的染色体发生了染色体片段的交换,创造了一个独特的亲本基因新组合。正如我们所看到的,摩尔根的"果蝇男孩们"推理说,染色体一定发生了交换,因为位于同一条染色体上的基因有时会分离。但是果蝇的染色体太小,难以识别,因此这个推测始终无法被直接观测到。麦克林托克和克里顿拿出了证据,证明了基因在植物或动物体内的表达情况,如引起果蝇出现红眼或玉米粒呈红色,与染色体的物理行为有关。

多亏了爱默生的远见,麦克林托克和克里顿开创了玉米遗传学短暂的黄金时代。在这段时间里,玉米更得研究者的欢心,其原因在于它比无法攻克的果蝇有一个明显的优势:玉米染色体大到足以被识别和研究。不幸的是,1933 年得克萨斯大学的遗传学家西奥菲卢斯·派特(Theophilus Painter)发现,果蝇的唾液腺含有巨大的染色体;一种不寻常的重复使得它们比果蝇的其他任何一个染色体都大100 倍,即使它们含有排列顺序完全一致的相同基因。结果,到了 20 世纪 30 年代末,果蝇又"重回巅峰",但由于玉米仍然是很重要的作物,玉米研究社群"得以幸存"。

尽管从康奈尔大学毕业后找不到工作,麦克林托克从来没有真正想过放弃她的玉米研究。20 世纪 20 年代末到 30 年代初,各种工作都短缺,但由于植物育种部门不雇用妇女这一现况使她的处境更加困难;他们声称农民根本不会接受一个女人的建议——劝说农民改变方法是这类部门的一项关键工作。因此,虽然爱默生帮助比德尔和罗德斯找到了工作,但他没办法帮麦克林托克。或者,爱默生也不愿意;麦克林托克头脑敏捷,实验技巧高超,加上她过于自信的态度,已经惹恼了康奈尔大学的一些人。她有解决难题的习惯,而且比她的一些老师要快得多。1929 年,当她在《科学》上发表第一张玉米染色体图时,她与同事之间的关系已经达到无法调和的地步:洛厄尔·伦道夫(Lowell Randolph)当时是麦克林托克的助手,他一直为玉米染色体研究努力,但没有意识到麦克林托克也决定去攻克这一难题。他向爱默生抱怨,于是爱默生也开始认为聪明且卓尔不群的麦克林托克是一个麻烦制造者。而罗德斯逐渐帮助他们修补关系,但麦克林托克始终顶着"难以合作"的名声。

麦克林托克获得了几项著名的学术奖,包括一个美国国家研究委员会奖和一个古根海姆奖，这带给了她相当大的声望，但却没提供多少保障。最后，她在密苏里大学找到了一份工作，但没有从事教学；她不喜欢平庸的本科生，更喜欢和她认为独特的人在一起。她甚至说过，如果找不到全职研究职位就完全放弃遗传学。爱默生这次显然原谅了她，因为他提名她为美国国家科学院(NAS)院士，部分原因是为了鼓励她不要退出这个领域。在她被提名之前，冷泉港实验室给了她一个职位，就是在那里舒尔开展了玉米实验。麦克林托克在冷泉港实验室待了几年后，消息传来，她被选为美国国家科学院院士(1944年)，当时她还比较年轻，才41岁，是第三位获得此荣誉的女性。

冷泉港实验室北边是大西洋，被富人区所包围，因此空间有限，无法提供像大多数玉米遗传学家那样能种植数万株玉米的田地，也没有技术人员、学生和助理小组负责看管。麦克林托克在冷泉港实验室根本没有资源从事这种大规模的工作，但几乎可以肯定的是，她也不想这样做。她可能是她那一代人中唯一一个快乐地待在冷泉港实验室的玉米遗传学家，因为她满足于只使用几百株植物，这样她就可以亲自照料这些植物。她可以看着它们生长，每天在一排排玉米之间慢慢穿行，几乎像了解每个人一样了解它们。虽然她喜欢独自工作，但有时她确实怀念作为康奈尔大学玉米研究社团一员时的工作时光。幸运的是，罗德斯在纽约哥伦比亚大学，离这里只有一个小时的车程。他们保持着密切的联系，讨论彼此的想法，交换信息，比较结果。但是去纽约或参加会议就意味着要离开她的植物，而麦克林托克不相信其他任何人能照顾好她的玉米。她唯一的常任助理是她雇来当稻草人的那个人：她给他一支猎枪，告诉他要确保没有一棵植株被鸟儿偷食——这是她愿意委派的最大的任务。

麦克林托克没有和她的玉米植株交谈，没有拥抱它们，也没有和它们交朋友，但她确实希望它们能回答她的问题。玉米染色体被锁在细胞里，她可以将它们压扁并染色，但这样做时它们是处于无生命状态的，她想知道它们在活的植物中做了什么。她发现，观察这些植物生长是了解它们的最好方法；当然，她也对它们的种子做了各种实验，然后种植，并观察会发生什么。

在麦克林托克玉米地旁边的是德尔布吕克、卢里亚和他们的同行每年夏天都在那里开设噬菌体课程的实验室。她对他们非常了解，作为邻居，她发现他们的工作非常有启发性，但他们的工作与她的却完全不同。噬菌体工作已经在快速开展，这要归功于微生物繁殖的速度。噬菌体遗传学家们的工作速度也依赖于他们所研究的有机体的繁殖速度；他们聪明、急切、敏捷。而麦克林托克更喜欢放慢速度，思考基因在个体壮大而生长缓慢的植物中可能在做什么；她对将事物剥离成一个更简单、更小的体系没有兴趣。玉米和麦克林托克彼此是如此般配。

┃ 突破点——染色体断裂

　　当麦克林托克在一排排玉米间穿行时，她所寻找的是模式，即叶片或玉米粒的模式。出现、消失和重新出现的彩色斑点或条纹，例如，用于美国传统感恩节常见装饰的混色"印第安玉米"。

　　许多植物都有这样的模式，这种模式被称为"杂色"。杂色植物一直以特别孱弱而著称；17 世纪，日记体作家约翰·伊夫林（John Evelyn）警告他的园丁们，他们应该非常小心地对待得奖的郁金香，"否则很快就会失去它们的杂色"。[36]德·弗里斯是最早对杂色植物进行科学研究的人，一开始，这些植物似乎很适合他的研究目的，因为它们不断变异，但逐渐地，挫折开始出现。"变异"是不可遗传的——杂色植物产生了非杂色植物后代，而后非杂色植物后代又产生了杂色植物。这种行为似乎没有规律可循；经过数月的努力来研究这些"不守规范"的植物为什么不符合孟德尔定律无果后，德·弗里斯将它们命名为"不停变异"的品种，并放弃了对它们的研究。

　　玉米杂色现象也引起了爱默生的兴趣。他观察到"杂色与其他颜色模式的区别在于其不可救药的不规则性"，但他仍然希望最终能够理解它，[37]因为它似乎也存在少许有规律的可能。他很好奇，如果假设抑制颜色的基因在某种程度上与一个色素基因连锁，而且出于一些尚不清楚的原因，抑制因子偶尔消失，从而使色素在特定的细胞中重新出现，也许就可以构建符合孟德尔规律的解释。

　　类似这些被推测能控制杂色的基因，被认为是不稳定的或可变的基因。它们在果蝇和玉米中都被广泛研究，遗传学家们对它们是什么有很多猜测：它们的不稳定性是基因正常可变异性的极端情况，还是这些基因有独特之处？它们是有缺陷的基因，还是"病态的"基因？罗德斯研究了玉米中的可变基因，并证实，正如爱默生所推测的那样，确实有一些色素基因，只有在其他基因也存在时才变得不稳定：它们是否产生颜色，不仅是颜色基因本身作用的结果，还依赖于相邻的基因以及总体的遗传环境。

　　麦克林托克对这些不稳定、易变的基因很感兴趣，她总是花好几个小时在显微镜下仔细观察；她在细胞分裂过程中观察到染色体断裂并自我修复；当她看着植物生长时，她思考当她最终将它们的细胞压扁并染色时，染色体看起来会是怎么样的。断裂的染色体似乎在某种程度上是造成杂色模式的原因，但是究竟是如何导致的呢？

　　20 世纪 30 年代，麦克林托克曾尝试将玉米暴露在强烈的 X 射线下；正如她所预期的那样，辐射刺激了突变，这和许多其他物种的实验结果一样。但是，尽管 X 射线在她研究工作的开始阶段被证明是有用的，但麦克林托克发现它们对于她的工作来说太随机了，所以她开始收集染色体断裂的植物，并从中推断出在染色体上发生的情况和她在生长中的植物中观察到的现象之间的联系。随着工作的进行，麦克林托克意识到当染色体断裂时，事实上它的一部分被删除了。有时，就算断裂点附近的基因被破坏了，它们也可能通过其他方式被复制或重排。每一个变化都会对植物产生有趣的影响。其结果与 X 射线或自然突变相似：一个基因停止了功能。通过研究植物生长过程中出现的问题，就有可能发现缺失的基因所行使的功能。因为能够熟练使用显微镜识别每一个单独的染色体，并确切地知道哪些染色体的哪些部分被破坏了，这使得麦克林托克很轻松地就能在一个特定的突变和一条特定的染色体之间建立联系。

　　断裂的染色体有另一个吸引人的地方：它们的弱质性是可遗传的。麦克林托克发现了这一点，因此经过多年的耐心工作，她培育出了一系列植物，这些植物的染色体都在一个特定染色体上的同一位置处断裂，每一代都是如此。其中一些品系产生的谷粒呈现出杂色、斑纹或由不同颜色组成的图案——在其中一个品系中，麦克林托克发现了 8 个高度变异的基因，这听起来可能不太多，但其数量是玉米遗传学前 30 年中发现的高度变异基因数量的 4 倍。在她职业生涯的大部分时间里，她都在研究这些染色体有规律地断裂的植物。这些育种品系给她提供了一个产生突变的新工具，这个新工具相比她的同事使用的侵蚀性化学物质或破坏性 X 射线有两个关键优势：首先，它更便宜，因为它不需要任何昂贵的设备；但更重要的是，它更精确。常规技术在每一条染色体上都会产生数百个随机突变。在对这些突变做出任何有用的处置之前，比如建立染色体图谱，必须费力地对它们进行分类，使用连锁频率来精确计算每一个突变在染色体上的位置；这就是为什么果蝇突变研究需要花费这么多年的原因。以这种方式工作的必要性，事实上迫使遗传学家使用小型、廉价、快速繁殖的生物体，比如果蝇和噬菌体——他们需要大量产生突变，以便进行耗时的筛选。但麦克林托克的方法不同；她提前知道哪条染色体会断裂，以及在什么位置上断裂。对于麦克林托克来说，她孱弱的玉米植株就像在哥伦比亚大学被精心清理的果蝇一样宝贵；起初看似棘手的问题此时已经迎刃而解了。[38]

　　随着麦克林托克对断裂的染色体展开研究，她逐渐形成了一个关于生物学中最大的谜团之一——"基因是如何被控制的"激进的新观点。当时所有生物学家都意识到，动植物身体中的每一个细胞都携带着一套完整的染色体(当然，卵细胞、花粉或精子这些生殖细胞都只有半套染色体)。生物学家们也普遍认同基因的存在(基因被认为是特定染色体上的特定部分)，每一个基因都决定了一个特定的性状，如果蝇的眼色或玉米粒的颜色。而且，人们也清楚地知道，基因以某种方式"制造"了化学物质：玉米粒中的基因制造了色素，而茎中的基因制造了使植物长得又高又壮的纤维。因此，还没有得到回答的问题是，假设每个细胞——果粒或茎、叶或根——都有相同的整套基因，那么决定果粒颜色的基因怎么会"知道"它们处在果粒细胞中，是时候开启并产生黄色或红色了，而茎或根细胞的相同基因又怎么会"知道"它们在茎或根细胞中，应该保持关闭状态？

一旦噬菌体向生物学家揭示了 DNA 的本质，"基因是如何被控制的"就成了生物学中最大的问题。很明显，细胞中 DNA 的精确序列为"玉米之所以成为玉米"和"老鼠之所以成为老鼠"提供了基本模板。但是，只有理解基因是如何以及为什么开启和关闭的，才能解释一个单细胞(一个新受精的卵)是如何发育成一个完整的植物或动物的。当细胞分裂和繁殖时，它们是如何特化的，从而使根细胞变成根，使芽细胞变成芽？不仅每个细胞都需要被告知要成为什么样的细胞，还需要被告知要去哪里；存在的某些机制不仅确保了眼细胞变成眼睛，而且确保了眼睛长在我们头上而不是脚上。

麦克林托克认为断裂的染色体已经开始帮她破解难题了。她发现当染色体断裂并重新连接时，有一些部分被删除了，另一些部分还被移动了。当发生移动时，它们将打开或关闭基因。

为了理解麦克林托克的发现，我们需要重温摩尔根的"果蝇男孩们"对基因的形象描绘。当他们试图理解交换时，即染色体间不同基因的交换，摩尔根的研究小组想象基因就像串在一根绳子上的珠子。每根绳子都是一条染色体，在减数分裂过程中，这些绳子相互缠绕，断裂并重新连接。

麦克林托克的断裂染色体也经历了一个类似的过程，先断裂后重新连接。然而，交换只发生在减数分裂期间(减数分裂是生殖细胞形成时发生的)，而麦克林托克的染色体在正常细胞分裂(有丝分裂)时断裂；有丝分裂是动植物正常生长过程中细胞不断分裂形成新细胞的过程。麦克林托克所发现的 8 个高度变异基因中的一个导致了染色体的断裂。但是当她展开对这个基因的研究时，它的一个特征让她感到烦恼和困惑——它会不时地消失，然后在另一条染色体上重新出现。有时，在染色体断裂并自我修复之后，一颗"珠子"会出现在不同绳子的另一个地方。这也就是说，它从一条染色体跳到了另一条染色体上。

麦克林托克意识到，当这些微小染色体片段中的某一个重新插入某个基因的中间时，这个基因将停止工作(或以不同的方式工作)。每个基因都是一个模板，需要以特定的序列产生一种特定的化学物质。如果模板的序列发生了变化，将产生不同的化学物质，或者根本无法产生化学物质。例如，如果这个基因是叶子细胞的色素基因，插入的片段可能会导致单个细胞不产生色素，或者一群细胞都不产生色素。

然而，麦克林托克发现"杂色"真正的迷人之处在于，随着玉米叶片的生长，颜色并不是简单地不出现，而是出现、消失，然后重新出现。她可以随着植物的生长观察到这一过程——这就是她在玉米地里一直观察的结果——并且她意识到了是什么导致了这种神秘的模式。这些微小的侵入性染色体片段被插入，然后又被移除，因此在一群细胞中不起作用的基因在后期又开始起作用了。在一些携带有断裂染色体的玉米品系的叶片上，麦克林托克可以看到绿色斑块，这表明基因在起作用；还可以看到浅色斑块，这表明基因不起作用；然后开关重启，又出现了绿色。循环开关两次，于是生长中的叶片上出现了斑点或条纹(就像郁金香的花瓣一样)，斑驳的图案出现了。这正是一种控制基因的模式。

当麦克林托克在 20 世纪 40 年代宣布她的发现时，她把这些移动的基因片段称为"控制元件"(controlling element)。她发现，导致染色体断裂的易变基因需要另一个基因同时存在时才起作用。这使她意识到这些移动的基因片段可以改变靠近它们的基因。当一个"控制元件"移动到染色体的某个区域时，它会抑制或改变周围的基因；当它再次跳出来时，周围这些基因又恢复正常。她设想整个过程在每个有机体的每个细胞中重复；无数"控制元件"在工作，关闭芽细胞中的根基因，或根细胞中的芽基因，就像它们关闭叶片中的颜色基因一样。她提出，这就是理解单个细胞如何发育和分化为整个有机体的关键。她在冷泉港实验室的官方报告中发表了详细结果，并在 20 世纪 50 年代的各个主要遗传学会议上陈述了她的结论。她后来回忆，人们对她这一观点的典型反应是"困惑，在某些情况下甚至充满敌意"。[39] 很少有人接受她的论点，即在玉米中看起来是随机的现象居然是理解每个有机体发育过程中基因控制的关键。每当她结束演讲，一些听众都会边默默地摇头边离开会场。偶尔，有些人还嘲笑她：太离经叛道，而且是个女人。甚至一些关系比较近的同事也认为她的观点很难接受。

然而，后面的故事让麦克林托克终成传奇，至少在一些遗传学家眼中是这样的。意识到自己已经领先于时代，麦克林托克放弃说服同事们，回到了自己的玉米地，耐心地收集更多的数据，等待着世界赶上自己的脚步。最终，许多年后，她终于得到认可，但这一认可来自两名男性科学家的实验，他们使用一种小型、快速、流行的生物体——大肠杆菌——证实了她的研究结果。这个以男性为主宰的科学界很不舒服地认识到，麦克林托克一直以来都是对的。1983 年，她获得了诺贝尔奖。在随后的几年里，她成了女权主义者的偶像，她的一生也成了科学界的传奇。她过着一种近乎清教徒的生活，总是穿着同一套看不出性别的衣服——衬衫、宽松长裤、工作鞋和一件破旧的实验服，这件实验服被她用胶布不停地熨补。她直截了当，思维敏锐，有些人觉得这很让人讨厌，但那些了解她的人都很喜欢她的谦逊，乡土气，以及幽默感。她独自生活，从未结婚，似乎也没有过什么男女关系，喜欢独自睡在办公室的小床上，因为这样不会中断她的工作。1992年去世时，她已成为举世闻名的新一代年轻女科学家的榜样。她的"可移动的基因元件"成为遗传学革命性的观念。2005 年，美国邮政局甚至发行了一张纪念她的邮票。

▌ 孤独的天才？

从麦克林托克的故事来看，最终，是遗传学造就了一个改变世界的孤独天才。一个努力寻找工作的科学家，其反传统的思想太过先进，当代人无法理解，对科学界来说太具威胁。她不是被忽视就是被嘲笑，而这一切都只是因为她是一个女人。

麦克林托克的神话，就像孟德尔的神话一样，是对历史的曲解。曲解产生的部分原因是对伊夫林·福克斯·凯勒（Evelyn Fox Keller）撰写的麦克林托克传记《情有独钟》（*A Feeling for the Organism*）的草率解读，人们忽略了凯勒论点的微妙之处在于创造一个简单的故事、一个清晰的女主角以及一些充当坏人的反派。尽管麦克林托克是一位杰出的科学家，她发现了一些真正与众不同的东西，但就像孟德尔一样，这些东西的作用并不是她所认为的那样。

麦克林托克"因为发现了可移动的遗传元件（mobile genetic element）"被授予诺贝尔奖，但是，正如历史学家纳撒尼尔·康福特（Nathaniel Comfort）所指出的，她并没有这样称呼它们——她把它们称为"控制元件"。[40] 对于她来说，染色体片段的可移动不是关键，而关键是它们控制基因的方式。20 世纪 60 年代末到 20 世纪 70 年代，当"可移动的遗传元件"最终在病毒和细菌中被发现时，它们被命名为"转座子"（transposon）。这个名字是为了纪念麦克林托克最初命名的"可转座位的元件"（transposable element），但事实上这不是她发明的术语——它是另一位玉米遗传学家，罗伊尔·亚历山大·布林克（Royal Alexander Brink）创造的。他重复了麦克林托克的工作，观察到了同样的现象，但他不同意麦克林托克对这些元件重要性的看法。他选择了"可转座位的元件"这个术语，使自己与麦克林托克的想法保持距离，而不是支持。[41]

麦克林托克一直被忽视，直到她的工作被男人重复，这种认识也是一种曲解。法国科学家弗朗索瓦·雅各布（Francois Jacob）和雅克·莫诺德（Jacques Monod）在细菌中发现的不是转座子［有时或被称为"跳跃基因"（jumping gene）］，而是一种完全不同的基因控制模式。他们发现了染色体上位于基因两侧的特殊区域——他们称之为调控区。当特定的化学分子结合在这些区域上时，它们会打开和关闭基因，但基因和调控区都不会跳跃或移动。

麦克林托克第一次宣布她的发现时，人们嘲笑和忽视了她，这也不是事实。1951 年，她在冷泉港实验室向一群受人敬仰的观众做了一个长达两小时的详细报告。其中就有阿尔弗雷德·斯特蒂文特（Alfred Sturtevant），最初的"果蝇男孩"之一，他当时也许是美国最有影响力的遗传学家之一。他后来说："我一个字也听不懂，但如果她说是这样，那一定是这样的！"[42] 布林克也在听众中，他的回答似乎更为典型：他对麦克林托克非常钦佩，并赞同转座发生，但他们对转座的重要性存在分歧，而且随着时间的推移，分歧越来越大。布林克从未使用过她的术语"控制元件"，因为他认为这不是它们的功能。

只要麦克林托克演讲，遗传学家们都会倾听：毕竟，她是一位非常杰出和受人尊敬的遗传学家——1939 年当选为美国遗传学会副主席，1944 年当选为美国国家科学院院士，1945 年当选为美国遗传学会主席。没有人嘲笑她或说她疯了，他们只是看不出这看似随机的过程——插入和删除微小的可迁移的 DNA 片段，可能是控制生物体内所有基因活动的机制。

目前大多数遗传学家的观点是，转座子是一种分子"寄生虫"，有点像病毒；它们是能够同基因一起自我繁殖的 DNA。它们的进化作用还没有被完全认清，但有人认为它们之所以能兴盛不衰，是因为它们无意中对产生遗传多样性起到了帮助。麦克林托克的中心论点——转座是一种在发育过程中控制基因的机制，她的这个中心论点已经被大部分人抛弃了，即使是那些高度赞扬她工作的人（尽管在某些情况下，转座确实如她所设想的那样起作用）。不管她的同行们对她多么尊敬，需要澄清的是，麦克林托克获得诺贝尔奖，是因为她的发现，而不是因为她对这一发现的解释。无论她对获得了诺贝尔奖应该感到多么得高兴，但在这一点上，更像是苦涩地获得安慰奖，安慰她做出了错误的解释。

这些都没有削弱麦克林托克的才华，也没有削弱她对工作的努力程度或者她必须克服的偏见。麦克林托克和她的工作很有趣，也很重要，但不需要被神化。与她同时代的人往往认为基因是不变的静态开关，只有麦克林托克意识到基因间的相互作用让它们能够以高度复杂的方式对环境做出反应。尽管她错误地认为，转座是允许这种动态控制的机制，但认识到转座这一事实和动态控制机制的重要性也许是她留给后人最重要的东西。

尽管麦克林托克对转座的解释不被接受，但她的这一发现为解开 300 年来人们对玉米为何如此难以改良的谜团提供了最后一条线索。科学家们现在知道，玉米基因组主要由转座子组成，转座子成功地在玉米染色体上传播，而不会造成任何不良影响，从而导致自然选择消除它们。事实证明，是这些奇怪的"分子寄生虫"主导了执行功能的基因；这也是为什么玉米比大多数其他作物更易变的另一个重要原因。转座子也解释了为什么玉米基因组和人类的一样大。

爱默生所说的玉米的"不可救药的不规则性"现在已经很好理解了，但是玉米仍然会给农业科学家带来麻烦。目前正在进行一项重大的项目，项目内容是对整个玉米基因组进行测序（基因组是指一个有机体的全部基因组成），以确定每一个功能基因，这样玉米的复杂性最终会被直接的基因操控所驯服。由于玉米是一种非常有价值的作物，且这项工作需要足够的资金资助，美国农业部的农业研究机构在一个世纪前对玉米首次投入研究资金后，现在仍在对其投资。然而，玉米仍然在顽固抵抗。尽管有大量的资金和最新、最强大的技术支持，但目前对玉米基因组的简单描述并没有完成，对其所有基因功能的全面了解可能还需要很多年的时间。要找到功能基因(这只是了解基因所有功能的第一步),就需要将它们从所有没有功能的或者"垃圾"DNA中筛选出来。这也使得第一个完成全基因组测序的植物不是玉米,也不是小麦、水稻或世界其他主要农作物,而是一种没有任何商业价值的矮小杂草:拟南芥(*Arabidopsis thaliana*,或称为阿拉伯芥)。

拟南芥：
植物学家的果蝇

Chapter 10
Arabidopsis thaliana:
A fruit fly for the botanists

　　在麦克林托克的那一排排玉米间，生长着一种不起眼的小草。这种小草也可能曾潜伏在达尔文温室或孟德尔隐修会花园的角落，或者在20世纪初短暂兴盛的月见草实验室花盆中茁壮成长。在北半球的许多地方都可见它的身影，从田野到荒地再到花园，但很少有园丁注意到它。它个头很小，毫不起眼，只有几英寸高，但它最终取代了作物之王——玉米，成为遗传研究的领头植物。虽然与它的近亲，可食用的水芹相似，它却既不能食用，也不具有任何经济价值，但它还是导致愤怒的抗议者袭击了玉米地。它本身无害，无论是园丁还是农民都懒得把它去除掉，但它却给英国首相安东尼·查尔斯·林顿·布莱尔（Anthony Charles Lynton Blair）带来了麻烦，还势将在美国和欧洲之间挑起贸易战。它没有药用特性，但目前研究这种植物的科学家比研究其他任何植物的都多。它的名字是拟南芥，一种毫无价值，甚至从外表上看无法引起人兴趣的杂草，但在不到30年的时间里，它已经改变了植物生物学——据对它开展研究的大多数科学家说，它将改变这个星球的面貌，为饥饿的人们提供食物；它甚至可能有助于解决全球变暖的问题。

　　拟南芥也被称为塔尔芥、壁芥或鼠耳芥。它的名字来自第一个描述它的欧洲人——16世纪的博物学家约翰内斯·塔尔（Johannes Thal），是塔尔在德国的哈尔茨山脉发现了它。自拟南芥出现在印刷物中后最初的几个世纪里，它并没有得到太多的关注。贵格会植物学家、药剂师威廉·柯蒂斯（William Curtis）出版了一本描绘在伦敦及其周边发现的野生植物的大幅插图书《伦敦植物志》（*Flora Londinensis*，1777～1787年），他在书里提到了这小小的"水芹"，但他相当刻薄地形容它是一种"没有特别的优点或用途"的植物。[1]

　　几乎没有人发现拟南芥的任何优点或用途，直到1907年，一位德国植物学专业的学生，弗里德里希·莱巴赫（Friedrich Laibach）在寻找一种实验植物时发现并开始使用拟南芥，这才开启了它的传奇时代。莱巴赫曾师从爱德华·斯特拉斯伯格（Eduard Strasburger）。斯特拉斯伯格是一位极具影响力的植物学家，他是第一个描述植物细胞分裂的人；他还发明了许多研究细胞的现代方法；他也是第一个用化学染料对植物标本进行染色的人，染色使解剖的细节更容易被看到。1894年，他和他的同事撰写了一本大部头的教科书——《大学植物学教材》（*Textbook of Botany for Universities*），这本书被翻译成八种语言，被称为"植物学家的圣经"。它定义了许多将塑造20世纪植物学的关键理念，并引入了许多现代生物学中的标准术语，如单倍体、二倍体和配子。

　　莱巴赫想要探索斯特拉斯伯格给植物学家的工具包还可能有什么用途，于是他开始寻找新的植物进行研究。没有人知道他是怎样或为什么对拟南芥感兴趣的，但它的特性表明，它可能适合在实验室里生长。它很小，不像月见草那样需要很多空间，或经费。它也生长得很快，长出一棵新植株只需要大约 8 周的时间，所以植物学家一年就能种好几代。它还能产生很多微小的种子，易于收集、储存和再次种植。然而，当莱巴赫用斯特拉斯伯格教给他的染色方法对拟南芥的细胞进行染色并放在显微镜下观察时，他失望地发现，拟南芥只有 5 对染色体，这很有用，但不幸的是它们很小。莱巴赫并不打算像摩尔根和他的学生那样绘制染色体图谱；他想研究植物的细胞核，目的是了解它们的染色体是否稳定。他看了一眼拟南芥小小的染色体，决定放弃这种不适合他进行研究工作的植物。直到多年之后，莱巴赫才重拾对拟南芥的研究。

│ 原子弹和大科学

　　1946 年，果蝇生物学家赫尔曼·穆勒(Herman Muller)，因发现辐射会诱发基因突变而获得了诺贝尔奖。《纽约时报》采访了他，问他广岛和长崎的原子弹会带来什么样的长期影响，他回答说，如果幸存者"能预见 1000 年后的结果……他们可能会觉得如果当时炸弹把他们炸死是更幸运的事"。[2] 他也许比任何人都清楚，X 射线的放射性对生物会造成什么影响；原子弹释放出的更强的辐射会对人类基因产生什么影响。即使核武器永远不会再被使用，大气实验和制造核武器最终是否会毁灭人类基因池？

　　第二次世界大战结束时，美国军方和羽翼未丰的核工业全神贯注于评估辐射的影响。美国军事情报部门派遣特工前往德国搜寻纳粹制定原子弹计划的证据。因为德国在战前一直处于核物理领域的世界领先地位，美国希望找到一些文件和其他一些证据，帮助弄清楚辐射的影响。因此，当特工们看到一篇由德国生物学专业的学生写的题目为 "Röntgen-Mutationen"(X 射线突变)的博士论文时，非常高兴。论文立即被送回美国，他们以为在翻译人员的帮助下能发现纳粹对突变的了解。遗憾的是，这篇论文的内容并没有涉及比拟南芥更险恶的东西；它描述了莱巴赫的一名学生开展的实验，旨在揭示 X 射线是否能导致这种植物突变。因此，这篇博士论文之所以与众不同，是因为它是第一个，也可能是唯一一个作为非机密被缴获的敌方文件，而后由美国联合情报目标局植物学出版物刊出。[3]

　　显然，莱巴赫在研究其他植物时并没有忘记拟南芥。在战争期间，他又开始研究它了，尽管他怀揣着不同的问题：1943 年，他发表了一篇论文，详细介绍了利用拟南芥快速生长和易杂交的特性开展的一些杂交实验。他还提出，应该证明用 X 射线辐射种子和刺激它们变异是可能的，就像果蝇那样。在文章结论里，他还主张将拟南芥带进实验室，在那里它可以成为植物学家们的果蝇，但是几乎没有人接受他的建议。

可以理解的是，植物学并没有立即引起原子弹伤亡委员会（Atomic Bomb Casualty Commission，ABCC）的兴趣。ABCC 成立于 1947 年，旨在调查原子弹的医疗效果，但从长远来看，拟南芥的命运将由战后科学出现的新方向所决定。战前，科学研究大多是在一个相当小的规模上进行——单个研究人员领导规模较小的研究团队。相比之下，美国制造核弹的曼哈顿计划（Manhattan Project）是第一次涉及工业规模的科学计划——广岛被摧毁的时候，炸弹制造者已经在实验室和生产工厂雇用了成千上万的人，每个生产工厂都有小镇这么大。庞大的团队和与之相匹配的预算成为后来被称为"大科学"的模型；它首先影响了物理学家，而后还逐渐改变每一门科学的研究方式。

正是因为 ABCC，生物学家才进入了大科学时代。当时 ABCC 启动了一个遗传学项目，而资金提供方缩略名字的混乱是未来出现混乱情形的一个迹象：由军方控制的美国原子能委员会（AEC）、国家科学院（NAS）和国家研究委员会（NRC）共同资助了这个项目。由联邦政府资助意味着将投入比任何战前的研究人员能想象得到的更多资金用于科学研究，但它也意味着会出现比科学家们以前所遇到过的更多的规章制度和表格填写工作。1955 年 ABCC 最终宣布，它没有得到任何一个明确的关于辐射带来的长期遗传效应的结论。然而，《美国新闻与世界报道》（US News and World Report）以 "广岛报道：成千上万的婴儿，没有受到原子弹的影响"为标题，评论说："日本原子弹爆炸幸存者的孩子正常、健康、快乐。这一结论是基于对 7 万名婴儿的研究得出的，其中 5 万名婴儿的父母经历过原子弹爆炸。"4

于是，一些美国人停止担心并热爱原子弹，但另一些人则对越来越军事化、工业化的科学的崛起感到紧张。当作为新冷战特征的反共情绪在 1949 年苏联第一颗原子弹爆炸后达到高潮时，美国军方主导的科学研究所带来的影响变得令人愈加不安。参议员约瑟夫·麦卡锡（Joseph McCarthy）和美国众议院中的"非美活动委员会"卷入了一系列臭名昭著的政治迫害：前共产主义者赫尔曼·穆勒也公开表明其态度——众所周知，20 世纪 30 年代赫尔曼·穆勒曾在苏联短暂居住过，经历了李森科的崛起。穆勒认为共产主义对人类长期健康的威胁比辐射更严重，因此拒绝支持禁止核试验。尽管他最终改变了主意，但 1955 年他仍在公开场合争论，任何对核武器发展的限制只会帮助苏联，因为他们在常规军事力量方面处于领先地位，所以美国必须保持其核优势。

保持美国的技术优势成为冷战时期沉溺的焦点。从 1949 年到 1953 年，仅仅四年，美国国防开支几乎翻了两番，达到了 500 多亿美元。1957 年苏联发射了世界上第一颗人造卫星"伴侣号"（Sputnik），表明了他们在太空竞赛中处于领先地位。没有人知道这种"人造月亮"能做什么或会做什么，也没有人知道苏联下一步的计划是什么。于是，几乎在一夜之间，美国的国防开支又增加了，钱被投向任何可能给美国带来技术优势的东西。电子计算机作为军备竞赛和太空竞赛中的一项关键技术脱颖而出，于是大量的政府资金都用于开发它们。

虽然生物学从来没有像物理学那样收到过如此多的国防经费，但许多生物学家受益于军事资助，尤其是因为对辐射病和基因损伤的持续关注——AEC 在 20世纪 50 年代为遗传学研究提供了一半的联邦经费。

| 反战潮流

尽管科学界发声要大家安心，但并不是所有人都相信辐射是安全的，也不相信科学家和他们在军队中的盟友将使世界变得更美好。

鲍勃·迪伦(Bob Dylan)的歌曲《暴雨将至》(*A Hard Rain's A - Gonna Fall*，1962 年)代表了人们对世界现状日益增长的担忧，歌曲融合了反战情绪（"儿童手中的枪和利剑"）以及对环境的关注（"毒药丸"只会留下悲伤的森林和死亡的海洋）。首要的恐惧仍然是核弹，它像一声充满告诫的惊雷，一波可能会淹没整个世界的巨浪。随着越南战争的白热化，迪伦的声音成了当时热烈的反战抗议声浪中的一部分。而大学生在运动中尤其活跃，军方对大学科研投入的经费规模——尤其是用于新武器的研究——成为他们反战活动的焦点之一。激进的学生们敦促大学断绝与军事机构的联系——这些呼吁基本上没有得到重视，但还是使得对科研经费来源和用途的审查力度得到了加强。

就在迪伦发布这首歌的同一年，公众对科学家缓慢增加的质疑在瑞秋·卡森(Rachel Carson)出版其畅销书《寂静的春天》(*Silent Spring*)后加剧了。卡森的书表达了她对日益增加的化学杀虫剂，尤其是对滴滴涕(DDT)使用的担忧；她并不反对科学——她是一名训练有素的生物学家——但她担心商业利益会导致化学药品被过度使用，而这些化学药品的长期影响还尚不清楚。她的不安引起了新环保主义者的共鸣，其中有一小部分人逐渐认为科学和科学家是不可信的。

尽管迪伦和卡森几乎没有任何共同点，但他们都成了这个由思想、信仰和偏见交织形成的复杂图景中的一部分，这一复杂图景被称为 20 世纪 60 年代的反主流文化；一个不成熟但激情澎湃的运动，它的倡导者混合了对长发、香烟和音乐的热情，以及对反战、反体制、反消费主义和偶尔反科学的情绪。

与此同时，政府对美国科学研究的资助继续增长，但其中一些受益者并不完全乐意成为大科学的一部分。一些人抱怨说，科学家们不再是富有创造力的研究人员，而成了生产线上的工人，将他们的独立思想拱手让给政府和官僚——这些抱怨与那些反主流文化人士的观点相呼应，他们谴责自动化的乏味单调，将有趣的工作变得让人麻木。

当然，许多生物学家对额外的资金和新式研究是满足的，但就连他们也不禁注意到，即使经费增加了，熟悉的资助优先级又重新出现，生物学研究仍然比物理学研究拿到的经费少；而且，在生物学领域，植物研究比动物研究得到的钱更少。尽管美国军方偶然对拟南芥产生了短暂的兴趣，但很少有人关注这种杂草，没有一笔大科学的资金是流向植物学研究的。20 世纪 50 年代，一些研究人员，尤其是德国的克劳斯·纳普-齐恩（Klaus Napp-Zinn）和格哈德·洛布宁（Gerhard Röbbelen）已经证明了这种植物确实是一种有用的实验室植物，和莱巴赫发现的原因一样。20 世纪 60 年代，只有少数来自欧洲、澳大利亚和美国的科研人员用它开展研究，就在其他人都忽视它的时候，匈牙利裔科学家乔治·雷迪（George Rédei）对这种植物进行了热情的推广。

当像噬菌体这样快速生长的微小生物被越来越多地用于实验时，大多数植物遗传学家仍在研究玉米、烟草或其他主要作物，但是这些作物生长缓慢，用它们开展实验的困难程度使植物遗传学看起来相当落后，特别是与最新的分子生物学前沿——噬菌体和细菌遗传学相比。这些微小、快速繁殖的生物体使研究人员能够进行各种新式的简单而精巧的实验，在几天内而不是几年内就能回答遗传学问题。

正如我们所看到的，沃森和克里克宣布的 DNA 结构表明，分子的物理存在形式决定了它的工作原理。双螺旋结构说明了 DNA 能合成更多的 DNA：因为这些链是互补的，每条链都可以作为一个模板。同时，它也揭示了 DNA 是如何产生氨基酸的，氨基酸是酶和其他蛋白质的组装原料。一个基因由一些特定序列的碱基组成——腺嘌呤（A）、胸腺嘧啶（T）、胞嘧啶（C）和鸟嘌呤（G）——它们形成了一个模板，从而产生一系列氨基酸。从沃森和克里克宣告 DNA 双螺旋结构到了解蛋白质是如何在 DNA 的指导下合成的，花了大约十年的时间；细胞核内的 DNA 通过核糖核酸（RNA）来制造出自身的 RNA 拷贝，然后 RNA 链被运输到细胞核外，作为蛋白质组装的模板。1963 年，科学家发现了关键的一步，即由每三个 RNA 碱基组成的一个特定组合决定了一个特定氨基酸。薛定谔当初将碱基比喻成密码，现在三个碱基的组合被称为密码子。一旦氨基酸合成机制被建立起来，就向各种可能性打开了大门：从理解遗传性疾病到在分子水平上绘制进化关系，最终到实现遗传工程。

随着对 DNA 的理解不断加深，研究染色体不同区段和维持生命体各种生物学过程之间的关系变得越来越容易。为了了解基因的功能以及基因是如何实现这一功能的，人们设计了各种各样的新技术和新工艺来干扰基因的功能。最初的果蝇实验室制作了染色体的物理图谱，详细说明了每个基因在染色体上的定位。分子生物学的新工具增加了这些基因的详细信息，这些信息不仅包含它们的化学性质，而且还包含精确的 DNA 碱基序列以及由这些序列产生的特定氨基酸序列所构成的蛋白质。

随着噬菌体研究小组开创的工作方式日趋成熟，一些科学家开始四处寻找更困难的问题，并试图用他们强大的新工具来解决这些问题。一位来自布鲁克林的犹太男孩，西摩·本泽(Seymour Benzer)就是其中之一。他对科学的兴趣最初是受到辛克莱·刘易斯的《阿罗史密斯》的启发。几年后，他读了薛定谔的《生命是什么？》，这本书让他注意到了马克斯·德尔布吕克的名字。不久之后，他在一次晚宴上遇到了萨尔瓦多·卢里亚。命运似乎推着本泽来到冷泉港实验室，1948 年他学习了噬菌体课程。他在噬菌体方面的工作做得很出色，但当他对人类行为的遗传基础越来越感兴趣时，他遇到了一个问题：病毒和细菌都不会表现出任何行为，至少不会以任何能帮助我们理解人类自身行为的方式表现。因此本泽又回到了现代生物学的根源，回到果蝇研究。20 世纪 50 年代，果蝇研究似乎已经过了它的巅峰。但是本泽精巧的实验仍帮助果蝇重返潮流，进入分子生物学的新世界；果蝇再次成为科研界的焦点，很快使其战前的继任者们相形见绌。

本泽并不是唯一一个渴望将分子生物学工具应用于更大、更复杂的生物体的人。南非出生的生物学家西德尼·布伦纳(Sydney Brenner)也从噬菌体开始研究。当他 1957 年加入英国医学研究委员会的分子生物学实验室时，也将病毒引进了实验室，在那里他与克里克和沃森共事。但几年后，布伦纳决定是时候解决新问题了，他尤其想要探索神经系统的发育，于是再次提出了同一个问题，也是当时最大的问题——基因如何控制发育。细菌和病毒都没有神经，所以布伦纳需要一种新的多细胞生物来开展研究。他选择了秀丽隐杆线虫(*Caenorhabditis elegans*，通常简写为 *C. elegans*)。我们大多数人不会认为一条不到一毫米长的蠕虫个体大且复杂，但与大肠杆菌(比线虫小 1000 倍)相比，布伦纳仿佛从修理手表转向研究喷气式飞机。

无论是转向果蝇等曾经被研究过的实验生物体，还是驯化新物种，如线虫，到 20 世纪 70 年代中期，新式的生物学家们开始在破译基因的分子世界和熟悉的生物体之间的联系方面取得了进展。但这一切仍然是动物研究(如果我们允许对动物有足够宽泛的定义的话)；植物生物学家们开始考虑加入分子革命和大科学团队，希望能获得更多的预算和更多的认可。但他们必须先播种，才能收获——那么，应该种什么植物呢？

┃ 从羊角面包到拟南芥

1978 年，两个年轻的加拿大人坐在巴黎的一家咖啡馆里，计划着他们的未来，也计划着生物学的未来。克里斯·萨默维尔(Chris Somerville)和肖娜·萨默维尔(Shauna Somerville)刚刚完婚，也刚刚完成了他们在阿尔伯塔大学的学业：克里斯获得大肠杆菌遗传学博士学位，肖娜获得植物育种硕士学位。据克里斯说，他们在巴黎度过了田园诗般的几个月时间，"我们谈论未来要做什么"，决定"要做一些有趣的事情"。[5]但生活并不全是羊角面包和谈天说地。萨默维尔夫妇希望在他们的有生之年做些有益的事情，为解决世界问题做出积极的贡献。

早几年的时候，全球智库罗马俱乐部(Club of Rome)发布了一份最畅销的报告——《增长的极限》(*The Limits to Growth*，1972 年)，预言了一场迫在眉睫的环境灾难。研究报告的作者认为，"如果当前世界人口、工业化、污染、粮食生产和资源耗竭的增长趋势继续保持不变，地球上的增长将在下一个一百年达到极限。"[6]他们预测，由于饥饿、疾病和为争夺日益稀缺的资源发起的战争，将导致世界人口将急剧减少。这些令人震撼的说法引起了轰动；《增长的极限》售出 1200万册，被翻译成 35 种语言。它发出的末日警告与 20 世纪五六十年代广泛的乐观看法相左，这些乐观看法认为，西方享受了 20 年来前所未有的经济增长，以及不断提高的生活水平和降低的失业率所带来的好处，再也不会回到战前的经济萧条时期。人们普遍认为，同样的西式经济增长模式也适用于所有第三世界，给所有人带来和平与富足。然而，规模虽小但不断壮大的环保运动团体认为，增长对生态的影响被忽视了。罗马俱乐部的一个主要预言是随着环境恶化导致更多的农田无法耕种，将造成大范围的饥荒。

这些说法被广泛报道，越来越多的人认为 20 世纪五六十年代的经济繁荣不可能永远持续下去。20 世纪 70 年代初的石油危机——石油输出国组织(OPEC)迅速提高了油价——加剧了这种无望感。随着汽油被定量供应和不断飙升的汽油价格，公众尝到了未来如果石油耗尽的感受。一些人对全球威胁的反应是站到了科学和技术的对立面，他们认为，是时候放弃工业化，回归自然了，但对于像萨默维尔夫妇这样充满了理想主义的年轻研究人员来说，科学提供了唯一的实用答案。克里斯·萨默维尔回忆起他年轻时读到过的《增长的极限》，以及他们决定研究植物时的情景。"我们在思考我们要做些什么，才能产生一些大的社会效应"，他回忆说，他们年轻而且充满理想主义，认为改良植物可以养活饥饿的人类并拯救世界。

然而，肖娜对学校教给她的传统植物育种知识并不满意，传统植物育种在很大程度上并没有受到最近在遗传机制研究上的进展的影响。克里斯记得，她曾经抱怨植物育种没什么科学性可言，不过是"种植后称量，杂交后称量，然后一直这么种植、称量下去"。对于接受过大肠杆菌精确的遗传学研究训练的克里斯来说，这听起来确实很粗糙，然而，"我们边谈着未来，边想象着植物分子生物学将会发生什么"；想法虽然仍在雏形中，"但我们能想象得到将要发生什么"。

他们的愿景因克里斯的博士导师从他一位美国同事那里收到的一份礼物而得以成形：这份礼物是最早的限制性内切酶样本，是一种用于切割 DNA 的化学工具。萨默维尔夫妇回忆说，他们对这"新玩具"非常兴奋，"时不时用它玩玩切割 DNA 的游戏"。仅仅在几年前才开始使用这类酶，而且它们可能的用途也仍在研究中，但它们有一个很有前途的性质，即能够在特定位点切割 DNA 链。例如，这些酶可能被用于提取生物体中的单个基因。以前所有的基因研究都是在整个生物体上进行的，因此不可避免地，所有的基因都同时受到影响。研究人员也许会幸运地发现或创造出突变，揭示当一个特定基因发生故障时会发生什么，但正如 20 世纪初玉米遗传学家和其他人所发现的那样，生物体的大部分可见特征都不止受一个基因控制。通常几乎不可能知道单个基因的确切影响是什么。

一旦限制性内切酶被开发出来，就会像一把分子剪刀，剪掉单个基因，下一步就是揭示这个基因是做什么的——它产生了什么化学物质，以及在有机体的生物学过程中发挥了什么作用。不幸的是，试管中的 DNA 片段没有任何作用，它不过就是待在那里。基因需要活细胞的细胞机器才能工作。具体来说，它们依靠一种叫作核糖体的结构，核糖体实际上是沿着 RNA 链移动的化学工厂，按照 RNA 模板密码子的顺序装配氨基酸，最终合成蛋白质。因此，从生物体中分离出一个基因后，研究人员还需要把它放回到活细胞里去才能揭示它起什么作用。

毫无疑问，这个技术首先是利用一种简单且相对来说已经比较了解的细菌——大肠杆菌来实现的。1973 年，斯坦福大学的斯坦利·科恩（Stanley Cohen）和加利福尼亚大学旧金山分校的赫伯特·博耶尔（Herbert Boyer）开发了一种能将取自任何物种的 DNA 插入细菌的方法。就像用来切割 DNA 一样，限制性内切酶也可以被用来将 DNA 插入到细菌的基因中去。一旦基因回到活细胞中，它就拥有了所需的细胞机器，开始生产它要制造的物质。

科恩和博耶尔把很多 DNA 切成很多小段，把它们全部插入细菌中，然后对细菌进行测试——使用的基本技术与 19 世纪微生物猎手发明的技术相同——找出哪些基因最终进入了哪些细菌。他们寻找具有有趣属性的基因，一旦发现带有目标基因的细菌，就将它们分离、培养，再用于更多的实验。这样，细菌经过基因工程改造，就能产生特定的蛋白质。

在获得博士学位后，克里斯·萨默维尔对科恩和博耶尔的操作过程已经了如指掌，但是最开始这些操作是不能应用于植物上的。然而，就在他和肖娜动身去巴黎之前，一篇论文报道了一种名为农杆菌的微生物通过将自己的 DNA 转移到受感染的植物中使植物生病，这一过程与噬菌体等病毒转移它们 DNA 的方式大致相似。这开启了从一棵植物中提取特定基因，然后用农杆菌把它放入另一棵植物中的可能性。克里斯·萨默维尔还记得他和肖娜对这件事有多兴奋：当时，他们对自己说，"这太容易了，所以我们甚至不应该加入这场游戏……它已经结束了"。事实上，正如他所承认的，他们过于激动了；"到普通研究者能做这种事情的时候，十年已经过去了"。

尽管如此，在巴黎街头的一家咖啡馆里展望，植物分子生物学的未来看起来非常美好。克里斯·萨默维尔当时认为，"分子时代已经来临""学术界需要一个好的模式生物，因为用玉米、小麦或番茄做研究太可笑了"。对于由噬菌体研究团队开启的快速发展的生物学来说，这些植物实在太大，生长实在太慢了。在研究大肠杆菌的过程中，他已经习惯了前一天对实验做计划，这样后一天结束时就能取得一些结果进行分析。萨默维尔夫妇开始寻找另一种植物，他们偶然读到了乔治·雷迪的一篇论文，雷迪是美国为数不多的拟南芥爱好者之一，他认为拟南芥的时代已经来临。他们回忆说："我们读了那篇文章，完全被说服了。"

许多使拟南芥成为一种潜在的"植物果蝇"的原因，也使得它受到新型植物分子遗传学的青睐。正如克里斯·萨默维尔所说，"我们有一个想法，要真正拥有一种成功的植物……它必须是你可以在波士顿市中心种植的"，那里有好几家主要的研究机构，"你必须把你的模式生物放进这些机构"。波士顿可没有玉米地，但拟南芥——就像之前的果蝇一样——已经准备好搬到城市里去了。

后来，萨默维尔夫妇离开巴黎返回加拿大阿尔伯塔省，等待去美国的签证，他们将继续在伊利诺伊大学学习。他们知道，实现抱负的第一步就是实实在在地研究拟南芥。克里斯·萨默维尔记得，"不知何故，我们被任命负责研究生研讨会，所以我们邀请了乔治·雷迪……这真是一场大灾难……全体教员都不熟悉乔治，没有人有兴趣和他交谈。"所以"肖娜和我最后让他在我们这边待了几天"。他的到来被证明对萨默维尔夫妇非常有帮助，"我们和他坐着聊了好几个小时"，听他讲述他所知道的关于拟南芥的一切——从如何种植它，到哪些化学物质会导致它突变——乔治·雷迪向萨默维尔夫妇分享了他们所需要的每一个微小细节，给了他们许多他自己创建和收集的突变品系的种子。

萨默维尔夫妇的目标是围绕植物建立一个学术社群。就像与他们同时代的每一个生物学家一样，他们看到了生物学家是如何聚集在果蝇和大肠杆菌周围的，当一个生命体把不同学科的人聚集在一起时，大量的成果会涌现出来。对于萨默维尔夫妇来说，他们尝试模仿的最重要的范例是德尔布吕克最初的噬菌体研究团队。1966年，冷泉港实验室出版了一本纪念德尔布吕克的文集《噬菌体和分子生物学的起源》（*Phage and Origins of Molecular Biology*）。克里斯·萨默维尔回忆说，这本文集"对我影响很大。多年来我像读《圣经》一样读这本书"。他着迷于创造新的研究领域所需要做的工作，但更受到"整个噬菌体研究的美学、逻辑性"的感染。他的第一个学位是数学，这是一种强调优雅和严谨性的专业，他喜欢赫尔希和钱斯那种简洁实验的逻辑性。正如他所说，"噬菌体遗传学是一种异常优雅的遗传学"。

然而，植物遗传学家仍然没有考虑简单生物，他们还在研究个头大、生长缓慢但有利于经济发展的重要植物。萨默维尔夫妇认为要抓住他们的注意力，这对开展他们所谓的"示范项目"至关重要。所以他们在巴黎花了好长时间"思考一个可以用我们所理解的遗传学方法来解决的问题，而这个问题也是植物遗传学家们所关心的"。克里斯·萨默维尔坦率地承认，当时"我对植物一点儿也不了解，所以我可以接受任何问题，但我确实有这种感觉，因为我们的目标是吸引人们并创建一个学术团队，我们的结果必须正中现有的植物社团的核心，引起他们的注意"。

萨默维尔夫妇拿到了签证，出发前往伊利诺伊州，脑子里塞满了雷迪的建议，心中对他们希望发动的"革命"充满了期待，口袋里则装满了拟南芥种子。

| 组建拟南芥研究社群

当萨默维尔夫妇在谋划他们和拟南芥的未来时，他们并不知道还有其他人也开始对这种植物产生了兴趣。艾略特·迈耶罗维茨(Elliot Meyerowitz)就是其中之一，他在学生时代也读过乔治·雷迪写的关于拟南芥的综述。当时，迈耶罗维茨正在研究果蝇，但他记得"和我的研究生导师以及一些我认识的研究植物的研究生们谈论利用拟南芥作为遗传系统，就像利用果蝇一样"。[7]虽然他并没有马上实施这一想法，但他在耶鲁大学的一位研究生同学，戴维·梅克(David Meinke)及其导师伊恩·苏塞克斯(Ian Sussex)教授已经开始研究拟南芥了；他们在1978年发表了第一篇拟南芥论文，迈耶罗维茨确信梅克和苏塞克斯在这个领域的起步中发挥了关键作用。[8]

几年后，迈耶罗维茨来到了加州理工学院，继续研究果蝇。然而，他也对遗传学的历史，特别是对雨果·德·弗里斯和继他之后的月见草研究产生了兴趣，其中一些研究工作就是在加州理工学院进行的。部分出于他过去的兴趣，迈耶罗维茨和他的一位研究生，罗伯特·普鲁特(Robert Pruitt)(现在是一位杰出的拟南芥生物学家)对开展更多的植物遗传学研究产生了兴趣；迈耶罗维茨想起了拟南芥，决定是时候尝试研究它了。

和之前的萨默维尔夫妇一样，迈耶罗维茨和普鲁特面临着一个迫在眉睫的问题：获取植物。拟南芥并不生长在南加利福尼亚州，而迈耶罗维茨也坦然地承认，无论如何"我们不是那种可以去野外找到它的生物学家；我们可能会弄错对象的"。当时并没有相关的互联网资源，在图书馆里需要花几个月的时间，阅读几十种不同的生物期刊，才有可能找到几篇提到这种植物的文章。幸运的是，普鲁特有一个叔叔叫安德里斯·克莱恩霍夫(Andris Kleinhofs)，是一位植物生物学家，在华盛顿州立大学从事大麦育种，"于是普鲁特给叔叔克莱恩霍夫打了个电话，问他是否认识能帮我们找到有拟南芥种子的人"。结果发现，克莱恩霍夫自己就有一些。当然，迈耶罗维茨团队在发表的第一篇论文里感谢了克莱恩霍夫；克莱恩霍夫后来抱怨说，因为此事，他后来收到了大量索取种子的请求——这尤其令人烦恼，因为他已经把自己所有的种子都给了加州理工学院的研究团队。

克莱恩霍夫收到的请求数量表明，人们对拟南芥越来越感兴趣。部分原因是萨默维尔夫妇在几年前就完成了他们的示范项目，引起了不小的轰动。为了引起植物界的注意，他们决定解决一个主要问题，为此他们选择了光合作用中的一个复杂环节(光合作用即植物利用阳光制造食物的过程)。光合作用的过程本身在20世纪五六十年代就已经被发现，但仍然存在一个与光呼吸过程密切相关的悬而未解之谜。植物在光照下进行光合作用，利用太阳的能量和空气中的二氧化碳制造它们的食物；这个过程既有正面的影响，也有"副作用"(当然，至少对于我们动物而言是正面的)，即释放氧气，从而使我们能够呼吸。一旦被置于黑暗中，光合作用就停止，植物开始呼吸，就像人类一样，吸收氧气，分解它们白天储存的糖分并释放出二氧化碳。但是，在某些条件下，植物在光照下仍然进行呼吸，这一过程被称为光呼吸，而光呼吸会降低光合作用的速率，从而最终降低植物作为食物的价值。包括萨默维尔夫妇在内的科学家对理解这个过程都很感兴趣，因为如果光呼吸可以被阻止，那么食用植物将更有效地进行光合作用，生长得更快，更有营养。很显然，萨默维尔夫妇对这个问题的兴趣，并不是纯粹出于学术考虑。

各种相互竞争的理论都存在，但萨默维尔夫妇认为通过简单地对许多拟南芥进行突变实验，并寻找一个能停止光呼吸的基因，他们应该就能够从这些争议中找到正确的理论。由于拟南芥生长迅速，他们只花了两个月就分离出了突变体。突变被证明是有害的，植物需要额外的二氧化碳才能正常生长；当它们在普通空气中生长时，它们开始产生一种特殊的化学物质，磷酸乙醇酸。这种物质的产生只有一种理论可以解释，一夜之间，一场旷日持久的激烈辩论结束了。[9] "在植物学界引起了轰动"，克里斯·萨默维尔说，因为"这确实是对那个问题的终结……有些人真的很喜欢，因为终结问题的方式非常漂亮"。发现了一个对一种特定化学物质的含量敏感的突变——在这个研究中是二氧化碳——这是"大肠杆菌研究中所采取的熟悉策略，但我不认为有人在植物中做过"。

与此同时，迈耶罗维茨实验室计划使用拟南芥来解决完全不同的问题。萨默维尔夫妇主要对生物化学感兴趣，而迈耶罗维茨是一位发育生物学家，他有不同的兴趣；利用拟南芥开展各种各样的研究，有助于说服植物生物学家，把它作为一个通用工具。

1981年，正当迈耶罗维茨和普鲁特开始对拟南芥的研究时，德尔布吕克去世了。德尔布吕克早就在加州理工学院从研究噬菌体转到研究一种感光真菌；他希望通过找到能开展光合作用研究的最简单生物，复制噬菌体的成功。一位名叫莱斯利·卢特维勒(Leslie Leutwiler)的年轻女性获得了奖学金，加入了他的实验室，在德尔布吕克去世后，她并没有放弃，她从地下室搬到了加州理工学院生物系的一楼，加入迈耶罗维茨的植物研究小团队，而迈耶罗维茨实验室当时还被认为是果蝇实验室。

在两位聪明、年轻的研究人员的帮助下，迈耶罗维茨决定，现在是时候在拟南芥上尝试应用新的分子工具了，以从植物中提取基因并复制。[10] 这一技术在果蝇身上尚处于实验初期，还没有人在植物上尝试过。主要的障碍在于常用的实验植物，如玉米，有较大的基因组；正如我们所看到的，玉米的基因组和人类的一样大，但大部分是由重复的或"垃圾"DNA组成，所以要找到一个特定基因去克隆是非常耗时的。迈耶罗维茨希望拟南芥能更易于攻克，但首先他们需要知道它的基因组大概有多大。类似的研究在其他生物体上十年前就做过了，当时的设备和技术人员芭芭拉·霍夫-伊凡斯（Barbara Hough-Evans）都仍在加州理工学院。"所以莱斯利和霍夫-伊丹斯就把这些东西从柜子里拿出来，把它们组装起来，用在拟南芥上，"迈耶罗维茨回忆说，"我们发现它的基因组非常小"。

拟南芥的基因组很小，这一事实本身听起来并不像天大的新闻。事实上，严格地说，这根本不是新闻；1976年，英国皇家植物园邱园的研究人员已经出版了记载植物基因组大小的目录册，它的第一期就提到了拟南芥基因组很小。[11]然后，迈耶罗维茨、卢特维勒和霍夫-伊凡斯在1984年发表的论文中更准确地对早期的工作进行了补充。[12]在1976年出版的目录册中，拟南芥被列为数百种植物中的一种，文中没有提到小基因组会带来什么样的影响，所以拟南芥只是更大、更重要的植物中一个不起眼的注脚。相比之下，1984年的那篇文章非常清楚地阐明了小基因组的意义。迈耶罗维茨开始利用一切机会推广拟南芥，强调它是多么适合新的分子生物学。除了莱巴赫注意到的方面，如个头小、生长快，新工具揭示了拟南芥更多的信息——比如基因组很小，这增加了它作为实验对象的吸引力。

当加州理工学院的团队开始研究拟南芥时，他们逐渐遇到了其他一些也在研究拟南芥的人。他们听说了乔治·雷迪，卢特维勒便飞到密苏里州去与他会面，带回了一包包的种子。雷迪还参与启动英国的拟南芥研究。20世纪70年代末，伊恩·弗纳（Ian Furner）在加州大学伯克利分校攻读植物博士学位时，第一次听到了关于拟南芥的报告。拟南芥听起来很有趣，他决定写信给雷迪，雷迪以其特有的慷慨，"把他写过的每一篇论文、收集的种子和其他所有东西都寄给了我。他非常迫切地想让人们都开展对拟南芥的研究工作"。弗纳起初并不确定，但后来在读了迈耶罗维茨小组描述拟南芥基因组的论文后改变了主意；在他的记忆中，这是一篇说服人们相信拟南芥是一种可用于实验的生物的关键论文。[13]几年后，弗纳在剑桥大学建立了一个拟南芥实验室；当时英国其他研究拟南芥的实验室已经中断了研究工作，因此在一段时间内，弗纳的实验室是这个国家唯一的拟南芥实验室。

除了雷迪，加州理工学院的研究小组还联系了荷兰生物学家马尔滕·科尼夫（Maarten Koornneef）。科尼夫当时还是一名研究生；迈耶罗维茨写信给他，开始与他交换突变体和信件，很快便发展成了朋友。科尼夫的硕士研究工作是关于观赏植物的。一个半世纪前，在卡尔·弗里德里希·冯·加特纳凭借关于植物育种的论文赢得了荷兰科学院（Dutch Academy of Science）的奖金后，对于一个以鲜花为主要出口商品的国家来说，植物改良成为一个至关重要的话题。科尼夫的老师对包括拟南芥在内的许多植物很感兴趣，向本科生教授拟南芥；在为一个商业种子公司工作了几年后，科尼夫返回学术界，他攻读博士学位时研究的正是拟南芥，而这个时候，加州理工学院的团队联系上了他。[14]

迈耶罗维茨通过拟南芥结识的另一个朋友正是克里斯·萨默维尔；1985 年他们在科罗拉多州举行的一个植物遗传学会上相遇。会议的大部分内容都是关于玉米的，但一张当时的照片显示了蓬勃发展的拟南芥研究社团：包括克里斯·萨默维尔、肖娜·萨默维尔、艾略特·迈耶罗维茨、马尔滕·科尼夫和戴维·梅克；这么一小群人，彼此都对能结识其他懂得拟南芥魅力的人而感到高兴，并分享了围绕它建立一个团队的愿景。

拟南芥的研究人员渐渐地相互了解，开始产生更多的论文，举办更多的会议，以及创建了一份简讯——《拟南芥信息服务》（*Arabidopsis Information Service*，由罗布伦发起），并将其长期运行了下去。其他植物也曾作为标准模式植物被广泛推广过，例如，矮牵牛花和番茄一度都很受欢迎，但到了 20 世纪 80 年代，它们输给了看似不可阻挡的拟南芥。

需要再次强调的是，拟南芥团队获得成功的一个重要原因是，成员之间完全没有秘密；他们分享所有事情——植物、种子、有趣的突变体和实用的技术。事实上拟南芥不是一个农业作物，因此这些信息没有即刻变现的商业价值，这可能也有助于信息的开放。克里斯回忆说，从一开始，他和肖娜、迈耶罗维茨、梅克和科尼夫都抱有这一开放的想法，"我们希望招募更多的人加入这个团队，因为只有建立了团队才更有力量"。对于克里斯来说，这一切都是有意识地在创造拟南芥社群，就像创造噬菌体或大肠杆菌社群一样，"对于我来说，这才是真正的想法，只有拥有足够多的人，才能完成更大的事情"。迈耶罗维茨记得开始的那段日子，更像是"一系列意外事件"，这样说可能只是出于他的谦逊，因为他是那么努力地想要将拟南芥培育成果蝇那样的模型系统。拟南芥没有辜负他，它被证明足够灵活，可以被许多有不同想法的生物学家所使用。事实上，拟南芥最大的成功是，帮助研究人员在两个互不相关的领域之间建立了联系，这两个领域是新的分子生物学和经典遗传学。

与此同时，并非所有人都对拟南芥的日益成功感到高兴。1986 年，克里斯发表了一篇评论文章，提出了他认为显而易见的观点：拟南芥正在成为标准植物，每个人很快就会开始研究它。[15] 他记得"一位受人尊敬的玉米遗传学家"上门找到他，这位玉米专家"吃惊地发现，一些年轻人对玉米一无所知，却认为没有经济价值的杂草可以取代玉米成为模式生物"。玉米专家反驳了克里斯的观点，并提醒他不要再在拟南芥上浪费时间。[16] 克里斯却认为，"人们极力试图压制对拟南芥的资助"，并回忆道，在一些从事农作物研究的人当中，这种植物变得如此不受欢迎，以至于在农业部人们开始把它叫作"那玩意儿"。

面对冷漠或赤裸裸的敌意，拟南芥社群最初在获取资金方面遇到了困难。现有的植物研究资源主要集中在农作物上，提供资金的部门很难理解，为什么有人愿意研究这么一种微不足道的杂草。弗纳说，科尼夫有段时间"连做拟南芥实验的钱都没有"，虽然他的国际名声不断增长，荷兰政府却仍然只为番茄研究提供资助。科尼夫回忆说，1982 年他向《遗传学杂志》(*Journal of Genetics*)提交了拟南芥第一张遗传图谱，被问到是否可以"删减文字"，并被告知"一篇更短的文章……会更容易被接受"，因为杂志的一位审稿专家评价说："拟南芥似乎并没有你预期的那样能吸引许多研究人员。"科尼夫成功地说服了编辑们，让他们相信审稿人是错误的，完整的论文最终被接受。[17] 也许幸好评审专家是匿名的，因为像弗纳这样的研究人员认为从来没有哪篇文章像这篇一样，是"现代植物生物学的基础"。

很明显，拟南芥让人们更快、更便宜地获得成果，资助也增加了，但随着对它资助的增加，拟南芥的反对者更加直言不讳。弗纳记得英国拟南芥社团"变得非常不受人欢迎"，传统的作物科学家抱怨说"那些养着拟南芥的讨厌鬼，他们拿了所有的钱"。正如他所说，"是人都会仇富"。

| 来自 DNA 的财富

当拟南芥社群快速增长时，生物学又一次发生了变化，但最新的发展不是从实验室开始的，而是从股市开始的。1980 年 10 月 14 日，一家名为基因泰克(Genentech，意为基因工程技术)的公司上市。在纽约股市开市的几分钟内，这家公司的股票交易了 100 万股，股价从每股 35 美元飙升至 89 美元。基因泰克尚没有任何产品出售，却在短短几小时内就融资了近 4000 万美元，公司的创始人赫伯特·博耶尔(Herbert Boyer)的个人投资利润达到了 6000 万美元——而最初的投资不过 500 美元而已。生物技术至此开始走向繁荣。

博耶尔的财富始于 1973 年，当时他和斯坦利·科恩(Stanley Cohen)发现了物种间转移 DNA 的方式。最初，他们的目标是设计一种工具以研究特定基因的作用，但他们很快意识到基因工程菌类似一个工厂，能不受任何限制地生产任何由被植入的基因所编码的蛋白质；而且这个工厂的劳动力所依赖的食物非常廉价。显然，这对研究人员非常有用，但科恩和博耶尔马上意识到，如果转移到大肠杆菌中的基因能制造某些蛋白质，如糖尿病患者所需要的胰岛素，他们将拥有一个能制造具有重大潜在价值的产品的工厂。

1973 年 6 月，博耶尔在一次科学会议上将他和科恩的发现告诉了同行们，产生的影响是显而易见的；正如一位与会者所说，"好吧，现在我们可以把任何一个我们想要的 DNA 放进大肠杆菌。"然而，人们很快就对这项新技术的伦理和安全性产生了担忧，并在会议上要求美国国家科学院(NAS)去调查这项新技术。NAS 迅速成立了委员会，它的第一个举动是给《科学》杂志写了一封信，将一个新词汇带入公众的视野——生物危害。[18] 包括科恩、博耶尔和詹姆斯·沃森在内的科学家，都在这封信上签了名。他们都赞成科学家在这项新技术的安全性得到合适的评估之前不使用该技术。暂停使用基因工程技术的决定即刻生效——这几乎是科学史上前所未有的事件，不可避免地引起了公众的注意。于是一些人重拾对科学家社会责任感的信心，但其他人得出的结论是，如果领军的科学家采取如此极端的措施，那么新技术一定是非常危险的。

当科学家们在争论这项新技术的影响时，科恩和博耶尔正在尝试为它申请专利。20 世纪 60 年代末，科恩工作的斯坦福大学设立了一个试点项目，为了既鼓励成果的商业化又增加收入，用专利来保护大学职员的发明，成立了斯坦福大学技术许可办公室(Office of Technology Licensing，OTL)。为鼓励学术界参与，专利收入的分成是：三分之一给发明人，三分之一给发明人所在的院系，三分之一给大学。斯坦福大学涉足产业方面由来已久，其他大学也持有专利，但这些专利大多属于应用学科，比如工程和化学。在这些领域之外，很少有学者想过为他们的成果申请专利。

因此，当 OTL 建议科恩为基因工程技术申请专利时，科恩惊呆了：他从来没有考虑过这种可能性，尽管他从一开始就已经认识到这项技术的实际意义。然而，为基础研究申请专利的想法在他看来似乎是错误的。像许多科学家一样，他把科学看作一种协作活动，其荣誉是由科研团队共享的——这就是为什么在科学出版物上他们总是表达对其他研究人员早期工作的感谢。从研究团队中挑出一两个人作为一项技术的"发明者"，虽然这是专利申请所要求的，但与根深蒂固的荣誉共享精神背道而驰。人们对申请医学发明专利尤其反感——这正是这项新技术的一个潜在应用；因为治病应该比获利更重要，大多数研究人员认为这些发明应该是免费使用的。但科恩最终被说服，赞成专利会鼓励包括可能挽救生命的新药在内的新技术得到商业发展。不管怎样，他仍然感到很不自在，为了向他的同事们表明他的动机不是获利，他选择放弃他的那份专利税权。博耶尔对此并不太在意，他让专利专家来处理整个过程。

然而，专利申请刚刚提出就被搁置了——1976 年美国专利局宣布将不向活体生物授予专利。斯坦福大学于是提交了一份新的申请——与最初的那份不同，它寻求的是保护转基因过程，而不是保护其产品——被遗传技术改造过的生物体本身。同年，美国国立卫生研究院 (NIH) 发布了他们的第一份基因研究指南，终止了自愿暂停使用该技术的行为。同年，博耶尔宣布成立世界上第一家生物技术公司基因泰克，计划将新的 DNA 技术商业化。博耶尔和他的一些同事立即开始在他们的大学实验室研究合成人类生长激素抑制素。这种在大学的生物化学系赤裸裸地进行商业研究的行为引起了争议，博耶尔因将商业带入学术界而受到批评，甚至遭到人身攻击。

尽管存在这些担忧，生物技术仍发展迅速。最初的禁令被严格的 NIH 基因研究指南所取代，指南要求将基因改造过的细菌视为会引起致命疾病的细菌，要求研究人员使用类似于细菌战研究中使用的安全程序。然而，1978 年 7 月，NIH 发布了一套全新且限制较少的指南来鼓励研究，甚至后来发布了更为宽松的指南。NIH 也宣布不会对应用于生物技术的知识产权（如专利）加以特殊限制。1978 年 9 月，基因泰克宣布利用新的 DNA 在体外制造了人类胰岛素；这一突破被媒体誉为"新时代的曙光"。

1980 年，生物技术公司还得到了进一步的好消息，美国最高法院做出裁决，可以为活体生物申请专利。[19] 该决定让博耶尔的专利在 1980 年 12 月获得了批准。在不到两周的时间里，已有 72 家公司为首次许可使用该技术而支付了 2 万美元；在专利授权后的两个月内，授权专利许可的收入总额超过了 140 万美元。生物技术在 20 世纪 80 年代成为股市繁荣的一个关键领域，在里根政府所倡导的支持商业和反对监管的政策帮助下，其增长速度非常快。美国政府尤其渴望发展新的产业来取代传统产业，如汽车和造船，远东地区快速增长的"老虎"经济在这些传统产业中开始占据主导地位。

这项新的 DNA 技术的安全性被 NIH 评估为安全。自从被授予了专利，任何人都可以被授权使用它。基因泰克上市后，其公司股价飙升证明了它的盈利潜力。雨果·德·弗里斯和另一些人都做过的梦——随意创造新植物——即将实现，直到拟南芥抛出了撒手铜；它拒绝被修改。让乐观的萨默维尔夫妇等失望的是，虽然农杆菌技术已有报道，但事实证明，制造转基因植物比他们想象的要困难得多。

克里斯回忆说，即使生物技术股票在飙升，改造植物仍很棘手；"一位学生要花大约一年的时间才能获得一株遗传改造的植物，20 世纪 80 年代早中期，培育转基因植物对每个人来说都很困难"。有一段时间，每个活跃在这个领域的实验室都面临着同样的困难；克里斯·萨默维尔相信，如果农杆菌技术没有加以完善，拟南芥将永远无法保持其势头。研究人员"会倾向于研究最容易转化的东西，因为大多数人想做的是取出一个基因再把它放回去"。

不过最终研究人员找到了让拟南芥接受他们想要插入基因的方法。[20] 这项突破来自肯·费尔德曼（Ken Feldman）和大卫·马克斯（David Marks）开展的一个反常规的实验。当时他们在帕洛阿尔托的一家生物科技公司工作。他们发现只需要在种植前，把种子浸泡在农杆菌里，种子就会产生一些转基因后代。他们的这一技术形成了目前所使用的方法的基础，而拟南芥最终也被证明是一种比较容易被改造的植物。现在只需将拟南芥花浸入含有转基因细菌的溶液中，结出的种子就能长出转基因植株。克里斯·萨默维尔观察到，最近他的一个学生"在一次实验中就创造了 14 万株转基因植物……今天这项技术实在非常容易。"迈耶罗维茨对此表示赞同："拟南芥是世界上最容易转化的多细胞生物，所以它成为未来研究的一个巨大动力，而不是阻碍"。几年前，人们还并不清楚这项技术是否会奏效，"但事实证明，拟南芥非常合作"。

　　在解决改造拟南芥的过程中最初遇到的困难之前，新的生物技术公司已经迅速建立起来了。投资者被生物技术公司所吸引，他们相信早期农杆菌的成功让通过转基因作物获得巨大的利润咫尺可待。一位年轻的英国女士，卡罗琳·迪恩（Caroline Dean）刚刚获得植物博士学位，1983 年她加入了一家在加利福尼亚州新成立的公司。她回忆说，自己"对核心分子生物学没什么了解"。幸运的是，该公司已经雇用了许多分子生物学家——他们缺少的是了解植物的人。于是迪恩发现自己与一位非常熟悉细菌基因的同事搭档，"（这位同事）并不懂植物"。[21]

　　在迪恩教授她的同事植物学知识而自己学习最新的分子生物学的时候，她还在自己的花园里种郁金香，因为这让她想起在英国的时候，她每年都种郁金香。起初它们不生长，她意识到加利福尼亚州的气候可能对它们来说太温和了，于是她尝试在种植前将球茎在冰箱里放 6 周，以模拟寒冬。郁金香发芽了，迪恩记得自己当时觉得"这很神奇"，并对这种现象产生了兴趣。旧金山温和的气候从来没有冷到足以使她的郁金香相信冬天来了又走——所以它们一直处于休眠状态。这让她对控制这种春化作用的基因机制产生了兴趣，春化作用是一种对寒冷气候的适应，有助于确保在授粉和结果之前花朵不会被冻死。[22] 迪恩发现关于这个作用的信息很少，当她想知道如何进一步研究这个现象时，她听了克里斯·萨默维尔关于拟南芥的演讲。克里斯·萨默维尔提到在他的实验室里有一些突变体，对冷处理有反应——就像她的郁金香一样。于是拟南芥又多了一个追随者。

　　在加利福尼亚州待了几年之后，迪恩于 1988 年回到英国，准备开展对拟南芥的新研究。当时英国几乎还没有人研究拟南芥，但她能从马尔滕·科尼夫和卡尔·纳普-齐恩（Karl Napp-Zinn）那里获得种子和大量信息，纳普-齐恩是拟南芥研究的先驱，从 20 世纪 50 年代起，他就一直在从事拟南芥的研究，他也是唯一研究影响拟南芥开花时间的遗传因素的人。

　　迪恩和其他几个人被诺维奇郊外的约翰·英尼斯（John Innes）研究所聘用，该研究所正在制定一个拟南芥项目。约翰·英尼斯研究所是园艺学和遗传学的主要研究机构，成立于 1910 年（当时还称作约翰·英尼斯园艺研究所），以一位成功的伦敦商人命名，他的遗产为研究所的成立提供了最初的资助。研究所的建立是为了让园丁和园艺学家受益于科学发现，它的第一位主任是威廉·贝特森，正如我们所了解到的，他当时是英国"重新发现孟德尔遗传学说"最重要的倡导者。迪恩一来就发现，为了支持科研人员，研究所雇用了一大群园艺人员，这对她很有帮助。她拿出从科尼夫和纳普-齐恩那里收集的几十包种子交给园丁。她回忆道，她对"种杂草"的兴趣"震惊了整个研究所"。园丁在种植拟南芥的同时，她开始收集基因改造拟南芥所需的资源。

　　这个时候，拟南芥研究在美国迅速扩散开来，除了迈耶罗维茨和萨默维尔夫妇，几位在其他生物的研究上颇有建树的著名分子生物学家，也对这种植物产生了兴趣。一些欧洲政客开始担心，由于美国慷慨的资助和完备的设施，美国人可能在植物领域取得领先地位，从而在生物技术领域也占得先机。因此，欧盟的官员们联系了约翰·英尼斯研究所，为聘用更多的工作人员提供资金。迪恩也开始开展一个拟南芥项目，她回忆说，最开始是仿照几英里外的剑桥大学所做的秀丽隐杆线虫的研究。

政客们有他们自己的动机，但迪恩和其他科学家都对竞争或互相复制对方的成果没有兴趣。她从美国研究人员那里收集信息并将其整合到在英国和其他地方开展的工作中，这样他们就可以分享彼此鉴定的突变，并开始创建植物染色体的物理图谱。他们有一个非正式的安排，不同的染色体图谱由不同的实验室绘制：两个在英国的约翰·英尼斯研究所进行，两个在美国进行，一个在法国进行。

| 沿着噬菌体的足迹

20 世纪 70 年代末，时任冷泉港实验室主任的詹姆斯·沃森帮助拟南芥获得了一个走向成功的机会。他决定在实验室开设一门植物课程来补充噬菌体课程，这意味着必须有一个标准的植物。在最初与感兴趣的研究人员磋商后，他发现很少有人赞成用拟南芥；因为它不是一种农作物，所以似乎没有人会资助这项研究。当新课程开始时，学生主要是研究各种矮牵牛花，这种植物当时是为数不多的可以遗传改造的植物之一。然而，帮助管理该课程的弗雷德·奥苏贝尔（Fred Ausubel）成了拟南芥早期的追随者，于是该课程很快就成了一门拟南芥课程。和噬菌体课程一样，冷泉港实验室的拟南芥课程——以及在德国科隆举办的一个类似的课程——成为新加入拟南芥研究的人员的主要学术资源。

沃森本人仍然对拟南芥感兴趣，他说服国家科学基金委（NSF）对拟南芥提供资助。1989 年，沃森鼓励 NSF 组织了一场关于拟南芥研究前景的会议；克里斯·萨默维尔和迈耶罗维茨与其他一些杰出的遗传学家出席了本次会议，会议拟定了拟南芥基因组计划，该计划旨在公布拟南芥整个基因组的细节。

测序意味着获得碱基——A、C、G 和 T——在染色体上的确切顺序；这是寻找动植物基因最新和最强大的工具，可以了解它们的功能以及我们能对它们做些什么。20 世纪 70 年代末发明的基因测序技术依赖于放射性标记碱基——这是一种可与赫尔希和蔡斯的噬菌体标记技术相媲美的技术。赫尔希和蔡斯能够将组成噬菌体的不同化学物质用不同的放射性物质来标记，与其大体上类似的技术被用来标记不同的 DNA 碱基，然后将它们暴露在 X 胶片上产生碱基序列的可见记录。这些曝光的胶片必须用眼睛来阅读，再将读出来的碱基手动输入计算机；这个过程既缓慢又昂贵。1986 年，这一切都改变了——第一台 DNA 自动测序仪上市。新机器使用了一种让 DNA 碱基带上荧光的方法，可以通过激光扫描直接将结果输入计算机，这样就可以尽可能少地受到人为干预。用限制性内切酶将需要测序的 DNA 切成几段，产生易于操作的片段，但这也带来了问题，就是如何将所有 DNA 短片段的序列匹配起来重建成完整的 DNA 序列。这一过程大体上就像把一本不知名的小说复制出无数份拷贝，再将书页切成碎片，每张碎片上都有一些文字片段，每一个片段都由几个单词组成，然后试图重建原始的故事。对每一个 DNA 碎片中的碱基序列进行搜索，看这些序列是否与其他序列重叠，相互重叠的片段就可以被用来重建原始序列。这就像找到写着 "it is a truth" "a truth universally" 和 "universally acknowledged that" 的碎片；通过文字重叠部分就能重建 "it is a truth universally acknowledged that" 这句话。这项耗时的工作现在也完全由计算机自动完成。

对一个生物体完整的基因组进行测序因为这项新技术第一次成为可能，沃森用他的声望为拟南芥基因组测序的主张撑腰。但据克里斯·萨默维尔说，"会议结束后，他私下里解释说，他并不特别在意拟南芥"；他的目光已经投向了一个更大的目标——人类基因组计划。然而，沃森显然已经决定，首先对一系列更简单的生物体进行测序，一方面是为了改进这项技术，一方面也能有助于鉴定许多不同基因的功能，这最终将有助于确定人类基因的功能。

为了启动拟南芥基因组计划，NSF 召集了一个国际指导小组，其中包括迈耶罗维茨、克里斯和科尼夫，以及卡罗琳·迪恩和理查德·弗来沃（Richard Flavell），弗来沃当时已是约翰·英尼斯研究所的主任。迪恩回忆说，弗来沃对如何与最终提供资金的政府机构打交道有丰富的经验，因此他敦促所有人设定测序目标。

最初的目标是在 2003 年完成基因组测序，此时世界各地的实验室也开始在拟南芥资源和友谊的基础上建立社团——拟南芥国际社群。其中一个关键是建立国家资助的储藏中心，用来分发种子以及为任何需要遗传材料的研究人员提供资源，当然，这些研究中心依赖于研究人员首先捐赠给他们的材料。除了美国做出主要贡献外，还有一个日本小组也参与其中，欧盟在 9 个不同国家的资助下建立了 33 个实验室。[23] 由此，植物学终于进入了大科学领域。

虽然拟南芥的研究规模正在迅速扩大，但先驱者们已经决定他们的社群不会在性质上发生变化。1993 年，克里斯和他的同事从 NSF 获得了 100 万美元的资助，用于拟南芥的测序项目。他们的计算机开始产生碱基序列数据后，他们将所有数据上载到一个名为 "GenBank" 的公共数据库中，甚至在他们自己去查看前，其他人就可以通过互联网访问。克里斯认为这符合公众利益；他不认为自己的研究团队应该比其他团体有特权。据他回忆，他只是简单地告诉所有相关人员 "我们打算这样做，以树立一个榜样"，其他研究人员也普遍效仿。弗纳回想起，当大家看到一个接一个的基因区域 "在互联网上突然冒了出来" 时，是多么地兴奋。[24] 互联网使这类数据的分享比以往任何时候都更快、更容易。

具有讽刺意味的是，历史上曾有过那么一段时间，为促进科研界对拟南芥产生兴趣而做出了巨大贡献的生物技术，同时也威胁到了对拟南芥的研究。克里斯指责 1984 年的《拜杜法案》(*Bayh-Dole Act*) 鼓励美国大学为联邦政府拨款资助的研究成果申请专利："这是一件灾难性的且不可思议的事情，"他坚定地说，"因为它鼓励大学设立知识产权办公室，控制所有无用的信息碎片"。为基础科学申请专利的误导尝试已经"对科学产生了令人难以置信的负面影响，在我看来，是对科学的侵蚀"。也许是受到生物技术利益的诱惑，一些拟南芥研究小组对分享自己的结果没有像克里斯和迈耶罗维茨想要的那样开放。克里斯回忆说，这种情况很少发生，"我们会给他们打电话，和他们聊天，他们会改变想法"。迈耶罗维茨赞同树立一个积极的榜样是保持开放的最好方法，所以他从不拒绝分享任何东西，即使提出要求的研究人员以从不互惠而闻名。他说："我真的不觉得这是'我的东西'……我最不愿意做的就是把 DNA 片段储存在冰箱里而不给人们使用。这太愚蠢了。"

尽管偶尔会出现小问题，但拟南芥社群保持了开放，并迅速成长，令测序工作也能够取得快速进展。1998 年，《遗传学》杂志宣布"拟南芥已经加入了模式遗传生物的安全理事会"，"所有其他生物"可以与这些入选的模式生物进行比较研究。[25] 这篇文章的作者，格里·芬克 (Gerry Fink) 在开始对拟南芥感兴趣之前，已经对酵母开展了重要的研究工作——酵母正是遗传"安全理事会"的初始成员之一。他的威望对确保更多的生物界研究人员将注意力投向植物研究起到了帮助。

芬克指出，仅仅在十年前，大多数遗传学家对拟南芥还是忽视的，但到了 20 世纪末，"几乎没有任何一家大型学术机构或农业科技公司没有拟南芥研究团队"。[26] 拟南芥从学术实验室蔓延到生物技术公司，标志着这种植物巨大的价值，而且学术界与生物产业之间的联系不可避免地变得更加紧密。几家生物技术公司，如孟山都公司，也参与了基因组计划，并以与政府资助的实验室完全相同的方式分享它们的数据。[27] 他们的参与有助于确保测序工作的进展比预期的要快，完整的拟南芥基因组序列发表于 2000 年，这使得拟南芥成为第一个拥有完整基因组序列的植物。这反过来又大大加快了植物研究的步伐：现在拟南芥可以很容易地被转化，使得找到一个特定的基因并发现它在活体植物中的作用变得越来越容易。正如弗纳的评价，"基因组序列把我们从很多枯燥乏味的工作中解放了出来"。[28] 在这一系列项目中，有一个项目是在 2010 年之前找到拟南芥所具有的大约 25000 个基因。

基因组序列也被证明对植物生物技术公司非常有用，毕竟，这就是它们参与测序工作的原因。拟南芥社群和生物技术公司之间日益密切的联系，已经把这种小小的植物带入了政治的聚光灯下。

| 转基因是魔鬼吗？

　　1999 年 2 月，英国《每日镜报》(*Daily Mirror*)刊登了一幅漫画，将英国首相托尼·布莱尔(Tony Blair)比作怪物弗兰肯斯坦，"布莱尔愤怒地说：我吃了弗兰肯斯坦的食物，很安全。"民意调查显示，大多数英国人不吃转基因食品——小报喜欢用"弗兰肯斯坦的食物"来称呼它们——公众想要的是禁止对转基因植物做进一步的研究。布莱尔希望通过透露他和他的家人每天晚上都很乐意吃转基因食品，让公众放心这些新食品是安全的。[29] 这种策略适得其反，因为它不可避免地让人们想起了暴发于十年前的疯牛病(牛海绵状脑病，简称 BSE)。在疯牛病危机最严重的时候，时任农业部长的塞尔·甘莫(Selwyn Gummer)出现在国家电视台上，他给他的女儿喂了一个汉堡包，并向观众们保证食用英国牛肉是安全的。但实际并不是。在人类身上发现了疯牛病的一种类型(称为变异型克雅氏病)，这种病被确认是通过食用牛肉传播的，就像疯牛病是通过含有肉类的高蛋白饲料从绵羊传播到奶牛一样。

　　布莱尔毫不明智地决定重复甘莫毫无共情的表演，使得公众对基因改造产生了更大的敌意，也引起了政府的担心。英国的中产阶级对加工食品和合成食品表示反感已经有一段时间了，他们更喜欢那些被他们认为是"天然的"食品，那些被他们祖辈们食用的未经加工、有益健康的食物。《每日镜报》的读者一般被认为对这种"时尚"漠不关心；但事实上，吃薯条的蓝领阶级似乎也加入了反对转基因食品的讨论，这引起了人们的担忧，尤其引起了如此热情地推广新生物技术的首相的担忧。

　　对转基因食品产生敌意的国家不仅限于英国：20 世纪 90 年代末，对德国人的民意调查显示，80%的人反对转基因食品，大多数西欧人也表达了同样的担忧。[30] 解释英国人和大多数西欧人为什么以及如何反对转基因食品很复杂，超出了这本书的范畴，但这肯定与疯牛病和对其他食物的恐慌有关。疯牛病影响英国人对待食物态度的程度比其他欧洲人更甚：他们对传统食物抱有怀旧之情，这是影响人们接纳新鲜、不熟悉的事物的一个重要因素，但这种情怀在疯牛病后更为加剧了。

　　因此，转基因食品受到了强烈的质疑。生物技术公司已经成功改良了各种农作物，使它们更容易被种植，例如，孟山都公司开发了一种抗农达除草剂(herbicide Roundup，是世界上使用最广泛的农业化学品，也是孟山都公司生产的)的大豆品种。这种大豆以农达瑞得(Roundup Ready)的商品名出售，可在其生长季节早期施用非常高剂量的除草剂；而非转基因大豆则会被这么高剂量的除草剂伤害或杀死。除草剂既能杀死杂草，也能杀死杂草的种子，从而让农民在作物生长晚期可以少喷洒农药，减少他们在除草剂上的总开支。孟山都公司及其支持者声称，由于转基因作物总体上使用的除草剂更少，因此它们对环境更有益。与此同时，基因改造的反对者引用了独立的科学研究来支持自己的主张，这些研究表明，生长抗农达作物(现在包括玉米、棉花、紫花苜蓿和其他作物)的农田里，生物多样性比种植传统作物的农田低得多。当然，这正是孟山都公司想要达到的效果，减少杂草，但是许多环保人士感到担忧，因为这种影响将波及吃杂草种子的昆虫、鸟类和其他野生生物。

除了特定转基因作物对环境的影响，"基因"这个词也让公众不由地将转基因食品与各种不相关的生物医学技术联系起来——从担心人类克隆到担心基因检测可能导致新的优生学出现。记者、政治家和科学家们不得不承认——不管这种担忧是否合理——公众开始对任何可能被认为是"干扰自然"的事物都会表现出强烈的厌恶。"地球之友"选择将其开展的反转基因活动宣传为一场为"真正的食物"发起的战斗，也并非巧合。这种担忧的来源不仅限于这些激进分子；近年来，英国各大超市都开始宣传它们的产品不含转基因成分，它们的市场研究表明，即使是对基因改造的怀疑也可能有碍销售。同时，昂贵的有机食品市场在英国和许多其他发达国家发展迅速。

相比之下，美国在大量消费转基因食品。在那里几乎没有消费者抵制转基因食品，也许是因为公众没有意识到他们正在吃这种食品——生物技术公司已成功说服美国政府，没有必要贴上转基因食品标签。事实上，标签问题已经成为欧盟和美国之间贸易摩擦的主要起源；美国人不给转基因食品贴标签，因此没有把非转基因成分和转基因成分分开，比如在加工食品中普遍使用的玉米淀粉。许多美国人把欧洲的要求看作自由贸易不可接受的障碍，特别是因为这样的标签将不可避免地有碍销售和减少出口。与此同时，大多数欧洲消费者坚持要知道自己在吃什么；近年来，围绕转基因玉米和大豆的贸易战争已经迫在眉睫。

布莱尔政府决定在英国的土地上种植转基因作物，宣布这是为了测试这些作物是否安全进行的田间试验。环保组织继承20世纪60年代的抗议传统，反对这一举措，环保组织担心如果作物在田间被种植，会证明它们不可控——它们的花粉会携带外来基因飘浮数英里，污染非转基因和有机作物。尽管如此，当政府一意孤行开始田间试验，绿色和平环保组织的抗议者在转基因玉米开花之前砍倒并摧毁了一片玉米田，这片转基因玉米田是由安万特(Aventis)生物科技公司开发的。抗议者随后被判无罪，因为法院认可了他们对基因污染的恐惧，并认为他们有合法的动机发动袭击。受到判决的鼓舞，抗议者组织了类似的行动并最终成功地阻止了大多数田间试验。与此同时，农民和科学家们感到沮丧；遭到袭击的农民指责了绿色和平组织这种"强行让别人接受自己观点的流氓行径"。[31]

虽然玉米是抗议活动的焦点，但事实上拟南芥的研究才是开发所有转基因作物的基础。正如克里斯·萨默维尔所说，"玉米的所有创新都来自这些大公司"；

因为它们希望尽可能有效地改良玉米，"所以它们开展很大的拟南芥计划"。因为开花植物都或多或少地紧密相关，所以能相对直接地将从快速生长的廉价拟南芥中获得的知识应用到农作物品种上。

拟南芥社群对植物遗传学家转变为"环保运动中的妖怪"这件事感到很困惑。迈耶罗维茨认为，欧洲人受"某种自然信仰"所困，这是一种对科学非理性的敌意，就像反进化的原教旨主义控制了许多美国人一样。他声称，它的教义是"你祖父母所做的事情在某种程度上……更纯净、更清洁、更健康"。他确信没有证据支持这一观点，但是相反的观点有很多证据：转基因食品更安全、更健康。他将欧洲反转基因食品的偏见视为一种宗教："它是反事实的，以信仰为基础，而且不接受讨论。"

马尔滕·科尼夫也认为公众的抵制是非理性的，并将其追溯到对食品的恐慌，这一恐慌让"一些人不信任政治和科学家"；因此，"很容易"让人产生害怕心理。卡罗琳·迪恩对此表示赞同："我已经停止争论了，因为没人会听"，她对公众的敌意感到困惑甚至愤怒；"如果有机食品的说客能理解转基因可以给他们带来什么的话，那将是一个完全不同的故事。"她认为，绿色和平环保组织等利用人们对疯牛病和其他恐慌的焦虑"来制造人们对转基因食品的恐惧"。

克里斯·萨默维尔也同样困惑不解。他在孟山都公司的科学委员会任职多年，现在是孟德尔生物技术公司首席执行官(迈耶罗维茨是该公司的科学顾问委员会成员)。克里斯·萨默维尔认为生物技术能实现他最初的梦想，他希望让世界变得更美好，他之所以对孟山都公司充满热情，正因为它是一家商业公司，有资源来开展比学术实验室更有野心的项目。"当然，"他补充说，"我们最终也会赚很多钱，这是一件有吸引力的事情"。同时，他为自己没有丧失社会良知而感到自豪：孟德尔生物技术公司已经将一些发现捐赠给了洛克菲勒基金会，希望这些发现能在非洲发挥作用。

克里斯·萨默维尔对一些环保主义者声称保护地球的主张持怀疑态度，认为他们的目标主要是反资本主义。在他看来，真正的环保主义应该是用科学来解决世界上的问题。例如，他目前的工作是研究植物细胞壁。不像动物细胞被一层薄的半透膜所包围，植物细胞外围有一层以复合糖为基本组成成分的细胞壁——这就是为什么木头的密度足够大可以用来做家具，而棉花强度足够大可以用来做衣服。然而，尽管了解这些宝贵的性质，科学家仍然对细胞壁的形成知之甚少。这听起来可能是纯粹的理论问题，但是克里斯·萨默维尔对实际应用和纯科学同样感兴趣。他说："如果你想收获太阳能，最好的方法之一就是将具有高效光合作用的植物种上几亿英亩。"然后收割这些植物，将它们的生物物质转化为燃料。它的吸引力在于植物吸收燃料燃烧时产生的二氧化碳，而不是将其释放到大气中，要知道，大气中的二氧化碳在让全球变暖。他认为基因工程对实现这一目标至关重要，因为"数万年来被人类所使用的东西中不存在能源作物，所以我们从真正的野生物种开始"。肖娜·萨默维尔的实验室就在他隔壁，夫妇两人同在斯坦福大学的卡内基研究所。肖娜也有同样的愿景；他们目前正在合作创造能源植物——拟南芥仍然是这项新研究的核心。他们希望创造一种可以在环境退化的地方种植的植物，这些地方已经无法开展传统农业，此举能够为需要它们的人提供生计。

如果克里斯·萨默维尔的愿景得以实现，他的基因工程能源植物就很有可能被种植在世界各地——除了西欧，那里对转基因作物的抵抗没有表现出任何缓和的迹象。反转基因运动人士认为，他们有明确的科学证据表明转基因作物对环境和人类健康有害。他们声称，如果生物技术公司及其在政府中的盟友不压制对基因工程不利的研究，危害将会更大。

伊恩·弗纳对转基因的看法与他的一些同行略有不同：他认同迈耶罗维茨所描述的对"纯食物"的怀旧情绪，以及食物能在人们心中唤起强烈的情感。但他最终认为，西欧之所以抵制转基因食品，是因为这确实对消费者几乎没有好处。因为欧洲消费者购买了太多的加工食品和预制食品，通过种植转基因作物来降低原料成本几乎不会对消费者的花费产生任何影响。所以"他们冒着可被察觉的风险食用这些没有任何可见利益的食物"是不现实的。根据每一项科学测试，即使风险是不存在的，如果没有好处，就没有动力改变。但是，如果弗纳是对的，也许能源植物会改变公众的想法：它们不会被食用，而实现这么一种纯粹假设的植物的任何商业化还需要数十年的时间。目前欧洲对全球变暖的担忧远甚于美国；欧洲人可能会觉得，为了维持自己的生活水平同时降低碳排放，种植转基因植物的代价是值得的。随着化石燃料的消耗，用拟南芥开展研究的好处可能最终会在欧洲得到认可，毕竟，这种植物最初也是在欧洲被发现的。

第十一章

斑马鱼：
洞穿它们透明的身体

Chapter 11
Danio rerio：
Seeing through zebrafish

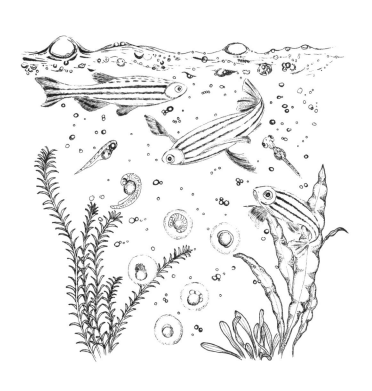

1814 年 11 月，弗朗西斯·汉密尔顿（Francis Hamilton）终于当上了位于加尔各答的令人仰止的东印度公司植物园的园长，这是他长期以来梦寐以求的工作。他在这家公司担任了 30 年的军医，虽然他一直希望的是，最终成为一名全职植物学家。

说来也奇怪，当医生是为了成为植物学家，但在汉密尔顿的那个时代，药物大多仍来自植物，因为大多数医生自己制药（特别是在殖民地），以确保给患者服用的是正确的植物药物。一个商业贸易公司拥有一座植物园似乎同样令人意外，但东印度公司并不是一家典型的公司。它成立于 200 年前，当时一群伦敦商人获得了英国对印度贸易的垄断权。该公司逐渐建立了一支私人军队，以保卫其利润日益丰厚的印度贸易。1757 年，公司的一名军官罗伯特·克莱夫（Robert Clive）在普拉西战役中击败了孟加拉太守后，东印度公司无意中掌控了印度莫卧儿帝国（Mughal Emperor）的王权。通过加征孟加拉邦的税收并从中获利，该公司最终成了印度的实际当权者。

18 世纪末，另一名对植物学异常热爱的军官，罗伯特·基德（Robert Kyd）说服董事们举公司之财力建造了一座植物园，植物园自然也成了公司的财产。他认为应该追随农业改良的潮流，引进新的作物和新的耕作方法。他还认为植物园将有助于识别可以被培育成新作物的新植物，同时还能种植香料、棉花、靛蓝、烟草、咖啡、檀香、胡椒和茶叶，看看哪些植物可以被成功地引入以前没有种植过的地区。

花园建立后 30 年，汉密尔顿当上了园长。他的园长生涯可谓短暂；他期待已久的职位来得太晚，当时他已临近退休。1815 年，他回到伦敦，向公司董事会展示了他的全部自然史收藏，这是他数十年旅行和勤奋收藏的成果。他可能希望得到一笔丰厚的公司养老金，这将让他能够撰写和出版旅行笔记，但他的愿望落空了——公司接受了他的收藏，却没有给他多少感谢和回报。尽管如此，心怀怨恨的汉密尔顿还是在 1819 年写下了《尼泊尔王国和印度教徒的家系》（*The Kingdom of Nepal and Genealogies of the Hindus*）一书，三年后又写了《恒河中的鱼类记述》（*An Account of the Fishes found in the river Ganges*）。[1]

在第二本书中，汉密尔顿描述了一种小鱼，这是他在印度东部收集的鲮鱼家族的一员。他给它取名为"鱲"（*Danio*）——这个学名源自印度的叫法"Dhani"（丰富的）——他添加了前缀"短鳍"（brachy）（来自希腊语单词

"brachus"，即"短"的意思），所以它的名字成为了 *Brachydanio rerio*（后来更名为 *Danio rerio*），但其独特的黑色和银色条纹很快让它获得更流行的名字——斑马鱼。汉密尔顿对植物学抱有热情，在上面投入了几千小时，写了几百页的书，但结果却是这条不起眼的鱼成了他最重要的科学遗产。然而，斑马鱼的科学生涯在它到达美国后——准确地说，到达俄勒冈州尤金市后，才真正开始，这离汉密尔顿给它命名已经过去 150 年了。它被维多利亚时代水族馆的狂热爱好者和他们的继任者所养殖，最终进入了科学实验室。

▏在室内营造水族馆

班纳特（Bennet）太太想："要是她和女儿们能说服班纳特先生把她们都带到布莱顿去，那该多好啊！"她相信，"洗个小海水浴，就能使我永远恢复健康。"她的这种向往会使她的祖辈们感到困惑。几十年前，大海还被广泛视为是肮脏和危险的，但到了简·奥斯汀写《傲慢与偏见》（*Pride and Prejudice*）的时候，海水已经被广泛认为是有益健康的了，医生经常建议人们适度地使用海滩上的马拉式洗浴机[①]。

像布莱顿这样的度假胜地之所以很时髦，是因为很少有人能负担得起。然而，在奥斯汀去世后的几十年里，英国铁路网爆炸式的增长侵蚀了海滨的独特性，让那些没有洗过海水浴的人们得以享受便宜的旅游票价。一旦海滨度假变得便宜，维多利亚时代各个阶层的人都能乘坐火车到达海岸，这样来海边的人会越来越多，但当到了那里，他们就面临着现在每个到英国海滨游玩的人仍然会面临的问题：无所事事；天气太冷，不能游泳，而且经常没有机会做日光浴。因此，维多利亚时代的英国开始着手让海滨变得有趣起来：建造码头和露天音乐台，组织音乐会和戏剧，摆好躺椅，销售冰激凌。当时发明的大多数标准娱乐设施，现在的英国海滨游客仍然经常使用。

维多利亚时代的度假者与大多数现代度假者不同，他们经常带着对自然史的热情一起度假。他们喜欢研究、分类、学习和收集自然界的标本，他们的这种热情将单调潮湿的沙滩变成了一个集合了有趣新鲜事物的地方，人们对收集和分类上瘾——从海藻和贝壳，从螃蟹到鱼，以及各种各样生活在岩池里的奇怪小生物。

正如我们所看到的，将维多利亚时代的人带到海边的蒸汽动力也为他们的印刷机提供了动力。许多书和杂志开始将目标读者转向铁路旅客，这些书籍和杂志的产量迅速飙升，其中包括数百本与海边有关的书籍。除此之外，儿童文学经典

---

① 译者注：维多利亚时代，英国海滩上流行一种马拉式洗浴机，这种装置类似于被帆布遮住的木制马车，人们进入后，马将洗浴机拉入海水中，人们可以在洗浴机里沐浴而不被外人看到。

名著《水孩子》(*The Water Babies*)的作者查尔斯·金斯利(Charles Kingsley)牧师也对水生生物感兴趣，写了一本关于海边自然史的书，名为《格劳科斯：海岸奇观》(*Glaucus：the Wonders of the Shore*)。

这一流行流派的创始人是菲利普·亨利·高斯(Philip Henry Gosse)，他儿子埃德蒙(Edmund)在《父与子》(*Father and Son*)中将他描绘成一个顽固的清教徒传教士，这让他至今仍被人铭记。维多利亚时代的读者则是从他写的《一位博物学家在德文郡海岸漫步》(*A Naturalist's Rambles on the Devonshire Coast*，以下简称《漫步》)等书知晓他的。高斯不仅把探索海滨作为一种健康且可敬的爱好，而且作为一种虔诚的行为来提倡；和他同时代的许多人一样，他认为研究自然也是在研究造物主，是在学习和欣赏造物主的智慧和仁慈。高斯还指导他的读者如何通过建立一个水族馆，把海岸带回家。在《漫步》出版的第二年，他出版了《水族馆：深海奇观揭秘》(*The Aquarium：An Unveiling of the Wonders of the Deep Sea*)，描述了如何建造和维护一个水族馆，这样他的读者就可以"参观微型海洋的洞穴，欣赏绚丽的海花和蠕虫"。[2]

高斯和其他一些写海岸的作家帮助创造了维多利亚时代的水族馆热潮，这种热潮依赖于廉价玻璃的供应，就像达尔文的温室一样。各种各样的玻璃箱——水族箱、"动物饲养箱"(用于陆生动物，如蛇)和沃德箱——都以越来越精致的造型大量生产，成为流行的家私。在客厅里摆上一个水族箱，不仅显示了一种良好的品位，还显示了一种具有教育意义的"改良"爱好。威廉·奥尔福德·劳埃德(William Alford Lloyd)在伦敦摄政公园附近建立了自己的水族箱仓库，附近还有一家生产水族箱的工厂。1858年，他的产品目录已长达100多页，针对那些没有时间自己钓鱼的人，从一品脱海水到显微镜、渔网，甚至到水族箱未来的居住者等，凡是业余爱好者想要的任何东西都登了广告。该仓库用50个大水箱展示了15000多个活标本；劳埃德有一队专业的收藏家，专门负责从海岸采集新鲜标本。

期刊和杂志也不断对美国读者进行评估，以了解大西洋两岸对水族箱的蓬勃需求。1858年，美国人对英国人近期的古怪行为产生了浓厚的兴趣，亨利·D.巴特勒(Henry D. Butler)出版了《家庭水族馆》(*The Family Aquarium*)一书。在序言中，巴特勒描述了家庭水族馆"完全适应美国人的癖好"。他对这个新爱好的美感和简单充满热情，赞扬它的科学和艺术品质，形容它如"万花筒般的新奇；它那诱人的独特之处，对于善于思考的人来说，堪比一本介绍自然史的书籍；所有这些都构成了一种吸引力，既纯洁又美丽，既高雅又不可抗拒"。[3]这本书获得了巨大的成功，并产生了大量的模仿者，以及专业杂志和养鱼俱乐部。美国人很快就有了自己的水族箱，并像同时代的英国人一样热情和虔诚地用海洋生物将其填满。

在水族箱出现的最初几十年里，鱼缸里往往只有本地的鱼——金鱼是大多数家庭水族馆里唯一的外来品种。但到了19世纪60年代，这种日益增长的爱好使得人们对来自异国和热带的鱼的需求越来越大。尽管在运输过程中经常遭受重大损失，但进口这类收藏品已成为一项有利可图的生意。鱼的颜色越鲜艳、越奇特、越罕见，价格就越高，水族馆市场被反反复复的潮流所席卷，今天流行的鱼明天可能就过时了。长途跋涉的鱼生存下来并不容易：《纽约水族馆杂志》（*New York Aquarium Journal*）讲述了 88 条日本金鱼的命运，这些金鱼由一位轮船船长从日本带到美国。当船在海上翻滚时，鱼被抛到水箱箱壁上而死亡。船长唯恐自己的潜在利润都"翻了肚皮"，把幸存者转移到一个更小的水箱里，让这个小水箱漂浮在更大的水箱里，就像船上的罗盘一样。即便如此，只有 15 条金鱼活着抵达了旧金山，其中"8 条随后死亡"。[4] 90%的死亡率成了改善运输条件的强大动力，人们设计了各种巧妙的容器，把鱼安全地送到美国人家里。其中有一种钢制的鱼缸，配有一个集成鼓风箱来给水补充氧气——如果没有更专业的容器，人们也想到了用自行车打气筒作为替代。

除了家庭水族箱，大型公共水族馆也应运而生，这种公共水族馆常用巨大的水族箱展示巨大的生物标本。简·奥斯汀笔下的班纳特夫妇曾计划访问布莱顿，而就在大约 60 年后，游客们对布莱顿这座城市里出现的一座新水族馆赞叹不已。这座新水族馆于 1872 年开放，具有能装 13.2 万加仑①水的水箱。10 年后，也就是高尔顿在伦敦国际健康展览会上搭建实验室的前一年，伦敦人参观了一场国际渔业展览会。展览会上设立了更大型的临时展出。更大的水箱需要更大的动物来填满它们，而永久性的展览竞相展示更大、更充满异国风情的动物：鲸鱼迅速成为最大的焦点。

| 斑马鱼来了

水族馆的设计是为了克服我们观察水生生物的一个最大障碍：它们能在水下呼吸，而我们不能。然而，了解海洋、河流和湖泊中的生命还有第二个障碍：这些水体比生活在其中的动物要大得多，因此很难找到我们可能感兴趣的任何生物。这对生物体本身也是一个问题，大空间有利于避免争夺食物，以及避免遇到那些想要把你当作食物的捕食者，但要确保卵子和精子出现在同一时间和同一地点，大空间却带了不便。如何找到伴侣只是问题的一部分。陆生生物需要保持卵子和精子的湿润，所以它们会在卵子还在体内的时候就使其受精，然后将受精卵保存在体内（如大多数哺乳动物），或者制造一个坚硬的外壳保护受精卵，防止其干燥和死亡（如鸟类和爬行动物），这有效地重现了远古祖先进化时的潮湿环境。相比之下，水生生物可以简单地将它们的卵子和精子产在水里。一旦其中一个精子找

---

① 1 加仑（英制）= 4.54609 升。

到了另一个卵子，形成的受精卵就会在该水域中发育和孵化，产生的后代也将在这里度过它们的一生。然而，这就产生了一个不同的问题：鱼类和类似生物的卵的外壳都非常柔软，使得这些卵就像刚孵化出来的小鱼一样，极易受到捕食者的攻击。这些因素导致大多数水生生物进化出一种策略，使它们以最大的机会赢得"达尔文主义"彩票，那便是大量购买彩票①。

像智人这样的物种则有相反的策略：产生少量的大型后代，并花很长时间小心地照顾它们。每个家长都知道，代价是昂贵的：从怀孕到孩子上大学需要花费大量的食物、精力和时间。另一种策略是，生产大量小且廉价的后代，把它们生在池塘里，让它们自生自灭。不幸的是，先不考虑我们生理上的因素，就算是我们的法律和社会系统，也都不允许这样的策略；即便我们可以，大多数人也不会这么做——如果知道绝大多数后代永远不会活到成年，我们在心理上根本无法接受。

鱼类有不同的策略，海胆、海星和大多数两栖动物，如青蛙和蝾螈也是这样：它们的大部分卵子和精子会在受精前被吃掉；大多数受精卵会在孵化前被吃掉；大多数刚孵出的小鱼会在它成熟之前被吃掉；大多数成熟的后代会在繁殖之前被吃掉。自然选择确保了在这种以浪费为原则的繁殖策略下生存的唯一方法是，产生大量的卵子和精子。为了进一步增加它们的生存机会，许多水生生物同步产卵，希望通过简单地生产出即使是最贪婪的动物也吃不完的食物来满足捕食者的胃口。水里漂浮着数十亿的卵子和更多的精子，这样的结果是让海洋变得浑浊。

体外受精、缺乏坚硬的保护壳以及缺乏亲本的照顾，这些都吸引掠夺者打起了海洋生物的卵的主意。人类就是这些好奇的掠夺者中的一员。几个世纪以来，我们一直在收集水生生物的卵子，以便研究受精卵发育成一个新生命的过程，这项研究被称为胚胎学。胚胎学起源于水生生物和亚里士多德；亚里士多德很可能是第一个记录鱼卵"小且长得快"这一现象的人，这一现象也使得鱼卵的发育可以被观察到。[5]研究它们的大小对亚里士多德来说是个问题，因为他没有显微镜。具有科学头脑的人类直到 18 世纪末才对亚里士多德所看到的东西有了更多的了解，那时显微镜学家开始更严密地观察鱼卵的发育。胚胎学研究在 19 世纪有了显著的发展，特别是在德语世界，因为实验室切片机的技术和方法取代了旧式的自然史研究法。我们已经知道许多生物学家——包括威廉·贝特森和托马斯·亨特·摩尔根——最初都是胚胎学家。胚胎学可能是 20 世纪初最前沿的生物实验专业，这就是为什么 20 世纪有这么多最重要的生物学研究机构——从那不勒斯的安东·多恩动物园到马萨诸塞州的伍兹霍尔海洋生物实验室，这些研究机构都被建造在海边，因为这样一来就能更靠近胚胎学一直依赖的实验对象。

20 世纪初汉密尔顿的小斑马鱼首次来到欧洲，这要归功于业余爱好者们对有趣的新鲜鱼类的需求，他们都希望在自己的鱼缸中加入新的成员。1905 年在德国

---

① 彩票买得越多，越有机会中奖；后代产得越多，存活下来的就越多。

的水族馆它们首次被人们记录下来，因此也毫不奇怪，德国生物学家似乎就是第一个利用斑马鱼进行胚胎学和育种实验的人。这种鱼在不久后来到了美国，很快就受到欢迎；早在 1917 年，一本美国热带鱼杂志就把这种小鱼称为"精灵斑马鱼"。[6]

查尔斯·W. 克雷塞(Charles W. Creaser)是 20 世纪早期一位典型的美国胚胎学家，他帮助斑马鱼完成了从家庭鱼缸到实验室的位置转变。他是底特律韦恩州立大学的动物学教授，在密歇根州道格拉斯湖岸边的大学生物研究站工作，工作地点靠近水域。克雷塞并没有记录他什么时候或者为什么第一次注意到斑马鱼，但 1934 年他写了一篇文章，认为斑马鱼是胚胎学研究的理想对象。[7]很明显，他饲养斑马鱼有一段时间了，因为他把它们的实际优点列了一张长长的单子。首先，它们很便宜：他写这篇文章的时候，100 条鱼只需要 15 美元；最初的种群可以保证研究人员永远有鱼卵可用。其次，照料它们很容易。它们不仅会吃商品化的热带鱼食品，而且也爱吃一般大学生物系已经有的更便宜的食物：比如，克雷塞的斑马鱼会很开心地吃果蝇，所以"我们饲养果蝇作为水族馆的食物"。他建议任何想要养斑马鱼的人使用"退化翼果蝇""这是一种普通的果蝇遗传变异品种，遗传学家推荐在一品脱牛奶瓶中饲养"，因为"它的优势是不会飞"。[8]为斑马鱼提供新鲜、易于捕捉的食物，可能并不是摩尔根和他的果蝇伙伴们在哥伦比亚大学果蝇实验室首次发现这种变异品种时所考虑的用途，但也说明了一个实验室的科学突破很快会为另一个实验室的研究带来方便。

斑马鱼虽然不像果蝇那样小，但它们只长到大约 1¼英寸(约 30 毫米)长，所以它们不需要太多的空间；克雷塞指出，"我们在一个 6 英寸×9 英寸×26 英寸(约150 毫米×230 毫米×660 毫米)的水族箱里可以养 50 条斑马鱼"。繁殖也很简单，尽管"初学者可能在辨别性别方面有些困难"。然而，一旦学会了这一点，每对斑马鱼在每 12～14 天就会产卵，有些产卵甚至更频繁；克雷塞注意到需要在水箱中放置一些较大的石头，以便斑马鱼将卵产在石头下面，"防止同类相食"。对于克雷塞来说，获得鱼卵是养鱼的全部目的：在不到半个小时的时间里，每条小雌鱼都能产下几百枚卵，而这些卵对他的研究目的来说，有好几个特别吸引人的特性。许多鱼的鱼卵是黏在一起的；它们形成一个大的黏性团块，保护单个的卵不被冲走或丢失——这对鱼来说是一个优势，但对想要研究单个卵的生物学家来说却是一个麻烦。幸运的是，斑马鱼鱼卵是一个例外。

斑马鱼鱼卵的主要优点是它们很小(平均直径只有 1 毫米多一点)，因此"可以在培养皿、表面皿、洗指碗或其他适合用显微镜观察的器皿中孵化"。它们的生长速度也很快，只需要几天就能长成可以辨认的鱼。但最后——也是最重要的——它们是完全透明的。这意味着可以将一枚鱼卵放在显微镜下观察它的孵化过程，在生物学家专注的观察下，一只小小的胚胎很快就会开始在小水坑里游动。胚胎和鱼卵一样透明，所以它们发育的每一个细节都能被观察到。正如克雷塞所指出的，它们"在我们的学生实验室中被用来演示卵的发育和血液循环。"⁹他的学生可以看到血管的发育，以及血液开始在全身流动。

20世纪30年代，其他一些美国科学家也在研究斑马鱼，沃伦·哈蒙·刘易斯（Warren Harmon Lewis）就是其中之一。他是胚胎学的先驱，1942年，他利用斑马鱼透明的鱼卵，为正在发育的胚胎进行了最早的延时拍摄。与此同时，美国马萨诸塞州伍兹霍尔海洋生物实验室的休伯特·贝克·古德里奇（Hubert Baker Goodrich）正在进行第一次斑马鱼育种研究；古德里奇是鱼类遗传学的先驱，他在最早的一些实验中也用到过斑马鱼。

研究一直持续到20世纪五六十年代。当时，只有少数研究人员还维持着斑马鱼的种群，但没有迹象表明这种鱼将成为一种重要的科学生物；宠物店里的斑马鱼比实验室里的要多得多。

｜ 果蝇热

20世纪40年代，康奈尔大学的讲堂里，生物课老师正试图集中学生的注意力；这是早上8点，对于大多数本科生来说，在这个时间点上果蝇遗传学入门课有点难。但其中一名学生，洛蒂·西尔曼（Lotte Sielman）精神抖擞，她听到授课老师很激动地说："我们有一名同学，乔治·施特雷辛格（George Streisinger）已经在这个领域发表了一些研究成果。他在哪里？"没有人回答，原来此时的施特雷辛格还没起床。当西尔曼再次听到他被人提起时，才想起听过他的名字；她当时的男友提到过自己有一个室友，就叫乔治·施特雷辛格，并形容他是一个"疯狂的家伙"，还说他认为西尔曼"可能会喜欢他"。¹⁰事实上她确实喜欢他，他们于1949年结了婚，就在西尔曼毕业的前一天。

1940年，施特雷辛格通过了竞争激烈的布朗克斯科学高中的入学考试。这所学校的毕业生里，有6位诺贝尔奖获得者。在学校里，施特雷辛格加入了爬行动物和两栖动物俱乐部，他与蝾螈、蜥蜴和蛇一起露营回来，把他妈妈吓坏了。他对自然史的热情帮助他在纽约水族馆找到了一份兼职工作——帮助迈伦·戈登（Myron Gordon）博士。直到今天，一些鱼类爱好者仍然用他发明的"戈登配方"自制鱼食，喂养他们的宠物。¹¹

戈登从十几岁起就是热带鱼爱好者；他在康奈尔大学获得了一个科学学位，在那里，罗林斯·爱默生（Rollins Emerson）是其中一位让他对遗传学感兴趣的老师，正如我们所看到的，他也激励了芭芭拉·麦克林托克。20世纪30年代，戈登发现尽管经济萧条，热带鱼的消费市场却在蓬勃发展，他说服了热带鱼爱好者和商业鱼类养殖者资助他到墨西哥进行一系列鱼类采集之旅，在那里他发现了一些新品种。

　　在纽约，戈登建立了一个遗传学实验室来研究他的新发现，该遗传学实验室最初是在水族馆，但很快就搬到了中央公园外的美国自然历史博物馆的顶层。戈登征用了博物馆鸟类部门没有使用的三个房间，房间有高高的天花板和面西的玻璃屋顶；在纽约炎热的夏天，这些房间变成了一个个温室，温度有时达到32℃(90°F)。然而，戈登和他年轻的助手施特雷辛格发现，他们在温室里大汗淋漓，斑马鱼却在高温下生长旺盛，产卵速度甚至更快。[12]

　　施特雷辛格对科学的热情也为他赢得了在冷泉港实验室与迪奥多西·多布赞斯基(Theodosius Dobzhansky)共事一个夏天的机会。多布赞斯基对于施特雷辛格来说，既是导师，又像父亲。多布赞斯基甚至带施特雷辛格全家去加利福尼亚州度假。多亏了多布赞斯基，施特雷辛格在翘掉康奈尔大学的第一堂遗传学课之前，就成功地发表了关于果蝇的论文。有一段时间，果蝇几乎取代了斑马鱼，成为他全部的兴趣；当西尔曼随家人去科罗拉多州度假时，施特雷辛格给了她一些香蕉和小瓶子，这样她就可以为他捕捉当地的果蝇。

　　施特雷辛格从小就是个博物学家。他小时候住在布达佩斯，当时名字还叫György，他每天下午都在捉蜂捕蝶，或者照看父亲在他们公寓屋顶上养的鸽子。1939年，随着匈牙利政府追随纳粹德国通过了反犹太法，György一家和其他数千名匈牙利犹太人一起离开了布达佩斯，那些鸽子也不得不被遗弃。1939年3月，György一家来到美国后不久，11岁的György就成了乔治·施特雷辛格。他未来的妻子西尔曼的家人则在前一年逃离了慕尼黑。

　　当西尔曼和施特雷辛格最终在康奈尔大学相遇后，他们一起去听室内音乐会，并定期散步、赏鸟。西尔曼记得，他们的约会经常在当地一片沼泽地的浪漫环境中结束，施特雷辛格会带她去观察树蛙和蝾螈的交配仪式。毕业后，施特雷辛格去了印第安纳州的布卢明顿，和萨尔瓦多·卢里亚一起工作。与此同时，西尔曼留在伊萨卡，完成她的硕士学位；为了见到她，施特雷辛格总是尽可能地抽空回家，经常搭便车来回700英里。

　　施特雷辛格和卢里亚一起工作时，研究对象也从果蝇变成了噬菌体，这自然把他带回了冷泉港实验室并学习噬菌体课程，在那里他遇到了马克斯·德尔布吕克。和所有预备学生一样，施特雷辛格在上这门课之前，必须参加非常严格的数学入学考试；德尔布吕克坚持认为参加课程的人应该具有"计量生物学知识，而不是只会收集样本"。[13]尽管对传统自然史充满热情，施特雷辛格仍通过了考试，1949年，他和西尔曼在冷泉港实验室度过了一个夏天。那里的条件仍然很原始；相当简单的污水处理系统引发了很多争论，例如在实验室附近生长的大量豆瓣菜是否可以安全食用。

　　噬菌体的课程是非正式的，但很严格——如果学生的汇报听起来没有说服力，德尔布吕克会简单地说："我一个字也不相信。"在两周后即兴的毕业典礼上，每个人(包括德尔布吕克)都会穿上卡通装扮，并用传统的打水仗结束典礼。在师从卢里亚并获得博士学位后，施特雷辛格迈出了下一步，他花了三年时间在加州理工学院跟着德尔布吕克做博士后研究；他和西尔曼开车前往帕萨迪纳，他们的第一个女儿丽莎在他们到达后不久就出生了。施特雷辛格一家很喜欢加州理工学院的氛围，尤其是德尔布吕克的家，他们在那里度过了很多夜晚，一边享受音乐、意大利面和莎士比亚，一边进行无休止的科学讨论。后来，施特雷辛格夫妇在俄勒冈州的家以及他们举办的派对都沿袭了德尔布吕克的传统。

在加州理工学院完成博士后研究后，施特雷辛格回到冷泉港实验室工作，他还筹到资金，在分子生物学圣地剑桥大学待了一年。噬菌体仍然主宰剑桥大学的生物学研究。施特雷辛格与另一位噬菌体课程毕业生西摩·本泽一起工作，而在城市的另一头，西德尼·布伦纳也在研究噬菌体。然而，正如我们已经知道的，本泽和布伦纳很快就会把噬菌体研究所发展的精巧遗传学应用到更大、更复杂的生物体上；施特雷辛格最终也会这么做，把分子生物学工具应用到他童年的爱好——热带鱼上。

| 一路向西

20 世纪 50 年代后期，乔治·施特雷辛格成了一位著名的噬菌体研究者，在病毒遗传学的关键领域发表了重要的成果。在剑桥大学待了一年之后，波士顿附近的布兰代斯大学(Brandeis University)给了他一份教职，这是他的第一份大学教职，职位很诱人，但他和西尔曼不确定他们是否能融入波士顿富裕而保守的郊区生活。自学生时代起，他们就参与了激进的政治活动。像他们的朋友一样，他们随时准备放弃学业，去参加学生运动，无论是反对麦卡锡主义的过分行径，抗议原子弹试验，还是反对种族隔离。随着 20 世纪 60 年代的到来，美国在越南发动的战争成为开展激进运动的决定性因素。施特雷辛格夫妇一生都是社会运动人士。施特雷辛格接受了布兰代斯大学的工作邀请，但还没等他们搬家，他就得到了一份更好的工作：一位顺道来冷泉港实验室的访客，在一个新成立的学院为他提供了一份教职，地点是一所默默无闻的大学，地处偏远地区。

来访者是物理学家亚伦·诺维克(Aaron Novik)，他曾在洛斯阿拉莫斯(Los Alamos)国家实验室研究原子弹，后来放弃了原子弹研究并转向基因研究，他把这一转变描述为"从死亡到生命"。和施特雷辛格一样，他也上了噬菌体课程，并开始研究细菌遗传学。当他正在寻找一个可以让他继续科学生涯的地方时，俄勒冈大学为他提供了设立一个新院系的机会。这一机会是美国人被"人造地球卫星 Sputnik"的发射所警醒后的直接结果。美国人关心的不是卫星本身，而是把它送入轨道的苏联火箭；设计火箭的初衷要险恶得多，它的目的是在华盛顿投放氢弹——这颗卫星只不过是突然出现的"导弹缺口"的一个戏剧性展示。尽管第二次世界大战结束时，美国人秘密地将 V2 火箭的设计者、纳粹科学家维尔纳·冯·布劳恩(Werner von Braun)从德国带回美国，但美国人知道，他们无法与苏联的导弹相抗衡。因此，在人造卫星升空后的第二年，美国国会通过了《国防教育法》(National Defense Education Act)，将科学和数学列为教育重点。俄勒冈州立大学是美国许多由于这种政府恐慌而受益的大学之一。

诺维克最初对俄勒冈州不感兴趣，怀疑在那里会感到无聊，所以他接受了圣地亚哥的一份教职，但他发现加利福尼亚州南部温和的气候比尤金(俄勒冈州立大学所在地)的荒野更无趣，因此 1959 年他返回尤金并建立了俄勒冈州立大学的分子生物学研究所，这是美国第一个研究所或院系在名字中使用了"分子生物学"一词。

诺维克的父亲是来自东欧的犹太移民，社会主义者，裁缝。他们在家里主要讲意第绪语(犹太语)，在大萧条时期极度贫困；诺维克通过把番茄装上开往罐头工厂的火车，帮助维持家庭的生计，这段经历他永远不会忘记。和施特雷辛格一样，诺维克也是个聪明的男孩，他获得了芝加哥大学的奖学金，得以继续学习化学。

在获得博士学位后，诺维克成了一名生物物理与生物化学家，但他为自己参与了"曼哈顿项目"感到愧疚，这困扰了他一生。美国投放的原子弹在广岛和长崎爆炸后，他迫不及待地离开了洛斯阿拉莫斯国家实验室，并告诉一家报纸"(那里)闻起来充满了死亡的气息"。他和他的导师、匈牙利出生的物理学家利奥·西拉德(Leo Szilard)一样，成了一名和平主义者，参加了许多反核会议。战争结束后，西拉德邀请诺维克来到冷泉港实验室，参加噬菌体课程，并加入"生物学探险"。[14]

那次"探险"最终让诺维克去了尤金，这座城市坐落在俄勒冈州中心的威拉米特山谷，不久，弗兰克·斯塔尔(Frank Stahl)也加入了他的行列。斯塔尔也曾在加州理工学院工作，后来去了密苏里大学(University of Missouri)工作，但作为那里唯一的分子生物学家，他发现自己格格不入。斯塔尔到达尤金后不久，诺维克就开启了一项后来成为新建的分子生物学研究所(IMB)传统的工作：他邀请新加入的成员帮助选择下一位成员，斯塔尔推荐了他在加州理工学院认识的施特雷辛格。1960 年，施特雷辛格一家搬到了尤金，成了 IMB 第三名成员。第四位成员是西德尼·伯恩哈德(Sidney Bernhard)，他不久也会加入他们的行列。

像诺维克一样，施特雷辛格有点担心尤金可能太与世隔绝，但是他们很快发现这个城市充满艺术活力，于是很快就适应了田园生活。施特雷辛格和他的女儿科里开始养山羊；曾有一段时期，他们有 8 只努比亚山羊。施特雷辛格还帮助建立了一个当地的山羊奶酪营销合作社，并成了一名合格的山羊裁判，他几乎每个周末都要去小型的乡村集市，使用像玉米展览会上发放的记分卡来评估山羊的优劣；这一场景与当年达尔文为他的书收集信息时，穿梭于维多利亚时代英国的养兔人和鸽子爱好者之间的场景十分相似。

然而，即使是获奖的山羊具有的魅力也时不时会让人腻烦，闲暇时施特雷辛格喜欢带着全家去大城市，去芝加哥或纽约逛逛，去购物。他会去魔法用品商店，在那里可以买到他需要的用具，用来表演他喜欢用来逗小孩子开心的魔术。当他把记号卡片、丝巾和会消失的小橱柜塞满车厢，他就会去宠物店，为他在自家楼梯下建造的又大又漂亮的水族馆添置些新鱼。

回到俄勒冈州，施特雷辛格想从噬菌体研究中走出来，因为他觉得这个领域已经过于拥挤。他想做一些"大"的事情，就像剑桥大学的本泽一样，他对把分子遗传学应用到理解动物行为的问题很感兴趣。当本泽转向果蝇研究时，施特雷辛格决定研究鱼类，在考虑了各种选择后，他决定研究适应性很强的斑马鱼。

尽管这种鱼已经在实验室里被饲养了几十年，但当时没有斑马鱼社群，没有相关的会议或期刊，也没有共享的专业知识；使果蝇和噬菌体社群如此成功和多产的任何公共资源，斑马鱼都没有。施特雷辛格的主要意图是使斑马鱼成为一种像果蝇那样的模式生物。他本可以继续果蝇研究，就像本泽所做的那样，以在果蝇上已经建立起来的庞大知识体系为基础，但尽管果蝇有很多优势，它们有一个重要的缺点——它们是无脊椎动物。不像这个星球上的大多数大型动物(包括从侏儒鮈鳉到蓝鲸的动物，当然还包括人类)，昆虫没有脊椎。我们的脊柱，由被称为脊椎的单独的骨头组成，在使我们(还有鮈鳉和鲸鱼)变得比昆虫更大、更复杂的过程中起了关键作用。脊椎动物如鱼类、两栖动物、爬行动物、鸟类和哺乳动物，都具有独特的解剖结构，其中包括一个复杂的神经系统(脊柱的功能之一是保护其关键部件——脊髓，脊髓连接着我们所有的周围神经和大脑)。

施特雷辛格决定，除非他研究的对象具有类似的身体结构，否则他不可能理解具有这种神经系统的动物的复杂行为。但很明显，研究一个真正大且复杂的动物，比如小鼠，这种从噬菌体微观世界向复杂性的飞跃过于巨大。因此，鱼类似乎更合适：它比哺乳动物简单，比果蝇复杂，体积小到易于繁殖，具备了克雷斯30年前发现的所有优点。

施特雷辛格多年来一直在家里养鱼，这也使他认识到，斑马鱼照料起来很容易；它们是适合新手的经典鱼类，是建立第一个水族箱的理想品种(如果早期的尝试失败了，替换的价格也足够便宜)。但他很快发现，饲养足够的斑马鱼用于实验工作，与在家里养一打斑马鱼完全不同。疾病和寄生虫不断消减他的鱼类资源。他不断调整环境，试图打败寄生虫，直到他使用了一些有毒化学物质的混合物，虽然他知道这些有毒化学物质一定会影响他的实验结果。在他几乎要完全放弃斑马鱼的时候，来了一位新助手夏琳·沃克(Charline Walker，后来名字改为Durachanek)。沃克有办法对付这些鱼，她很快就帮他清理了水箱，安装新的管道和喂食新的饲料，并设计了更好的方法来保持水和空气的新鲜。鱼群很快兴旺起来。施特雷辛格和沃克在二战时期用的半圆拱形活动房里安装了鱼缸，这间半圆拱形活动房是校园边缘一个废弃军营的一部分。有时，施特雷辛格一定以为自己又回到了纽约自然历史博物馆的顶层——夏天，钢结构小屋的屋顶热得足以煎鸡蛋，必须用水喷洒，以防止鱼被煮熟。冬天，半圆拱形房对热带斑马鱼来说太冷了，所以施特雷辛格和沃克在鱼缸周围安装了一系列小型电加热器和风扇；有时他们不得不停止实验来扑灭加热器引起的小火灾。

养殖斑马鱼

施特雷辛格花了近十年的时间才把斑马鱼培育成适合科学研究的模式生物；如果他是一个不那么专注的生物学家可能早已经放弃了，尤其是面临很难找到研究生或博士后来从事这样一个不确定的长期项目的时候。大多数分子生物学家仍然在研究小型生物——细菌和病毒，它们已经足够复杂了，而生物学家在 20 世纪 60 年代就有了研究它们的工具，所以鱼类看起来几乎更不可能成为潜在的研究对象。尽管施特雷辛格享有个人声誉，但很少有人愿意为他的新项目投资；几年来，这些担心似乎被证实是合理的，因为施特雷辛格似乎没有产生任何有趣的结果。

如果这项斑马鱼的研究工作不是在尤金开展的，那么研究工作很可能已经失败了。尤金在项目早期为斑马鱼的生存提供了支撑。受其创始人的理想主义——或许还有俄勒冈州典型、悠闲的西海岸精神——的启发，IMB 被一些人描述为一个"科学公社"，在那里所有的资源都是共享的。诺维克鼓励那些从事更传统项目的研究人员——他们因此发表论文，招纳学生和博士后，拿到诱人的基金资助——与施特雷辛格分享他们的政府基金和设备。诺维克可能从他那信奉社会主义的父亲那里吸收了这些原则；他在尤金确实实行了一点社会主义，这使得施特雷辛格为他的鱼获得了比其他情况下更多的资源。

一旦斑马鱼养殖的实际问题得到解决，施特雷辛格就能够转向科学问题。他早期面临的主要挑战之一是，斑马鱼一年四季都会交配这一好习性导致的结果，即有大量的卵和胚胎需要研究，但它们都是二倍体——它们从父本那里继承了一套染色体，从母本那里继承了另一套染色体。这使得很难识别罕见的隐性突变，因为——正如孟德尔在一个世纪前发现的那样——鱼需要突变基因的两个拷贝，由此才能观察到突变的后果，并研究其影响。创造出可以通过近亲繁殖得到纯合体的斑马鱼家族将是一项巨大的劳动密集型工作。一旦施特雷辛格发现了一种他感兴趣的罕见组合，培育更多携带相同突变基因的鱼将继续耗费很多时间，毕竟不可能像让植物自交那样让鱼自体受精。

那些跟随西德尼·布伦纳研究线虫这种小型蠕虫的人有一个明显的优势——线虫是雌雄同体的，这意味着它可以很容易地自体受精，就像孟德尔的豌豆一样容易。施特雷辛格知道，有些动物既可以有性繁殖，也可以无性繁殖，比如孟德尔的山柳菊，不过在动物中，无性繁殖被称为孤雌生殖(parthenogenesis，源自希腊语，意为"处女生育")。所以他试图驯服他的雌性斑马鱼进行孤雌生殖。他和沃克花了几年时间研究这个问题，试图"激活"卵子，使其在没有通常的触发因素——受精——的情况下开始发育。当然，为了不让雄性基因参与进来，他不得不避免受精。20 世纪 70 年代初，他们发现了一种诱导孤雌生殖的方法，并花了几年的时间改进技术，使他们能够生产出只有一套染色体的胚胎。其诀窍在于让精子暴露在强烈的紫外线下；这使得精子的遗传物质失活，但不会杀死它们，因此它们仍然能够穿透卵子，刺激卵子发育(当然，鱼类是体外受精，这使得这项技术变得简单得多，若用老鼠做同样的事情会困难得多)。一旦完善了方法，施特雷辛格和沃克的技术便可以直接通过雌性斑马鱼让隐性突变在一个世代内展示其后果，不再需要历经几代的杂交和选择。他们的工作使得标准的基因技术，如绘制遗传图谱，可以更快速、更有效地完成。

经过 9 年的研究，施特雷辛格最终将养鱼实践和基因技术结合起来，这将使他开始在更广泛的项目——定位控制鱼类行为的基因上取得真正的进展。然而，由他和沃克开发的用来简化他们工作的技巧有一个更大的意义：他们的斑马鱼只有一个亲本，所以没有携带双亲的混合基因，而是完全复制其母本的基因——这正是克隆。1981 年，施特雷辛格成了世界上第一个克隆脊椎动物的人，毫无疑问，他的鱼卵出现在了《自然》杂志的封面上。这引起了不小的轰动：施特雷辛格接受报纸的采访，经常被问及克隆的伦理和政治含义。《芝加哥论坛报》(*Chicago Tribune*)甚至刊登了一幅漫画，画中一位渔夫的妻子对她的丈夫说："既然你克隆了它们，那你就去清理它们。"[15] 在那些对施特雷辛格的成果感兴趣的人中，有一群 20 世纪 70 年代倡导妇女解放运动的女权主义者；他的一位同事回忆说，这些女权主义者认为施特雷辛格证明了"受孕过程中男性的作用是无关紧要的"。[16]

尽管成功克隆引起了公众的广泛关注，但施特雷辛格在 20 世纪 70 年代并没有发表过任何有关斑马鱼的文章：在 IMB 的一次聚会上，大家打趣地授予他"延迟发表论文的博士学位"，以表彰他对拖延症的贡献。缺少成果在一定程度上是因为他花了很长时间才掌握研究所需的养鱼和遗传操作技术，同时他还忙于反战活动。和 IMB 的早期成员一样，他在政治上很活跃，特别是在反对核武器和越南战争方面，当战争最终结束时，他又开始积极参与环保事业。

雷切尔·卡森的《寂静的春天》一书引起了人们对滥用杀虫剂的广泛关注。卡森的书促进了环保运动，美国环境保护局于 1972 年成立，它的第一批行动中就包含禁用杀虫剂滴滴涕(DDT)，而这正是卡森关注的核心。然而，俄勒冈州的环保人士很快发现，美国林业局在他们家周围的林地上使用了一种强力除草剂(林业是整个太平洋西北部的一个主要产业)，其主要成分是剧毒化学物质二噁英。喷洒除草剂引起了反战人士的注意，因为二噁英是橙剂的主要成分，而橙剂是美国军方为了让越共无藏身之地而用来摧毁越南森林的除草剂。在和平年代，军事技术的民用化既邪恶又似曾相识；第二次世界大战期间，滴滴涕首先被用来驱除士兵，而第一批喷洒农药的飞机大多曾隶属于空军。20世纪70年代，施特雷辛格偶尔会不管他的斑马鱼，而去参与对抗二噁英的运动；在一起针对美国林业局的法庭案件中，他提供了专家证词，最终导致该化学品被禁。

1984年，分子生物学研究所正准备庆祝它的25岁生日。这个位于偏远地区的先锋研究所此时已成为重要的地方，这在很大程度上要归功于施特雷辛格的斑马鱼。施特雷辛格在俄勒冈州立大学的几位同事——查克·坎摩尔（Chuck Kimmel）、蒙特·韦斯特菲尔德（Monte Westerfield）和朱迪思·艾森（Judith Eisen）——也开始研究斑马鱼，他们通过研究其神经系统的遗传和发育，扩大了它的用途。

施特雷辛格当年的决定似乎很快就被证明是正确的；斑马鱼开始被认为是一种重要的实验生物，世界范围内的斑马鱼研究社群正在形成。但1984年8月11日，就在IMB筹备生日派对的前几周，施特雷辛格的同事们得到了他去世的消息，大家都为此感到异常震惊：在一次潜水课的期末考试中，他因心脏病发作而去世。

于是IMB的生日派对变成了对施特雷辛格生平和成就的"庆典"；纪念施特雷辛格的系列讲座拉开帷幕，西摩·本泽做了第一场讲座。其他分子生物学界的明星，包括阿尔弗雷德·赫希和詹姆斯·沃森也在观众席上。施特雷辛格在尤金的同事决定，斑马鱼社群应该坚持下去；他们已经开始发现斑马鱼在科学上的巨大作用，但他们对斑马鱼的推广，也受到了一种愿望的影响，那就是希望看到一个成功的全球性的研究社群，这将成为对施特雷辛格最好的纪念。

很快，俄勒冈实验室之于斑马鱼就成为类似冷泉港实验室之于噬菌体的存在；每个对斑马鱼感兴趣的人都在那里待过。施特雷辛格的同事们仿照噬菌体课程，开设了一门非正式课程，向未来的研究人员传授照料斑马鱼的基本知识，以及斑马鱼遗传学和胚胎解剖学的基本知识。韦斯特菲尔德帮助撰写了《斑马鱼手册》（The Zebrafish Book），汇编了俄勒冈实验室之间分享的技术——虽然明显不是一个传统意义上的畅销书——但这本书对于那些想要搭建一个斑马鱼实验室的人，无异于《圣经》。坎摩尔意识到斑马鱼可以回答比施特雷辛格预期得多的生物学问题，于是开始研究并发掘斑马鱼隐藏的巨大实验潜力。

和他之前的许多生物学家一样，坎摩尔对所有重大问题中最大的一个——发育——很感兴趣。一个细胞——即受精卵——如何变成一条完整的鱼？他最初的工作是研究斑马鱼大脑的发育，同时也试图了解每一个组织是如何以及为什么从胚胎的早期阶段就开始发育的。他制作了生物学家所谓的"命运图谱"，展示了每个细胞分裂和分化时的命运。这使得斑马鱼进入脊椎动物胚胎学和发育研究的主流——这证明了克雷塞最初的预测是正确的。随着坎摩尔对每个细胞发育路径的解析，情况逐渐清晰，斑马鱼比人们所意识到的作用还要更大；许多控制最基本发育过程的基因，如确定动物前胸后背的基因，原来在斑马鱼和其他动物中是一样的。正如坎摩尔所说，斑马鱼不仅仅是一条鱼，还是一只青蛙、一只鸡和一只小鼠；生物学家从它身上学到的东西可以应用到许多其他种类的动物身上，包括人类自己。

坎摩尔对展示斑马鱼在发育研究中的巨大可能性起了重要作用。远在千里之外的欧洲，斑马鱼也掀起了波澜：备受推崇的果蝇学家克里斯蒂安·努斯林-沃尔哈德（Christiane Nüsslein-Volhard）和她在德国图宾根（Tübingen）的一些同事，被这个新的模式生物所具有的潜能所吸引，也开始对它产生兴趣。他们开始大量繁殖斑马鱼，并筛选突变，就像他们之前对果蝇所做的那样，建立突变库，使人们有可能了解特定基因之间的关系，以及它们对整个有机体的影响。秀丽隐杆线虫研究人员取得的进展，让线虫社群广为人知，所以斑马鱼研究人员开始相信他们也能做到这一点。

遗传研究在一系列生物上的进展，证实了坎摩尔发育研究所展示的大自然母亲是保守的这一点。进化能有效运作的原则是，如果它没有崩溃，就不要修复它；一旦自然选择为了寻找并保存能在有机体中完成某些生理过程的方法，而有效地筛选出基因中的随机变异，它往往就会保留这种变异。如果一个基因在一个非常简单、古老的有机体（如细菌）中产生一种有用的蛋白质，那么很可能在许多不同的有机体中也会发现同一基因能产生同样的蛋白质。例如，有一种斑马鱼突变体，简称"无尾"；在小鼠身上，类似基因发生的几乎相同的突变会导致相同的缺陷（这种突变被称为 *Brachyury*，在希腊语中是"短尾巴"的意思）。具有该缺陷的老鼠和斑马鱼的基因都来自同一个祖先基因。实际上，这意味着即使是亲缘关系非常遥远的群体也会有很多共同点；相同的基因不仅在鱼类和人类身上发挥着类似的功能，在酵母身上也常常如此。

| 造访斑马鱼的世界

斯坦福大学医学院发育生物学系有两个房间，里面摆满了鱼缸，每个鱼缸都盛有经过仔细过滤的水，还有 10～15 条斑马鱼——总共有几千条。威尔·塔尔博特（Will Talbot）是一位年轻的斑马鱼研究者，他曾在俄勒冈的查克·坎摩尔手下接受训练，现在是自己实验室的负责人。为什么医学院要养这么多斑马鱼？因为塔尔博特希望他的研究最终能阐明多发性硬化症等疾病的病因，并帮助找到治疗方法。

5000 英里之外的英国，一家同样令人景仰的研究机构，威康信托桑格研究所（Wellcome Trust Sanger Institute）——这里是完成人类基因组序列测定工作中最重要部分的地方——也养着上千条斑马鱼。德里克·斯坦普（Derek Stemple），一位有着数学背景但"离经叛道"的工程师，负责一系列斑马鱼实验室；令他惊讶的是，他的斑马鱼帮助他解开了肌肉萎缩症的谜团。

此时，在剑桥大学，凯特·刘易斯(Kate Lewis，也是从俄勒冈斑马鱼实验室毕业的)正负责一间新实验室，她的斑马鱼已经揭示了被称为中间神经元的特定类型的神经细胞是如何工作的。中间神经元在精神分裂症、克雅氏病(人类的克雅氏病即疯牛病)等疾病中发挥作用。而距离伦敦一个小时火车车程的地方，史蒂夫·威尔逊(Steve Wilson)已经把他最初的实验生物，长相奇怪的墨西哥蝾螈，换成了满屋子被精心隔离、养殖的斑马鱼。这些研究逐渐揭示了前脑发育的模式，而前脑是大脑的一部分，是我们有意识的思维、情感和部分记忆之所在。

塔尔博特、斯坦普、刘易斯和威尔逊只是目前在 30 个国家 400 多个研究斑马鱼的实验室里数千名研究人员中的一小部分。[17] 他们的研究是对施特雷辛格最初设想的致敬。然而，斑马鱼社群仍然是一个年轻的社群：当时这些实验室负责人第一次进入斑马鱼研究领域时，他们并不清楚斑马鱼会把他们带向何方。当塔尔博特考虑从果蝇研究(他攻读博士学位时就是从事果蝇研究)转到斑马鱼研究上时，他怀疑选择斑马鱼是不是件"疯狂的事情"。斑马鱼有一些吸引人的地方，其中之一就是对它的研究还很新，所以从事这方面研究的人少。塔尔博特意识到，"如果研究体系运行良好，就会出现更多需要选择的问题，就会有更多的事情要做，就可能更容易做出独特的成果"。[18] 但这是建立在研究体系运作良好的基础上的；有多少年轻的研究人员对开发一种新的实验生物这一念头而兴奋不已，就有更多的人因为不得不重新发明所有类似于已经用于老鼠或果蝇身上的基本工具这一念头而望而却步。

斑马鱼的科学新颖性并不是唯一吸引人的地方；与大多数脊椎动物相比，它们不仅个头小、容易照料，而且很简单。20 世纪 80 年代中期，史蒂夫·威尔逊还在研究蝾螈时，他阅读了一些最早的斑马鱼论文。对于他来说，由于他对大脑发育感兴趣，斑马鱼神经系统解剖结构的简单性吸引了他。[19]

人们会认为科学家选择斑马鱼是抱有理性、实用和科学的理由，事实确实如此，但更令人惊讶的是，许多研究人员似乎只是单纯地爱上了斑马鱼。即使经过多年的观察，刘易斯仍然认为它们是"我研究过或见过的最漂亮的实验动物"。每年她都看到她的学生们抱有同样的热情："当人们第一次对它们开展研究时，最令人兴奋的事情之一是它们是透明的，你可以很容易地在显微镜下看到它们。"它们不仅容易观察，而且不断变化："它们刚出生后，你离开五到十分钟，回来时它们已经发生了变化。"前一天卵子还在受精，为一项实验做准备，第二天早上，它们就变成了"一些看起来像鱼的小东西，而且已经在动了"。

塔尔博特来到俄勒冈州后，也有过类似的经历，在此以前他从未见过斑马鱼。尽管斑马鱼胚胎很小，但他发现它们"相当壮观，真的很美丽"。沃伦·哈蒙·刘易斯(Warren Harmon Lewis)在半个世纪前，第一次拍摄了斑马鱼胚胎；像他一样，坎摩尔和俄勒冈实验室的其他人利用斑马鱼具有透明身体这一优势，制作了塔尔博特所说的"美丽的电影"。他说自己是第一批被发育生物学吸引的人之一，因为他们"太喜欢看斑马鱼的胚胎了"。正如他所说，"我喜欢看这些延时拍摄的影片，画面上一个相当不起眼的细胞球变成了脊椎动物"。[20]你几乎可以用任何胚胎来观察这个非凡的过程，但斑马鱼是最快的。

这种鱼的发育速度不仅仅是给那些没有耐心的研究人员和"电影制作人"的礼物，它还有一个非常实际的好处：大量的鱼意味着结果的快速分析和发表。正如我们所看到的，这是果蝇在20世纪早期变得如此受欢迎的原因之一，塔尔博特最初担心斑马鱼的发育速度太慢，无法与果蝇竞争，尤其是因为他必须花时间开发研究所需的生物工具。但斑马鱼很快就证明它们发育速度够快；当然，没有果蝇那么快，但这也是一个优势。事实上，每一种生物都遵循"活得快，死得早"的原则——生物个体越小，寿命越短，死得越快。斑马鱼确实很小，但它们仍然比果蝇大得多，所以它们的寿命更长。在果蝇室里，需要花费大量的时间来更新种群，这样任何有趣的突变体才能被持续喂养和交配，以确保无论研究的是什么特性，都有活果蝇的供应。由于鱼的寿命更长，研究人员花在维护种群上的时间更少，而花在科学研究上的时间更多。因此，尽管鱼的繁殖速度更慢，但塔尔博特发现，令人惊讶的是，"研究步伐与果蝇相似；一旦你有了一个想要分析的突变体，（这项研究）就可以进行得非常快……比我想象的要快。"而且，迅速增长的不只是实验室的研究工作。

｜ 与果蝇媲美

1990年，俄勒冈斑马鱼实验室召开了一次会议，评估斑马鱼研究的前景。其中一份报告在认可斑马鱼可能是"有脊椎的果蝇"的同时，还想知道"它们能像果蝇那样成功吗？"[21]斑马鱼研究领域一旦被开启，它是会持续成长并吸引新的研究人员，还是会在最初的爆发后逐渐消失，充其量不过是另一种月见草，在历史上昙花一现？

答案很快就被揭晓了：斑马鱼研究在20世纪90年代开始以指数级速度增长。以十年为尺度，对提及斑马鱼的科学论文数量进行比较，揭示了这样的事实：20世纪50年代，只有4篇；20世纪60年代，17篇；20世纪70年代，37篇；20世纪80年代，121篇论文——是前30年总和的两倍；到了20世纪90年代，已大约发表了2000篇与斑马鱼有关的科学论文。而且这种增长没有停止的迹象——在21世纪的头五年，有超过5000篇新论文。[22]正如朱迪思·艾森所指出的，"没有其他任何一种用于研究发育的模式生物能如此迅速地崛起"。[23]问题是为什么——是什么让斑马鱼崛起得这么快，达到这么高的水平？它并不是唯一的模式生物，甚至不是唯一的脊椎动物(老鼠和青蛙在实验室里的历史比斑马鱼都要长得多)；它不是个体最小、最便宜或生长最快的生物体(细菌、病毒和酵母在这些指标下都遥遥领先，而且有稳定的社群在推广它们)；它甚至不是唯一的鱼类——日本的青鳉鱼、河豚和刺背鱼都已在实验室立足，并一直被研究着。但它们都没有经历过类似斑马鱼研究工作的爆炸式增长。那么为什么斑马鱼能做到呢？

斑马鱼是幸运的，它们吸引了施特雷辛格的注意，不仅因为他的奉献精神，还因为他把它们带到了俄勒冈州，那里悠闲的生活节奏和他本人一样适合它们。施特雷辛格延迟发表论文似乎为尤金的研究人员开了一个先例。凯特•刘易斯回忆说，她在那里做博士后研究时，她所在的实验室发表了一些论文，她会想，"这些作者是谁？我怎么从来没有见过他们。"——那是因为他们已经离开了——有些甚至早在八年前就离开了，但他们的研究成果才刚刚付梓。正如她所言，俄勒冈实验室"不那么担心是否能快速完成工作，或快速发表论文"，这可能是因为当斑马鱼研究起步时，"只有他们在做，所以他们可以慢慢来"。成为先驱的一个好处是，俄勒冈实验室既能负担得起复杂的实验，又能从容地进行实验。与其他实验室相比，年轻的研究人员在此完成博士或博士后研究的工作压力较小。德里克•斯坦普对此表示赞同，但他用更简单的语言描述了尤金的氛围："他们都是嬉皮士，但不是字面意义上的嬉皮士，而是表现在有趣的方面，他们的工作状态非常放松。"当然，共享资金以及让工作按照自己的节奏发展的理想主义，似乎反映了美国西海岸更广泛的带有 20 世纪 60 年代色彩的文化——这与某些科学领域特有的激烈竞争非常不同。

成为一个领域的先驱是一种奢侈，很少有科学家经历过，而且它往往能促进慷慨；摩尔根果蝇实验室将他们的果蝇和数据分享给任何对此感兴趣的人，并相信自己在该领域的领导地位不会被削弱。斑马鱼先驱们分享一切也是出于类似的原因，但他们也有意做了一件与摩尔根和他的果蝇团队无意间做成的一样的事情——他们将斑马鱼确立为一种科学工具。

在 20 世纪早期，生物学家研究问题时，只选择一种或几种看起来有希望进行研究的生物体。仅此而已。今天的生物学家通常用一个"模型系统"来解决他们感兴趣的难题：其核心是一个生物体，但这个生物体是经过精心开发的，使用了选择性育种等技术，以便达到他们的目的。然后，生物体必须被文字记录下来：就像 Wistar 大鼠被运送时附有操作手册一样——这本关于大鼠统计数字的书让 Wistar 大鼠变得如此有用——今天的模式生物也有说明。其内容涵盖了从如何喂养、繁殖和照料它们到描述它们的正常行为和发育等方方面面。如今，这些信息更有可能出现在网站上，而不是书中——网站中包括了一百年前无法想象的资源。斑马鱼的网站(和其他被广泛使用的生物体网站一样)中包括了可下载的 DNA 序列、用于数据分析的计算机程序，以及对已知基因及其功能的描述。有一些物种保藏中心可以提供特定的突变品种；在线填写表格，几天内就会收到邮寄来的即将孵化的鱼卵（目前这些设施只在美国提供；欧洲斑马鱼研究人员仍在游说，希望在大西洋彼岸建立类似的资源）。就在 30 年前，在图书馆里找出研究某个特定生物体或问题的人员可能需要几个月的时间。而今天，可以在几秒钟内就找到每个有特定研究兴趣的人的名字和地址；而且他们的出版物也很容易获得——现在大多数科学文章一出版就会出现在互联网上，甚至比它们出现在印刷品上要更早。

俄勒冈斑马鱼社群知道，他们需要在他们的鱼启航之前提供所有这些资源。作为先驱者，分享一切是必要的；让其他研究人员参与进来，将会产生一个社群，并最终创造资源。但凯特·刘易斯记得，这里公社化程度更高。早期，"人们不仅仅是分享数据；人们把整个研究领域都撇在一边，因为他们知道有人在从事这项工作。"避免竞争确保了努力和资源不会被不必要地重复，也避免了竞争可能带来的不良感觉。几年来，几乎所有研究斑马鱼的人——就像这些鱼本身一样——都来自尤金，或者接受过在尤金培训过的人的培训，而他们认识到自己也吸收了俄勒冈类似嬉皮士的精神。几乎整个社群都拥有刘易斯所描述的尤金"血统"，这给了从事斑马鱼研究的人一种似乎"紧密联系的家庭"的感觉。

20 世纪 90 年代初，情况开始发生了一些变化。当时，图宾根的德国果蝇生物学家詹尼·努斯林-沃尔哈德，和她曾经的学生、现处波士顿的沃尔夫冈·德里弗（Wolfgang Driever）开始平行开展对斑马鱼的大规模基因筛选，这在斑马鱼研究领域里被称为"大筛选"。斯坦普是德里弗实验室的一个博士后，他在认可是施特雷辛格和俄勒冈实验室创建了整个斑马鱼社群的同时，认为是努斯林-沃尔哈德通过工业规模的育种，继而创建大量的随机突变，让大家看到了将斑马鱼当作果蝇的潜能。筛选是对突变斑马鱼进行分类的过程，即耐心地找出是哪些基因发生了突变。就像 80 年前在哥伦比亚大学最初的果蝇实验室里一样，发现突变体揭示了动物拥有什么基因，以及这些基因的功能是什么，因为突变揭示了当这些基因失灵时会发生什么。在斯坦普看来，"系统地筛选是真正的关键"。努斯林-沃尔哈德提出进行所谓的"饱和突变"：对斑马鱼进行大量的突变操作和筛选，直至不再发现新的突变。获得饱和突变在脊椎动物中比在果蝇中要困难得多，因为前者的基因组要大得多。当她最初提出饱和突变时，大多数人觉得这似乎是不可能实现的；但她的国际声誉让她的同事相信这是可行的，并最终说服了资助机构为其提供资金。

大规模的筛选造就了斑马鱼社群的持续扩张。正如刘易斯回忆的那样，"突然间，所有这些参与筛选的博士后都拥有了自己的实验室……他们开始培养自己的博士后和研究生，整个事情就像滚雪球一样越滚越大。"威尔逊也认为，筛选是一个转折点，因为由此产生的突变体比任何人开展研究产生的都要多。一些人担心社群的快速增长和与俄勒冈实验室没有直接联系的研究人员大量涌入，可能会削弱斑马鱼社群独特的开放性；虽然气氛改变了，但相互支持的文化仍然被保存下来——由筛选产生的有趣的研究项目非常广泛，这意味着没有相互竞争的必要，实在是有太多的突变需要研究了。

和许多参与大筛选工作的博士后一样，德里克·斯坦普在离开德里弗实验室时，选择了一些自己最感兴趣的突变，并"从那时起就一直在研究它们"。[24] 引起斯坦普兴趣的突变是那些涉及脊索发育的突变——脊索是胚胎结构，将成为鱼脊椎骨的一部分。筛选揭示了 7 个独立的基因共同控制着脊索发育的方式；如果它们中的任何一个发生变异，不再正常工作，就会产生短小的侏儒胚胎。斯坦普的研究小组将这些基因分别命名为 *Happy*、*Sleepy*、*Grumpy*、*Bashful*、*Sneezy*、*Dopey* 和 *Doc*。

脊索不仅是每一种脊椎动物共有的结构，也普遍存在于更广泛的一群称为脊索动物的生物体中——其中也包括海鞘和蛞蝓。尽管脊椎动物只占地球上所有动物的 5%左右，但它们是一个包括了许多人类特别感兴趣的动物的群体，尤其这个群体也包括我们人类自己。斯坦普的实验室想要了解脊索的发展和演变，因为它本身就很有趣。但随着工作的进展，他们找到了一些完全意想不到的发现。脊索具有起保护作用的柔性髓鞘；一旦髓鞘发育完全，就会膨胀，使其变硬。如果膨胀是在髓鞘发育完全之前，髓鞘就会被涨破，所以在发育过程中，只有当髓鞘准备膨胀时，一个特定的基因开关才会开启。信号是一种生物物质—— 一种蛋白质，它与另一种叫作受体的蛋白质分子结合；正确的蛋白质结合在正确的受体位置上，就会发出髓鞘已经发育完成的信号。

斯坦普的研究小组发现，*Sleepy*、*Bashful* 和 *Grumpy* 基因在信号传递方面发挥了重要作用。为了弄清楚到底是什么，他们试图敲除信号蛋白的受体——没有受体就意味着没有信号。正如斯坦普所说，"这让鱼患上了肌肉萎缩症。一种非常严重的肌肉萎缩症。"很明显，这对鱼来说是个坏消息，从表面上看并无科学的趣味性；然而，进化论的保守性实际上让它变得非常有趣。进一步的研究表明，人类有一个同等的 *Bashful* 基因，它的缺失会导致严重的先天性肌肉萎缩症。斯坦普的团队在开始研究时并不知道他们可能正在开发一种人类肌肉萎缩症的模型，但他们最终建立了这一模型。

人类肌肉萎缩症是指一系列相关的遗传性疾病，其中之一是杜氏肌肉营养萎缩症，与 X 染色体上的一个基因相关，这意味着它主要影响男性(因为男性只有一个 X 染色体，只需要继承缺陷基因的一个拷贝便可引发疾病；女孩有两条 X 染色体，所以需要从父母双方那里继承这种罕见的基因)。这种基因会产生一种非常大的复杂蛋白质，叫作抗肌萎缩蛋白。该蛋白质对于在肌肉细胞和身体其他部位之间建立机械连接是至关重要的。每次我们移动肌肉时，这种连接都处于机械压力下。没有抗肌萎缩蛋白的患者，肌肉细胞会被撕裂并死亡。携带这种缺陷基因的男孩通常在 12 岁的时候就不能走路了——到了 20 岁，即使进行简单的呼吸，他们都可能需要呼吸器的辅助。目前还没有治愈的方法，但是斑马鱼可能会给患者带来一些希望。

斯坦普解释说："研究证明，斑马鱼有抗肌萎缩蛋白。而且，斑马鱼抗肌萎缩蛋白的突变会导致肌肉萎缩症。"但是人类在 6 岁之前不会表现出这种疾病的任何症状，而斑马鱼长到 48 小时大的时候，抗肌萎缩蛋白的流失已经很明显了——它们的肌肉细胞已经开始死亡。

斑马鱼表现出症状的速度只是它们发挥作用的开始。因为胚胎是如此的小，所以有可能在标准的 96 孔板的小孔中放置 1000 个胚胎——标准的 96 孔板是一个塑料盘子，比扑克牌大不了多少，表面有 96 个小凹坑。研究人员可以在每个小孔中添加微量的不同化学物质，看看每个小孔中的 10 个小胚胎会发生什么。正如斯坦普解释的那样，"我们正在寻找将斑马鱼从这种突变导致的疾病中拯救出来的化合物"。他们从几百种已知对人体安全但不再被专利保护的药物开始，比如阿司匹林和扑热息痛（泰诺）；他们的目的是尝试不同的组合，看看能否找到现有药物的新用途。逻辑很简单：因为人类的肌肉萎缩症很罕见，所以"让一定数量的人类肌肉萎缩症患者接受整套药物治疗的概率有多大？"斯坦普问道，"几乎没有可能"。因此用斑马鱼尝试现有的药物是"一件很简单的事——如果你不这么做，你就是在犯傻"。

如果数百种非专利药物都不起作用，那么还有第二类被称为"可用作药物"的化合物；它们与现有药物具有相似的化学性质。在这一类中有成千上万种化合物，当然可能需要它们的组合才能治愈患有肌肉萎缩症的斑马鱼。这些药物组合的数量之多，令人眼花缭乱，以至于即使每个肌营养不良患者都自愿参加试验，也不可能在人类身上进行全部筛选。然而，把斑马鱼的胚胎装进小孔里，使得在几个月内而不是几百年内实现成千上万种化学物质的筛选成为可能。研究人员的胜算仍然不大，但在 2004 年对 5000 种化合物进行类似的筛选时发现，有两种化合物可以抑制斑马鱼的一种致命突变，这种突变被称为"gridlock"，会导致向心脏运输血液的大动脉不能正常形成。斯坦普对自己的研究持乐观态度，就"gridlock"这一突变来说，这两种化学物质是通过随机筛选发现的——"修复了缺陷，斑马鱼存活下来"，所以"我认为很有希望"。

威尔·塔尔博特也对斑马鱼的医学潜力感兴趣；他将斑马鱼描述为"试管，一种获得答案的方式，同时也是一种了解基因功能的手段"。他相当肯定，施特雷辛格最初对研究一种脊椎动物感兴趣的原因之一是，他希望找到一种人类疾病的模型。然而，任何寻找治疗方法的尝试都必须建立在基础研究之上；在研究人员开始认识疾病发生时到底出现了什么问题之前，必须彻底了解正常的发育过程。塔尔博特的实验室致力于研究斑马鱼神经系统的发育，特别是髓鞘的形成。髓鞘是由蛋白质和脂肪组成的一层白色物质，包裹着神经细胞，让神经细胞绝缘；髓鞘就像电话电缆周围的塑料绝缘材料一样，可以使神经电脉冲在不受干扰的情况下传输。髓鞘是脊椎动物的一种进化创新，果蝇和线虫不具有该结构，因此它们对研究人员没有直接的用处。了解髓鞘的形成有重要的意义，因为像多发性硬化症这样的疾病本质上是由髓鞘破裂和无法自我修复引起的；本来应该流经病人神经系统的信息会变慢并被扭曲，它们可能最终进入错误的神经纤维，或者根本无法通过，结果导致不同的症状——头晕，说话含糊不清，慢性疼痛和行走困难。

就像在斯特普的实验室里一样，斑马鱼让大规模筛选出参与形成髓鞘的基因以及导致这些基因失灵的突变成为可能。虽然这在医学上具有重要意义，但塔尔博特并不急于夸大其意义；如果他或斯坦普发现了任何有趣的东西，可能还需要很多年才能研制出一种可用的治疗药物，而且目前的立法规定，这种药物必须先在哺乳动物身上进行试验，然后才能在人类身上进行试验。

与此同时，塔尔博特对能认识发育的生物学基础感到兴奋。正如他所说，生物学中不断出现一个普遍的问题："这儿有一个细胞——是一颗受精卵——它里面有一个基因组。数百种不同类型的细胞由这个细胞产生，它们都有基本相同的基因组，但出于某些原因，它们是不同的"——尽管它们都包含相同的全套基因。因此，他提出问题——正如我们在前几章中看到的，之前已经被问过很多次了——"是什么让合适的细胞在合适的位置和时间启动了基因？它们是如何变得不同的？"

渐渐地，在世界各地像塔尔博特这样的实验室里，对这些问题的回答正在成形。这些都是普遍的问题，适用于这个星球上的每一个生物——许多拟南芥研究者也有类似的疑问。对每一种生物都可以研究发育，为什么要用斑马鱼呢？塔尔博特发现，每当他与非科学家们讨论他的研究时，他们很快就明白，"在所有相同的条件下，如果你能在鱼身上进行研究，你就能在小鼠或狗身上进行研究。"在他看来，选择最简单的生物来帮助你回答问题，有实际和伦理上的好处，"如果你仍能做你的科学研究，而不使用那么多哺乳动物，那花费会更便宜，而且更好。"其他研究人员也同意他的观点。

笔者采访过的一位不愿透露姓名的科学家曾说，他从事研究纯粹是出于对科学的好奇心，因为需要杀死小鼠才能获得胚胎，所以"很难在小鼠身上做实验"。他补充道："相比之下，我对在鱼身上开展研究没有任何愧疚感。它们产卵……如果我不去管，它们也会吃掉卵的。"——就像70年前柯莱瑟发现的那样。对于这位研究人员来说，同类相食是一个优势，他说，因为"如果我拿这些卵做实验，我不会担心它们有什么感受"。他承认，如果他对一个只能在哺乳动物身上研究的生物学问题着迷，他就必须学会用小鼠，但这对他来说在道德上有点棘手。

正如我们所看到的，一个多世纪以来，实验动物的伦理问题一直是激烈辩论的话题，一些斑马鱼研究人员发现，讨论它们的伦理问题很困难。这位匿名研究人员强调，他担心自己会对与不同生物体打交道的同事做出评判，他承认"每个人都在不同的地方划了自己的界限。我很喜欢研究鱼……我不确定我是否会喜欢研究小鼠。我肯定不会喜欢研究灵长类动物"。他当然不是唯一有这种感觉的人，但因为许多科学家都觉得自己受到了动物权利游说团体的攻击，很少有人愿意讨论他们在这些问题上的感受，他们担心那样做会被认为是在背叛实验室遭到攻击的同事。

｜　与斑马鱼为伍

斑马鱼研究在医学上的用途——以及相对缺乏伦理方面的担忧——是有助于解释斑马鱼研究欣欣向荣的另一个因素。但让斑马鱼成功的是整个系统：包括斑马鱼、研究人员、他们的实验室和仪器、实验室技术人员和宠物店老板在内的错综复杂的网络，以及他们几十年来共同积累的关于斑马鱼的知识。所有这些不同的元素都是通过友谊和资助结合在一起的；慷慨资助与基因研究密不可分。

在许多方面，斑马鱼的世界，就像拟南芥、果蝇或线虫的研究者所建立的，或任何其他几十个围绕单一有机体研究而建立起来的科学社群一样。只是斑马鱼社群觉得自己的存在要特别归功于一个人：乔治·施特雷辛格。正如塔尔博特所言，施特雷辛格的噬菌体研究已经确立了他的名望，"他的声誉如此之高，以至于他可以很容易地在一个有风险的新项目上待上一段时间，并继续获得他需要的支持"；他可以在斑马鱼身上坚持多年，直到产生任何切实的效果。然而，施特雷辛格的重要性意味着，"这个体系真的可能会随着施特雷辛格的离去而消亡；在那个时候肯定是难以预料的。"查克·坎摩尔和施特雷辛格在俄勒冈的其他同事"参与进来并确保了研究的发展"。在塔尔博特看来，"我想说的是，现在所有开展斑马鱼研究的人，不仅要感谢乔治，还要感谢查克。"凯特·刘易斯同意他的说法；坎摩尔、艾森和韦斯特菲尔德仍然待在尤金，还在研究斑马鱼，"如果他们写一篇关于该领域历史的文章，如果他们在斑马鱼会议上发表演讲，他们会永远向乔治致敬。"刘易斯还强调了夏琳·沃克在施特雷辛格去世后对保证科研能持续下去的重要性："她在尤金培育新人……她对斑马鱼的了解和热爱是极其重要的。"

自施特雷辛格时代以来，人们已经做了很多工作——努斯林-沃尔哈德和德里弗的筛选工作对该领域的发展产生了巨大的影响，并在很大程度上说服了那些持怀疑态度的人，让他们接受选择对斑马鱼进行研究并没有什么奇怪的。当然，还有很多事情要做。史蒂夫·威尔逊观察到，其他脊椎动物，尤其是小鼠，仍然能比斑马鱼获得更多的资助，但那些需要资金的关键资源仍然缺乏，例如，我们已经看到，欧洲仍然没有主要的保藏中心，所以欧洲的研究人员还不能从互联网上订购突变体①。

汉密尔顿的小斑马鱼目前对世界上正在进行的一些最复杂、高科技的生物学研究至关重要；斑马鱼基因组序列目前正在测定中，一旦完成，将会开启更多的

---

① 译者注：欧洲斑马鱼资源中心已于 2012 年在德国建立。

可能性①。然而，对于刘易斯来说，斑马鱼有一种令人着迷的老派特征："你可以看到单个细胞在胚胎中移动"，向外分支，形成鱼的神经系统，或者聚合在一起，形成它的下颌。当她坐在实验台桌前观看时，刘易斯觉得这条鱼"让我们回到了生物学一个更早的阶段"，只需要一双眼睛和一个显微镜，"突然之间，我们可以通过观察再次学到很多东西"。

　　也许最重要的是，观察的简单乐趣——以及学习理解你所看到的东西——驱动了生物学的发展。到斑马鱼实验室参观，你通过显微镜就能看到那些小小的刚出生一天的胚胎。只要轻轻触碰聚焦旋钮，你就能看穿它们透明的身体，看到它们微小的心脏在跳动，目光追随着血液流过它们完美的玻璃般的身体。看着这些鱼，我们能比以前更清楚地理解生物学的魅力，同时也明白了查尔斯·达尔文是如何在温室里整天看着西番莲的卷须缠绕生长的，雨果·德·弗里斯为什么会对月见草如此热情，以及为什么休厄尔·赖特对豚鼠不离不弃。他们需要知道生命的真相，但在知道之前，他们需要先亲眼看到。

---

① 译者注：斑马鱼的基因组测序工作已于 2013 年完成。

第十二章

肿瘤鼠：
工程化生物的崛起

Chapter 12
OncoMouse®：
Engineering organisms

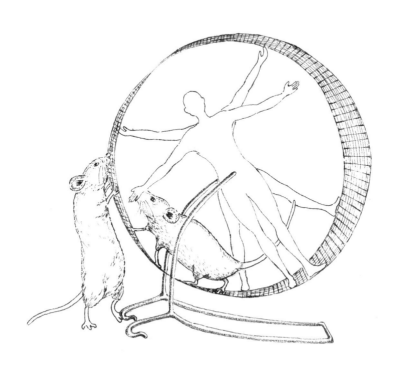

1985 年，哈佛大学的研究人员制造了一只转基因小鼠。这本来算不上什么新闻：将基因植入哺乳动物确实很困难，但转基因小鼠自 20 世纪 70 年代以来就已经存在。然而，这只小鼠却成了头条新闻，因为植入的基因不是小鼠而是人类的 DNA——一个与乳腺癌有关的基因。三年后，哈佛大学获得了一项名为 OncoMouse(肿瘤鼠)的美国专利，这是第一个获得专利的转基因动物。

对于参与其中的科学家来说，这只小鼠是几十年研究的必然结果。从威廉·卡索尔在哈佛大学的工作开始，小鼠的科学生涯就和它们的亲戚——大鼠和豚鼠非常相似。19 世纪的"小鼠爱好者"培育出各种具有独特皮毛颜色的品种，在 20 世纪早期，这些品种被用来检测孟德尔遗传规律。当休厄尔·赖特决定把重点放在豚鼠身上时，卡索尔的另一名学生克拉伦斯·库克·利图尔(Clarence Cook Little)决定利用小鼠，专门研究基因与人类疾病的关系。

1929 年，利图尔在缅因州巴尔港建立了杰克逊实验室(Jackson Laboratory)，几年之内，他的研究人员和小鼠一起建立了癌症和病毒之间的联系：这正是埃默里·L. 埃利斯在加州理工学院遇到麦克斯·德尔布吕克时正在探索的问题。杰克逊实验室使用的近亲繁殖、基因纯正的小鼠品种很快就收到各类研究人员的大量需求，实验室不得不开始对它们收费，以补贴成本。JAX 小鼠(它的名字来源于实验室的电报地址)，像 Wistar 大鼠一样，出现在许多实验室里；它几乎成了实验室的一个标配，可与 Bunsen 燃烧器或 Petri 培养皿相媲美。JAX 现在是受版权保护的，据估计，世界上 95%以上的实验室小鼠都是 JAX 小鼠的后代，至少有 17 个诺贝尔奖都源自杰克逊实验室。[1]

开发 OncoMouse 的研究人员可以有理由宣称，如果卡索尔、赖特和利图尔能够使用基因工程技术，他们早就做出成果了。如果他们当时拥有基因工程技术，就不必历经一代代繁殖和选育的烦琐工作，才获得具有他们感兴趣的基因精确组合的生物体。人们常常认为，基因工程最终与选择育种没有什么不同——只是速度快得多。选择易患癌症的小鼠品系也不是一项新进展：正是这些品系的存在使它们在早期研究中如此有用。癌症在一些小鼠家族中遗传，培育这些不幸的动物比科学家等待自然发生癌症，能更快地检测新的治疗方法的效果。易患癌症的小鼠也促使了所谓的致癌基因的发现，致癌基因导致易患癌症的倾向，在人类中也有类似的基因(被植入 OncoMouse 的基因就是致癌基因)。正如 Wistar 大鼠和 JAX 小鼠所展示的那样，OncoMouse 也不是第一个被商业化的动物。正如我们所看到的，为活的生命体申请专利也不是一个新问题：在 OncoMouse 获得专利保护的八年前，美国最高法院已经批准了第一个这样的专利。[2]

那么，为什么对 OncoMouse 大惊小怪呢？争议的一个来源存在于科学界本身：这项专利再次加剧了长期以来人们关于专利是如何威胁到自由共享研究材料和知识的辩论。但更广泛的公众则经常被将人类基因植入非人类动物的影响所困扰；对于许多人来说，我们和其他动物之间的界限太重要了，不能如此随意地跨越。

任何在小鼠身上做的实验——包括基因实验——都会引起对活体解剖和残忍行为的反对，自从动物首次进入实验室以来，这种反对的声音就一直存在。在实验室中使用动物是有争议的：鉴于税收资助了许多研究并且我们中的许多人将会在某种程度上获益，因此可以说，公众有义务去思考那些以公众之名和代表公众所做的事情。一些人认为所有的动物实验在道德上都是错误的，这一观点确实毫不含糊；但是，如果预期的好处是明确的，并且我们认为这些好处足够重要，我们大多数人将都愿意忍受一些痛苦。举两个纯粹假设的例子：如果可以通过杀死一只小鼠来治愈艾滋病，我们大多数人会毫不犹豫地牺牲它；但是，当被要求批准为了治疗头皮屑而折磨和杀死 100 万只小鼠时，我们可能会拒绝。实际上，我们每个人都在这两个极端之间划出了自己并不完全确定的界线。

理想情况下，应该使用尽可能少的动物——任何一只动物都不应该是目标，但这似乎还不可能。那些声称所有动物实验都是不必要的人可能是错的；如果研究人员能够停止使用小鼠，他们早就这么做了；尽管饲养小鼠比饲养大型动物要便宜得多，但它们仍然很昂贵。大多数研究都要求喂养和照料成千上万只小鼠，保证它们不生病，并提供适宜的生活空间以避免它们伤害自己或彼此（顺便提一句，这些条件在许多方面都比野生小鼠所忍受的条件要好得多）。当有更便宜的方法可用于开展研究时，大多数科学家会热情地采用它们——这是斑马鱼崛起的一个关键因素。但是，正如我们所看到的，斑马鱼不能被用来研究哺乳动物独有的特性，正如果蝇不能被用来研究脊椎动物独有的特性一样，所以仍然需要用哺乳动物来开展研究。目前对药物测试的法规要求意味着，即使斑马鱼能够揭示人类疾病的潜在治疗方法，在人类试验开始之前，这些治疗方法仍然需要在小鼠身上进行测试。虽然目前正在大量开展替代动物实验的探索，但无疑还需要更多的研究才行。目前需要对要求使用动物的规定进行定期审查，以确保我们不会因为惯性而对动物造成不必要的痛苦，但就目前而言，动物实验仍被广泛认为是必不可少的。鉴于人类给这么多世代的小鼠、大鼠和豚鼠带来了如此多的苦难，我们应该尽快减少在实验室中使用它们，以示我们的感激之情。

是正确的实验动物吗？

反对使用动物进行医学研究的一个理由是，它们没有提供一个足够好的人类疾病模型，这意味着任何结果都将是无用的，动物们将遭受徒劳的痛苦。当费利克斯·休伯特·德赫利勒去苏联从事噬菌体治疗的工作时，正如我们所看到的，他的部分动机是认为西方医学正在研究"人工"疾病，因为豚鼠和兔子通常都不会患霍乱或斑疹伤寒。他希望苏联这个他认为比西方更理性、更科学的国度，可以让他在人身上做实验。

不管德赫利勒的推论多么令人反感，他的反对确实突出了另一个原因，即小鼠、豚鼠，或者其他任何生命体，除了伦理问题之外，可能都不适合对某个特定问题的研究。正如我们所看到的，维生素 C 的发现依赖于使用豚鼠，因为它们与最初使用的鸽子不同，不能制造维生素 C，因此必须从饮食中获得维生素 C——人类也是如此。

显然，科学家们意识到了这些缺陷，并试图确保他们找到了正确的生物来开展研究，但正如我们所看到的，研究人员通常会对"他们的"特定生物投入很多，尤其是因为通常要花多年的时间学习如何使用它。尽管大多数笔者采访过的科学家们表示，如果转向另一种生物开展研究会更有效地追求他们感兴趣的问题，他们将很高兴这样去做。一两位科学家承认，切换问题可能更合情合理，特别是对于年长的科学家们来说，他们已经花在这种生物上的时间远远多于他们将花在另外一种生物上的时间。当我们没有足够的时间去掌握一种新生物，或者阅读有关它的所有出版物时，就只能认输。

除了有被某个生物"困住"的风险，还有一个更微妙的陷阱等待着那些无风险意识的科学家。随着实验生物的确立，它成为解决新问题一个显而易见的选择，这可能导致它被用来解决错误的问题。科学家们不喜欢回忆这样的不幸经历，其中大部分在任何情况下都会很快得到纠正，但有一个故事值得在这里讲述，因为它的后果与我们息息相关。

安格斯·约翰·贝特曼(Angus John Bateman)是诺维奇附近约翰·英尼斯研究所的植物学家。1948 年，他在动物学领域进行了一次罕见的冒险，并发表了一篇简短的研究论文，这篇论文后来成了经典——被许多科学期刊，甚至被《花花公子》(*Playboy*)杂志引用。

贝特曼想要寻找证据来解释达尔文关于男性和女性之间差异的一个论断。除了自然选择之外，达尔文还提出了第二种理论——性选择——来解释生物体的特征，这些特征似乎对它们的拥有者来说没有什么实际的益处，甚至似乎是一种显著的劣势。绚丽夺目的孔雀尾巴就是一个明显的例子：长出这样一件装饰品需要耗费大量的能量，且肯定只会吸引捕食者的目光，让它们更难逃脱。因此，对于达尔文来说，自然选择似乎不可能导致孔雀生出如此华丽的羽毛。同样让人困惑的是，爱尔兰麋鹿惊人的鹿角，这种动物已经灭绝，而且命名有误，因为它既不是专属于爱尔兰也不是麋鹿，但它拥有所有鹿中最大的鹿角——宽度可达 12 英尺（约 3.6 米）。如此奢侈的武器不仅没有实用目的，甚至有人认为，它导致了这种可怜生物的灭绝：维多利亚时代的博物学家怀疑这些动物是否曾参与了生物军备竞赛，所以鹿角变得越来越大，直到重得让它们再也无法抬起头，从而陷入了爱尔兰的沼泽，从此销声匿迹。[3] 虽然这个不寻常的理论是错误的，但是这种昂贵的军备对自然选择构成了真正的挑战。

性选择理论声称可以解决这两个问题。用达尔文的话说，生物学上的成功并不意味着单个动物必须生存，而是意味着它必须留下最多的后代。所以想象一下，如果在雌孔雀的远祖中，有几只最初对鲜艳的尾羽有着完全随机的偏好，因此倾向于与拥有这种羽毛的雄孔雀交配。结果，这些雄性的后代在下一代中所占的比例高于它们邋遢的竞争对手，这些后代继承了它们父亲的羽毛或母亲对这些羽毛的偏好。这将确保鲜艳的羽毛在连续的世代中越来越具有优势。如果雌孔雀对华而不实的尾羽的偏好在连续的世代中变得越来越强烈，那么拥有鲜艳尾羽的雄孔雀所具备的优势将大于其严重的劣势。其结果可能是一个失控的性选择过程，因为一代又一代的偏好变得更加显著，羽毛也变得更华丽。同样的事情也可能发生在雄鹿的鹿角上，它们可能在成为一种用于进攻或防御的实际手段的同时，也成为一种具有性吸引力的装饰品。然而，它更有可能被用于战斗，真实的或象征意义上的，因为雄性之间竞争的目的是看谁能让更多的雌性受孕：在这种竞争中，任何优势都将超过雄性举着沉重的鹿角穿越爱尔兰沼泽时可能面临的任何困难。正如达尔文所说，"雄鹿获得了现在这样的鹿角，不是因为它们更适合在生存斗争中获胜，而是因为它们比其他雄性占有优势，并把这种优势传给了它们的雄性后代"。[4]

贝特曼指出，尽管自达尔文首次提出性选择理论以来，生物学家就给予了一些支持，但这一理论并没有得到普遍接受，主要原因是几乎没有人做过实验来证实它。贝特曼决定弥补这一疏忽。达尔文曾声称，"几乎所有的动物都存在着雄性之间争夺雌性的斗争，这是肯定的。这一事实是如此显而易见，因此没有必要举出例子"。他承认，雌性也扮演了角色，因为她们"更兴奋或更喜欢与装饰得更华丽的雄性交配，或与那些最擅长唱歌或表演滑稽动作的雄性成双入对"。[5]因此，这几乎是一个普遍的事实："所有哺乳动物中的雄性都热切地追求雌性，这是人所共知的事实。鸟类也是如此；只是，许多雄鸟并不以在雌鸟面前炫耀自己的羽毛、做出奇怪的动作、放声歌唱等等这样的方式来追求雌鸟。"

阅读达尔文关于性选择的观点，我们很难不会留意到他认为动物王国的行为方式与维多利亚时代绅士和淑女的行为方式大致相同；他指出，雌性"除了极少数外，没有雄性那么热切"，所以"需要被追求"。她就像一位端庄的维多利亚时代的少女，"腼腆，常常被人看到她努力摆脱男性的纠缠。凡是注意过动物习性的人都会想起这类事例"。当然，每一个观看过乡村舞蹈或参加过社交舞会的人都能察觉到这一点。然而，毫无疑问，女性也在婚姻游戏中扮演着自己的角色，达尔文得出结论："女性做出的某些选择，似乎与男性的渴望一样，是一条普遍规律。"[6]

来自动物王国的例子似乎加强了达尔文关于雄性和雌性自然角色的假设。半个世纪后，查尔斯·克雷塞向初学者解释了如何分辨雄性和雌性斑马鱼："行为是最好的指示。雄性以一种非常持久的本能欲望追求雌性，而雌性在成熟时能够忍耐这种欲望。雌性偶尔会追赶其他鱼类，但从来不持久。"[7]不管这种行为被描述得多么准确，克雷塞对雌性行为选择用"忍耐"一词来描述，说明在他的内心深处存在一个适度谦逊的女性理想形象。

贝特曼以黑腹果蝇为实验对象，旨在为这些所谓的普遍真理寻找生物学基础。选择一只果蝇作为复杂人类行为的模型似乎有些奇怪，但这并不罕见；美国国立卫生研究院仍在资助果蝇的研究，正是因为他们认可这些果蝇是人类生物学和行为方面的实验模型。[8]

贝特曼选择果蝇的原因和其他果蝇研究者一样：它们个头小，便宜且容易捕获。对他特别有用的是，摩尔根的团队和他们的继任者们的研究意味着，有许多不同的果蝇品种可供选择，每一种都有明确的可见突变，它们的遗传模式已被很好地理解。这些"有标记"的品系使人们很容易知道哪些果蝇成功地将基因遗传给了下一代，而这正是贝特曼对长期存在的关于性选择的辩论的独创性贡献。贝特曼没有采用计数交配的果蝇这一方法来研究明显占主导地位的雄性是否赢得了更多的"达尔文主义"彩票（在任何情况下，面对一个装满了果蝇的瓶子，这都不是一项容易的任务），而决定使用具有不同遗传标记的果蝇来研究每只雄性和雌性是否成功交配。

在贝特曼的研究结果中，一个简单的事实引人注目：4%的雌性没有成功交配，而21%的雄性没有留下后代。这种差异证明，正如他所说的，一些雄性"过度交配"，如果一些雄性得到的比他们应得的少，那么其他的雄性一定会得到更多。他根据果蝇的实际后代数量来定义果蝇的繁殖力；虽然雄性的交配成功率差异很大，但雌性的交配成功率没有差异；它们的后代数量大致相同。贝特曼从雄性和雌性交配成功率的差异中得出结论："雄性之间的交配竞争比雌性之间的更激烈"。[9]那些最有竞争力的雄性在下一代中留下了更多的竞争基因，逐渐产生了热情洋溢、基本都能与雌性成功交配的雄性，这就是为什么雌性对下一代的贡献没有那么大的原因。

贝特曼的问题是，为什么？为什么雄性的繁殖力差异比雌性的差异要大，为什么雌性之间的竞争和雌性的选择不是同等重要？他的解释是，果蝇和大多数动物一样，"雌性的生育能力受限于产卵，产卵严重受制于其营养"，而对于雄性来说，"生育很少受限于精子的产生，而是受限于授精次数或可获得的雌性数目。"换句话说，卵子比精子大，因此生产的成本更高；因为雌性需要花费更多的精力来产卵，所以它们永远不可能产生像雄性精子那样多的卵子，雄性产生的则是小且低成本的精子。因此，"单个雌性的生育能力将比雄性的生育能力受到更大的限制"。[10]

贝特曼总结道，这就解释了为什么"几乎总是存在着这样一个组合，其中雄性有一种不加区别的渴望和雌性有一种有区别的被动"。此外，为了避免有人忽略了其研究的意义，他补充道，即使在"一夫一妻制的物种(如人类)中，这种性别差异也可能会作为一种进化的遗留问题而持续存在"。[11]

贝特曼的论文成了经典。他显然已经找到了许多人认为是正确的生物学基础：当涉及性时，男人是不加区别的渴望，而女人天生善良、腼腆，对性相对不感兴趣。1979年，斯科特·莫里斯(Scott Morris)在《花花公子》杂志上发表了一篇颇具影响力的文章，题为"达尔文与双重标准"(Darwin and the Double Standard)。他采用贝特曼的研究来"科学地"证明了，男人对多位性伴侣的欲望是存在于人性中的无法更改的本能。[12] 妇女运动所要求的平等在理论上可能是一个吸引人的想法，但似乎违背了男性的天性。男性天生就喜欢与尽可能多的女性交配，而女性则通过一夫一妻制最大化自己的进化机会，如果可能的话，还会说服男性克服自己的自然本能，留在家里帮助抚养孩子。

《花花公子》的读者从贝特曼的研究中得到的信息是，男性和女性的生育策略之间存在着一种天然、不可避免的冲突。这一观点至今仍在以各种微妙的形式流传，尤其是在许多生物科普和进化心理学书籍中。这有点令人惊讶，因为几乎没有证据表明"贝特曼原理"适用于人类，却有充分的证据表明，它甚至不适用于所有品系的果蝇。

第一次提出贝特曼的观点可能过于泛化这一意见的，是在20世纪70年代，当时有更多的女性研究人员参与了与人类在进化上最接近的类人猿的研究。像任何一个新进入这个领域的人一样，她们试图寻找新的可研究的问题。一些女性灵长类动物学家决定，既然她们的男同事们一直专注于雄性猿类之间经常发生的戏剧性冲突(这在20世纪60年代是一个主要的研究焦点)，那么更密切地研究雌性猿类的行为可能会更有收获。她们很快发现，当雄性忙于斗殴时，雌性经常忙于交配。雌性类人猿即使不在发情期也会有规律地寻求交配机会，而且不仅仅是与在它们的群体中占主宰地位的雄性。雄性越强势，就会越积极地捍卫自己的领地和地位，这样就减少了花在阻止"他的"雌性在其他地方寻求交配的时间。这是令人出乎意料的：根据贝特曼原则，没有预测女性交配权的理论基础。然而，一旦这种雌性行为被发现，其他研究人员就开始寻找例子，并在从狮子到鱼类的各种物种中发现了同样的雌性行为。事实证明，在很多物种中，雄性远没有过着花花公子般的生活，他们不得不花费大量的时间来尝试确保雌性的忠诚。在许多物种中，雄性动物更倾向于待在离家较近的地方，关注它们现有的配偶和后代，而不是外出寻找新的伴侣。[13]

此外，大家也搞清楚了，贝特曼所使用的果蝇品系甚至不是一个典型品种；在同一个属的许多其他果蝇品种中，雌性和任何灵长类动物一样具有交配权，它们有各种各样的策略来操纵雄性，包括一直储存精子直到交配多次，这样不同的雄性之间就会不经意地产生让卵子受精的竞争。[14]

动物交配策略的类型应该足以让我们怀疑果蝇是否是试图解释人类行为的最佳模型。贝特曼的错误提醒我们，通过研究非人类动物的行为来对人类行为做出有用的概括是多么困难。至少，非人类动物交配策略的多样性和复杂性——甚至在类人猿中也是如此——使得我们不太可能利用它们的行为去评估人类哪些（如果有的话）性行为可以被合理描述为"天性"。

| 盲者国度

贝特曼的果蝇实验也提醒我们，当科学家试图用一种熟悉的生物体来解决一个新的研究问题时，他们必须小心谨慎；就像雨果·德·弗里斯在月见草的研究中所发现的，对于一种生物体来说是正确的，对于另外一种生物体并不总适用。正如大多数科学家所认识到的那样，必须在认识和了解每一种植物或动物的特性后，才能得出普遍的科学结论。

然而，"被动"的雌性果蝇这一例子有着更有趣的含义。我们可以假设贝特曼的原则源于一个简单的错误，这个错误以我们自身的观点来看应该被视为运气不好所致，但尽管如此，它仍然是一个错误。事实上，我们现在能够识别出它是一个错误，这可能有助于我们在未来避免类似的错误。此外，识别和纠正像贝特曼这样的错误也在一定程度上证明了科学确实有用：个别科学家可能会犯错，整个科学界在短时间内也可能会犯错误；但是，随着时间的推移，真理会迎头赶上，而科学方法有助于确保错误的观点最终得到纠正。在某种程度上而言，这个看法是对的，但这并不是全部。

科学像是个盲人王国：没有视力健全的人，甚至没有独眼的人，因为我们没有办法通过直接观察现实来评估它是什么样的。这似乎是一种有悖常理的说法，但即使是最简单的科学论断，要确立其准确性也充满了困难。例如，"晚上天变黑了"这句话是真的吗？显然，我们相信答案是肯定的，但我们如何证明呢？我们可以走到外面去看，但是我们并不都具备好视力。即使我们这样做了，也有来自街灯和房屋的灯光；我们可以通过说没有人造光的时候是黑暗的来限定最初的说法，但是星光呢？我们通过简单的声明来限定这个陈述，即夜晚比白天更黑暗，但是如果我们把满月下的夜晚和日全食时被沙尘暴遮蔽的白天进行比较，这个结论还成立吗？潜在的复杂性实际上是无穷无尽的；就如何在验证一个非常简单的声明上达成一致几乎是不可能的。

然而，即使我们都赞同夜晚确实是黑暗的，科学家也很少对这样简单的问题感兴趣。科学上的问题更有可能是，为什么夜晚是黑暗的？试着回答这个问题，很快就会发现，几乎任何简单的观察都可以用不止一种理论来解释。每个科学家对于选取哪一个他们认为最可信的但尚未经过检验的理论的决定，将影响他们接下来要寻找的证据和他们要做的实验。20世纪早期的突变论者不会记录标准孟德尔比例的证据，就像孟德尔不会寻找"突变期"一样；正如我们在噬菌体的研究中看到的那样，一位科学家的重要证据如果从其他不同的理论角度来看，将只是一种无法解释的异常现象。

同样重要的是，在科学家们发现基因之前，其实没有人在寻找基因；他们研究的是突变、泛子、原基等等。当遗传学家们开始书写胜利的历史时，他们倾向于暗示，那些未能顿悟的前辈们——如果他们知道的话——确实一直在寻找基因，但其实这不是事实。科学哲学家托马斯·库恩(Thomas Kuhn)喜欢强调，科学家永远不知道他们将走向何方；正如他所说，"科学发展必须被看作一个从后面推动的过程，而不是从前面拉动的过程——就好比从过去进化而来，而不是向着未来进化"。[15] 生物统计学家和孟德尔学派之间的辩论如火如荼，没有人知道谁会赢：如果1900年你问世界上的生物学家，谁将被证明是20世纪最重要的科学人物，很可能大部分会回答是雨果·德·弗里斯，而不是达尔文或孟德尔。也许只有采用历史的视角才能让我们做出判断，但我们永远无法确定一场论战是否已经结束；我们不知道未来几代科学家将如何看待我们目前关于基因的观点。然而，历史表明，今天的科学家对基因的"了解"与50年前所有科学家对基因的"了解"大相径庭，因此，至少有可能在50年后，科学界的共识将同样发生根本性的转变。这就是为什么科学史对我们目前认为正确的和那些似乎错误的研究工作给予同等重视的一个关键原因；德·弗里斯的理论产生了许多重要的科学成果，尽管其中许多最终证明了他的观点是错误的。

与其说科学研究是朝着真理稳步前行，不如把它想象成是在黑暗中摸索，感知方向并试图想象如何理解所掌握的真相碎片。尽管今天的科学家们正在探索计算机化的 DNA 测序仪和先进的基因技术，但他们仍然重复着亚里士多德在莱斯博斯海岸边所做的事情：观察、思考、想象、测试和怀疑。出于后见之明，我们可能会试图声称，当达尔文和高尔顿在寻找泛子时，他们是"真的"在寻找基因，但这只是用我们自己的常识取代了他们那个时代的常识，而我们自己的常识也不太可能是这个问题的最终结论。对于历史学家来说，把达尔文和高尔顿放在他们那个时代的常识背景下研究更为合适，因为这至少可以让我们了解他们在做什么，以及他们为什么这样做。

科学的历史表明，科学研究的不是永恒不变的真理，而是暂时、短暂的真理。用我们评判过去的方式来评价今天的科学是有道理的，我们要认识到今天的科学突破可能最终会被抛弃，或者有可能变得庸常，因为它们已经成为每个科学家习以为常的背景知识的一部分。

那么，这是否意味着现代科学并没有在旧科学的基础上有所改进，或者对世界的科学描述并不比其他解释更好？举个新闻里一再出现的例子，科学史是否表明，达尔文的进化论真的不比神创论好多少？显然不是，因为尽管科学家们永远无法确定他们是否已经抵达了最终的真理，但他们有充分的理由越来越相信自己走在正确的道路上。伴随着新的实验产生的支持性证据，达尔文理论基本上正确的可能性越来越大。一些细节可能根据新的证据需要改变，但支撑该理论的主要假设已经越来越完善。

正如我们所看到的，科学是一项社会活动，是由研究社群开展的；需要证据来说服同仁相信你的理论是正确的。与此同时，在推翻现有理论方面，还有许多辉煌的旅程要经历，因此科学家们总是在寻找可能挑战主流智慧的令人惊讶的新证据。然而，自达尔文首次发表进化论以来的 150 年里，自然选择进化论得到了强有力的支持——尽管偶尔会遇到挫折。虽然关于其许多细节的争论还在继续，但现在科学界对它的任何主要假设都没有遭遇严重的反对意见。笔者所描述的争论和发现，最终使达尔文理论的骨架得到了很大的充实，但并没有改变它的主要原则。

这是否意味着达尔文永远不会被证明是错的？当然不是。科学真理不是建立在信仰基础上的教条，而是建立在证据基础上的假设。新的证据可能会一直出现，但一个成熟、得到充分支持的理论，如自然选择进化论，是不可能被推翻的。科学家们形成了一个庞大且多样的群体，他们有公认的证据标准、完善的理论测试和评估机制；如果大多数科学家告诉我们存在基因，那么几乎可以肯定存在基因。他们可能都错了，但这种可能性非常小。同样，如果绝大多数有名望的科学家告诉我们全球变暖是一个真正的问题，我们最好虚心倾听，即使少数科学家告诉我们相反的观点。同样地，有可能少数人是对的，但可能性极小，尤其是当他们都在为石油公司打工的话。

然而，让我们考虑一个稍微复杂一点的情况。转基因食品作为人类食物以及对于环境是安全的吗？对于第一种情况，科学上的共识似乎相当强(尽管也有一些持反对意见的人)：是安全的。第二种情况则更为复杂。正如我们所看到的，英国政府资助的转基因作物田间试验表明，生物技术公司进行的作物改造确实造成了问题。例如，一些转基因作物被植入了使它们对特定除草剂具有高度抗性的基因，这已被证明严重削弱了这些作物生长地区的生物多样性。这些作物的另一个潜在问题是，由于杂交，抗除草剂基因有时会传播给其他植物，产生所谓的"超级杂草"，这些杂草不再对除草剂敏感。如果这种情况经常发生，显然抗除草剂作物的所有好处都将丧失。[16]

因为存在这些担忧，英国和许多其他欧洲国家的政府仍然不允许转基因作物进行商业化种植；当然，做出这一决定也受到了公众普遍反对食用转基因食品的影响。不管人们是否认为这种敌意是理性的，英国目前显然没有转基因食品的市场，因此几乎没有什么动力去种植转基因作物。相比之下，在美国，大多数消费者和农民似乎已经决定——无论是主动地还是被动地——为确保能持续供应廉价、充足的食物，任何环境风险都是值得冒的。在一个大多数人都在挨饿的国家，政治方程式看起来也会相当不同，例如，许多非洲人可能会认为，为了避免饥荒，失去一些野花和鸟，或者额外喷洒一些杀虫剂，都是值得冒的风险。的确，喂饱整个世界经常被认为是创造转基因作物的一个主要原因。

然而，转基因技术的反对者对这种说法持怀疑态度；一个人无须是反资本主义者才会认同任何公司的存在都是为了盈利；批评家们认为，如果给饥饿的人提供食物能带来利润的话，他们早就有食物吃了，因为大多数饥饿是由于人们太穷买不起食物造成的，而不是由于食物的绝对短缺。生产更多的食品不会改变这种平衡，除非它比现有的食品便宜得多，而且很难看到生物技术公司如何通过降低食品成本来增加利润。

杂交玉米的历史往往能支持人们对生物技术公司意图的质疑。杂交玉米之所以流行，部分原因在于它的高产量和种植改良，但也因为政府科学家和商业种子公司之间的联盟。爱德华·伊斯特在他的一份官方报告中指出，康涅狄格州农民每年使用的 12000 蒲式耳①玉米种子，几乎都是从上一年的作物中节省下来的，这使得他们可能成为美国最节俭的农民。然而，他补充说，"这个事实与其说是好事，不如说是祸根"，因为保存下来的玉米种子质量劣等，"这些品种应该被扔掉，因为它们的产量比现存的商业品种要小"。他认为，"太多的玉米种植者错误地认为用于培植杂交种的早期亲本玉米品种更好，所以才固执地使用这些劣质品种"。[17]像伊斯特这样的科学家敦促农民们放弃储存种子，每年购买新的种子，但是农民们不愿意这样做是可以理解的，因为他们怀疑受过大学教育的科学官员们又一次将幻想置于实际经验之上。

然而，如果农民们对伊斯特的建议反应迟钝，种子公司就会更加热情。他们可能不太了解遗传学，但他们肯定认识到这是一项有利可图的创新。从他们的角度来看，杂交玉米的美妙之处在于，它迫使农民每年购买新的种子——从杂交玉米中节省下来的种子并不好，因为无论杂交活力是什么，它只存在于第一代杂交玉米中；正如我们在前面的章节中所看到的，之后每一代玉米的产量都在迅速下降。很少有农民有时间、金钱或专业知识来亲自杂交玉米，因此，只要杂交玉米产量足够高，他们每年购买新种子就有意义。20 世纪 30 年代中期发生的一系列灾难性干旱意外地帮助了种子公司，干旱使大平原逐渐从粮仓变成了沙尘区。随

---

① 1 蒲式耳(英制)= 36.368 升。

着收成的减少和作物的死亡，可供保存的玉米种子也越来越少。农民被迫购买新种子，而种子商人只卖给他们杂交品种，这迫使他们长期依赖于种子公司。[18] 虽然大多数玉米生物学家都把杂交玉米誉为 20 世纪遗传学的首批伟大成就之一，但也有人认为，真正的得利者并不是农民，而是种子公司。[19]

现代生物技术公司的创新之一是所谓的"终结者基因"（terminator gene），它使转基因作物的种子无法繁殖，导致无法保存和重新播种，因此迫使农民在每个播种季都购买新的种子，就像他们不得不购买杂交玉米一样。这些生物技术公司声称，终结者型技术可以确保转基因作物的基因不会外泄到野外，从而使转基因作物更加安全。当然，这种技术也保护了转基因作物的知识产权，确保生物技术公司能够持续从科研投资中获利。与此同时，他们的反对者声称转基因技术只是确保了发展中国家完全依赖发达国家的另一种方式。杂交玉米革命的历史表明，从新的农业技术中受益最大的是大型农业综合企业，而不是小规模的贫困农民。

｜ 美丽新世界？

与所有基因技术一样，转基因食品引发了伦理和政治问题。然而，回到肿瘤鼠这一话题上，转基因动物不可避免地成为焦虑的中心。20 世纪的科学已经告诉我们，我们今天对小鼠能做的，我们明天也能——也许还会——在人类上实施。毕竟，许多挽救生命的药物都是基于这一原则研发和测试的，尽管许多人并不反对对小鼠进行基因改造，但人们普遍认为，干预人类基因是一件完全不同的事情。优生学家的幻想似乎最终会成为现实：基因工程可以创造出"更好"的人类，使人类更强壮、更聪明，并淘汰那些被认为不健康的人。当然，这种可能性也带来了所有的老难题：谁来决定哪些特征是可取的，哪些是不可取的？正如与高尔顿同时代的人所注意到的，当优生学首次被提出时，"谁来决定一个人是否可能适合'执行公民的职责？'"高尔顿觉得答案不言自明；社会需要更多更强大、更健康、更聪明的人。但并非所有人都接受了他的答案。在奥尔德斯·赫胥黎（Aldous Huxley）的反乌托邦小说《美丽新世界》（Brave New World）中，约翰·萨维奇（John Savage）提出了这样一个问题：既然世界政府有能力让人们服从命令，为什么他们不让每个人都成为聪明的阿尔法（Alpha），而是创造出庞大的厄普西隆（Epislon）这一"半白痴"克隆群体来从事社会的卑微工作。一位世界控制者解释说，已经尝试过创造一个完全由阿尔法组成的实验社会，但很快这个社会就因争论谁该做脏活而解体。他的结论是，一个稳定的社会必须是一个分层的社会：每个人都有自己的位置，每个人都会被赋予适合自己的位置——要么聪明，要么愚蠢，要么成为一个控制者，要么卑躬屈膝、像婴儿一样懵懂幼稚。对于那些认为基因工程可以使人类更聪明的人来说，这些反对意见可能仍然存在。例如，有人可能会说，我们人类中最聪明的成员并不一定都是最具道德感或最富有同情心的人，而且可以肯定地说，对这些品质的需求比对原始的智力更迫切。谁说得对？

然而，即使从最广泛的意义上讲，优生学仍然是非法的，基因技术已经允许我们在稍小的规模上进行实践。基因筛查和测试已经使有严重基因缺陷的胎儿流产成为可能，这在许多人眼里已经足够有争议了。不过，通过在人类胚胎中植入一个正常基因的拷贝来替换一个有缺陷的基因，修复这种缺陷已经成为可能。这种基因疗法已经得到了广泛的研究，虽然还有很多问题需要克服，但它的潜力已经很明显——它所引发的伦理困境也很明显。再一次回到那个老问题，谁来决定哪些基因是"正常的"，哪些是需要"修复"的呢？

如果能够避免这些问题当然好，但忽视它们不应该是一个选择；研究还在继续，技术也在发展。我们这些不是科学家的人几乎没有机会理解科学的许多技术细节，但我们需要有自己的观点；如果我们把这些问题留给专家，我们就放弃了作为公民的责任和权利。写这本书的一个原因是为了更多地了解这门科学，它已经在影响着我，而且肯定会更深刻地影响我的孩子和其他人的孩子。在调研过程中，笔者改变了对几个问题的看法，或者至少找到了更好的证据来支持我的观点，也变得不那么担心自己无法掌握现代遗传学的神秘细节，因为科学本身并没有告诉我们太多——如果有的话——关于如何思考它所引发的伦理和政治问题。

例如，考虑同性恋可能有遗传基础的可能性，自从研究人员首次提出这一观点以来，就引发了相当多的讨论。"同性恋基因"意味着什么？首先，遗传学家倾向于认为"导致……的基因"是对这些问题的非科学讨论中最令人讨厌和容易引起误解的一个短语。正如我们在果蝇的例子中看到的，基因相互影响；即使是最简单的性状也可能涉及许多基因。此外，每个基因都受其所在细胞环境的影响，包括从温度到其他基因的作用。在很多情况下，比如癌症和癌基因，相关基因只会增加患病的概率，而不会导致患病；有些带有这种基因的人会生病，而另一些人则不会，我们仍然不能完全明白为什么。所有这些都使得我们几乎不可能将某个基因称为导致复杂人类行为的"基因"（假设"同性恋"甚至可以被意味深长地描述为一种"行为"，这种行为可以像定义眼睛的颜色一样被明确识别和定义）。最后，在许多关于遗传学的争论中，有一个不言而喻的假设：如果某个特性有遗传基础，那么它就是固定、不可改变的，至少在没有一些彻底的干预（如基因工程）情况下是如此。但是很多近视都是遗传的，不需要比一副眼镜更复杂的东西来修正它们；生物体的某些特征在很大程度上或完全受基因控制，这一事实并不一定意味着改变这种特征有多难。

因此，考虑到所有这些警告，让我们暂时假设，同性恋是可以被明确定义的，在很大程度上是由一个基因决定的，它不能被任何非基因手段改变——当然所有这些其实都是完全不可能的。这些能告诉我们同性恋行为是否道德吗？

完全不能。

　　一些同性恋权利活动家认为，同性恋基因，如果有的话，将一劳永逸地证明同性恋是正常的，同性恋基因只是人类丰富的基因多样性中的沧海一粟。然而，癌症、精神分裂症和亨廷顿舞蹈症的基因也是这种多样性的一部分，如果没有这些变异，人类可能会过得更好。因此，发现一种"同性恋基因"完全有可能被反同性恋活动人士用来辩称，这种基因最终为同性恋疾病提供了一种"治疗方法"——通过选择性堕胎、基因治疗或阻止其"携带者"繁殖。

　　同样的科学事实可以被用来支持完全对立的道德和政治立场，这表明这些事实不能被用来解决道德和政治争论。至少 200 年来，哲学家们一直在争论，伦理指导帮助我们知道应该如何行动，但不能从"世界碰巧就是这样"的认识中树立起伦理道德；你不能从"是"得到"应该"。在哲学术语中，"试图这样做"被称为"犯了自然主义谬论"。

　　如果自然主义谬论确实是谬论，那么它也会相当令人放心。无论科学发现了什么，它都不能告诉我们该相信什么或如何行事。试图证明黑人智商低于白人的种族主义者——在不止一种意义上——是在浪费时间。即使这样的说法被证明是正确的(所有反对同性恋基因的观点在这里同样适用)，这也不能告诉我们黑人和白人应该如何对待彼此。同样的论点也为那些指望宗教信仰提供道德指导的人提供了安慰，他们担心科学可能会使他们的信仰失效——这是不可能的。对于那些坚持从宗教教条中寻找诸如地球的年龄这类科学问题的正确答案的人来说，科学只是一种威胁；对于哲学家来说，这就是所谓的范畴错误。科学是双向的：科学无法证明是否存在上帝，也无法告诉我们应该遵循什么样的道德准则。我们需要扪心自问，自己做决定。

　　避免自然主义谬论也会导致这样一种情况：当涉及对遗传学影响的争论时，无论是转基因作物还是任何其他新技术，我们需要关注的是政治和伦理的争论，而不仅仅是科学的争论。显然，不追求一项技术很可能有科学上的原因，了解科学的历史有助于理解这些。正如这本书中的几个故事所表明的，我们使用动物和植物作为模型，正是因为它们不像人类——不像人类那样庞大，不像人类那样繁殖缓慢，不像人类那样难以管理，而且我们认为我们不需要征得它们的同意。当我们开始把从它们身上学到的东西应用到人类自己身上时，强调这些差异应该会让我们变得谨慎。下次新闻标题宣布发现或发明了癌症、同性恋或其他任何有关人类的新病因或新疗法时，请检查相关研究是否使用了鱼、果蝇或植物；这可能会帮助你评估这项研究是否适用于人类。

　　然而，一旦科学界就一项技术的安全性或有效性达成广泛共识，真正的辩论才刚刚开始。我们能做某事并不意味着我们必须做。遗传学提出的问题归根结底是政治问题：谁控制这项技术，谁就决定如何使用它。就笔者个人而言，我对通过市场机制来做出如此复杂的决定没有无限的信心；因为我不相信生物技术公司会把环境或社会的最大利益放在首位。这不是他们的错——指望企业无私既不现实，也不合理；各国政府和国际机构有责任决定，是否可以利用基因技术使我们所有人受益，并使地球变成更好的地方，让我们的孩子在此成长。既然是我们选出了这些政府，这就意味着一切取决于我们。既然我们已经掌握了在制造生命体的过程中进行有效干预的知识，那么我们需要先问一问，我们是否有智慧使用这种力量。

参考文献、资料和注释(影印)

Bibliography, sources and notes

Preface and acknowledgements

Notes

1. K.A. Rader, *Making Mice: Standardizing animals for American biomedical research, 1900–1955* (Princeton University Press, 2004); A.N.H. Creager, *The Life of a Virus: Tobacco Mosaic Virus as an Experimental Model, 1930–1965* (University of Chicago Press, 2002). For Latour and Callon's work, see: B. Latour, *Science in Action: How to follow scientists and engineers through society* (Harvard University Press, 1987); B. Latour, *The Pasteurization of France* (Harvard University Press, 1988); and M. Callon, 'Some Elements of a Sociology of Translation: Domestication of the Scallops and the Fishermen of St Brieuc Bay', in *Power, Action and Belief*, ed. J. Law (Routledge & Kegan Paul, 1985).

Chapter 1: *Equus quagga* and Lord Morton's mare

For **Ancient Greek science**, see: P.J. Bowler, *The Fontana History of the Environmental Sciences* (Fontana Press, 1992); D.C. Lindberg, *The Beginnings of Western Science* (University of Chicago Press, 1992); G.E.R. Lloyd, *Early Greek Science from Thales to Aristotle* (Chatto & Windus, 1970); A. Preus, 'Science and Philosophy in Aristotle's *Generation of Animals*', *Journal of the History of Biology*, 1970: 1–52.
   The history of **breeding and generation** is described in: J. Diamond, *Guns, Germs and Steel: A Short History of Everybody for the Last 13,000 Years* (Vintage, 1998); H. Ritvo, 'Animal Planet', *Environmental History*, 2004, 9.2; N. Russell, *Like Engend'ring Like: Heredity and Animal Breeding in Early Modern England* (Cambridge University Press, 1986); C. Zirkle, 'The Early History of the Idea of the Inheritance of Acquired Characteristics and of Pangenesis', *Transactions of the American Philosophical Society*, 1946, Vol. XXXV: 91–150.

Notes
1. Earl of Morton, 'A Communication of a Singular Fact in Natural History', *Philosophical Transactions of the Royal Society of London* III (1821): 20.
2. J.F. Gmelin, *Ergänzungen zu Linnés Systema Naturae* (Göttingen); JE Gray, 'Revision of the Family Equidae', *Zoological Journal of London* 1,1825: 241–8; H. Lichtenstein, *Travels in Southern Africa in the Years 1803–1806*, trans. H. Plumptre (Henry Colbourn, London 1812; reprinted 1928, 1930, Van Riebeck Society, Cape Town); *Cassell's Popular Natural History* (London, undated), Vol.1: 220. All quoted in David Barnaby, *Quagga Quotations: A Quagga Bibliography* (Bartlett Society,

2001): 18, 32–3, 47.

3. Charles Darwin, *The Variation of Animals and Plants under Domestication, Volume 1*, ed. Harriet Ritvo, facsimile of 2nd edition (1875) (Johns Hopkins University Press, 1998): 435.

4. Quoted in G.E.R. Lloyd, *Early Greek Science from Thales to Aristotle* (Chatto & Windus, 1970): 115–16.

5. Quoted in ibid.: 116.

6. Plato, *Republic*.

7. Shakespeare, *King Lear* (1606), Act 1, Scene II.

8. G. Markham, *Cavalarice* (1607), quoted in N. Russell, *Like Engend'ring Like: Heredity and Animal Breeding in Early Modern England* (Cambridge University Press, 1986): 71–2.

9. N. Morgan, *The Horseman's Honour* (1620), quoted in Russell, *Like Engend'ring Like:* 78.

10. Russell, *Like Engend'ring Like:* 93–4.

11. Richard H. Drayton, *Nature's Government: Science, Imperial Britain and the 'Improvement' of the World* (Yale University Press, 2000): 85–7.

12. My analysis of improvement and its importance is heavily indebted to Richard Drayton's *Nature's Government*.

Chapter 2: *Passiflora gracilis*: Inside Darwin's greenhouse

Darwin's own works were my main source, especially: *The Descent of Man, and Selection in Relation to Sex* (1871; Princeton University Press, 1981); *The Effects of Cross- and Self-Fertilisation in the Vegetable Kingdom* (1878; New York University Press, 1989); *On the Movements and Habits of Climbing Plants* (Longman, Green, Longman, Roberts & Green, 1865); *On the Origin of Species by Means of Natural Selection: or the preservation of favoured races in the struggle for life* (1859; Penguin Books, 1964); *On the various contrivances by which British and foreign orchids are fertilised by insects, and on the good effects of intercrossing* (John Murray, 1862 and 1904).

For **Darwin's life**, see his autobiography: *The Autobiography of Charles Darwin* (Collins, 1958) and the comparative edition of the two versions of it, C. Darwin, *Autobiographies* (1887/1903; Penguin Books, 2003). The best biography of Darwin is Janet Browne's *Charles Darwin: Voyaging* (Jonathan Cape, 1995) and the second volume, *Charles Darwin: The Power of Place* (Jonathan Cape, 2002). Adrian Desmond and James Moore's *Darwin* (Michael Joseph, 1991) is also excellent. *The Correspondence of Charles Darwin* (Cambridge University Press) is an absolutely invaluable resource.

Surprisingly little has been written on **Darwin's botanical work** since Mea Allan's *Darwin and his Flowers: the key to Natural Selection* (Faber and Faber, 1977) apart from S.M. Walters and E.A. Stow, *Darwin's Mentor: John Stevens Henslow, 1796–1861* (Cambridge University Press, 2001) and an excellent but brief essay by David Kohn, 'Darwin's botanical research', in *Charles Darwin at Down House* (English Heritage 2003).

Darwin's research on reproduction and related topics is covered in: P.H. Barrett et al., *Charles Darwin's Notebooks, 1836–1844: Geology, Transmutation of Species, Metaphysical Enquiries* (Cambridge University Press, 1987); M.M. Bartley, 'Darwin and Domestication: Studies on Inheritance', *Journal of the History of Biology*, 1992: 307–33; J. Endersby, 'Darwin on generation, pangenesis and sexual selection', in *Cambridge Companion to Darwin* (Cambridge University Press); M. Hodge, 'Darwin as a lifelong generation theorist', in *The Darwinian Heritage* (Princeton University Press, 1985); J.A. Secord, 'Darwin and the Breeders: A Social History', in *The Darwinian Heritage* (Princeton University Press, 1985); R. Stott, *Darwin and the Barnacle* (Faber and Faber, 2003).

On **Victorian gardening** and the historical background to Darwin's period, the best place to start is Martin Hoyles, *The Story of Gardening* (Journeyman, 1991). Other useful sources are: J. Fisher, *The Origins of Garden Plants* (Constable, 1982); T. Carter, *The Victorian Garden* (Bell & Hyman, 1984); B. Elliott, *Victorian Gardens* (Batsford, 1986); E.C. Nelson and E.M. McCracken, *The Brightest Jewel: A history of the National Botanic Gardens, Glasnevin, Dublin* (Boethius Press, 1987); J. Morgan and A. Richards, *A Paradise out of a Common Field: the Pleasures and Plenty of the Victorian Garden* (Century, 1990).

For more on **passionflowers** see E.E. Kugler and L.A. King, 'A Brief History of the Passionflower', in *Passiflora: Passionflowers of the World* (Timber Press, 2004). The other essays in this book are also excellent for botanical and gardening information.

Notes

1. Both are quoted in E.E. Kugler and L.A. King, 'A Brief History of the Passionflower', in *Passiflora: Passionflowers of the World* (Timber Press, 2004): 17, 18.

2. The word 'stigmata' derives from the Greek, στιγμα, or stigma, which means a mark of shame, originally a tattoo indicating that someone was a slave or criminal. In the sixteenth century, the receptive top of the female carpel had no consistent name. The modern term, 'stigma', comes from the same Greek root as stigmata, and was introduced by Linnaeus in the *Species Plantarum* (1753): he may have chosen the name because in many plants the stigma is cross-shaped when viewed from above. My thanks to Nick Jardine for this suggestion.

3. Kugler and King, 'A Brief History of the Passionflower'in, Ulmer and MacDougal, Passiflora-Passionflowers of the World (Timber Press 2004): 22.

4. [Lindley?], 'Editorial', *Gardener's Chronicle & Agricultural Gazette*, 1845: 114.

5. Quoted in Carter, *The Victorian Garden* (Bell & Hyman, 1984): 72–3.

6. Quoted in ibid: 67.

7. Quoted in ibid: 72–3.

8. [Lindley?], 'Editorial', *Gardener's Chronicle & Agricultural Gazette*, 1845: 114.

9. *Gardeners' Chronicle*, 1851: 707–8, quoted in Elliott, *Victorian Gardens* (Batsford, 1986): 107.

10. Quoted in Carter, *The Victorian Garden*: 72–3.

11. J.C. Loudon, 'Growing Ferns and Other Plants in Glass Cases', *Gardener's Magazine*, Vol. 10, April 1834: 162.

12. Stephen H. Ward, *Wardian Cases and their applications*, a lecture delivered to the Royal Institution, 17 March 1854 (Van Voorst, London, 1854). I am indebted to Mathew Underwood for bringing both this and the previous quote to my attention.

13. W.J. Hooker, *Botanical Magazine*, February 1838: plate 3635. The plant was also described in the *Gardener's Magazine*, 14 (96), 1838: 138.

14. *Botanical Register*, April 1838: 276. The species is now known as *Passiflora amethystina*.

15. My thanks to David Kohn for this suggestion.

16. J. D. Hooker to C. Darwin [12 December 1843–11 January 1844]: F. Burkhardt and S. Smith (eds.), *The Correspondence of Charles Darwin (Volume 2: 1837–1843)* (Cambridge University Press, 1986).

17. In his first paper on Galápagos plants: J.D. Hooker, *Transactions of the Linnean Society of London*, 1847, 20: 222, 223. Hooker produced a fuller account of Darwin's Galápagos plants two years later: J.D. Hooker, 'An enumeration of the Plants of the Galapagos Islands', *Proceedings of the Linnean Society of London*, 1849, 1: 276–9.

18. Barrett, Gautrey, Herbert, Kohn and Smith, *Charles Darwin's Notebooks, 1836–1844: Geology, Transmutation of Species, Metaphysical Enquiries* (Cambridge University Press, 1987): 505.
19. D. Beaton, 'Greenhouse and Window Gardening', *The Cottage Gardener*, 1849: 37.
20. Jane Austen, *Northanger Abbey* (1818): Ch. 22. Greenhouses also crop up in *Persuasion* (Ch. 23) and *Sense and Sensibility* (Ch. 42).
21. Errington, 'Culture of the Passifloras for the Dessert', *The Cottage Gardener*, 1850: 342–3.
22. D. Beaton, 'Passion-flowers', *The Cottage Gardener*, 1850: 152–3.
23. Beaton considered himself an expert on hybridization, but in a letter to Hooker, Darwin observed: 'he strikes me as a clever, but d——d cock-sure man', C. Darwin to J.D. Hooker, 14 May [1861]: 127
24. T. Malthus, *An Essay on the Principle of Population* (6th edition, John Murray, 1826), Book IV, Chapter IV: 10.
25. C. Darwin, *Autobiographies* (1887/1903; Penguin Books, 2003): 72.
26. Darwin's oft-quoted list was first published in *The Autobiography of Charles Darwin* (Collins, 1958): 232–3.
27. Quoted in J. Browne, *Charles Darwin: The Power of Place* (Jonathan Cape, 2002): 276–82.
28. C. Darwin, *On the Origin of Species by Means of Natural Selection: or the preservation of favoured races in the struggle for life* (1859; Penguin Books, 1964): 96–7.
29. C. Darwin to J. D. Hooker, [15 February 1863]: F. Burkhardt et al., *The Correspondence of Charles Darwin (Volume 11: 1863)* (Cambridge University Press, 1999): 134.
30. C. Darwin to J. D. Hooker, [13 January 1863]: *The Correspondence of Charles Darwin (Volume 11: 1863)*: 36.
31. J. D. Hooker to C. Darwin, [15 January 1863]: *The Correspondence of Charles Darwin (Volume 11: 1863)*: 43.
32. C. Darwin to J. D. Hooker, [21 February 1863]: *The Correspondence of Charles Darwin (Volume 11: 1863)*: 161.
33. C. Darwin to J. D. Hooker, [5 March 1863]: *The Correspondence of Charles Darwin (Volume 11: 1863)*: 200.
34. C. Darwin, *The various contrivances by which British and foreign orchids are fertilised by insects, and on the good effects of intercrossing* (John Murray, 1904): 285–6.
35. C. Darwin to J. D. Hooker, [13 January 1863]: *The Correspondence of Charles Darwin (Volume 11: 1863)*: 36.
36. C. Darwin to W.E. Darwin, [25 July 1863]: *The Correspondence of Charles Darwin (Volume 11: 1863)*: 56.
37. C. Darwin, *On the Movements and Habits of Climbing Plants* (Longman, Green, Longman, Roberts & Green, 1865): 90. A grain is roughly 64 milligrams, so $\frac{1}{32}$ of a grain would be about $\frac{2}{1000}$ of a gram.
38. ibid.
39. ibid.: 89.
40. ibid.: 107–8.
41. C. Darwin, *Autobiography* (Penguin Books, 2002): 82
42. C. Darwin to J. Scott, [11 December 1862]: F. Burkhardt et al., *The Correspondence of Charles Darwin (Volume 10: 1862)* (Cambridge University Press, 1997): 594. *Melastoma* is a genus of evergreen tropical shrubs; they get their name from the black berries of some species which stain the mouth (the Greek for black is '*melas*' and for mouth '*stoma*').
43. J. Scott to C. Darwin, [11 November 1862]: *The Correspondence of Charles Darwin (Volume 10:*

1862): 516.

44. C. Darwin to J. Scott, [12 November 1862]: *The Correspondence of Charles Darwin (Volume 10: 1862)*: 522.

45. C. Darwin to J. Scott, [19 November 1862]: *The Correspondence of Charles Darwin (Volume 10: 1862)*: 538.

46. J. Scott to C. Darwin, [20 November–2 December 1862]: *The Correspondence of Charles Darwin (Volume 10: 1862)*: 542.

47. Darwin, *On the Origin of Species by Means of Natural Selection: or the preservation of favoured races in the struggle for life* (1859: Penguin Books, 1964): 250–51.

48. J. Scott to C. Darwin, [3 March 1863]: *The Correspondence of Charles Darwin (Volume 11: 1863)*: 189. Darwin had mentioned *Passiflora* in passing in the *Origin of Species*: 250–1.

49. C. Darwin to J. Scott, [6 March 1863]: *The Correspondence of Charles Darwin (Volume 11: 1863)*: 213–14; J. Scott to C. Darwin, [21 March 1863]: *The Correspondence of Charles Darwin (Volume 11: 1863)*: 251–2; C. Darwin to J. Scott, [24 March 1863]: *The Correspondence of Charles Darwin (Volume 11: 1863)*: 262–3.

50. C. Darwin to J. Scott, [3 December 1862]: *The Correspondence of Charles Darwin (Volume 10: 1862)*: 582.

51. C. Darwin to J. Scott, [11 December 1862]: *The Correspondence of Charles Darwin (Volume 10: 1862)*: 594.

52. J. Scott to C. Darwin, [17 December 1862]: *The Correspondence of Charles Darwin (Volume 10: 1862)*: 607–8. Darwin later helped Scott emigrate to India and recruited Hooker's support to get Scott the curatorship of the Royal Botanic Garden, Calcutta.

53. Darwin, *The Effects of Cross-and Self-Fertilisation in the Vegetable Kingdom* (1878; New York University Press, 1989): 384.

54. Darwin, *On the various contrivances by which British and foreign orchids are fertilised by insects, and on the good effects of intercrossing* (John Murray, 1862): 286.

55. Darwin, *The Descent of Man, and Selection in Relation to Sex* (1871; Princeton University Press, 1981): II, 403.

56. Jonathan Smith has noted ('*Une Fleur du Mal*? Swinburne's "The Sundew" and Darwin's Insectivorous Plants') that Darwin's *Orchids* was reviewed with works on 'consanguineous' marriage as early as 1863 in [G.W. Child], 'Marriages of Consanguinity,' *Westminster Review*, 1863, 24 n.s. 88–109. Darwin's son, George, took up the questions extensively in 'On Beneficial Restrictions to Liberty of Marriage,' *Contemporary Review*, 1873, 22, 412–26, and 'Marriages Between First Cousins in England and Their Effects,' *Fortnightly Review* 18 n.s. (1875), 22–41. A.H. Huth, who incorporated the Darwins' work in his *Marriage of Near Kin* (1875; 2nd edition 1887), reviewed father and son together in 'Cross-Fertilisation of Plants, and Consanguineous Marriage,' *Westminster Review*, 1877, 52 n.s. 466–85.

57. Darwin, *The Descent of Man, and Selection in Relation to Sex*: II, 402–3.

Chapter 3: *Homo sapiens*: Francis Galton's fairground attraction

I have used **Galton's own publications** as a major source, most of which are available online at www.galton.org– an invaluable site. For the anthropometric laboratory, see in particular: 'The Anthropometric Laboratory', *Fortnightly Review*, 1882: 332–8; 'Blood-Relationship', *Proceedings of the Royal Society*, 1872: 394–402; *English Men of Science: Their Nature and Nurture* (Macmillan,

1874); 'Experiments in pangenesis, by breeding from rabbits of a pure variety, into whose circulation blood taken from other varieties had previously been largely transfused', *Proceedings of the Royal Society*, 1871: 393–410; *Hereditary Genius* (1869; Macmillan, 1892); 'Hereditary Improvement', *Fraser's Magazine*, 1873: 116–30; 'Hereditary talent and character', *Macmillan's Magazine*, 1865: 157–66, 318–27; *Memories of My Life* (Methuen, 1908); *The narrative of an explorer in tropical South Africa* (John Murray, 1853); 'On the Anthropometric Laboratory at the Late International Health Exhibition', *Journal of the Anthropological Institute*, 1884: 205–18; and 'Some Results of the Anthropometric Laboratory', *Journal of the Anthropological Institute*, 1884: 275–87.

For **Francis Galton's life**, see: D.W. Forrest, *Francis Galton: The Life and Work of a Victorian Genius* (Paul Elek, 1974); K. Pearson, *The life, letters and labours of Francis Galton* (Cambridge University Press, 1914–30); and, most useful of all, N.W. Gillham, *A Life of Sir Francis Galton: From African Exploration to the Birth of Eugenics* (Oxford University Press, 2001).

For **Darwin's theory of inheritance**, see the sources cited in Chapter 2, plus: G.L. Geison, 'Darwin and Heredity: the Evolution of His Hypothesis of Pangenesis', *Journal of the History of Medicine and Allied Sciences*, 1969: 375–411; D.L. Hull, *Darwin and his Critics: the Reception of Darwin's Theory of Evolution by the Scientific Community* (Harvard University Press, 1973); R.W. Burkhardt, 'Closing the Door on Lord Morton's Mare: The Rise and Fall of Telegony', *Studies in the History of Biology*, 1979: 1–21; P.H. Barrett, *The Collected Papers of Charles Darwin* (University of Chicago Press, 1980); L.J. Jordanova, *Lamarck* (Oxford University Press, 1984); M. Bulmer, 'Did Jenkin's swamping argument invalidate Darwin's theory of natural selection?', *British Journal for the History of Science*, 2004: 281–97.

Studies of **Galton's scientific work**, methods and its background include: C. Zirkle, 'The Early History of the Idea of the Inheritance of Acquired Characteristics and of Pangenesis', *Transactions of the American Philosophical Society*, 1946: 91–150; R.S. Cowan, 'Nature and Nurture: The Interplay of Biology and Politics in the Work of Francis Galton', *Studies in the History of Biology*, 1977: 133–208; J.A. Secord, 'Nature's Fancy: Charles Darwin and the Breeding of Pigeons', *Isis*, 1981: 163–86; R. Olby, *Origins of Mendelism* (University of Chicago Press, 1985); R.S. Cowan, *Sir Francis Galton and the study of heredity in the 19th century* (Garland, 1985); M. Hodge, 'Darwin as a lifelong generation theorist', in *The Darwinian Heritage*, (Princeton University Press, 1985); D.J. Kevles, *In the Name of Eugenics: Genetics and the uses of Human Heredity* (Penguin Books, 1986); E.A. Gökyigit, 'The reception of Francis Galton's *Hereditary Genius* in the Victorian periodical press', *Journal of the history of biology*, 1994: 215–40; R. Olby, 'The Emergence of Genetics', in *Companion to the History of Modern Science* (Routledge, 1996).

For **London in Galton's day**, see: F. Engels, 'The Condition of the Working Class in England', in *Literature and Science in the Nineteenth Century: An Anthology*, (Oxford University Press, 2002); J. Greenwood, *The Seven Curses of London* (1869; Blackwell 1981); S. Halliday, *The Great Stink of London: Sir Joseph Bazalgette and the Cleansing of the Victorian Metropolis* (Sutton Publishing, 2001); M. Daunton, 'London's 'Great Stink': The Sour Smell of Success' (British Broadcasting Corporation, n.d., www.bbc.co.uk/history/lj/victorian_britainlj/smell_of_success_1.shtml).

Notes

1. D. Galton, 'The International Health Exhibition', *The Art Journal*, 1884: 156
2. [G.A. Sala], 'The Health Exhibition: a look around', *Illustrated London News*, 1884: 94. Emphasis in original.
3. Anon., *Miscellaneous (Including: Return of Number of Visitors and Statistical Tables & Official*

Guide) (Executive Council of the International Health Exhibition and the Council of the Society of Arts, 1884): 12–13.

4. My thanks to Judith Flanders for this information.

5. J. Greenwood, Ch. IX, 'The Thief Non-professional'. *The Seven Curses of London* (1869; Blackwell Publishers, 1981).

6. [G.A. Sala], 'Echoes of the Week [International Health Exhibition]', *Illustrated London News*, 1884: 439, 438.

7. Anon., 'International Health Exhibition', *Saturday Review: of Politics, Literature, Science and Art*, 1884: 634–5.

8. J.E. Ady, 'The International Health Exhibition', *Knowledge*, 1884: 387–8, 415–18, 434–5, 454–5, 476–7.

9. 'International Exhibitions', *Punch*, June 8, Vol. LXII, 1872: 240.

10. J.E. Ady, 'The International Health Exhibition': 388.

11. F. Engels, 'The Condition of the Working Class in England', in *Literature and Science in the Nineteenth Century: An Anthology* (Oxford University Press): 492.

12. D. Galton, 'The International Health Exhibition', *The Art Journal*, 1884: 153–6, 161–4, 293–6: R. H. Vetch, 'Galton, Sir Douglas Strutt (1822–1899)', rev. David F. Channell, *Oxford Dictionary of National Biography*, Oxford University Press, 2004

13. Anon., *Miscellaneous (Including: Return of Number of Visitors and Statistical Tables & Official Guide)*: 8.

14. J.E. Ady, 'The International Health Exhibition': 434–5, 454–5, 476–7.

15. [J. Manley], 'The International Health Exhibition', *Journal of Science and Annals of Astronomy, Biology, Geology, Industrial Arts, Manufactures, and Technology*, 1884: 350–54, 412–16, 579–85: 583; Anon., *Miscellaneous (including Jury Awards and Official Catalogue)*: 59.

16. D. Galton, 'The International Health Exhibition': 155–6;
[J. Manley], 'The International Health Exhibition': 413.

17. [G.A. Sala], 'The Health Exhibition: a look around': 94.

18. Anon., *Miscellaneous (Including: Return of Number of Visitors and Statistical Tables & Official Guide)*: 14.

19. ibid.

20. F. Galton, *Memories of My Life* (Methuen, 1908), 245–6.

21. F. Galton, 'On the Anthropometric Laboratory at the Late International Health Exhibition', *Journal of the Anthropological Institute*, 1884: 205–18: 206–7.

22. F. Galton, *Memories of My Life*, 249.

23. R.S. Cowan, *Sir Francis Galton and the study of heredity in the 19th century* (Garland, 1985): viii–ix; F. Galton, *The narrative of an explorer in tropical South Africa* (John Murray, 1853), 54; N.W. Gillham, *A Life of Sir Francis Galton: From African Exploration to the Birth of Eugenics* (Oxford University Press, 2001), 76. The nineteenth-century term Hottentot is now considered offensive and the indigenous people of Namibia are now usually known as the Khoikhoi.

24. F. Galton to C. Darwin, [9 December 1859]: F. Burkhardt and S. Smith (eds.), *The Correspondence of Charles Darwin (Volume 7: 1858–1859)* (Cambridge University Press, 1991): 417.

25. F. Galton, *Memories of My Life*, 288.

26. C. Darwin, *On the Origin of Species by Means of Natural Selection: or the preservation of favoured races in the struggle for life* (1859; Penguin Books, 1964), 490.

27. F. Galton to C. Darwin, [24 December 1869]: K. Pearson, *The life, letters and labours of Francis*

Galton: I. Birth 1822 to marriage 1853 (Cambridge University Press, 1914–30), 6–7.

28. C. Darwin, *On the Origin of Species*, 22–3, 84; J.A. Secord, 'Nature's Fancy: Charles Darwin and the Breeding of Pigeons', *Isis*, 1981, 163–86.

29. F. Galton, F, 'Hereditary talent and character', *Macmillan's Magazine*, 1865: 157–66, 318–27: 157.

30. ibid., 165–6.

31. R.S. Cowan, 'Nature and Nurture: The Interplay of Biology and Politics in the Work of Francis Galton', *Studies in the History of Biology*, 1977: 133–208: 163–4.

32. Viriculture first appeared in 'Hereditary Improvement', *Fraser's Magazine*, 1873, 7: 116–30; eugenics was coined in *Inquiries into Human Faculty and Its Development* (1883).

33. *Guardian*, 4 April 1883: 1001. Quoted in N.W. Gillham, *A Life of Sir Francis Galton: From African Exploration to the Birth of Eugenics* (Oxford University Press, 2001): 207–8.

34. Quoted in E.A. Gökyigit, 'The reception of Francis Galton's *Hereditary Genius* in the Victorian periodical press', *Journal of the history of biology*, 1994: 215–40: 234; N.W. Gillham, *A Life of Sir Francis Galton*: 171.

35. My thanks to John Waller for clarifying this point for me.

36. F. Galton, *English Men of Science: Their Nature and Nurture* (Macmillan, 1874): 12. He had also used the nature/nurture pairing in the title of an address to the Royal Institution earlier that year: N.W. Gillham, *A Life of Sir Francis Galton*: 191–2.

37. F. Galton, *Hereditary Genius* (1892; Macmillan, 1869): 14.

38. *Guardian*, 4 April 1883: 1001. Quoted in N.W. Gillham, *A Life of Sir Francis Galton*: 207–8.

39. F. Galton, *Memories of My Life*: 288.

40. C. Darwin to Francis Galton, [23 December 1869]: F. Darwin and A.C. Seward. *More Letters of Charles Darwin*, Vol II (London: John Murray, 1903): 41.

41. C. Darwin to C. Kingsley, [10 June 1867]: in F.E. Kingsley (ed.), *Charles Kingsley: his letters and memories of his life* (1878, 2 vols. London), 2: 242.

42. D.L. Hull, *Darwin and his Critics: the Reception of Darwin's Theory of Evolution by the Scientific Community* (Harvard University Press, 1973): 315–6.

43. C. Darwin, *The Variation of Animals and Plants under Domestication, volume 2* (1875; Johns Hopkins University Press, 1998): 35–6.

44. R.W. Burkhardt, 'Closing the Door on Lord Morton's Mare: The Rise and Fall of Telegony', *Studies in the History of Biology*, 1979: 1–21: 3; M. Hodge, 'Darwin as a lifelong generation theorist', in *The Darwinian Heritage*, Princeton University Press: 224; C. Darwin, *The Variation of Animals and Plants under Domestication, volume 1* (1875; Johns Hopkins University Press, 1998): 435.

45. C. Darwin, *The Variation of Animals and Plants under Domestication, volume 2*: 370.

46. ibid.: 394–5.

47. ibid.: 346–7.

48. ibid.: 398–7.

49. F. Galton, *Hereditary Genius*: 370; N.W. Gillham, *A Life of Sir Francis Galton*: 174–5.

50. F. Galton to C. Darwin, [17 December 1870]; and [8 April 1870]: K. Pearson, *The life, letters and labours of Francis Galton: II. Researches of middle life* (Cambridge University Press, 1914–30): 158–9.

51. F. Galton, 'Experiments in pangenesis, by breeding from rabbits of a pure variety, into whose circulation blood taken from other varieties had previously been largely transfused', *Proceedings of the Royal Society*, 1871: 393–410: 404.

52. C. Darwin, *Nature*, 27 April 1871, in: P.H. Barrett, *The Collected Papers of Charles Darwin*

(University of Chicago Press, 1980): 165–6.

53. F. Galton to C. Darwin, [25 April 1871]: K. Pearson, *The life, letters and labours of Francis Galton: II. Researches of middle life*: 162.

54. N.W. Gillham, *A Life of Sir Francis Galton*: 176–9; F. Galton to C. Darwin, [15 November 1872]: K. Pearson, *The life, letters and labours of Francis Galton: II. Researches of middle life*: 175.

55. F. Galton, 'Blood-Relationship', *Proceedings of the Royal Society*, 1872: 394–402: 173–4.

56. ibid.: 175–6; R. Olby, *Origins of Mendelism* (University of Chicago Press, 1985): 55–63.

57. F. Galton, 'Blood-Relationship': 175.

58. Quoted in D.W. Forrest, *Francis Galton: The Life and Work of a Victorian Genius* (Paul Elek, 1974): 188; N.W. Gillham, *A Life of Sir Francis Galton*: 205.

59. F. Galton, *Hereditary Genius*: 332.

60. F. Galton, 'The Anthropometric Laboratory', *Fortnightly Review*, 1882: 332–8: 332–4, 37–8.

61. F. Galton, *Memories of My Life*: 246.

62. F. Galton, 'On the Anthropometric Laboratory at the Late International Health Exhibition': 211.

63. ibid.: 208, 209–10.

64. G.A. Sala, 'The Health Exhibition: a look around': 91.

65. F. Galton, 'On the Anthropometric Laboratory at the Late International Health Exhibition': 206–7.

66. F. Galton, 'Some Results of the Anthropometric Laboratory', *Journal of the Anthropological Institute*, 1884: 275–87: 278.

67. *Punch*, 15 April 1884, quoted in K. Pearson, *The life, letters and labours of Francis Galton: II. Researches of middle life*: 375.

68. F. Galton, 'Some Results of the Anthropometric Laboratory': 275.

69. F. Galton, 'On the Anthropometric Laboratory at the Late International Health Exhibition': 210.

70. Quoted in K. Pearson, *The life, letters and labours of Francis Galton: II. Researches of middle life*: 381–5.

71. F. Galton, 'Hereditary Improvement': 129.

Chapter 4: *Hieracium auricula*: What Mendel did next

Mendel published very little, and many of his papers were destroyed after his death; however, his main publications, 'Experiments on Plant Hybrids', 1865, and 'On Hieracium – Hybrids Obtained by Artificial Fertilisation', 1869, are readily available in *The Origin of Genetics: A Mendel Source Book*, (W.H. Freeman, 1966). L.K. Piternick and G. Piternick, 'Gregor Mendel's letters to Carl Nägeli, 1866–1873' (Electronic Scholarly Publishing, 1950, http://www.esp.org/foundations/genetics/classical/holdings/m/gm-let.pdf).

For **Mendel's life and scientific work**, its significance and its consistent misrepresentation by historians, the most important sources are: L.A. Callender, 'Gregor Mendel: An opponent of descent with modification', *History of Science*, 1988: 41–75; and, Robert Olby's work, particularly 'Mendel no Mendelian?' *History of Science*, 1979: 53–72; *Origins of Mendelism* (University of Chicago Press, 1985); and 'Mendel, Mendelism and Genetics' (1997, http://www.mendelweb.org/archive/MWolby.txt). I have also found Vitezslav Orel's work useful, especially *Mendel* (Oxford University Press, 1984); *Gregor Mendel: the first geneticist* (Oxford University Press, 1996); and 'Constant Hybrids in Mendel's Research', *History and Philosophy of the Life Sciences*, 1998: 291–9. Other works on Mendel consulted include: A.F. Corcos and F.V. Monaghan, 'Was Nägeli to Blame for Mendel's Choice to Work with Hawkweeds?', *Michigan Academician*, 1988: 221–33; W. George, 'The Mendel Enigma, the Farmer's

Son: the key to Mendel's motivation', *Archives internationales d'histoire des sciences*, 1982: 177–83.

For the **history of botany** and the **background to Mendel's work**: J. Farley, *Gametes and Spores: Ideas about sexual reproduction, 1750–1914* (Johns Hopkins University Press, 1982); W.M. Montgomery, 'Germany', in *The comparative reception of Darwinism* (University of Chicago Press, 1988); E. Cittadino, *Nature as the Laboratory: Darwinian plant ecology in the German Empire, 1880–1900* (Cambridge University Press, 1990); P. Mazzarello, 'A unifying concept: the history of cell theory', *Nature Cell Biology*, 1999: 13–15; R.H. Drayton, *Nature's Government: Science, Imperial Britain and the 'Improvement' of the World* (Yale University Press, 2000).

Notes

1. N. Culpeper, *The English physitian: or an astrologo-physical discourse of the vulgar herbs of this nation* (Peter Cole, 1652): 62.

2. Pliny, *Natural history: in ten volumes with an English translation by H. Rackham* (Heinemann, 1968): 36–9.

3. *American Journal of Pharmacy*, August 1881, Vol 53, #8.

4. P. Mraz, '*Hieracium alpinum* subsp. *augusti-bayeri* Zlatnik in the Muntii Rodnei Mts.: an interesting taxon in the flora of Romania', *Thaiszia*, 1999, 9(1): 27–30.

5. C. Darwin to J. D. Hooker, 1 August [1857]: F. Burkhardt and S. Smith(eds.), *The Correspondence of Charles Darwin (Volume 6: 1856–1857)* (Cambridge University Press, 1990): 438. The *OED* gives this as the first recorded use of the terms, though they were already clearly familiar enough for Hooker and Darwin to use without explanation.

6. J.D. Hooker and T. Thomson, *Introductory essay to the Flora Indica* (W. Pamplin, 1855): 43.

7. Linnaeus, *Critica Botanica* (1737), quoted in L.A. Callender, 'Gregor Mendel: An opponent of descent with modification', *History of Science*, 1988: 41–75: 43.

8. Linnaeus, *Somnus plantarum* (1755), quoted in L.A. Callender, 'Gregor Mendel: An opponent of descent with modification': 43.

9. Linnaeus, *Disquisitio de sexu plantarum* (1757), quoted in L.A. Callender, 'Gregor Mendel: An opponent of descent with modification': 43. The Goatsbeard was a cross between *Tragopogon pratense* and *T. porrifolius*.

10. Quoted in V. Orel, *Gregor Mendel: the first geneticist* (Oxford University Press, 1996): 18.

11. Quoted in ibid.: 17.

12. V. Orel, *Gregor Mendel: the first geneticist*: 78, 82–3.

13. R. Olby, *Origins of Mendelism* (University of Chicago Press, 1985): 16–18, 21.

14. G. Mendel, 'Experiments on Plant Hybrids', in *The Origin of Genetics: A Mendel Source Book* (W.H. Freeman, 1966): 8.

15. ibid.: 4.

16. ibid.

17. V. Orel, *Gregor Mendel: the first geneticist*: 97–9.

18. Quoted in R. Olby, *Origins of Mendelism*: 96. See also: V. Orel, *Mendel* (Oxford University Press, 1984): 39–40; R.C. Olby, 'Carl Wilhelm von Nägeli', in *Dictionary of scientific biography*, Scribner.

19. L.A. Callender, 'Gregor Mendel: An opponent of descent with modification': 67; A.F. Corcos and F.V. Monaghan, 'Was Nägeli to Blame for Mendel's Choice to Work with Hawkweeds?', *Michigan Academician*, 1988: 221–33: 221, 23; Barrett's story is in her collection *Ship Fever and Other Stories* (W.W. Norton, 1996).

20. G. Mendel to C. Nägeli, [31 December 1866]: L.K. Piternick and G. Piternick, 'Gregor Mendel's letters to Carl Nägeli. 1866–1873' (Electronic Scholarly Publishing, 1950, http://www.esp.org/foundations/genetics/classical/holdin gs/m/gm-let.pdf.

21. G. Mendel, 'On Hieracium-Hybrids Obtained by Artificial Fertilisation', in *The Origin of Genetics: A Mendel Source Book* (W.H. Freeman): 50–51.

22. ibid.: 52.

23. Mendel to Nägeli, [3 July 1870]. Quoted in L.A. Callender, 'Gregor Mendel: An opponent of descent with modification': 43.

24. G. Mendel, 'On Hieracium-Hybrids Obtained by Artificial Fertilisation': 49–50.

25. ibid.: 51.

26. Nägeli, 1866. Quoted in L.A. Callender, 'Gregor Mendel: An opponent of descent with modification': 60.

27. Ascertaining Mendel's view is difficult, not least because so many of his papers were deliberately destroyed after his death, and many Mendel experts would disagree with my characterization of it. However, I'm persuaded by the arguments of L.A. Callender, in 'Gregor Mendel: An opponent of descent with modification'.

28. G. Mendel, 'On Hieracium-Hybrids Obtained by Artificial Fertilisation': 54–5.

Chapter 5: *Oenothera lamarckiana*: Hugo de Vries led up the primrose path

De Vries's own works include: 'The Evidence of Evolution', *Science*, 1904: 395–401; *Intracellular Pangenesis: Including a paper on Fertilization and Hybridization* (The Open Court Publishing Co., 1910); 'On the Origin of Species', *Popular Science Monthly*, 1903: 481–96; 'The Origin of Species by Mutation', *Science*, 1902: 721–9; *Species and varieties: their origin by mutation; lectures delivered at the University of California* (The Open Court Publishing Co., 1905).

Works by **supporters of the Mutation Theory** include: R.R. Gates, *The mutation factor in evolution, with particular reference to Oenothera* (Macmillan, 1915); D.T. MacDougal et al., *Mutations, Variations, and Relationships of the Oenotheras* (Carnegie Institution of Washington, 1907); D.T. MacDougal et al., *Mutants and Hybrids of the Oenotheras* (Carnegie Institution of Washington, 1905); and C.H. Merriam, 'Is Mutation a Factor in the Evolution of the Higher Vertebrates?', *Science*, 1906: 241–57.

For **de Vries's life and work**, my main sources were: P.W. Van der Pas, 'The correspondence of Hugo de Vries and Charles Darwin', *Janus*, 1970: 173–213; E. Zevenhuisen, 'Hugo de Vries: life and work', *Acta botanica neerlandica*, 1998: 409–17; I.H. Stamhuis, 'The reactions on Hugo de Vries's *Intracellular Pangenesis*; the Discussion with August Weismann', *Journal of the History of Biology*, 2003: 119–52.

For the **'rediscovery' of Mendelism**, see the Mendel references in Chapter 4, plus B. Theunissen, 'Closing the Door on Hugo de Vries's Mendelism', *Annals of Science*, 1994: 225–48.

De Vries's **Mutation Theory and its reception** around the world are analysed in: A.H. Sturtevant, *A History of Genetics* (Cold Spring Harbor Laboratory Press/Electronic Scholarly Publishing Project, 1965, 2001); G.E. Allen, 'Hugo de Vries and the Reception of the "Mutation Theory"', *Journal of the History of Biology*, 1969: 55–87; S.E. Kingsland, 'The Battling Botanist: Daniel Trembly MacDougal, Mutation Theory, and the Rise of Experimental Evolutionary Biology in America, 1900–1912', *Isis*, 1991: 479–509.

For **Lyell, Darwinism and the age of the earth**, see: H.E. Gruber, *Darwin on Man: A Psychological*

Study of Scientific Creativity (Wildwood House, 1974); C. Smith and M.N. Wise, *Energy and empire: a biographical study of Lord Kelvin* (Cambridge University Press, 1989); P.J. Bowler, *The Eclipse of Darwinism: Anti-Darwinian evolution theories in the decades around 1900* (Johns Hopkins University Press, 1992); J.A. Secord, 'Introduction to Lyell's *Principles of Geology*', in *Principles of Geology* (Penguin Books, 1997).

For twentieth-century biology and the **laboratory revolution**, I am indebted to Garland Allen's work, in particular: 'The introduction of *Drosophila* into the study of heredity and evolution, 1900–1910', *Isis*, 1975: 322–33; *Life Science in the Twentieth Century* (Cambridge University Press, 1978); and *Thomas Hunt Morgan: the man and his science* (Princeton University Press, 1978). Other useful sources included: S. Chadarevian, 'Instruments, Illustrations, Skills, and Laboratories in nineteenth century German Botany', in *Non-verbal communication in science prior to 1900* (Olschki, 1993); S. Chadarevian, 'Laboratory science versus country-house experiments. The controversy between Julius Sachs and Charles Darwin', *British Journal for the History of Science*, 1996: 17–41; L.K. Nyhart, 'Natural history and the 'new' biology', in *Cultures of Natural History* (Cambridge University Press, 1996).

Notes

1. F.V. Coville, 'Notes on the Plants used by the Klamath Indians of Oregon', *Contributions from the US National Herbarium* 1897, 5: 87–108. Southern Oregon Digital Archives, http://soda.sou.edu/

2. *OED*.

3. H. de Vries, 'The Origin of Species by Mutation', *Science*, 1902: 721–29: 722; H. de Vries, *Species and varieties: their origin by mutation; lectures delivered at the University of California* (The Open Court Publishing Company, 1905): 523–4.

4. H. de Vries, *Species and varieties: their origin by mutation; lectures delivered at the University of California*: 27.

5. C. Darwin, *On the Origin of Species by Means of Natural Selection: or the preservation of favoured races in the struggle for life* (1859; Penguin Books, 1964): 471.

6. ibid.: 95.

7. Darwin used the phrase in a letter to A. R. Wallace, [12 July 1871]: F. Darwin, *The Life and Letters of Charles Darwin (Volume III)* (John Murray, 1888): 146.

8. Quoted in K. Pearson, *The life, letters and labours of Francis Galton: II. Researches of middle life* (Cambridge University Press, 1914–30): 381–5.

9. N.W. Gillham, *A Life of Sir Francis Galton: From African Exploration to the Birth of Eugenics* (Oxford University Press, 2001): 281–3.

10. W.F.R. Weldon, 'Remarks on Variation in Animals and Plants', *Proceedings of the Royal Society of London*, 1894: 379–82: 381.

11. W. Bateson, 'Wm. Keith Brooks: A Sketch of His Life by Some of His Former Pupils and Associates', *Journal of Experimental Zoology*, 1910, 9: 1–52. Quoted in G.E. Allen, 'The introduction of *Drosophila* into the study of heredity and evolution, 1900–1910', *Isis*, 1975: 322–33: 323.

12. A.R. Wallace, 'The Method of Organic Evolution', *Fortnightly Review*, 1895: 211–24, 435–45: 216–17, 220, 437.

13. Anonymous, quoted by N. Mitchison, 'Beginnings', in *Haldane and modern biology* (Johns Hopkins University Press): 302.

14. Eberhardt Dennert, quoted in G.E. Allen, 'Hugo de Vries and the Reception of the "Mutation Theory',

Journal of the History of Biology, 1969: 55–87: 56.

15. Quoted in G.E. Allen, 'Hugo de Vries and the Reception of the 'Mutation Theory''': 56–7.

16. E.B. Wilson, quoted in G.E. Allen, *Thomas Hunt Morgan: the man and his science* (Princeton University Press, 1978): 34–5.

17. M.J. Schleiden, *Principles of Scientific Botany: or Botany as an Inductive Science* (1849; Johnson Reprint Company, 1849 1969): 575, 80.

18. H. de Vries to C. Darwin, [15 October 1881]: P.W. Van der Pas, 'The correspondence of Hugo de Vries and Charles Darwin', *Janus*, 1970: 173–213: 200.

19. E. Zevenhuisen, 'The Hereditary Statistics of Hugo de Vries', *Acta botanica neerlandica*, 1998: 427–63.

20. H. de Vries, 'On the Origin of Species', *Popular Science Monthly*, 1903: 481–96: 491.

21. ibid.: 492.

22. H. de Vries, *Species and varieties: their origin by mutation*: 525–6.

23. H. de Vries, 'On the Origin of Species': 494.

24. H. de Vries, *Species and varieties: their origin by mutation*: 28–9.

25. ibid.: 549–50.

26. ibid.: frontis.

27. H. de Vries, *Mutation Theory*, I: 5–6, quoted in G.E. Allen, 'Hugo de Vries and the Reception of the "Mutation Theory"', *Journal of the History of Biology*, 1969: 55–87: 59–60.

28. H. de Vries, *Species and varieties: their origin by mutation*: 28–9; G.E. Allen, 'Hugo de Vries and the Reception of the 'Mutation Theory''': 62–3.

29. C.B. Davenport, '[review of] Species and Varieties, Their Origin by Mutation', *Science*, 1905: 369–72: 369.

30. K. Pearson, 'Mathematical Contributions to the Theory of Evolution. On the Law of Ancestral Heredity'. Proceedings of the Royal Society of London, Vol. 62 (1897–1898), pp 386–412

31. [Anon.], '*Oenothera* and Mutation', *Nature*, 19 August 1915.

32. H. de Vries, *Mutation Theory*, I: 5–6. Quoted in G.E. Allen, 'Hugo de Vries and the Reception of the "Mutation Theory"': 59–60.

33. Quoted in J. Sapp, *Genesis: the Evolution of Biology* (Oxford University Press, 2003): 132.

34. H. de Vries, 'The Evidence of Evolution', *Science*, 1904: 395–401: 400.

35. S.E. Kingsland, 'The Battling Botanist: Daniel Trembly MacDougal, Mutation Theory, and the Rise of Experimental Evolutionary Biology in America, 1900–1912', *Isis*, 1991: 479–509: 486–8.

36. C.H. Merriam, 'Is Mutation a Factor in the Evolution of the Higher Vertebrates?', *Science*, 1906: 241–57: 242.

37. ibid.: 243; G.E. Allen, 'Hugo de Vries and the Reception of the "Mutation Theory"': 68.

38. G.E. Allen, 'Hugo de Vries and the Reception of the "Mutation Theory"': 74–5.

39. H. de Vries to W. Bateson, [20 October 1901]. Quoted in B. Theunissen, 'Closing the Door on Hugo de Vries's Mendelism', *Annals of Science*, 1994: 225–48: 248.

40. [Anon.], *Athenaeum*, 28 August 1915.

41. 'F.L.', *Botanical Journal*, October 1915.

42. R.R. Gates, 'Review of "The Mutation Theory"', *American Naturalist*, 1911: 254–6: 255–6.

43. *The Times*, Monday 13 August 1962. Homosexuality was not legal in Britain until the passing of the 1967 Sexual Offences Act, which decriminalized sex in private between men over the age of twenty-one.

44. B. Theunissen, 'Closing the Door on Hugo de Vries's Mendelism': 248.

45. Morgan, 1909. Quoted in G. Allen, *Life Science in the Twentieth Century* (Cambridge University Press, 1978): 53–4.

Chapter 6: *Drosophila melanogaster*: Bananas, bottles and Bolsheviks

My main source for the **history of Drosophila** is Robert Kohler's work, particularly: 'Systems of production: Drosophila, neurospora, and biochemical genetics', *Historical Studies in the Physical and Biological Sciences*, 1991: 87–130; and *Lords of the Fly: Drosophila Genetics and the Experimental Life* (University of Chicago Press, 1994). Garland Allen's work on Thomas Hunt Morgan and his career was also invaluable. Other sources included: E.A. Carlson, 'The 'Drosophila' group: The transition from Mendelian unit to individual gene', *Journal of the History of Biology*, 1974: 31–48; N. Roll-Hansen, 'Drosophila Genetics: A Reductionist Research Program', *Journal of the History of Biology*, 1978: 159–210; and S.G. Brush, 'How Theories became Knowledge: Morgan's Chromosome Theory of Heredity in America and Britain', *Journal of the History of Biology*, 2002: 471–535.

For the **Soviet Drosophila work and Chetverikov**, I have relied on Mark Adams's work, in particular: 'The Founding of Population Genetics: Contributions of the Chetverikov School 1924–1934', *Journal of the History of Biology*, 1968: 23–39; 'Towards a Synthesis: Population Concepts in Russian Evolutionary Thought', *Journal of the History of Biology*, 1970: 107–29; and 'Sergei Chetverikov, the Kol'tsov Institute, and the Evolutionary Synthesis', in *The Evolutionary Synthesis: Perspectives on the Unification of Biology* (Harvard University Press, 1998). I also used: S.S. Chetverikov, *On Certain Aspects of the Evolutionary Process from the Standpoint of Modern Genetics* (1926; Genetics Heritage Press, 1997); T. Dobzhansky, 'The Birth of the Genetic Theory of Evolution in the Soviet Union in the 1920s', in *The Evolutionary Synthesis: Perspectives on the Unification of Biology*, (Harvard University Press, 1998).

My thinking about this chapter and **experimental organisms in general** was greatly influenced by reading B.T. Clause, 'The Wistar Rat as a Right Choice: Establishing Mammalian Standards and the Ideal of a Standardized Animal', *Journal of the History of Biology*, 1993: 329–49.

For **chromosomes and classical genetics**, see: G.P. Rédei, *Genetics* (Macmillan, 1982); E.W. Crow and J.F. Crow, 'Walter Sutton and the Chromosome Theory of Heredity', *Genetics*, 2002: 1–4; S.R. Nelson and P.S. Nelson, 'Walter Sutton's chromosome theory of heredity: one hundred years later' (2002, http://www.kumc.edu/research/medicine/anatomy/sutton/in dex.html); and O.S. Harman, 'Cyril Dean Darlington: the man who "invented" the chromosome', *Nature Reviews: Genetics*, 2005: 79–85.

Background material on **twentieth-century history, including eugenics**, came from: N. Stepan, *The Idea of Race in Science: Great Britain 1800–1960* (Macmillan, 1982); D.J. Kevles, *In the Name of Eugenics: Genetics and the uses of Human Heredity* (Penguin Books, 1986); W.H. Tucker, *The Science and Politics of Racial Research* (University of Illinois Press, 1994); and S.J. Gould, *The Mismeasure of Man* (Penguin Books, 1997).

The **banana details** are drawn from: N.W. Simmonds, *The evolution of the bananas* (Longmans, 1962); N.S. Price, 'The origin and development of banana and plantain cultivation', in *Bananas and Plantains* (Chapman & Hall, 1995); and V.S. Jenkins, *Bananas: an American history* (Smithsonian Institution Press, 2000).

Notes

1. C. Darwin to J. D. Hooker, [15 December 1876]: unpublished Darwin letter, Cambridge University Archives, DAR 95: 429.

2. Aristotle, *The History of Animals*, Book V: 19.

3. A.H. Sturtevant, *A History of Genetics* (1965; Cold Spring Harbor Laboratory Press / Electronic Scholarly Publishing Project, 2001): 43.

4. Kirby and Spence, *Introduction to entomology or elements of the natural history of insects* (1815).

5. [R. Chambers], *Vestiges of the Natural History of Creation: and other evolutionary writings* (1844; University of Chicago Press, 1994): 183.

6. J.A. Secord, *Victorian Sensation: The Extraordinary Publication, Reception, and Secret Authorship of Vestiges of the Natural History of Creation* (University of Chicago Press, 2000); J.A. Secord, 'Extraordinary experiment: Electricity and the creation of life in Victorian England', in *The uses of experiment: studies in the natural sciences* (Cambridge University Press); J.E. Strick, *Sparks of Life: Darwinism and the Victorian Debates over Spontaneous Generation* (Harvard University Press, 2000).

7. A. Carnegie, *The Gospel of Wealth* (1900), quoted: in D.R. Oldroyd, *Darwinian Impacts: an introduction to the Darwinian Revolution* (University of New South Wales Press, 1980): 215.

8. William Graham Sumner, quoted in D.R. Oldroyd, *Darwinian Impacts: an introduction to the Darwinian Revolution*: 214.

9. Lord Roseberry, quoted in D. Trotter, 'Modernism and Empire: Reading The Waste Land', in *Futures for English* (Manchester University Press): 143–153: 150.

10. K. Pearson, *The Groundwork of Eugenics* (1909), quoted in W.H. Tucker, *The Science and Politics of Racial Research* (University of Illinois Press, 1994): 59.

11. Quoted in R.E. Kohler, *Lords of the Fly: Drosophila Genetics and the Experimental Life* (University of Chicago Press, 1994): 26.

12. Fernandus Payne to A.H. Sturtevant, [16 October 1947]. Sturtevant Papers. Quoted in G.E. Allen, 'The introduction of *Drosophila* into the study of heredity and evolution, 1900–1910', *Isis*, 1975: 322–33: 330.

13. R.E. Kohler, *Lords of the Fly: Drosophila Genetics and the Experimental Life*: 33–4.

14. W.S. Sutton, 'On the morphology of the chromosome group in *Bracystola magna*', *Biological Bulletin* 1902, 4: 24–39, and W.S. Sutton, 'The chromosomes in heredity', *Biological Bulletin*, 1903, 4,: 231–51. See E.W. Crow and J.F. Crow, 'Walter Sutton and the Chromosome Theory of Heredity', *Genetics*, 2002: 1–4: 1.

15. Morgan, *Evolution and Adaptation*, (London: Macmillan and Co. 1903): 286–287. Quoted in G.E. Allen, *Thomas Hunt Morgan: the man and his science* (Princeton University Press, 1978): 111.

16. X-rays were originally known as Röntgen rays in honour of their German discoverer, Wilhelm Conrad Röntgen.

17. G.E. Allen, *Thomas Hunt Morgan: the man and his science*: 152–3. Lilian Morgan's recollection was that it was *white* that Morgan discussed so enthusiastically when their first child was born on 5 January 1910, but as Kohler has pointed out, she must have been mistaken: it could only have been *with* Morgan was talking about, as *white* did not turn up until May. R.E. Kohler, *Lords of the Fly: Drosophila Genetics and the Experimental Life*: 46.

18. F.W. Taylor, *The Principles of Scientific Management* (1911; Routledge/Thoemmes, 1993).

19. Quoted in B.T. Clause, 'The Wistar Rat as a Right Choice: Establishing Mammalian Standards and the Ideal of a Standardized Animal', *Journal of the History of Biology*, 1993: 329–49: 343.

20. T.H. Morgan, 'Random Segregation Versus Coupling in Mendelian Inheritance', *Science*, 1911: 384; G.E. Allen, *Thomas Hunt Morgan: the man and his science*: 160–1.

21. By J.B.S. Haldane, see: R.E. Kohler, *Lords of the Fly: Drosophila Genetics and the Experimental*

Life: 47–8, 79–80.

22. G.E. Allen, *Thomas Hunt Morgan: the man and his science*: 191.

23. M.B. Adams, 'Sergei Chetverikov, the Kol'tsov Institute, and the Evolutionary Synthesis', in *The Evolutionary Synthesis: Perspectives on the Unification of Biology* (Harvard University Press): 262–4.

24. T.H. Morgan to H. de Vries, [5 January 1918]. Archives of the Biological Laboratory, Vrije Universsiteit, Netherlands. My thanks to Elliot Meyerowitz for showing me this letter and to Tom Gerats for permission to quote from it.

25. R.J. Greenspan, *Fly Pushing: The theory and practice of Drosophila genetics* (Cold Spring Harbor Press, 1997): 125.

26. T.H. Morgan, 'A critique of the theory of evolution', Princeton; Princeton University Press, 1916.

Chapter 7: *Cavia porcellus*: Mathematical guinea pigs

The **primary sources** were: C.É. Brown-Séquard, 'Hereditary Transmission of an Epileptiform Affection Accidentally Produced', *Proceedings of the Royal Society of London*, 1859–60: 297–8; W.E. Castle and H. MacCurdy, *Selection and Cross-breeding in Relation to the Inheritance of Coat-pigments in Rats and Guinea-Pigs* (Carnegie Institution of Washington, 1907); W.E. Castle, 'An expedition to the home of the guinea-pig and some breeding experiments with material there obtained', in *Studies of Inheritance in Guinea-Pigs and Rats* (Carnegie Institution of Washington, 1916); and T. Dobzhansky, 'Genetics of natural populations. XIV. A response of certain gene arrangements in the third chromosome of *Drosophila pseudoobscura* to natural selection', *Genetics*, 1947: 142–60.

For the **history of the guinea pig**, see: C. Cumberland, *The Guinea Pig or Domestic Cavy for Food , Fur and Fancy* (L. Upcott Gill, 1897); B.J. Weir, 'Notes on the origin of the domestic guinea-pig', in *The Biology of Hystricomorph Rodents* (Zoological Society of London, 1974); B. Müller-Haye, 'Guinea-pig or cuy', in *Evolution of domesticated animals* (Longman, 1984); E. Morales, *The Guinea Pig: healing, food, and ritual in the Andes* (University of Arizona Press, 1995); S. Pritt, 'The history of the guinea pig (*Cavia porcellus*) in society and veterinary medicine', *Veterinary Heritage*, 1998: 12–16; J. Clutton-Brock, *A Natural History of Domesticated Mammals* (Cambridge University Press, 1999); and J.C. Castillo, 'Naming Difference: The Politics of Naming in Fernández de Oviedo's *Historia general y natural de las Indias*', *Science in Context*, 2003: 489–504.

For **vitamin C** and the guinea pig's role in its discovery: L.G. Wilson, 'The clinical definition of scurvy and the discovery of Vitamin C', *Journal of the History of Medicine and Allied Sciences*, 1975: 40–60; and K.J. Carpenter, *The History of Scurvy and Vitamin C* (Cambridge University Press, 1986).

For **J.B.S. Haldane's life and work**, I used: his archives at University College London; his own publications, especially: *Possible worlds and other essays* (Chatto & Windus, 1940); and *Science advances* (G. Allen & Unwin, 1947). Also invaluable were: R. Clark, *J.B.S.: The Life and Work of J.B.S. Haldane* (Hodder & Stoughton, 1968); A. Lacassagne, 'Recollections of Haldane', in *Haldane and modern biology* (Johns Hopkins University Press, 1968); N. Mitchison, 'Beginnings', in *Haldane and modern biology* (Johns Hopkins University Press, 1968); N. Mitchison, 'The Haldanes: Personal notes and historical lessons', *Proceedings of the Royal Institution of Great Britain*, 1974: 1–21; D.B. Paul, 'A War on Two Fronts: J.B.S. Haldane and the Response to Lysenkoism in Britain', *Journal of the History of Biology*, 1983: 1–37; M.B. Adams, 'Last Judgment: The visionary biology of J.B.S. Haldane', *Journal of the History of Biology*, 2001: 457–91.

For **Sewall Wright's life and work**, I am greatly indebted to William Provine's publications: 'The

Role of Mathematical Population Geneticists in the Evolutionary Synthesis of the 1930s and 1940's', *Studies in the History of Biology* (1978); *Sewall Wright and Evolutionary Biology* (University of Chicago Press, 1986). Provine has deposited all his research materials for his biography of Wright with the American Philosophical Society, whose archives I also consulted. I also made use of: J.F. Crow, 'Sewall Wright's place in twentieth-century biology', *Journal of the History of Biology*, 1990: 57–89.

In addition to the background material on **twentieth-century biology** listed for Chapters 5 and 6, I also used: P.G. Abir-Am, 'The Molecular Transformation of Twentieth-Century Biology', in *Companion to Science in the Twentieth Century*, (Routledge, 2003).

Notes

1. Oviedo, introduction to book 9, vol. 117, 278. Quoted in J.C. Castillo, 'Naming Difference: The Politics of Naming in Fernández de Oviedo's *Historia general y natural de las Indias*', *Science in Context*, 2003: 489–504: 491.
2. Power, *Experimental philosophy* (1664), I: 16.
3. G. Eliot, *Daniel Deronda* (Everyman, 1999): 383. See also: *Scenes of Clerical Life*: 15. 1873, US edition; *Silas Marner*: 423.
4. C. Cumberland, *The Guinea Pig or Domestic Cavy for Food, Fur and Fancy* (L. Upcott Gill, 1897): 2.
5. ibid.: 2–6.
6. ibid.: 7–8.
7. ibid.: 21–2, 34–44.
8. P. Gibier, 'Dr. Koch's Discovery', *The North American review*, 1890: 726–32: 728.
9. R. Wheatley, 'Hygeia in Manhattan', *Harper's New Monthly Magazine*, 1897: 384–401: 386.
10. C.É. Brown-Séquard, 'Hereditary Transmission of an Epileptiform Affection Accidentally Produced', *Proceedings of the Royal Society of London*, 1859–60: 297–8.
11. A.J. Leffingwell, 'Does Vivisection Pay?', *Scribners Monthly, an illustrated magazine for the people*, 1880: 391–9.
12. H.C. Wood, 'The Value of Vivisection', *Scribners Monthly, an illustrated magazine for the people*, 1880: 766–71: 768.
13. ibid.: 770.
14. E. Glasgow, 'A Point In Morals', *Harper's New Monthly Magazine*, 1895: 976–82.
15. Ouida, 'Some Fallacies of Science', *The North American Review*, 1886: 139–53: 151.
16. L.G. Wilson, 'The clinical definition of scurvy and the discovery of Vitamin C', *Journal of the History of Medicine and Allied Sciences*, 1975: 40–60: 47–51; C. Funk, *The Vitamines* (1st English edition, 1922).
17. E.V. McCollum. Quoted in H.E. Smith, et al., 'Architecture and science associated with the Dairy Barn at the University of Wisconsin-Madison' (Department of Landscape Architecture University of Wisconsin-Madison, 2000).
18. L.G. Wilson, 'The clinical definition of scurvy and the discovery of Vitamin C': 56–7.
19. W.E. Castle, 'The Mutation Theory of Organic Evolution, from the Standpoint of Animal Breeding', *Science*; 1905, 21 (536): 524.
20. W.E. Castle and H. MacCurdy, *Selection and Cross-breeding in Relation to the Inheritance of Coat-pigments in Rats and Guinea-Pigs* (Carnegie Institution of Washington, 1907): 3.
21. As we'll see in Chapter 9, the Danish botanist, Wilhelm Johannsen, had done the first pure line experiments with edible beans, Phaseolus.

22. W.E. Castle and H. MacCurdy, *Selection and Cross-breeding in Relation to the Inheritance of Coat-pigments in Rats and Guinea-Pigs*: 3–4.

23. ibid.: 34.

24. W.E. Castle. Quoted in W.B. Provine, *Sewall Wright and Evolutionary Biology* (University of Chicago Press, 1986): 53–4.

25. S. Wright, 'Birth and Family (Series III: Biographical and autobiographical materials)' (Sewall Wright Papers, American Philosophical Society, Philadelphia).

26. ibid.

27. ibid.

28. N. Mitchison, 'The Haldanes: Personal notes and historical lessons', *Proceedings of the Royal Institution of Great Britain*, 1974: 1–21: 3; R. Clark, *J.B.S.: The Life and Work of J.B.S. Haldane* (Hodder & Stoughton, 1968): 17.

29. N. Mitchison 'Beginnings', in *Haldane and modern biology* (Johns Hopkins University Press): 302–3; N. Mitchison, 'The Haldanes: Personal notes and historical lessons': 8–9; R. Clark, *J.B.S.: The Life and Work of J.B.S. Haldane*: 29–30.

30. N. Mitchison, 'Beginnings', in *Haldane and modern biology*: 303.

31. Cedric Davidson to J.B.S. Haldane, [20 April 1952]: J. Haldane, 'Box 20a: Letters from the public, General Correspondence' (Haldane Collection: Library Services, University College London).

32. J.B.S. Haldane to S. Wright, [5 July1919]: S. Wright, 'Series II: Correspondence' (Sewall Wright Papers, American Philosophical Society, Philadelphia).

33. Quoted in K. Burns, *Jazz: A History of America's Music* (PBS television, http://www.pbs.org/jazz/index.htm).

34. Quoted in W.B. Provine, *Sewall Wright and Evolutionary Biology*: 110–11.

35. J.B.S. Haldane 'Box 17: Scientific Correspondence, A–D', 1940–52. Folder: Scientific correspondence, 1945–52, C–D.

36. [Name withheld] to J.B.S. Haldane, [24 September 1946]: J. Haldane, 'Box 18: Scientific Correspondence, E-K' (Haldane Collection: Library Services, University College London).

37. A. Lacassagne, 'Recollections of Haldane', in *Haldane and modern biology* (Johns Hopkins University Press): 308.

38. J.B.S. Haldane to S. Wright, [5 July 1919]: S. Wright, 'Series II: Correspondence'.

39. John Maynard Smith, quoted in M.B. Adams, 'Last Judgment: The visionary biology of J.B.S. Haldane', *Journal of the History of Biology*, 2001: 457–91: 477. Haldane's sister Naomi also remembered them both as 'clumsy and accident-prone': N. Mitchison, 'Beginnings', in *Haldane and modern biology*: 300.

40. S. Wright to J.B.S. Haldane, [31 March1948]: J. Haldane, 'Box 20: Scientific Correspondence' (Haldane Collection: Library Services, University College, London).

41. S. Wright, 'Birth and Family (Series III: Biographical and autobiographical materials)'.

42. J. Cain, 'Interviews with Professor Robert E. Sloan', 1996 http://www.ucl.ac.uk/sts/cain/projects/sloan/

43. Dobzhansky, 1947. Quoted in G. Allen, *Life Science in the Twentieth Century* (Cambridge University Press, 1978): 142.

44. W.E. Castle and H. MacCurdy, *Selection and Cross-breeding in Relation to the Inheritance of Coat-pigments in Rats and Guinea-Pigs*: 3.

45. S. Wright to J.B.S. Haldane, [8 June1934]: S. Wright, 'Series II: Correspondence'.

Chapter 8: Bacteriophage: The virus that revealed DNA

For **viruses** and their discovery, see: S.S. Hughes, *The virus: a history of the concept* (Heinemann Educational, 1977); A.P. Waterson and L. Wilkinson, *An introduction to the history of virology* (Cambridge University Press, 1978).

My account of **Felix d'Hérelle** and **the history of bacteriophage** relies on the work of William Summers, in particular: 'From culture as organism to organism as cell: Historical origins of bacterial genetics', *Journal of the History of Biology*, 1991: 171–90; 'How Bacteriophage Came to Be Used by the Phage Group', *Journal of the History of Biology*, 1993: 255–67; and *Félix d'Herelle and the origins of molecular biology* (Yale University Press, 1999).

For more about **Arrowsmith and its influence**, see: P. de Kruif, *The Sweeping Wind, A Memoir* (Harcourt, Brace & World, Inc., 1962); W.C. Summers, 'On the origins of the science in "Arrowsmith": Paul de Kruif, Felix d'Hérelle and Phage', *Journal of the history of medicine and allied sciences*, 1991: 315–32.

Details about **Max Delbrück and the Phage Group** come from: T.F. Anderson, 'Electron Microscopy of Phages', in *Phage and the origins of molecular biology* (Cold Spring Harbor Laboratory of Quantitative Biology, 1966); E.L. Ellis, 'Bacteriophage: one-step growth', in *Phage and the origins of molecular biology* (Cold Spring Harbor Laboratory of Quantitative Biology, 1966); C. Harding, 'Max Delbrück (oral history interview, July 14–September 11, 1978)' (Archives, California Institute Of Technology, 1978, http://resolver.caltech.edu/CaltechOH:OH_Delbruck_M); W. Hayes, 'Max Delbrück and the birth of molecular biology', *Social Research*, 1984: 641–73; E.P. Fischer and C. Lipson, *Thinking about science: Max Delbrück and the origins of molecular biology* (W. W. Norton & Company, 1988); W. Beese, 'Max Delbrück: A physicist in biology', in *World views and scientific discipline formation* (Kluwer Academic Publishers, 1991); T. Helvoort, 'The controversy between John H. Northrop and Max Delbrück on the formation of bacteriophage: Bacterial synthesis or autonomous multiplication?', *Annals of Science*, 1992: 545–75; G. Bertani, 'Salvador Edward Luria', *Genetics*, 1992: 1–4.

My ideas about the **importance of phage** and related issues are particularly indebted to the work of Lily E. Kay, especially: 'Conceptual models and analytical tools: The biology of physicist Max Delbrück', *Journal of the History of Biology*, 1985: 207–46; 'Quanta of life: atomic physics and the reincarnation of phage', *History and philosophy of the life sciences*, 1992: 3–21; and *Who Wrote the Book of Life? A History of the Genetic Code* (Stanford University Press, 2000).

For the rise of **molecular biology**, see: R.C. Olby, *The path to the double helix* (Macmillan, 1974); P.G. Abir-Am, 'The discourse of physical power and biological knowledge in the 1930s: a reappraisal of the Rockefeller Foundations "policy" in molecular biology', *Social Studies of Science*, 1982: 341–82; N. Rasmussen, *Picture Control: The Electron Microscope and the Transformation of Biology in America, 1940–1960* (Stanford University Press, 1997); P.G. Abir-Am, 'The Molecular Transformation of Twentieth-Century Biology', in *Companion to Science in the Twentieth Century* (Routledge, 2003).

Notes
1. S. Lewis, *Arrowsmith* (1925; Harcourt, Brace & World, Inc., 1952): 35–7.
2. ibid.: 166.
3. S.S. Hughes, *The virus: a history of the concept* (Heinemann Educational, 1977): 49, 109–12.
4. W.C. Summers, 'On the origins of the science in "Arrowsmith": Paul de Kruif, Felix d'Hérelle and Phage', *Journal of the history of medicine and allied sciences*, 1991: 315–32: 319; A.P. Waterson

and L. Wilkinson, *An introduction to the history of virology* (Cambridge University Press, 1978): 87–8.

5. T. Helvoort, 'The controversy between John H. Northrop and Max Delbrück on the formation of bacteriophage: Bacterial synthesis or autonomous multiplication?', *Annals of Science*, 1992: 545–75; A.P. Waterson and L. Wilkinson, *An introduction to the history of virology*: 86.

6. A.P. Waterson and L. Wilkinson, *An introduction to the history of virology*: 91.

7. L.E. Kay, 'Quanta of life: atomic physics and the reincarnation of phage', *History and philosophy of the life sciences*, 1992: 3–21: 9–10.

8. P. de Kruif, *The Sweeping Wind, A Memoir* (Harcourt, Brace & World, Inc., 1962): 13–14.

9. ibid.: 60–61.

10. ibid.: 93; W.C. Summers, 'On the origins of the science in "Arrowsmith": Paul de Kruif, Felix d'Hérelle and Phage': 317; B.G. Spayd, 'Introduction', in S. Lewis, *Arrowsmith*: xv.

11. P. de Kruif, *The Sweeping Wind, A Memoir*: 96; W.C. Summers, 'On the origins of the science in "Arrowsmith": Paul de Kruif, Felix d'Hérelle and Phage': 317; B.G. Spayd, 'Introduction', in S. Lewis, *Arrowsmith*: xv.

12. T.J. LeBlanc, '"Arrowsmith" (review)', *Science*, 1925: 632–4.

13. *Lancet*, 1 August 1925, 234/2.

14. J.E. Greaves, 'Do Bacteria have Disease?', *Scientific Monthly*, 1926: 123–5: 124.

15. E.L. Ellis, 'Bacteriophage: one-step growth', in *Phage and the origins of molecular biology*, Cold Spring Harbor Laboratory of Quantitative Biology: 55.

16. W. Hayes, 'Max Delbrück and the birth of molecular biology', *Social Research*, 1984: 641–73: 648; E.L. Ellis, 'Bacteriophage: one-step growth': 55; W.C. Summers, 'How Bacteriophage Came to Be Used by the Phage Group', *Journal of the History of Biology*, 1993: 255–67: 258–9.

17. Delbrück interview: C. Harding, 'Max Delbrück (oral history interview, July 14–September 11, 1978)' (Archives, California Institute of Technology, 1978, http://resolver.caltech.edu/CaltechOH:OH_Delbruck_M.

18. ibid.; L.E. Kay, 'Quanta of life: atomic physics and the reincarnation of phage': 4.

19. Quoted in P.G. Abir-Am, 'The discourse of physical power and biological knowledge in the 1930s: a reappraisal of the Rockefeller Foundation's "policy" in molecular biology', *Social Studies of Science*, 1982: 341–82: 350.

20. H.J. Muller, 'Variations due to change in the individual gene', *American Naturalist*, 1922, 56: 48–9. Quoted in W.C. Summers, 'How Bacteriophage Came to Be Used by the Phage Group': 262.

21. Delbrück interview: C. Harding, 'Max Delbrück (oral history interview, July 14–September 11, 1978)'.

22. ibid.

23. ibid.

24. Quoted in L.E. Kay, 'Quanta of life: atomic physics and the reincarnation of phage': 11.

25. W. Hayes, 'Max Delbrück and the birth of molecular biology': 653–4.

26. J. Robert Oppenheimer, Lecture at MIT, 25 November 1947; 'Physics in the Contemporary World', *Bulletin of the Atomic Scientists*, Vol. IV, No. 3, March 1948: 66.

27. W. Hayes, 'Max Delbrück and the birth of molecular biology': 654.

28. Quoted in E.M. Witkin, 'Chances and Choices: Cold Spring Harbor, 1944–1955', *Annual Review of Microbiology*, 2002: 1–15: 14.

29. W.C. Summers, *Félix d'Herelle and the origins of molecular biology* (Yale University Press, 1999): 167–8.

Chapter 9: *Zea mays*: Incorrigible corn

Some of the **original scientific papers** referred to in this chapter include: G.H. Shull, 'A study in heredity (review of Johannsen, W., 1903)', *Botanical Gazette*, 1904: 314–15; W.E. Castle and H. MacCurdy, *Selection and Cross-breeding in Relation to the Inheritance of Coat-pigments in Rats and Guinea-Pigs* (Carnegie Institution of Washington, 1907); G. H. Shull, 'The Composition of a field of Maize', in *Report of the meeting held at Washington, D.C., January 28–30, 1908, and for the year ending January 12, 1908* (Kohn & Polloock, 1908); E.M. East, 'A Mendelian Interpretation of Variation that is Apparently Continuous', *American Naturalist*, 1910: 65–82; B. McClintock, 'Introduction to *The Discovery and Characterization of Transposable Elements*', in *The dynamic genome: Barbara McClintock's ideas in the century of genetics* (Cold Spring Harbor Laboratory Press, 1992).

For the **history of corn**, see: P.C. Mangelsdorf, *Corn: its origin, evolution, and improvement* (Harvard University Press, 1974); N.P. Hardeman, *Shucks, shocks, and hominy blocks: corn as a way of life in pioneer America* (Louisiana State University Press, 1981); J.B. Longone, *Mother maize and king corn: the persistence of corn in the American ethos* (William L. Clements Library University of Michigan, 1986); B. Fussell, 'Translating maize into corn: The transformation of America's native grain'. *Social Research*, 1999: 41–65.

For **Kellogg and cornflakes**, see: J.H. Kellogg, 'Plain facts for old and young: embracing the natural history and hygiene of organic life' (Electronic Text Center, University of Virginia Library, 1877 (1999), http://etext.lib.virginia.edu); J. Money, *The Destroying Angel: Sex, fitness & food in the legacy of degeneracy theory, Graham Crackers, Kellogg's Corn Flakes & American Health History* (Prometheus Books, 1985).

The story of **hybrid corn** and of **early maize genetics** is told in: P. de Kruif, *Hunger fighters* (Jonathan Cape, 1929); H.P. Riley, 'George Harrison Shull', *Bulletin of the Torrey Botanical Club*, 1955: 243–8; D.B. Paul and B.A. Kimmelman, 'Mendel in America: Theory and Practice, 1900–1919', in *The American Development of Biology* (University of Pennsylvania Press, 1988); D.K. Fitzgerald, *Business of Breeding: Hybrid Corn in Illinois, 1890–1940* (Cornell University Press, 1990); B. Kimmelman, 'Organisms and Interests in Scientific Research: R.A. Emerson's claims for the unique contributions of agricultural genetics', in *The Right tools for the job: at work in twentieth-century life sciences* (Princeton University Press, 1992); M.H. Rhoades, 'The Early Years of Maize Genetics', in *The dynamic genome: Barbara McClintock's ideas in the century of genetics* (Cold Spring Harbor Laboratory Press, 1992).

The main sources for **Barbara McClintock's life and work** are: E.F. Keller, *A feeling for the organism: the life and work of Barbara McClintock* (W.H. Freeman, 1983); H.B. Creighton, 'Recollections of Barbara McClintock's Cornell Years', in *The dynamic genome: Barbara McClintock's ideas in the century of genetics* (Cold Spring Harbor Laboratory Press, 1992); N. Fedoroff, 'Maize Transposable Elements: A Story in Four Parts', in *The dynamic genome: Barbara McClintock's ideas in the century of genetics* (Cold Spring Harbor Laboratory Press, 1992); N.C. Comfort, 'The real point is control: the reception of Barbara McClintock's controlling elements', *Journal of the history of biology*, 1999: 133–62; N.C. Comfort, *The Tangled Field: Barbara McClintock's Search for the Patterns of Genetic Control* (Harvard University Press, 2001).

Notes
1. J.B. Longone, *Mother maize and king corn: the persistence of corn in the American ethos* (William L. Clements Library University of Michigan, 1986): 6–8.

2. 'An Excersion [*sic*] to Cape Cod', from *Bradford's and Winslow's Journal* ('A Diary of Occurrences') by William Bradford (1622).

3. J.B. Longone, *Mother maize and king corn: the persistence of corn in the American ethos*: 10–11.

4. 'Homespun' [Benjamin Franklin], letter to *The Gazetteer and New Daily Advertiser* (2 January 1766), in *The Writings of Benjamin Franklin, Volume III*: London, 1757–75.

5. J.H. Kellogg, 'Plain facts for old and young: embracing the natural history and hygiene of organic life' (Electronic Text Center, University of Virginia Library, 1877 (1999), http://etext.lib.virginia.edu/etcbin/toccer-new2?id= KelPlai.sgm&images=images/modeng&data=/texts/englis h/modeng/parsed&tag=public&part=all.

6. ibid.

7. ibid.

8. ibid. The modern edition of the book notes that 'The so-called "facts" and dogma in this text are over 100 years old. Many are obsolete practices as well as inhuman. Do NOT accept the medical information contained herein as a contemporary practice!'

9. ibid.

10. ibid.

11. ibid.

12. 'J. H. Kellogg Dies; Health Expert, 91', *New York Times*, 16 December 1943.

13. E.M. Thomas, 'Mondamin', *Atlantic Monthly*, 1885: 364–9: 365.

14. ibid.: 369.

15. P. de Kruif, *Hunger fighters* (Jonathan Cape, 1929: 184).

16. C. Darwin to J. Scott, [11 December 1862]: F. Burkhardt et al., *The Correspondence of Charles Darwin (Volume 10: 1862)* (Cambridge University Press, 1997): 594. Scott took the hint and later published two papers on maize: J. Scott, 'Remarks on the sexual changes in the inflorescence of *Zea Mays*', *Edinburgh New Philosophical Journal*, 1864, n.s. 19: 213–20; and 'Remarks on the sexual changes in the inflorescence of *Zea Mays*', *Transactions of the Botanical Society of Edinburgh*, 1866 8,: 55–62.

17. Quoted in D.K. Fitzgerald, *Business of Breeding: Hybrid Corn in Illinois, 1890–1940* (Cornell University Press, 1990): 43.

18. Quoted in P.C. Mangelsdorf, *Corn: its origin, evolution, and improvement* (Harvard University Press, 1974): 5. I have modernized Lyte's spelling for clarity's sake.

19. H.P. Riley, 'George Harrison Shull', *Bulletin of the Torrey Botanical Club*, 1955: 243–8: 245.

20. P. de Kruif, *Hunger fighters*: 192.

21. ibid.

22. G.H. Shull, 'A study in heredity (review of Johannsen, W., 1903)', *Botanical Gazette*, 1904: 314–15: 314.

23. George McCleur, 1892. Quoted in D.K. Fitzgerald, *Business of Breeding: Hybrid Corn in Illinois, 1890–1940* (Cornell University Press, 1990): 14–15.

24. P. de Kruif, *Hunger fighters*: 182.

25. G.H. Shull, 'The Composition of a field of Maize', in *Report of the meeting held at Washington, D.C., January 28–30, 1908, and for the year ending January 12, 1908*, Kohn & Polloock: 299; D.K. Fitzgerald, *Business of Breeding: Hybrid Corn in Illinois, 1890–1940*: 36–7.

26. P. de Kruif, *Hunger fighters*: 199.

27. Cyril G. Hopkins, quoted in D.K. Fitzgerald, *Business of Breeding: Hybrid Corn in Illinois, 1890–1940*: 21–2.

28. E.M. East, 'A Mendelian Interpretation of Variation that is Apparently Continuous', *American Naturalist*, 1910: 65–82: 401–3.

29. ibid.: 403–4.

30. ibid.: 422.

31. Both letters are quoted in D.K. Fitzgerald, *Business of Breeding: Hybrid Corn in Illinois, 1890–1940*: 38–9.

32. R.A. Emerson and E.M. East 1913; 'The inheritance of quantitative characters in maize', *Research Bulletin of the Nebraska Agricultural Experimental Station*, 1913, 2.

33. R.A. Emerson, quoted in B. Kimmelman, 'Organisms and Interests in Scientific Research: R.A. Emerson's claims for the unique contributions of agricultural genetics', in *The Right tools for the job: at work in twentieth-century life sciences* (Princeton University Press, 1992): 211–12.

34. M.H. Rhoades, 'The Early Years of Maize Genetics', in *The dynamic genome: Barbara McClintock's ideas in the century of genetics*, Cold Spring Harbor Laboratory Press, 1992: 45.

35. H.B. Creighton, 'Recollections of Barbara McClintock's Cornell Years', in *The dynamic genome: Barbara McClintock's ideas in the century of genetics*: 15.

36. John Evelyn, *Kalendarium hortense, or Gardn'ers Almanac* (J. Walthoe, 1664): 77.

37. Emerson, in *American Naturalist* (1914). Quoted in N. Fedoroff, 'Maize Transposable Elements: A Story in Four Parts', in *The dynamic genome: Barbara McClintock's ideas in the century of genetics*: 390; N.C. Comfort, *The Tangled Field: Barbara McClintock's Search for the Patterns of Genetic Control* (Harvard University Press, 2001): 69–70.

38. N. Comfort, personal communication (via email, [29 August 2005]).

39. B. McClintock, 'Introduction to *The Discovery and Characterization of Transposable Elements*', in *The dynamic genome: Barbara McClintock's ideas in the century of genetics*: x–xi.

40. See N.C. Comfort, '"The real point is control": the reception of Barbara McClintock's controlling elements', *Journal of the history of biology*, 1999; and *The Tangled Field: Barbara McClintock's Search for the Patterns of Genetic Control* (Harvard University Press, 2001).

41. N.C. Comfort, '"The real point is control": the reception of Barbara McClintock's controlling elements': 152.

42. Quoted in G.R. Fink, 'Barbara McClintock (1902–1992)', *Nature*, 1992: 272.

Chapter 10: *Arabidopsis thaliana*: A fruit fly for the botanists

My **main sources** were interviews and emails with Caroline Dean, Ian Furner, Maarten Koornneef, Eliot Meyerowitz and Chris Somerville. The history of Arabidopsis research is also described in: G.P. Rédei, 'Arabidopsis as a genetic tool', *Annual Review of Genetics*, 1975, 9: 111–27; E.M. Meyerowitz, 'Arabidopsis: a Useful Weed', *Cell*, 1989, 56: 263–9; G.R. Fink, 'Anatomy of a revolution', *Genetics*, 1998, 149(2): 473–7; E. Pennisi, 'Arabidopsis comes of age', *Science*, 2000, 290(5489): 32–5; E.M. Meyerowitz, 'Prehistory and history of *Arabidopsis* research', *Plant Physiology*, 2001, 125: 15–19; and C. Somerville and M. Koornneef, 'A fortunate choice: the history of *Arabidopsis* as a plant model', *Nature Reviews: Genetics*, 2002, 3: 883–9.

Background material on the **Manhattan Project** and the rise of **Big Science** came from: D.B. Paul, 'H.J. Muller, Communism, and the Cold War', *Genetics*, 1988, 119: 223–5; J. Beatty, 'Genetics in the Atomic Age: the Atomic Bomb Casualty Commission, 1947–56', in K.R. Benson, J. Maienschein and R. Rainger, *The Expansion of American biology* (Rutgers University Press, 1991); J. Hughes, *The Manhattan Project: Big Science and the Atom Bomb* (Icon Books, 2002). For the rise of molecular biology see: S.S. Hughes, 'Making Dollars out of DNA: The First Major Patent in Biotechnology and the Commercialization of Molecular Biology, 1974–1980', *Isis*, 2001, 95(3): 541–75; L.E. Kay, *Who Wrote the Book of Life? A History of the Genetic Code* (Stanford University Press, 2000). For Sydney Brenner and *C. elegans*, see: S. de Chadarevian, 'Of worms and programs: *Caenorhabditis elegans* and the study of development', *Studies in the History and Philosophy of the Biological and Biomedical Sciences*, 1998, 29(1): 81–105. For Seymour Benzer and the return of Drosophila see: J. Weiner, *Time, Love, Memory: a great biologist and his quest for the origins of behaviour* (Faber and Faber, 2000).

Notes

1. Quoted in W. Blunt and W.T. Stearn, *The Art of Botanical Illustration* (Antique Collector's Club, 1994).
2. 'Muller, Biologist, wins Nobel Prize', *New York Times*, 1 November 1946.
3. E.M. Meyerowitz, 'Prehistory and history of *Arabidopsis* research', *Plant Physiology*, 2001, 125: 15–19.
4. Quoted in J. Beatty, 'Genetics in the Atomic Age: the Atomic Bomb Casualty Commission, 1947–56'. K.R. Benson, J. Maienschein and R. Rainger, in *The Expansion of American biology* (New Brunswick, Rutgers University Press, 1991): 284–324.
5. C. Somerville, 'Interview about *Arabidopsis* history', conducted by Jim Endersby, Carnegie Institution, 260 Panama St, Stanford University, 14 April 2005. All quotes from Chris Somerville are from this interview unless otherwise stated.
6. D.L. Meadows, *The Limits to Growth; a report for the Club of Rome on the Predicament of Mankind.* (London, 1972): 23
7. E.M. Meyerowitz (2005), 'Interview about *Arabidopsis* history', conducted by Jim Endersby, Kerckhoff laboratory, California Institute of Technology, Pasadena, California, 13 April 2005. All quotes from Elliott Meyerowitz are from this interview unless otherwise stated.
8. E.M. Meyerowitz, personal communication via email [25 September 2005]. For Meinke and Sussex's work, see: D.W. Meinke, 'Embryo lethal mutants of *Arabidopsis thaliana*', *Genetics*, 1978, 88 (4): s67–s68; D.W. Meinke and I.M. Sussex, 'Embryo-lethal mutants of *Arabidopsis thaliana*', *Developmental Biology*, 1979, 72 (1): 50–61.
9. For a more detailed account of this – very complex – story, see W.L. Ogren, 'Affixing the O to Rubisco: discovering the source of photorespiratory glycolate and its regulation', *Photosynthesis Research*, 2003, 76: 53–63.
10. A process biologists refer to as cloning, but which is completely distinct from the cloning of whole animals, such as Dolly the sheep.
11. Bennett and Smith, *Phil. Trans. Roy. Soc. Lond. B.* 1976, 274, 227–74. Table 8, p. 248.
12. L.S. Leutwiler, B.R. Hough-Evans and E.M. Meyerowitz, 'The DNA of *Arabidopsis thaliana*', *Molecular and General Genetics*, 1984, 194: 15.
13. I. Furner, 'Interview about *Arabidopsis* history', conducted by Jim Endersby, Furner Lab, Department of Genetics, Cambridge University, 7 March 2005. All quotes from Ian Furner are from this interview unless otherwise stated.
14. M. Koornneef, 'Interview about *Arabidopsis* history', conducted by Jim Endersby, via email, 19 September 2005. All quotes from Maarten Koornneef are from this interview unless otherwise stated.
15. M.A. Estelle and C.R. Somerville, 'The mutants of *Arabidopsis*', *Trends in Genetics*, 1986, 2: 89–93.
16. C. Somerville and M. Koornneef, 'A fortunate choice: the history of *Arabidopsis* as a plant model',

Nature Reviews: Genetics, 2002, 3: 883–9.

17. M. Koornneef, M. Personal communication with Jim Endersby via email, 19 September 2005.
18. The term had first been used in the 1960s, but it was only in the mid-1970s – as the possibility of genetic engineering became a reality – that the word became widely used.
19. The case, *Diamond vs. Chakrabarty*, involved a bacterium that was supposed to 'eat' oil spilt in accidents, and the Court decided that the bacteria was in effect an invention and therefore patentable. The bacterium was not genetically engineered, but the decision that it could be patented made the biotechnology era possible.
20. Genetic transformation was possible before the Agrobacterium technique, but cumbersome and slow.
21. C. Dean, 'Interview about *Arabidopsis* history', conducted by Jim Endersby, 21 March 2005, John Innes Institute, Norwich. All quotes from Caroline Dean are from this interview unless otherwise stated.
22. Strictly speaking, what happens in tulips is not true vernalization, because they are bulbs, not seeds, but the genetic mechanism controlling it is almost certainly the same.
23. The British effort was taken over by Mike Bevan at John Innes, who suggested that Caroline Dean should do less administrative work and concentrate on her flowering-time research.
24. I. Furner, personal communication (via email), 23 Setember 2005.
25. G.R. Fink, 'Anatomy of a revolution', *Genetics*, 1998, 149(2): 473–7.
26. G.R. Fink, 'Anatomy of a revolution'.
27. Among the sequencing labs was Cereon Genomics, a subsidiary of Monsanto based in Cambridge, Mass.
28. I. Furner, Personal communication (via email), 23 September 2005.
29. J. Durant and N. Lindsey (2000), *The Great GM Food Debate: a survey of media coverage in the first half of 1999*, London, Parliamentary Office of Science and Technology, 2000; MORI opinion poll, reported in H. Gibson, 'Who is Afraid of GM Food?', *TIME* magazine, 1 March 1999.
30. H. Gibson, 'Who is Afraid of GM Food?'.
31. Paul Kelso, 'Greenpeace wins key GM case', *Guardian*, 21 September 2000.

Chapter 11: *Danio rerio*: Seeing through zebrafish

My **main sources** were interviews and emails with Kate Lewis, Derek Stemple, Will Talbot and Steve Wilson. The history of zebrafish research is also described in J. Bradbury, 'Small Fish, Big Science', *PLoS Biology* 2.5, 2004: 568–72; D.J. Grunwald and J.S. Eisen, 'Headwaters of the Zebrafish – Emergence of a New Model Vertebrate', *Nature Reviews: Genetics* 3 (2002): 717–24. K. Lewis, 'The Emergence of the Zebrafish as a Model Vertebrate Organism for Developmental Genetics' (Unpublished essay, 1994)

For **George Streisinger's life** and the history of the **Oregon fish research**, I have relied heavily on: L. Streisinger, *From the Sidelines: A Personal History of the Institute of Molecular Biology at the University of Oregon*, 1st edn, University of Oregon Press, 2004; F.W. Stahl, 'George Streisinger' *Biographical Memoirs, National Academy of Sciences*, 1996: 68, 352–61.

Some of the more **accessible scientific papers** on zebrafish include: D. Marcey and C. Nüsslein-Volhard, 'Embryology goes fishing', *Nature*, 321, 1986: 380–381; C.B. Kimmel, 'Genetics and Early Development of Zebrafish', *Trends in Genetics*, 1989: 5, 283–8; and P. Kahn, 'Zebrafish hit the big time', *Science*, 1994: 264, 904–5.

In addition to the interviewees' own websites (which you can find by searching), **internet sites dealing with zebrafish** include: *zebrafish.stanford.edu* as well as *zfin.org* and *zebra.biol.sc.edu*

Notes

1. Hamilton had been called Francis Buchanan until 1818, when he succeeded to his mother's estate and took her name of Hamilton.
2. P.H. Gosse, *The Aquarium* (1854). Quoted in B. Brunner, *The Ocean at Home: An Illustrated History of the Aquarium* (New York: Princeton Architectural Press, 2003): 41. While Gosse is usually credited with inventing the aquarium, that honour should be shared with the chemist Robert Warington and Anna Thynne, wife of the dean of Westminster Abbey. Thynne was the one who discovered the oxygenating effect of plants, which kept the sea water fresh, which allowed marine creatures to be brought home by train, carefully housed in buckets or jars, and then transferred to an aquarium; R. Stott, *Theatres of Glass: The Woman Who Brought the Sea to the City* (Short Books, 2003).
3. H.D. Butler, *The Family Aquarium, or Aqua Vivarium* (N.Y., 1858). Quoted in Brunner, *The Ocean at Home*: 69.
4. *The New York Aquarium Journal* (1876). Quoted in Brunner, *The Ocean at Home*: 81.
5. Quoted in J.M. Oppenheimer, 'Historical Introduction to the Study of Teleostean Development,' *Osiris*, 1936, 2.
6. E. Leitholf, '*Danio Analipunctatus*', *Aquatic Life*, Philadelphia, August 1917: 161.
7. C. W. Creaser, 'The Technic of Handling the Zebra Fish (*Brachydanio Rerio*) for the Production of Eggs Which Are Favorable for Embryological Research and Are Available at Any Specified Time Throughout the Year,' *Copeia*, 1934, 4. See also R. Riehl and H.A. Baensch, *Aquarium Atlas* (Baensch Press, Hong Kong, 1987): 408.
8. Creaser, 'The Technic of Handling the Zebra Fish': 160.
9. ibid.: 161.
10. L. Streisinger, *From the Sidelines: A Personal History of the Institute of Molecular Biology at the University of Oregon*, 1st edn. (University of Oregon Press, 2004): 53.
11. If you are a fish-keeper and would like to try it, it's made from liver chopped up and mixed with a precooked baby cereal such as Pablum. Blend the two together with a high-speed blender, spoon the mix into small glass containers, such as baby food jars, and place the open jars in a pan of boiling water for a few minutes – the poaching helps stop the liver rotting.
12. K.D. Kallman, 'How the *Xiphophorus* Problem Arrived in San Marcos, Texas,' *Marine Biotechnology*, 2001, 3, Supplement 1,: S6–8, S11–13.
13. Quoted in L. Streisinger, *From the Sidelines*: 24.
14. Quoted in L. Streisinger, *From the Sidelines*: 36–7.
15. David Junah Grunwald and Judith S. Eisen. 'Headwaters of the Zebrafish – Emergence of a New Model Vertebrate! *Nature Renews Genetics 3* (2003): 717–24
16. Streisinger, *From the Sidelines*: 61.
17. Information from the Oregon-based Zebrafish Information Network, ZFIN, http://zfin.org.
18. William Talbot, 'Interview About Zebrafish History,' 2005, conducted by Jim Endersby, Stanford University School of Medicine, Stanford, 12 April 2005. All quotes from Will Talbot are from this interview unless otherwise stated.
19. Stephen Wilson, 'Interview About Zebrafish History,' 2005, conducted by Jim Endersby, University College London, 9 March 2005. All quotes from Steve Wilson are from this interview unless

otherwise stated.

20. You can experience this for yourself, by visiting one of the websites listed in the sources for this chapter: several have fish movies available online.

21. J.M. Schindler, 'Zebrafish: *Drosophila* with a spine (but can they fly?)', *The New Biologist*, 1991, 3: 47–9.

22. Information from the US National Centre for Biotechnology Information's PubMed database, http://www.ncbi.nlm.nih.gov/entrez/.

23. Quoted in J. Bradbury, 'Small Fish, Big Science,' *PLoS Biology*, 2004, 2.5 2004: 569.

24. Quoted in ibid.

Chapter 12: *OncoMouse*®: Engineering organisms

My **main sources** were: Sarah Blaffer Hrdy, 'Empathy, Polyandry and the Myth of the Coy Female', in Ruth Bleier (ed.), *Feminist approaches to science*, Pergamon, 1986: 119–146; Adele E. Clarke and Joan H. Fujimura (eds.) *The Right tools for the job: at work in twentieth-century life sciences* (Princeton University Press, 1992); Richard Burian, 'How the choice of experimental organism matters: Epistemological reflections on an aspect of biological practice', *Journal of the History of Biology*, 1993, 26: 351–67; Susan Aldridge, *The Thread of Life: The story of genes and genetic engineering* (Cambridge University Press, 1996); G.J.V. Nossal and R.L. Coppel, *Reshaping Life: key issues in genetic engineering* (Cambridge University Press, 2002); W. Faulkner and E.A. Kerr, 'On Seeing Brockenspectres: Sex and Gender in Twentieth-Century Science', in John Krige and Dominique Pestre (eds.), *Companion to Science in the Twentieth Century*, Routledge, 2003: 43–60; and Karen A. Rader, *Making Mice: Standardizing animals for American biomedical research, 1900–1955* (Princeton University Press, 2004).

Notes

1. Rader, *Making Mice*.

2. Following Chakrabarty's successful patent in March 1980 (Chapter 10), which allowed living bacteria to be patented, a further case in 1987 – known as *Ex parte Allen* – extended the principle to nonhuman multicellular organisms; editorial, *Nature Biotechnology*, 2003, 21, 341 (2003).

3. See S.J. Gould, 'The Misnamed, Mistreated and Misunderstood Irish Elk', in *Ever Since Darwin: Reflections in Natural History* (1977, Penguin Books, 1987).

4. C. Darwin, *The Descent of Man, and Selection in Relation to Sex* (1871, Princeton University Press, 1981).

5. ibid.

6. ibid.

7. C.W. Creaser, 'The Technic of Handling the Zebra Fish': 160.

8. M.L. Wayne, 'Walking a tightrope: the feminist life of a Drosophila biologist,' *NWSA Journal*, 2000, 12(3): 142.

9. A.J. Bateman, 'Intra-sexual selection in Drosophila', *Heredity*, 1948, 2: 360.

10. ibid.: 364–5.

11. ibid.: 365.

12. S.B. Hrdy, 'Empathy, Polyandry and the Myth of the Coy Female,' in *Feminist approaches to science*, ed. R. Bleier Pergamon, 1986): 121–3.

13. ibid.: 123–4.

14. M.L. Wayne, 'Walking a tightrope': 141–2.
15. Quoted in Creager, *Life of a Virus*.
16. P. Brown, 'GM crops created superweed, say scientists', *Guardian*, 25 July 2005: 3.
17. E.M. East, *Report of the Agronomist: being Part VII of the biennial report of 1907–8* (New Haven: Connecticut Agricultural Experiment Station, 1908).
18. D. Fitzgerald, 'Farmers Deskilled: Hybrid Corn and Farmers' Work', *Technology and Culture*, 1993, 34: 340–41.
19. R. Lewontin and J.-P. Berlan, 'The political economy of hybrid corn', *The Monthly Review*, 1986: 38.

Additional sources

As well as the various books and articles used above, I have used **general reference works,** especially the *Oxford English Dictionary*, the *Oxford Dictionary of National Biography* and the *Oxford American National Biography*. Overall **histories of biology** include: G. Allen, *Life Science in the Twentieth Century* (Cambridge University Press, 1978); J. Farley, *Gametes and Spores: Ideas about sexual reproduction, 1750–1914* (Johns Hopkins University Press, 1982); P.J. Bowler, *Evolution: the History of an Idea* (University of California Press, 1989); P.J. Bowler, *The Fontana History of the Environmental Sciences* (Fontana, 1992); and most recently, J. Sapp, *Genesis: the Evolution of Biology* (Oxford University Press, 2003). I have used **environmental history** to help tell some of the organisms' stories, in particular: J. Diamond, *Guns, Germs and Steel* (Vintage, 1998); and W. Cronon, *Changes in the Land: Indians, colonists, and the ecology of New England* (Hill & Wang, 2003). For **technological history**, see: T.P. Hughes, *American Genesis: A Century of Invention and Technological Enthusiasm, 1870–1970* (University of Chicago Press, 2004). And for general **material on modern genetics**, I have relied on: S. Aldridge, *The Thread of Life: The story of genes and genetic engineering* (Cambridge University Press, 1996); and G.J.V. Nossal and R.L. Coppel, *Reshaping Life: key issues in genetic engineering* (Cambridge University Press, 2002).